平面设计标准教程

袁晶 廖浩得 编

西北工业大学出版社

【内容简介】本书由浅入深地介绍了中文 Photoshop CS3 与 CorelDRAW X3 的功能及其使用方法，并以独特的编写风格，辅以大量的精彩实例，将 Photoshop CS3 与 CorelDRAW X3 中各个部分的重要特性展现在读者面前。通过本书的学习，可使读者全面提高计算机平面设计水平和综合应用能力。

本书思路新颖，图文并茂，练习丰富，可作为各大中专院校及培训中心的平面设计课程教材，也可供 Photoshop CS3 与 CorelDRAW X3 初、中级用户参考。

图书在版编目（CIP）数据

平面设计标准教程/袁晶，廖浩得编．—西安：西北工业大学出版社，2009.6
ISBN 978-7-5612-2561-5

Ⅰ．平…　Ⅱ．①袁…②廖…　Ⅲ．平面设计—图像软件，Photoshop CS3、CorelDRAW X3—教材　Ⅳ．TP391.41

中国版本图书馆 CIP 数据核字（2009）第 078206 号

出版发行：西北工业大学出版社
通信地址：西安市友谊西路 127 号　　邮编：710072
电　　话：（029）88493844　88491757
网　　址：www.nwpup.com
电子邮箱：computer@nwpup.com
印 刷 者：陕西天元印务有限公司
印　　张：18
字　　数：478 千字
开　　本：787 mm×1 092 mm　1/16
版　　次：2009 年 6 月第 1 版　　2009 年 6 月第 1 次印刷
定　　价：30.00 元

前 言

随着计算机技术的发展，计算机应用在社会中日益普及，图形图像设计处理技术的应用也成为计算机应用的焦点，各种功能强大的图形图像设计处理软件也应运而生。

本书以当前流行的位图图像处理软件 Photoshop CS3 和矢量图图形设计软件 CorelDRAW X3 为主，在介绍平面设计基础知识的同时，详细地介绍了这两个软件的使用。

Photoshop 是 Adobe 公司推出的一款使用广泛，功能强大的图形处理软件。它的成功之处在于操作界面的简单灵活和功能的不断完善，它的每一个新版本与前一版本相比，都有非常大的改进，并且自始至终都朝着操作简单和功能完善的方向发展。同时，在界面基本保持不变的情况下，对许多菜单命令、工具按钮和面板组建进行整合，使界面更加简洁和一致，因而被广泛应用在图像创意、特效文字制作、纹理、照片修正、广告设计、商业插画制作、影像合成、各种效果图后期处理等领域。

CorelDRAW 于 1989 年由加拿大的 Corel 公司推出，CorelDRAW X3 作为一款专业的计算机绘图软件，具有易于掌握、使用方便、体系结构开放等特点，深受广大工程技术人员的喜爱，我国许多高等学校的相关专业也将 CorelDRAW X3 作为重点学习的应用软件之一。

内容介绍

本书在内容的取舍和章节的安排上充分考虑了用户的学习和实际需求，详细地介绍了 Photoshop CS3 和 CorelDRAW X3 的使用方法。同时，书中还列举了大量的实例、技巧和经验，可以让读者快速掌握 Photoshop CS3 和 CorelDRAW X3 的使用方法与技巧。全书共分为 13 章，具体介绍如下：

章　节	内　容	目　的
第 1 章	平面设计基础知识	掌握平面设计基础知识
第 2 章	Photoshop CS3 应用基础	Photoshop CS3 各工具的基本功能
第 3 章	图像选区的创建和编辑	掌握图像颜色的处理与选取知识
第 4 章	图像的绘制与编辑	掌握图像的绘制与编辑的方法和技巧
第 5 章	图层、通道、蒙版和路径	掌握图层、通道、蒙版和路径的应用技巧
第 6 章	滤镜的应用	掌握滤镜应用的技巧
第 7 章	CorelDRAW X3 基础知识	掌握 CorelDRAW X3 各工具的基本功能
第 8 章	图形的绘制与调整	掌握图形的绘制与调整的方法
第 9 章	对象的操作	掌握对象的操作技巧
第 10 章	交互式工具的应用	掌握交互式特效工具的应用方法
第 11 章	使用文本	掌握文本的输入与编辑方法
第 12 章	位图的处理	掌握位图的编辑与特效处理方法
第 13 章	行业应用实例	掌握宣传与包装等行业图片的绘制与设计方法

主要特色

1. 反映最新最流行的实用技术

本书在策划和编写时，选取市场上最新、最易掌握的中文版软件，以满足广大读者的普遍需求，与时代接轨。

2. 理论与实践相结合

本书从自学与教学的角度出发，将理论与丰富实用的范例相结合，让读者边学边练，快速掌握所学知识。

3. 注重与实际工作相结合

本书紧紧围绕“短期培训”的目标，以“实用、够用”为原则，最大限度地体现教材的特色。

4. 内容新颖、全面，编写风格独特

本书以岗位技能培训为重点，内容系统、全面，从易到难，循序渐进，将每个知识点融入到典型实例中，使读者在了解理论知识的同时，同步提高实践能力。本书版式独特，章节结构清晰，重点突出，图文并茂，操作步骤详略得当，是一本适用性很强的技能型培训类丛书。

本书约定

注意：补充说明操作步骤和可能出现的问题，引导读者避免各种错误的出现。

提示：提醒操作中应注意的问题以及需要进一步学习的内容，避免出现错误，并引导读者深入学习。

技巧：总结操作中的各种快捷方式和操作技巧，为读者提供帮助。

本书用“+”连接两个或三个键，表示组合键或快捷键，在操作时应同时按下这些键。

读者定位

本书可作为普通高等学校、高职高专及各类计算机培训班的教材，也可供计算机爱好者自学参考。

由于编者水平有限，不足之处在所难免，欢迎广大读者批评指正。

编　者

目 录

第1章 平面设计基础知识

本章要点

- ☑ 计算机图形和图像知识
- ☑ 图像色彩模式和文件格式
- ☑ 广告学常识
- ☑ 图像输出知识
- ☑ 图像制作软件简介

学习目标

本篇主要介绍了计算机图形图像方面的基础知识和概念，意在帮助读者在学习计算机图形图像制作之前了解一些基础相关知识，了解计算机图形图像的制作过程。

1.1 计算机图形和图像知识

在国际标准化组织（ISO）的数据处理词典中，对计算机图形学的定义是："计算机图形学是研究通过计算机将数据转换为图形，并在专用显示设备上显示的原理、方法和技术的科学"。计算机图形学的发展在很大程度上依赖于图形硬件的发展。显示器器件是对显示过程进行控制的集成电路。显示器与计算机相连接的接口电路以及多种输入、输出设备都是从技术角度保障对计算机图形学研究的基础。

1. 数字成像的特点

计算机产生的图像是数字化的图像，数字化成像与传统的化学摄影技术相似之处在于它们都是表达思想的工具。电子图像与化学照片并非是完全脱离的单独技术，这两种方式相互依靠，可以取长补短。用计算机对大量原材料进行处理，实际上是在一个数字成像的程序中，对静态照片、录像和电影胶片、数字化的图画，甚至是物理世界中没有任何依据的图形进行处理。

2. 两种图像类型

静态数字图像可以分成矢量图像和位图图像两种类型。每幅计算机图像都具有不同的数值性质。例如，矢量图适合于技术插图，但聚焦和灯光的效果却很难在一幅矢量图像中获得。而位图图像更容易给人一种照片似的感觉，因为它们的灯光、透明度和深度的效果都可以表现出来。

（1）矢量图像。矢量图像无法通过扫描或从一张 PhotoCD 中获得，它们依靠设计软件生成，如 CorelDRAW 和 Adobe Illustrator 等。矢量绘图程序定义（就像数学计算）角度、圆弧、面积以及纸张相对应的空间方向，也包含赋予填充和轮廓特征的线框。

一幅矢量图像也叫面向对象绘图，因为这种类型的一个图像文件包含独立的分离图像单元，可以自由组合。矢量图像同时也是分辨率独立的图形，可以将一个矢量图放大或缩小，但无论放大或缩小，图形都有一样平滑的边缘，一样的视觉细节和清晰度。这种分辨率独立性的获得是因为矢量图在存储到一个文件格式中时并没有涉及真正的转换，一幅矢量图以一些数学公式存在，只有每次进行图形编辑时才转换到屏幕上，并且只有指定图像尺寸和分辨率后才转换到打印机上。

矢量图像所生成的文件比位图图像文件要小一些，特别适用于图案设计、文字设计、标志设计和版式设计等。

（2）位图图像。与矢量图像相比，位图图像更容易模仿照片似的真实效果。位图图像可以通过扫描、数码相机或 PhotoCD 获得，也可通过 Photoshop 和 CorelPHOTO-PAINT 之类的设计软件生成。

位图图像并不是由纯粹的数学公式来创建和存储的。用户在决定创建这种类型的图形时必须指定分辨率和图像尺寸。

在把位图放大到一定限度时，会发现它是由一个个小方格组成的，这些小方格称做像素。像素是图像中最小的元素。一幅位图图像包括的像素可以达到数百万个，当创建一幅位图图像时，实际上就是往图像中填加像素；移动一个对象则是将对象从背景中切割出来，使其被移至其他地方去取代其他地方的像素。因此，位图图像的大小和质量取决于图像中像素点的多少。

（3）分辨率与像素。

1）分辨率。阴极射线管的技术指标主要有两条，一是分辨率，二是显示速度。一个阴极射线管在垂直方向单位长度上能够识别的最大光点数称之为分辨率。光点亦称为像素。分辨率主要取决于阴极射线管荧光屏所用荧光物质的类型、聚集和偏转系统。显然，对相同尺寸的屏幕，光点数越多，距离越小，分辨率越高，显示的图形就会越精细。常用 CRT 的分辨率在 1 024×1 024 左右，即屏幕的水平和垂直方向上各有 1 024 个像素点。高分辨率的图形显示器分辨率达到 4 096×4 096。分辨率的提高除了 CRT 自身的因素外，还与确定像素位置的计算机字长、存储像素信息的介质、模数转换的精度及速度有关。

2）像素。一个像素是显示器上显示点的单位，用于观看实际成像。每英寸像素是分辨率的度量单位，同时也是一幅图像上工作的度量单位。

1.2 图像色彩模式和文件格式

1.2.1 色彩模式

在了解计算机绘图之前，应先了解计算机显示颜色和打印输出颜色的区别。大部分可见色谱都是由红、绿、蓝原色以不同比例混合而成的，因此，显示器显示颜色为相加模式，即三种基色以不同的百分比混合而成的可见色光。

打印输出的颜色是一种反射光颜色，是根据纸张上油墨对光的吸收而反射反映出来的。彩色的油墨吸收一部分光而反射其他的光，这样用户就看到了各种颜色。从原则上讲，纯正的三原色红、绿、蓝颜料混合后吸收所有的光产生黑色，因此，打印输出的颜色为一种减色模式。

总之，显示器显示的颜色与打印输出的颜色是完全不同的两种颜色模式。计算机图像中的模式有 RGB，CMYK，HSB 和 Lab。此外，还有黑白模式、灰度模式、索引模式等。

1. RGB 模式和 CMYK 模式

RGB 是有色光的彩色模式，R 代表红色（RED），G 代表绿色（GREEN），B 代表蓝色（BLUE），三种色彩相叠加形成其他的色彩。在 RGB 模式下，图像的每一个像素由 24 位数据表示，RGB 三原色各使用了 8 位数据，因此每一种原色都可以表现出 256 个不同的色调，总共可以产生 1 677 万种颜色（这就是俗称的“真彩”），这已经足以再现这个绚丽的世界了。RGB.模式因为是由红、绿、蓝相叠加形成其他颜色，因此该模式也叫加色模式。RGB 模式产生色彩的方法称为加色法，没有光时是全黑，加入什么光就显示什么颜色，同时越加越亮，直至白色。计算机正是用 3 个 0~255 的整数来记录具体的颜色值，例如，RGB 分别为 240，30，10 时就呈现一种亮红色，分别为 125，125，125 时就呈现一种灰色。

RGB 模式的图像广泛应用于网络中，在 Photoshop CS3 也是最常用的一种模式。

与 RGB 色彩模式不同的是一种减色模式。不但查看物体的颜色时用到这种减色模式，而且在纸上印刷时应用的也是这种减色模式，这样才能做到色彩的完全一致。按照这种减色模式，演变出适合于印刷的 CMYK 模式。CMYK 即代表印刷上用的四种油墨色，C 代表青色，M 代表品红色，Y 代表黄色。因为在实际应用中，以上三色很难形成真正的黑色，最多不过是褐色，因此又引入 K——黑色。CMYK 模式的四种颜色各使用 8 位数据表示，所以它是 32 位的图像模式。传统上，CMYK 印刷时是以 0%~100%来定义网络密度，若以 1%为单位，可以产生 101 个深浅色调。对于一般的印刷品，100 个色调已经可以表现相当平滑的渐变色调，肉眼已很难区分。但实际上 CMYK 能制作的色调比 RGB 模式少，一方面是因为用黑色取代了部分 CMY 色，另一方面颜料也无法按 RGB 模式产生高彩度颜色。显示器正是用红、蓝、绿三种光线以不同亮度的组合来形成每个像素点的颜色，而纸张是用 CMYK 模式。通常在设计和编辑图形图像时，工作在 RGB 模式下，这是因为在 RGB 模式下图像的显示、刷新速度非常快（PC 机的显示器、显示卡和操作系统都是设计在 RGB 模式下工作的），而当工作于 CMYK 模式时需要用大量的计算来完成模式的转换，以至于显示刷新的速度看起来相对变得很慢。

事实上，RGB 模式所提供的有些色彩已经超出了打印色彩的范围，把用 RGB 模式设计的图像直接印刷或打印出来，其色彩效果和在屏幕上看到的可能会有很多不一样。这主要是因为打印所用的主要是 CMYK 模式，而 CMYK 模式所定义的色彩要比 RGB 模式定义的色彩少许多。在打印时系统会自动将 RGB 模式转换为 CMYK 模式，对无法打印的色彩选择最相近的颜色，这样就不可避免地损失一部分颜色、降低一定的亮度。印刷时也是如此，一般在打印一幅真彩的图像时必然损失一部分亮度，而且比较鲜明的色彩肯定会失真。

作为使用者，不必去深入研究每个色彩模式，但必须了解它们之间的不同和对所设计图像的影响。

2. Lab 模式

Lab 是国际标准照明委员会（CIE）于 1931 年制定出的一套国际色彩标准。通过上文已了解到，RGB 模式是一种发光加色模式，CMYK 模式是一种颜料反光的减色模式，而 Lab 是 CIE 组织确定的一个理论上包括人眼可见的所有色彩的色彩模式，该模式是目前所有模式中覆盖色彩范围最广的模式。它弥补了 RGB 与 CMYK 两种色彩模式的不足，可再现几乎全部人眼可见的色彩。它对色彩的描述完全采用数字方式，与系统及设备无关，因此可以毫无偏差地在不同系统与平台之间进行交换。

究竟什么是 Lab 模式呢？Lab 模式使用 L*a*b*颜色模型由三个通道组成，每个通道中每个像素用 8 bit 数据来表示：一个是通道照明度，即 L，其值为 0~100，代表亮度。另外两个是色彩通道，其值为-120~120；a 通道表示从绿到灰，再到粉红的颜色；b 通道则是从蓝到灰，再到黄的颜色。因此这种彩色模式是与设备无关的。

用 Lab 模式选色较为困难，因为 Lab 参数的变化不像 RGB 或 CMYK 那样直观，因此只用在比较特殊的情况，例如在不同系统间交换文件，可以避免失真或是单独对亮度进行控制和操作。

3. HSB 模式

HSB 模式是根据人体视觉而开发的一套色彩模式，是最接近人类大脑在进行色彩辨认时思考的模式。在 HSB 颜色模式中，用色相（Hue）、饱和度（Saturation）和亮度（Brightness）这三个特征描述颜色。色相就是纯色，即组成可见光谱的单色，假如将色相比喻成一个圆环，那么红色就在 0°，绿色在 120°，蓝色在 240°。饱和度代表色彩的纯度，为零时即为灰色，为 100 时代表最大饱和度（表示色彩最浓），这时为每一色相最纯的色光。亮度是指色彩的明亮度，为零时即为黑色，最大亮度是色彩最鲜明的状态。这种模式非常适合人们直观地选取色彩。

4. 灰度模式

过去黑白电视和现在的黑白照片就是灰度模式的。灰度模式中只存在灰度，图像的每一个像素由 8 位数据来表示，灰度的级别为 0（黑色）~255（白色）分为 256 个，图像看上去和黑白照片类似。灰度图像像素点的灰度值用 K 来表示，0%表示白色，100%表示黑色，它是用来衡量黑色油墨的深浅的。从 HSB 色彩模式的角度来看，灰度图像文件中图像的色彩饱和度为零，亮度是唯一能够影响灰度图像的选项。

5. 位图模式

位图模式也称为 1 bit 模式，1 bit 意味着在计算机中只能用 0 和 1 来表示颜色——黑色和白色。也就是说，位图模式为只有黑色和白色两种像素组成的图像，所以位图模式又叫做黑白模式。有些人认为黑色既然都包含在灰度模式中，因此这种模式用处也就不太大了。实际上并不是这样，正因为有了位图模式，才能更完善地控制灰度图像的打印。事实上像激光打印以及照排机这些输出设备都是靠细小的网点来渲染灰度图像的，网点越密颜色越黑，反之则越白。使用位图模式就可更好地设定网点的大小、形状，以便完美地用打印机体现灰度图像。

需要注意的是，只有灰度图像或多通道图像才能转换为位图图像，其他的色彩模式的图像文件必须先转换成这两种模式，然后才能进行转换。彩色图像不能直接转换为黑白模式，必须先转换为灰度模式才能转换为黑白模式。

1.2.2　文件格式

多媒体计算机通过彩色扫描仪能把各种印刷图像及彩色照片数字化后送到计算机存储器中；通过视频信号数字化仪能把摄像机、录像机、激光视盘等彩色全电视信号数字化存到计算机存储器中；还有计算机本身可以通过计算机图形学的方法编程，生成二维、三维彩色几何图形及三维动画，存放在计算机存储器中。采用上述三种形式形成的数字化的图形、图像及视频信息，都以文件的形式存储到计算机存储器。人们希望能够有国际标准的文件格式，但是目前流行的大多数是工厂或企业的标准。下面将其分成两类，一类是静态图像文件格式；另一类是动态视频图像文件格式。对于静态图像文件格式，将讨论 5 种当前比较流行的图像格式：TIFF，TGA，BMP，PCX 及 MMP；对于动态视频图像文件格式，常用的有 MPG，AVI 等文件格式，这里不再介绍。

1. TIFF（Tag Image File Format）

TIFF 格式中引进了标志域的方法，其文件格式全部是基于标志域的。Alaus 和 Microsoft 公司为扫描仪和桌面出版系统研制开发了 TIFF 较为通用的文件格式，TIFF 一出现就得到广泛的应用，这大大超过了设计者的想像。关于图像的所有信息都存放在标志域中，例如，它规定图像尺寸大小、规定所用计算机型号、制造商、图像的作者、说明、软件及数据。TIFF 文件是一种极其灵活易变的格式，它支持多种压缩方法、特殊的图像控制函数及许多其他的特性。

TIFF 是一种最复杂的图像文件格式，它支持多种编码方法：RLE（Run Length Encoding）编码数据，LZE（Lempel-Ziv Encoding）编码数据，CCITT 格式的数据以及 RGB 的数据。

2. TGA（Targa Image Format）

TGA 图像文件格式是 Truevision 公司为 Targe 和 Vista 图像获取板设计的 TIPS 软件所使用的文件格式，Targe 和 Vista 图像获取板插在 PC 机上得到了广泛的应用。因此，在 TGA 图像文件格式的应用也变得越来越广泛。TGA 图像文件格式结构比较简单，它由描述图像属性的文件头（Header）以及描述各点像素值的文件体（Body）组成。

文件头共有 18 个字节，第一个字段是一个字节，它表示图像 ID 字段的第一个尺寸。彩色映射类型字段（Color Map Type）是一个字节，它描述图像彩色映射类型，它的值对应如下的含义：

0：文件中没有图像数据。

1：有调色板非压缩型数据。

2：真彩色非压缩类型。

3：黑白图像非压缩类型。

9：有调色板用 RLE 压缩编码。

10：真彩色用 RLE 压缩编码。

11：黑白图像压缩编码。

彩色映射规定映射的坐标和长度各为两个字节，同时还规定了每个映射项的比特数。在 Image Speeds 域中，坐标原点 X 和 Y，宽和高为两个字节，其他均为一个字节。

文件体由图像文件标识符 ID，图像文件的映射（Color Map）关系以及图像像素数据组成。

3．BMP（Bitmap）

BMP 是一种与设备无关的图像文件格式，它是 Windows 软件推荐使用的一种格式，随着 Windows 的普及，BMP 的应用越来越广泛。

BMP 图像文件格式共分三个域。一是文件头，它又分成两个字段：一是 BMP 文件头，一是 BMP 信息头；在文件中主要说明文件类型，实际图像数据长度，图像数据的起始点位置；同时还说明文件图像分辨率、长、宽及调色板中用到的颜色数。第二个域是彩色映射（Color Map）。最后一个域是图像数据，BMP 文件存储数据时，图像的扫描方法是从左向右，从下向上。

4．PCX

PCX 图像文件格式是 Zsoft 公司研制开发的，主要与商业性 PC-Paint brush 图像软件一起使用。PCX 文件可以分成三类：各种单色 PCX 文件，不超过 16 种颜色的 PCX 文件，具有 256 种颜色的 PCX 图像文件。PCX 图像文件格式与特定图形显示硬件密切相关，其格式一般为 256 色和 16 色，不支持真彩色的图像存储，存储方式通常采用 RLE 压缩编码，读写 PCX 时需要一段 RLE 编码和解码程序。

5．MMP

MMP 图像文件格式是 Ani-video 公司以及清华大学计算机系设计制造的 Ani-video 和 TH-Ani-video 1，2，3 视频信号采集板中采用的图像文件格式。根据最近几年新的发展趋势，为使视频数据能和电视视频信号兼容，它的图像数据采用 YUV 的形式，这和计算机图形数据（RGB）有较大的不同，因此，它的通用性不如前面几种格式。

MMP 图像文件格式分成两个域，一个是文件头，另一个是文件体。文件头中有 MMP 文件标志、文件中图像的宽和高。在文件体中图像数据采用 8∶2∶2=Y∶U∶V 存储方式，用 6 个字节存储 4 个像素，其中 Y 分量每个像素占一个字节，余下 2 个字节被 U，V 分量占用，像素的排列顺序为 UUVVYYYYYYYY。

6．JPEG 图像文件格式

JPEG 即 Joint Photographic Experts Group，直译为联合摄影专家组，也可称为 JPG，是由 ISO 和 CCITT 两个国际标准化组织共同推出的标准，主要用于摄影图片的存储和显示。这种格式的图像可在 PC 机上和 Macintosh 机上的多种系统平台上使用，并得到许多应用软件的支持。

JPEG 格式支持 RGB，CMYK 和灰度颜色模式，不支持 Alpha 通道。与 GIF 格式不同，JPEG 格式的文件保留 RGB 图像中的所有颜色信息，通过选择性地去掉数据来压缩文件。

JPEG 采用的是一种有损压缩的存储技术，为了追求高效的压缩比，它在压缩图像的过程中将人眼很难觉察到的图像信息丢掉，而图像品质并未受到影响。

JPEG 是目前摄影图像领域中最好的压缩方法，其压缩比通常能达到 1:10，甚至是 1:100，所占磁盘空间最小，不过其压缩和解压过程都很慢。

因为 JPEG 格式会丢失一些图像数据，所以建议在编辑过程中用不丢失数据的格式（比如用 Photoshop 格式）存储图像，只在最后完成编辑时才用 JPEG 格式保存。

7．GIF 图像文件格式

GIF 即 Graphics Interchange Format（译为图像交换格式），是一种公用的图像文件格式。目前有许多应用软件都支持 GIF 格式，GIF 格式也支持 MS-DOS，Macintosh，UNIX，Amigos 及其他系统平台。

GIF 格式的文件只能保存 256 色图像（即最多用 256 种颜色来表现的彩色图像），并且用 LZW 压缩方式进行图像数据的压缩，所以其文件可以变得很小，很适合在网络上传送，因此在 World Wide Web 和其他网上服务的 HTML（超文本标记语言）文档中，GIF 文件格式普遍用于显示索引颜色图形和图像。虽然目前常见的 GIF 文件中只有一幅图像，但在一个 GIF 文件中可以存放多幅图像。

8．EPS 格式

EPS（Encapsulated PostScript）格式可以包含矢量图和位图，用于在应用程序间传输 PostScript 语言图稿。打开其他应用程序（如 Adobe Illustrator）创建的含矢量图的 EPS 文件时，Photoshop 会对文件进行栅格化，将矢量图转换为像素。EPS 格式支持 Lab，CMYK，RGB，索引颜色，双色调，灰度和位图模式图像，但不支持 Alpha 通道。

1.3　广告学常识

平面广告是最大众化的媒体形式，如招贴广告、杂志广告、直邮广告等。

平面广告创意的方法主要有如下几种：

1．广告创意离不开广告本身特性的把握

广告本身具有自己的特性和特征。特征一就是实用性和功能性，它直接来源于消费品的实际用途、日常生活中的位置、产品技术性能和相关资料。特征二即是象征性，它负载着社会意义，包括传统精神、时代感、民族特征等广告可使用日常用语、流行词汇或者时髦符号。特征三就是想像性，广告语言是在制造一种幻想，打破传统的社会表达方式和技术常规，唤醒消费者心中最深层次的动机和欲望。

2．广告图形的视觉功能

从视觉效果来说，要在有限的时间内，有限的篇幅中，有效利用图形的视觉效果，产生瞬间的注目性，只有图形才能实现。

从看读效果来说，以简洁明了的视觉图形标准传达广告的主题，使广告有更强的易读性和可理解性，使读者有明确的印象。

从诱导效果来说，广告图形注重相对应的情感、想像和风土人情等，并猎取观众相应的心理反应，使观众能够通过图形将视线诱导至文字或产品标志等，以达到广告效应。

3．广告图形的现代设计形式

现代的设计，早就从铅笔、圆规进化到电脑鼠标的时代。但是不管工具怎样变化，平面设计的基

本程序一般还是初稿、草稿、设计完成稿、定稿的过程。在这个过程中，应该选择适当的表达方式和表现手段。主要使用的表现手段有如下几种：

具体形式：具体的图形多采用摄影和逼真画绘制方式加以表现。可以真实地再现产品的质地美、新鲜感、色彩和形态等，渲染真实的和现场的感受，以达到广告促销的目的。

抽象形式：抽象形式用非写实的抽象化的视觉图形语言表现广告的内容。这种方法具有较为自由的表现个性，幻想的、夸张的、象征的情景都能自由表现处理。它的视觉效果在视觉传达中愈显新颖、独特，也愈生动有效地传达了信息。

装饰图形形式：通过装饰性的造型、色彩人物、动物、花卉、风景或者产品的形象加以变化处理，以较优美的视觉效果引人注目。

漫画形式：漫画卡通形式的广告同样很多见，可以分为夸张性、讽刺性、幽默性和诙谐性等不同的漫画形式。

文字形式：文字形式以文字作为设计元素。如中国汉字，既是文字又是图形。在设计领域，它又是视觉传达的重要元素之一。

标志形式：标志本身代表了企业的形象，是企业的经营利器，同样具有很重要的广告作用。

1.4 图像输出知识

在设计的作品制作完成后，总希望将计算机图像变成可以拿在手上观看或相互传阅的图像成品，如打印件和印刷件等外围设备输出的二维平面介质作品。打印机输出往往只适用于少量的小幅面输出。如果需成批量的成品，则需要用印刷设备输出。如果需要将图像进行大量的印刷，就要涉及彩色印刷技术方面的知识了。彩色印刷技术一般分为印前技术、印刷过程和印后加工三个阶段。现代彩色印刷技术又分为照相分色制版和电子分色制版。传统的照相分色和电子分色制版技术是将图像利用照相分色或电子分色机分色再通过手工拼版把图像和文字组合在一起形成完整的页面。由于工艺复杂，操作不便，长期以来这些技术一直为少数人掌握。随着计算机技术的发展，电子印前技术得到了飞速发展，以计算机为主要工具的桌面出版系统（DTP）以其方便、直观、快捷等优势成为了电子印前技术中的主流。

1.5 图形制作软件简介

1.5.1 位图图形制作软件

1. Adobe Photoshop

无论是 PC 机还是苹果机的用户，只要谈到图像处理软件都首推 Adobe Photoshop。该软件诞生于 20 世纪 80 年代末，其最初程序是由美国 Michigan 大学的一位研究生 Thomas Knoll 创建的。从 1990 年到现在，Adobe 公司正式推出 Adobe Photoshop 已经有 7 个版本了。Adobe Photoshop 日臻完善，已经成为当今世界上一流的计算机图像处理工具。

Adobe Photoshop 的主要功能在于处理照片、印刷品等位图图像，对图像进行裁切、融合、变换

和特殊效果制作等，Adobe Photoshop 软件的特色在于支持大量的图像格式、支持多层工作方法和具有多种多样的选取功能。

2．Corel PHOTO-PAINT

Corel PHOTO-PAINT 是加拿大 Corel 公司开发的，用于处理照片等位图图像的软件，支持几乎所有的位图文件格式，适用于 PC 机的 Windows 平台，具有超强的照片处理功能和较好的绘画功能。

3．PHOTO-PAINT

PHOTO-PAINT 是美国微软公司开发的 Office 系列办公软件之一，具有一般的图片处理功能。

1.5.2 矢量图形制作软件

1．CorelDRAW

CorelDRAW 是加拿大 Corel 公司开发的矢量图绘图软件，该软件开发至今已经推出 10 个版本，是当今世界上最为流行的绘图软件之一，集图像设计、图形绘制、图文排版、图形图像整合和印刷出版于一身。CorelDRAW 以其强大的多功能性越来越多地受到人们的青睐。CorelDRAW 是在 PC 机上开发出来，目前 Corel 公司又推出在苹果机使用的版本，使其得到更广泛的应用。

CorelDRAW 软件支持许多的图像图形格式，既可以在工作区处理矢量图，也可以处理位图，既可以存储矢量图，也可以存储位图，因此有很好的图形和图像的整合功能，CorelDRAW 还具有优良的文字处理功能和图文混排功能，它以十分便捷的操作、十分亲和的界面和丰富多彩的变化，给用户带来创作的灵感和欲望。

2．Adobe Illustrator

Adobe Illustrator 是 Adobe 公司开发的绘图软件，有苹果机和 PC 机两种版本，是许多苹果机用户选择的图形制作软件，它与 Adobe Photoshop 图像处理软件珠联璧合。

3．FreeHand

FreeHand 是 Macromedia 公司开发的绘图软件，有苹果机和 PC 机两种版本，是许多苹果机用户选择的图形制作软件，与 Adobe Illustrator 图形制作软件有异曲同工之处。

本 章 小 结

电脑平面设计常识是全书的概要，它把计算机图形和图像的基本知识和原理呈现给大家，以便在开始进入计算机图形和图像制作初期、在学习过程中或是今后进入更深的领域时用来借鉴和参考。

习 题 一

一、填空题

1．平面设计集__________、__________和__________为一体。

2．在计算机中，数字图像有两种：________和________。

3．JPG 格式采用________压缩，BMP 格式采用________压缩。

4．图像的创作是围绕________来进行的。

5．分辨率分为________、________、________和________4 种。

6．平面设计的常用软件有________、________、________、________和________。

二、选择题

1．位图图像是由许多点组成的，这些点被称为（　　）。

A．图形　　B．颜色

C．像素　　D．图像

2．下列（　　）图像格式是唯一可以记载所有 Photoshop 信息的文件格式。

A．PSD　　B．GIF

C．PCX　　D．JPG

3．利用（　　）可获取数字图像。

A．打印机　　B．数码相机

C．刻录机　　D．扫描仪

三、简答题

1．简述计算机平面设计的特点。

2．简述平面设计的基本流程。

四、上机操作题

1．观察一大型平面广告牌，分析其设计的主题及特点。

2．使用数码相机拍摄一些自己喜欢的图像素材，将这些素材存储在计算机上。

3．使用扫描仪扫描一些照片，将其存储在计算机上。

第2章 Photoshop CS3 应用基础

本章要点

- ☑ Photoshop 概述
- ☑ 图像处理的基本概念
- ☑ 启动与退出 Photoshop CS3
- ☑ Photoshop CS3 的工作界面
- ☑ 文件的操作
- ☑ 辅助工具的使用
- ☑ Photoshop CS3 软件的优化设置

学习目标

Photoshop 软件多年来一直深受广大平面设计人员青睐，它也是目前功能最强大、应用最广泛的图像处理软件。本章将向用户介绍一些 Photoshop CS3 的应用基础知识。

2.1　Photoshop 概述

Photoshop 是美国 Adobe 公司开发的图形图像处理软件，是当前使用最为广泛、效果最为出众的专业级图像编辑及设计软件。使用 Photoshop 可以创作出既适于印刷又可用于 Web、无线装置或其他介质的精美图像，还可以大幅度提高绘图及编辑的效果。

由于 Photoshop 功能强大，且对数码视频技术的强力支持及许多同类应用程序具有良好的兼容性，已经广泛应用于出版、印刷、图像制作和编辑等领域。

Photoshop CS3 是 Adobe 公司推出的最新版本，它是一款与摄影师联系最为密切的图像处理软件。利用它可以绘制简单的几何图形、给黑白照片上色、进行图像格式和颜色模式的转换，改变图像的尺寸以及分辨率，也可创作出所能想象出来的超现实的图像作品。它提供了图像色彩调整、合成、修饰以及各种滤镜特效等功能，用户可以利用 Photoshop CS3 将数码图像或其他格式数字图像处理成所需要的各种特殊效果。另外，Photoshop CS3 在原来版本的基础上增加了许多新功能，不少功能是针对数码照片设计的，也有一些功能是针对视频设计的，下面将进行具体介绍。

2.2　图像处理的基本概念

要真正掌握并使用一个图像处理软件，不仅要掌握软件的操作，还需要掌握图像与图形方面的基本知识，如图像的类型，即矢量图与位图的概念、像素和分辨率等。

2.2.1　像素

像素是一个带有数据信息的正方形小块。图像由许多的像素组成，每个像素都具有特定的位置和颜色值，因此可以很精确地记录下图像的色调，逼真地表现出自然的图像。像素是以行和列的方式排列的，如图 2.2.1 所示，将某区域放大后就会看到一个个的小方格，每个小方格里都存放着不同的颜色，也就是像素。

一幅位图图像的每一个像素都含有一个明确的位置和色彩数值，从而决定了整体图像所显示出来的样子。一幅图像中包含的像素越多，所包含的信息也就越多，因此文件越大，图像的品质也会越好。

图 2.2.1　像素

2.2.2　分辨率

分辨率是图像中一个非常重要的概念，一般分辨率有 3 种，分别为显示器分辨率、图像分辨率和专业印刷的分辨率。

1．显示器分辨率

显示屏是由一个个极小的荧光粉发光单元排列而成的，每个单元可以独立地发出不同颜色、不同亮度的光，其作用类似于位图中的像素。一般在屏幕上所看到的各种文本和图像正是由这些像素组成的。由于显示器的尺寸不一，因此习惯于用显示器横向和纵向上的像素数量来表示所显示的分辨率，常用的显示器分辨率有 800×600 和 1024×768，前者表示显示器在横向上分布 800 个像素，在纵向上分布 600 个像素；后者表示显示器在横向上分布 1024 个像素，在纵向上分布 768 个像素。

2．图像分辨率

图像分辨率是指位图图像在每英寸上所包含的像素数量。图像的分辨率与图像的精细度和图像文件的大小有关。如图 2.2.2 所示为不同分辨率的两幅相同的图，其中左图的分辨率为 100 ppi（点/英寸），右图的分辨率为 10 ppi，可以非常清楚地看到两种不同分辨率图像的区别。

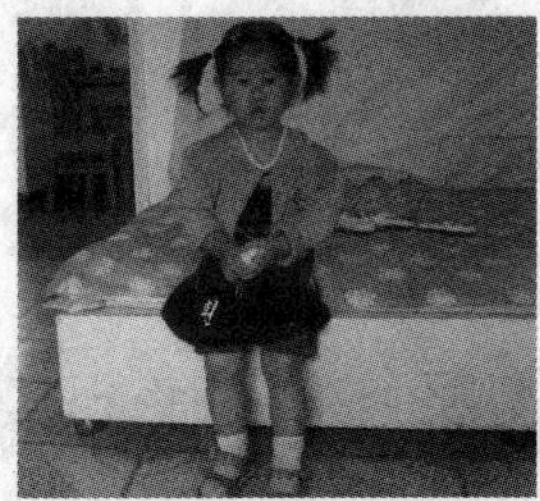

图 2.2.2　不同分辨率的图像

虽然提高图像的分辨率可以显著地提高图像的清晰度，但也会使图像文件的大小以几何级数增长，因为文件中要记录更多的像素信息。在实际应用中应合理地确定图像的分辨率，例如可以将需要打印图像的分辨率设置高一些（因为打印机有较高的打印分辨率）；而用于网络上传输的图像，可以将其分辨率设置低一些（以确保传输速度）；用于在屏幕上显示的图像，也可以将其分辨率设置低一些（因为显示器本身的分辨率不高）。

只有位图才可以设置其分辨率，而矢量图与分辨率无关，因为它并不是由像素组成的。

3．专业印刷的分辨率

专业印刷的分辨率是以每英寸线数来确定的，决定分辨率的主要因素是每英寸内网点的数量，即挂网线数。挂网线数的单位是 Line/Inch（线/英寸），简称 LPI。例如，150 LPI 是指每英寸加有 150 条网线。给图像添加网线，挂网数目越大，网数越多，网点就越密集，层次表现力就越丰富。

2.3　启动与退出 Photoshop CS3

安装 Photoshop CS3 后，就会在 Windows XP 的 开始 → 所有程序(P) 中创建快捷方式图标 Adobe Photoshop CS3，如图 2.3.1 所示。

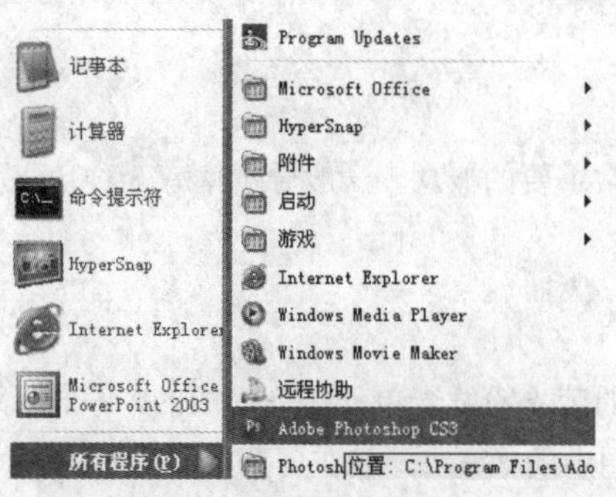

图 2.3.1 启动 Photoshop CS3

要启动 Photoshop CS3 应用程序，其方法有以下几种：

（1）选择 开始 菜单栏中的 Adobe Photoshop CS3 命令。

（2）双击桌面上的 Photoshop CS3 快捷方式图标。

要退出 Photoshop CS3 应用程序的方法有以下几种：

（1）单击程序窗口右上角的“关闭”按钮 ☒。

（2）选择菜单栏中的 文件(F) → 退出(X) 命令。

（3）按“Ctrl+Q”键或“Alt+F4”键。

2.4 Photoshop CS3 的工作界面

运行 Photoshop CS3 后，屏幕上将显示如图 2.4.1 所示的窗口，该窗口包括标题栏、菜单栏、属性栏、工具箱、面板以及图像窗口等部件，下面进行详细介绍。

图 2.4.1 Photoshop CS3 程序窗口

2.4.1 标题栏

在 Photoshop CS3 窗口中，最上面一栏为标题栏，左侧显示图标与名称，右侧显示三个按钮，分

别为“最小化”按钮、“最大化”按钮和“关闭”按钮。

2.4.2　菜单栏

在 Photoshop CS3 界面中，菜单栏位于标题栏的下方，Photoshop CS3 软件中的大多数图像处理命令都包含在菜单与子菜单中。在需要执行的菜单命令上单击鼠标左键即可打开子菜单，选择命令或直接执行菜单命令。例如，选择菜单栏中的选择(S)→修改(M)命令，如图 2.4.2 所示，即可弹出子菜单进行选择，也可以直接执行其他菜单命令。

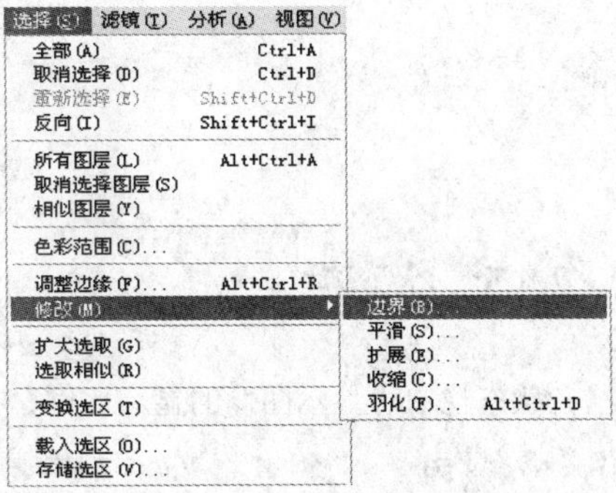

图 2.4.2　选择菜单

2.4.3　属性栏

在工具箱中选择了某个工具后，使用前可以对该工具的属性进行设置。例如选择了画笔工具后，其属性栏显示如图 2.4.3 所示，用户可以在其中设置画笔的样式。每一个工具属性栏中的选项都是不定的，它会随用户所选工具的不同而变化。

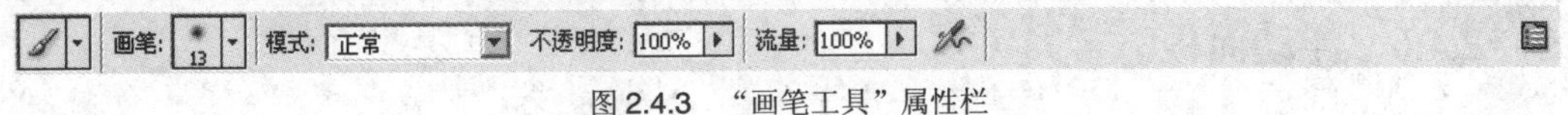

图 2.4.3　“画笔工具”属性栏

2.4.4　工具箱

工具箱位于 Photoshop CS3 界面的左侧，使用工具箱中的工具可以对图像进行绘制、移动、选择、编辑和取样等操作，也可在图像中输入文字或改变前景颜色与背景颜色，如图 2.4.4 所示。

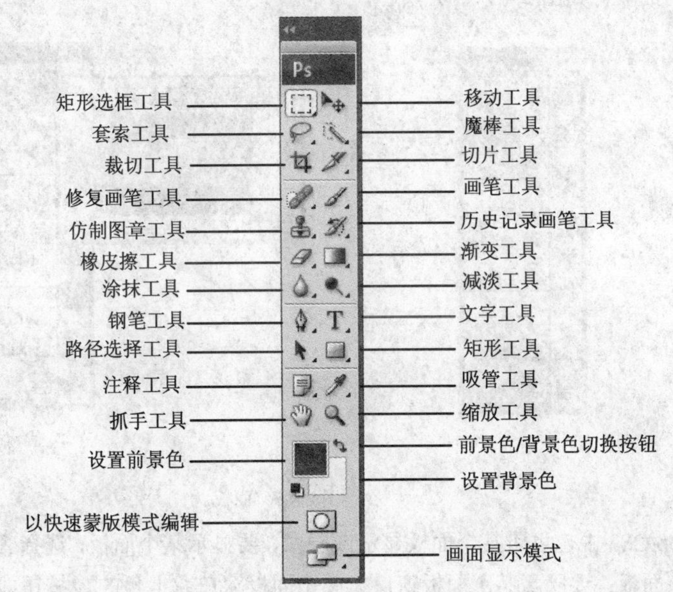

图 2.4.4　工具箱

工具箱中有些工具右下角有黑色的小三角标志，表示该工具还包含有同类型的工具，只须在该工

具按钮处单击并按住鼠标左键不放，稍后就会出现隐藏的工具，如图 2.4.5 所示。

图 2.4.5 选择隐藏的工具

2.4.5 状态栏

在状态栏中可显示图像的显示比例、文件大小与状态提示信息等，如图 2.4.6 所示。

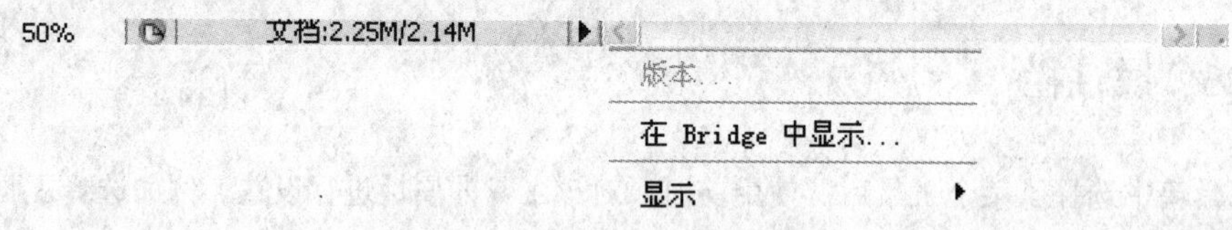

图 2.4.6 状态栏

2.4.6 浮动面板

浮动面板是在 Photoshop CS3 中经常使用的工具，一般用于修改显示图像的信息。Photoshop CS3 包括图层、通道、路径、字符、段落、信息、导航器、颜色、色板、样式、历史记录、动作、画笔等多种面板。

在系统默认的情况下，这些面板以图标的形式显示在一起，如图 2.4.7（a）所示。单击相应的图标可打开相应的面板，如图 2.4.7（b）所示。

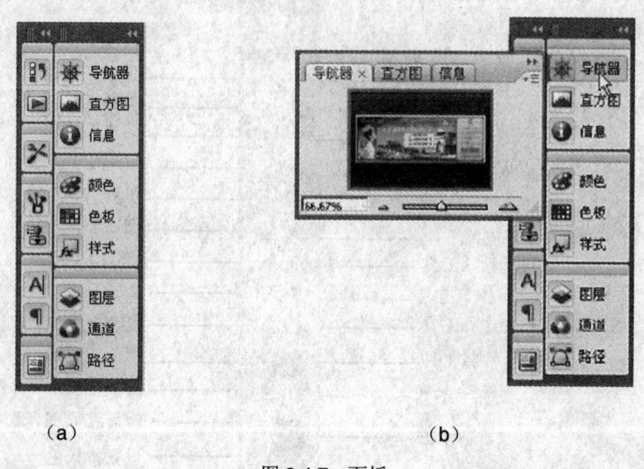

（a） （b）

图 2.4.7 面板

在 Photoshop CS3 中也可将某个面板显示或隐藏，要显示某个面板，选择 窗口(W) 菜单中的面板名称，即可显示该面板；要隐藏某个面板窗口，单击面板窗口右上角的按钮即可。

单击面板右上角的三角形按钮，可显示面板菜单，如图 2.4.8 所示，从中选择相应的命令可编辑图像。

此外，按“Shift+Tab”键可同时显示或隐藏所有打开的面板，按“Tab”键可以同时显示或隐藏所有打开的面板以及工具箱和属性栏。使用这两种方法可以快速地增大屏幕显示空间。

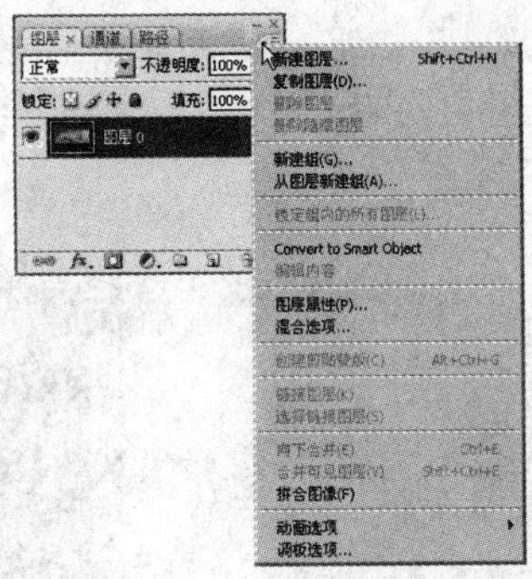

图 2.4.8　显示面板菜单

2.4.7　图像窗口

图像窗口也称为工作区，用来显示图像文件，便于用户进行编辑、浏览和描绘图像等操作。在图像窗口的标题栏上有文件名称、文件格式、显示比例和色彩模式等信息，如图 2.4.9 所示。

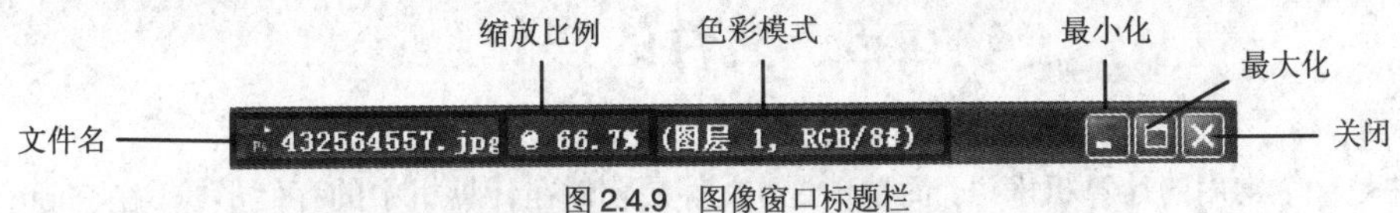

图 2.4.9　图像窗口标题栏

2.4.8　Photoshop CS3 的主窗口调整与显示模式

在 Photoshop CS3 中提供了 4 种不同的屏幕显示模式，即标准屏幕模式、最大屏幕化模式、带有菜单栏的全屏模式和全屏模式。为了操作的需要，可以在这 4 种模式之间进行相互的切换。

（1）单击工具箱中的“标准屏幕模式”按钮，可切换至标准屏幕模式的显示窗口，如图 2.4.10 所示。在该模式下，窗口可显示 Photoshop CS3 的所有组件，如菜单栏、工具箱、标题栏与属性栏等。

（2）单击工具箱中的“最大屏幕化模式”按钮，可切换至最大屏幕化模式的显示窗口，如图 2.4.11 所示。在该模式下，窗口也可显示 Photoshop CS3 的所有组件，同时照片的显示也是最大化的。

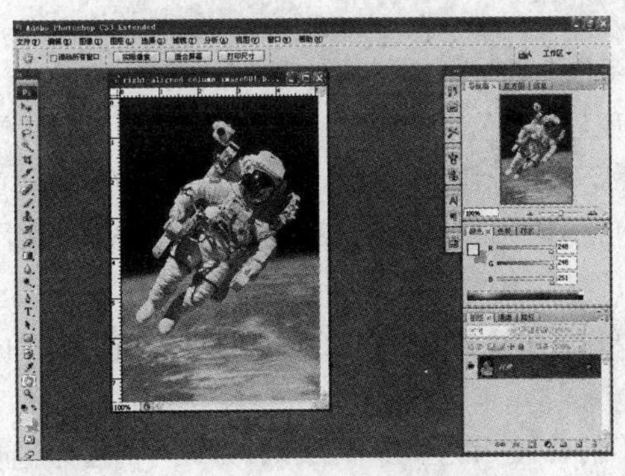

图 2.4.10　标准屏幕模式

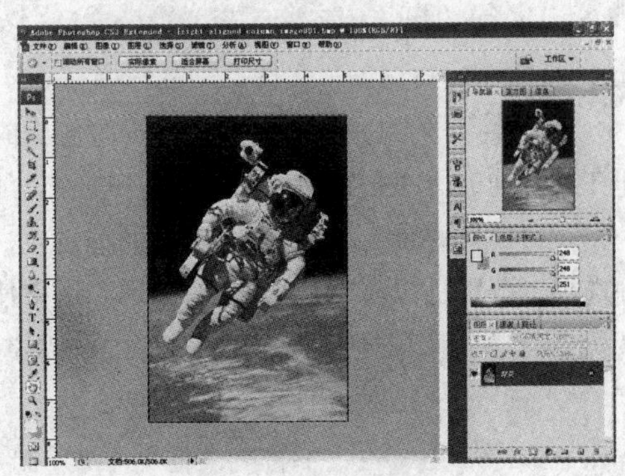

图 2.4.11　最大屏幕化模式

（3）单击工具箱中的“带有菜单栏的全屏模式”按钮，可切换至带有菜单栏的全屏显示模式，如图 2.4.12 所示。在此模式下，将不显示标题栏，只显示菜单栏，以使图像充满整个屏幕，并以 50%灰度的背景显示。

（4）单击工具箱中的“全屏模式”按钮，可切换至全屏模式，如图 2.4.13 所示。在此模式下，图像之外的区域以黑色显示，并会隐藏菜单栏与标题栏，并且以黑色背景显示。在此模式下可以非常全面地查看图像效果。

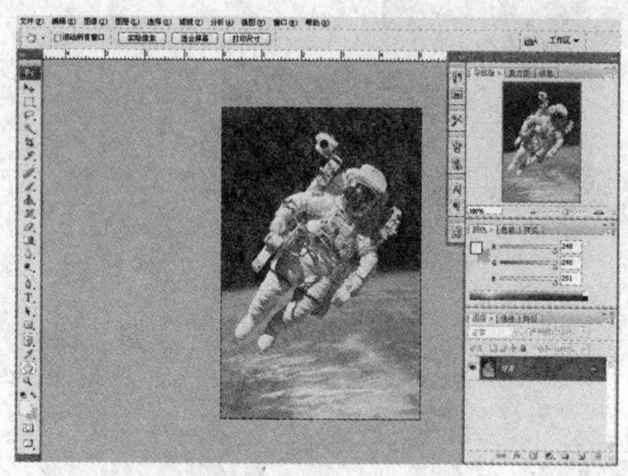

图 2.4.12 带有菜单栏的全屏模式

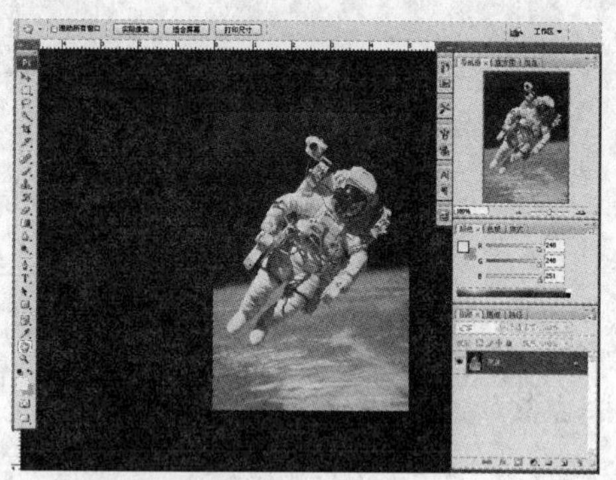

图 2.4.13 全屏模式

2.5 文件的操作

文件是一个常用的计算机术语，简单地说，文件是软件在计算机中的存储形式。在 Photoshop CS3 的 文件(F) 菜单中提供了新建、打开以及保存文件等操作命令，通过这些命令可以对图像文件进行基本的编辑和操作。

2.5.1 新建文件

新建一个文件的具体的操作如下：

（1）选择菜单栏中的 文件(F) → 新建(N)... 命令，也可按“Ctrl+N”键，弹出如图 2.5.1 所示的 新建 对话框。

（2）在 新建 对话框中可设置以下各项参数：

1）名称(N)：用于输入新文件的名称。如果不输入，则 Photoshop 默认的新建文件名为“未标题-1”，如连续新建多个文件，则文件名按顺序默认为“未标题-2”“未标题-3”……

2）宽度(W) 与 高度(H)：用于设置图像的宽度与高度值。在设置前需要确定文件尺寸的单位，即在其后面的下拉列表中选择需要的单位，有像素、英寸、厘米、毫米、点、派卡和列等。

3）分辨率(R)：用于设置图像的分辨率，并可在其后面的下拉列表中选择分辨率的单位，有两种选择，分别是像素/英寸与像素/厘米，通常使用的单位为像素/英寸。

4）颜色模式(M)：用于设置图像的色彩模式，并可在其右侧的下拉列表中选择色彩模式的位数，有 1 位、8 位与 16 位 3 种选择。

5）背景内容(C)：该下拉列表框用于设置新图像的背景层颜色，其中有 3 种方式可供选择，即 白色、背景色 与 透明。如果选择 背景色 选项，则背景层的颜色与工具箱中的背景色相同。

6）预设(P)：在此下拉列表中可以选择预设的图像尺寸、分辨率等。

（3）设置好参数后，单击确定按钮，就可以新建一个空白图像文件，如图 2.5.2 所示。

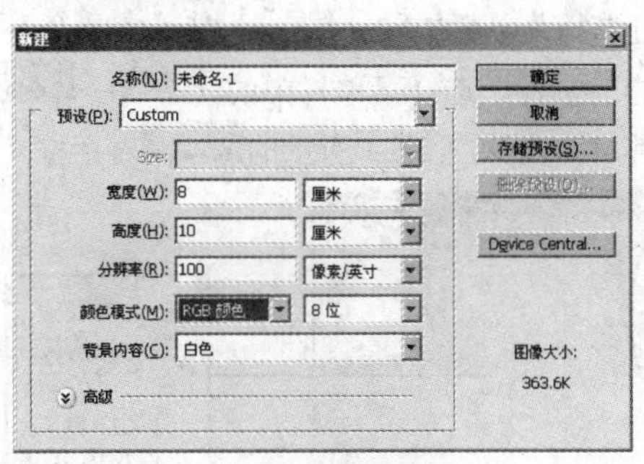

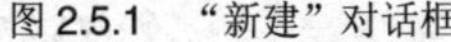

图 2.5.1　“新建”对话框

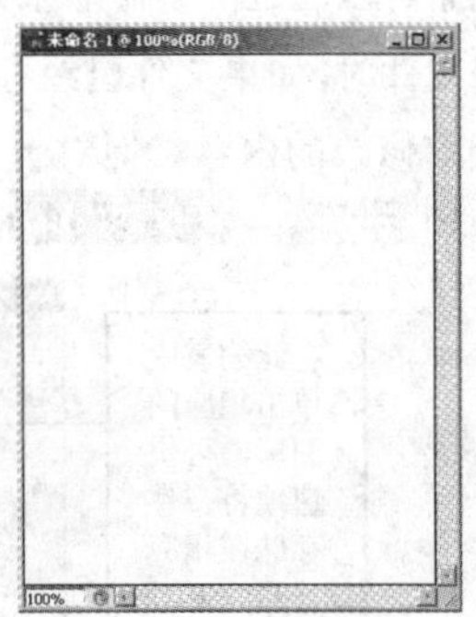

图 2.5.2　新建图像文件

2.5.2　打开文件

如果需要对已存在的文件进行修改，必须先打开文件。打开文件的方法有以下几种：

（1）选择菜单栏中的文件(F)→打开(O)...命令，弹出打开对话框，如图 2.5.3 所示，在该对话框中选择需要打开的图像文件，然后单击打开(O)按钮即可。

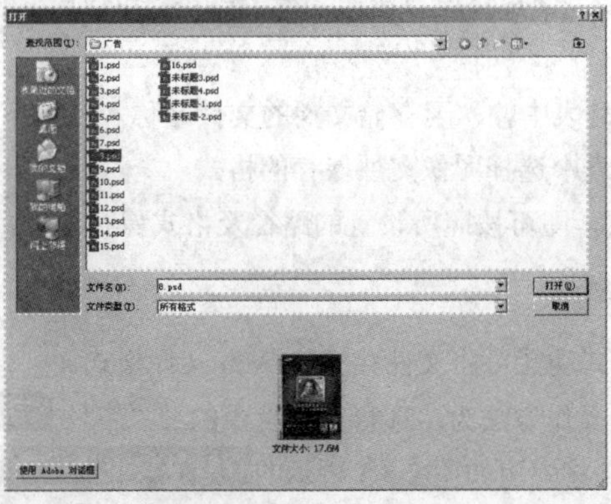

图 2.5.3　“打开”对话框

（2）选择文件(F)菜单中的最近打开文件(R)命令，可从子菜单中选择最近打开过的图像文件。Photoshop CS3 会在最近打开文件(R)子菜单中自动保存最近打开过的若干文件名，默认最多包含 10 个。

（3）选择菜单栏中的文件(F)→打开为(A)...命令，或按“Shift+Ctrl+Alt+O”键，可打开特定类型的文件。

（4）在 Photoshop CS3 中，还有一个可以很方便地打开图像文件的功能，选择菜单栏中的文件(F)→浏览(B)...命令，或按“Ctrl+Alt+O”键，打开文件浏览器窗口，直接在图像的缩略图上双击鼠标左键，即可打开图像文件，也可直接将图像的缩略图用鼠标拖曳到 Photoshop CS3 的工作界面中打开。

2.5.3　保存文件

一般所创建的文件只有通过存储才能长久地保留下来，存储文件时，可以设置多种文件格式。另外，还可以存储文件的副本，并可设置存储选项。

1．存储文件

文件的存储可以通过两个命令来完成，即“存储”或“存储为”，其具体的存储方法如下：

（1）存储文件时，如果文件已经存储过，可选择菜单栏中的文件(F)→存储(S)命令，或按“Ctrl+S”键直接存储当前修改的内容。但对于一幅新建的文件，选择菜单栏中的文件(F)→存储(S)命令，或选择菜单栏中的文件(F)→存储为(V)...命令，都可弹出如图 2.5.4 所示的存储为对话框。

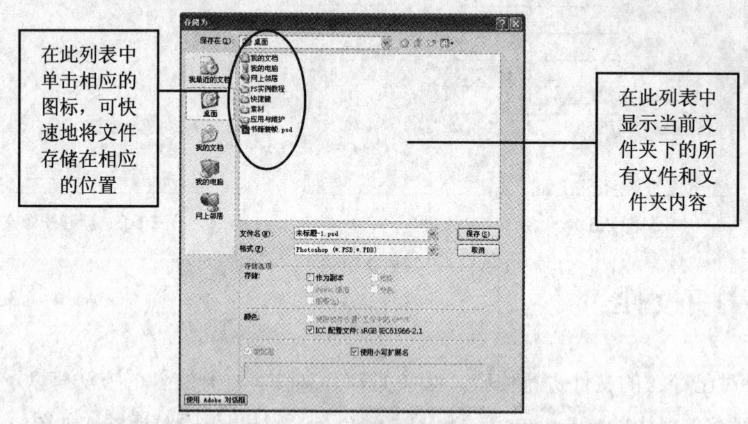

图 2.5.4　“存储为”对话框

（2）在保存在(I):下拉列表中选择保存图像文件的路径，可以将文件保存在硬盘、软盘或网络驱动器和文件夹中。

（3）在文件名(N):下拉列表中输入要存储文件的文件名称。

（4）在格式(F):下拉列表中选择图像文件保存的格式。

（5）单击保存(S)按钮，即可按照所设置的路径及格式保存图像。

2．存储为 Web 文件格式

通过存储为 Web 所用格式功能可将文件存储为 Web 文件格式。

存储为 Web 文件格式的操作方法为：选择菜单栏中的文件(F)→存储为 Web 所用格式(W)...命令，或按“Shift+Ctrl+Alt+S”键，将弹出如图 2.5.5 所示的存储为 Web 所用格式对话框。在此对话框中，将图像文件存储为所需的格式，也可以将一幅图像优化为一个指定大小的文件，使用当前最优化的设置来对图像的色彩、透明度、大小等进行调整，以便得到一个 GIF 或 JPEG 格式的文件。

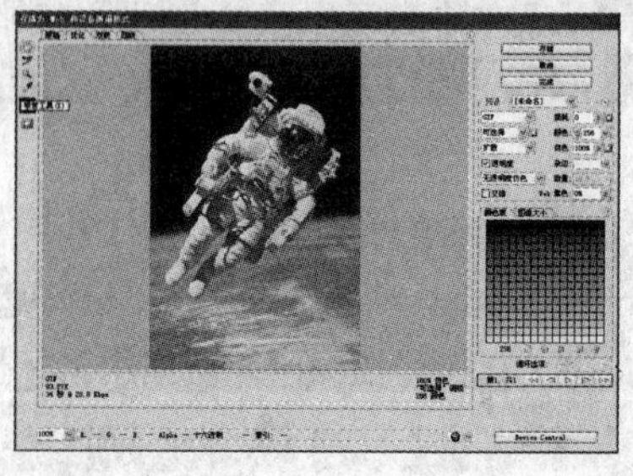

图 2.5.5　“存储为 Web 所用格式”对话框

2.5.4　置入图形

Photoshop CS3 是一个位图处理软件，同时也具备了处理矢量图的功能，可以将矢量图（如后缀为 EPS，AI 或 PDF 的文件）插入到 Photoshop CS3 中使用。其操作步骤如下：

（1）新建或打开一个需要向其中插入图形的图像文件，选择菜单栏中的 文件(F) → 置入(L)... 命令，弹出 置入 对话框，如图 2.5.6 所示。

（2）选择需要置入的文件名称，单击 置入(L)... 按钮，此时置入的 EPS 图像将被包围在一个控制框内，如图 2.5.7 所示，可以拖动控制框调整图像的大小、位置和方向。

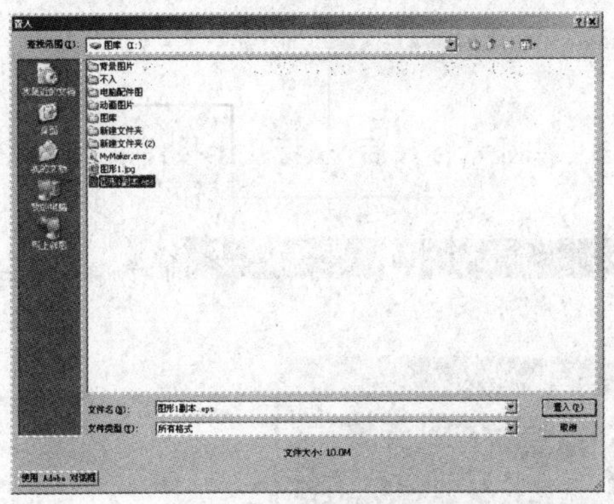

图 2.5.6　“置入”对话框

图 2.5.7　置入 EPS 文件

（3）调整完成后，按回车键确认置入图像，此时在“图层”面板中也会增加相应的新图层，如图 2.5.8 所示。

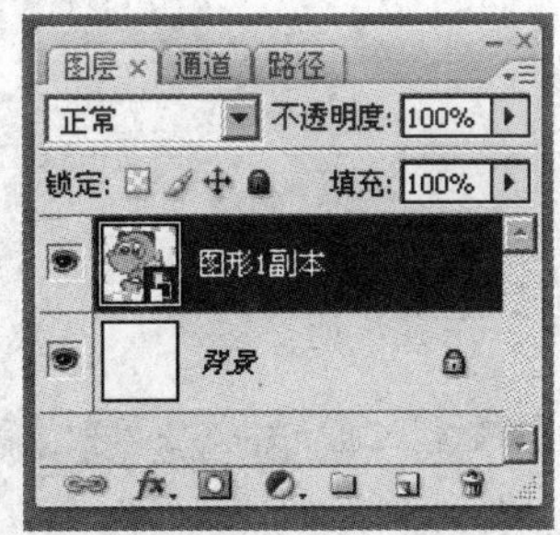

图 2.5.8　置入 EPS 图像后的效果

2.5.5　关闭文件

完成图像编辑并保存后，就需要将其关闭。关闭图像的方法有以下几种：

（1）选择菜单栏中的 文件(F) → 关闭(C) 命令。

（2）单击图像窗口右上角的“关闭”按钮。

（3）按“Ctrl+W”键或“Ctrl+F4”键。

如果要关闭 Photoshop CS3 中打开的多个文件，可选择菜单栏中的 文件(F) → 关闭全部 命令或按“Ctrl+Alt+W”键。

2.6　辅助工具的使用

在制作一幅图像作品时，可以通过使用标尺、参考线、网格等辅助工具来方便观察和绘制。

2.6.1 标尺的使用

选择菜单栏中的视图(V)→标尺(R)命令，可在图像文件中显示标尺。在图像中移动鼠标，可以在标尺上显示出鼠标所在位置的坐标值，按“Ctrl+R”键可以隐藏或显示标尺。

2.6.2 参考线的使用

在图像文件中需要对齐某个对象，可以在图像中显示标尺后，从标尺上按住鼠标左键拖出参考线，通过使用参考线，可进行对象的精确定位。

选择菜单栏中的视图(V)→显示(H)→参考线(U)命令，此时会在图像文件中显示出参考线，如图 2.6.2 所示。

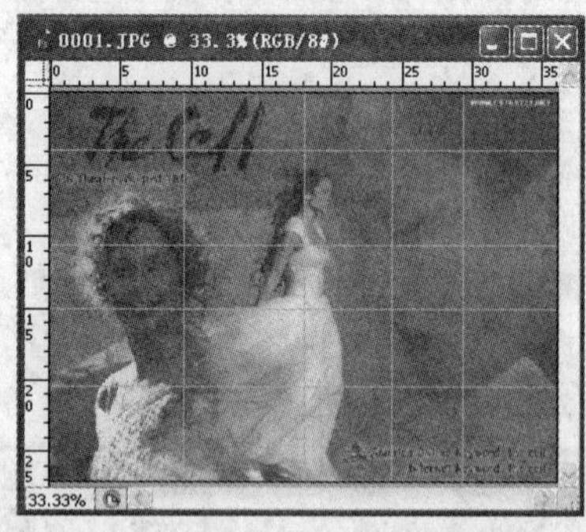

图 2.6.2 图像中的参考线

2.6.3 网格的使用

选择菜单栏中的视图(V)→显示(H)→网格(G)命令，此时会在图像文件中显示出网格，如图 2.6.3 所示。

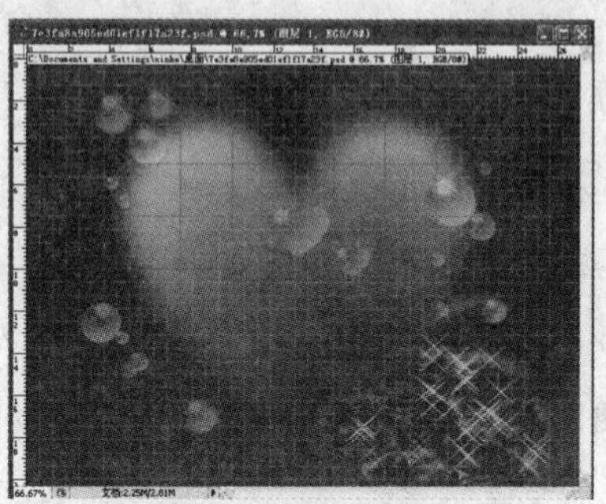

图 2.6.3 在图像中显示网格

2.7 Photoshop CS3 软件的优化设置

对 Photoshop CS3 软件进行合理的设置可以提高软件运行的效率，也可以充分发挥其优势，使 Photoshop CS3 的运行更加个性化。

选择菜单栏中的编辑(E)→首选项(N)命令，弹出子菜单如图 2.7.1 所示，选择这些命令可对 Photoshop CS3 软件进行设置。

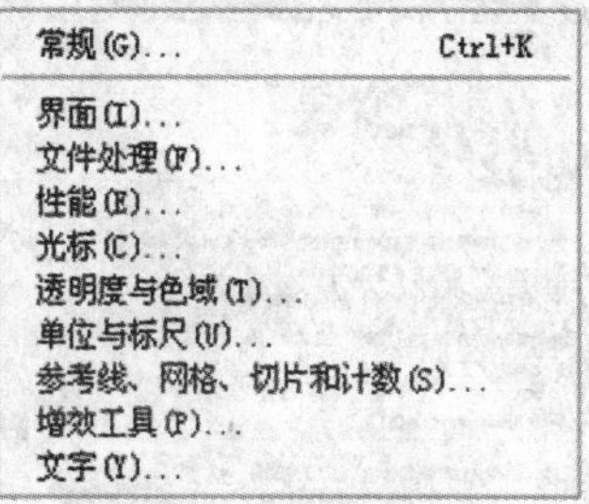

图 2.7.1 首选项子菜单

2.7.1 常规优化

选择菜单栏中的编辑(E)→首选项(N)→常规(G)...命令，如图 2.7.2 所示。

在拾色器(C):右侧的Adobe下拉列表框中，有Windows和Adobe两个选项，一般默认为Adobe选项，此选项是与 Photoshop CS3 匹配最好的颜色体系。

单击图像插值(R):右侧的两次立方(较好)下拉列表，在弹出的列表中选择任意一个选项，都可改变软件在重新计算分辨率时是减少像素还是增加像素。

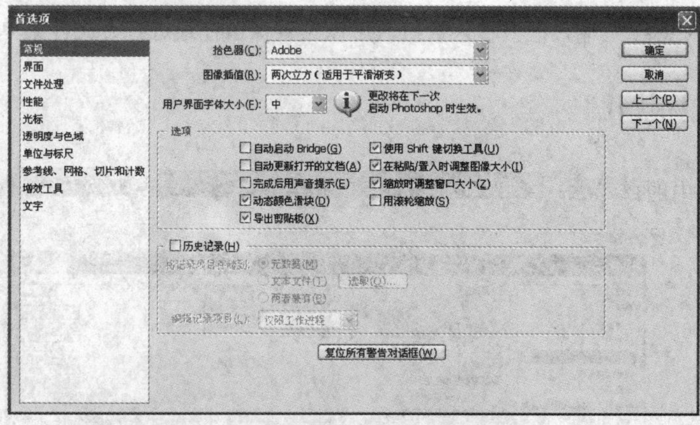

图 2.7.2 首选项对话框中的常规选项

在选项选项区中，选中☑导出剪贴板(X)复选框，在 Photoshop CS3 软件中存入到剪贴板的内容可供其他应用程序使用。

选中☑缩放时调整窗口大小(Z)复选框，按“Ctrl+ +”键可以放大图像显示，按“Ctrl+ -”键可以缩小图像显示。

选中☑动态颜色滑块(D)复选框，设置调色板中的颜色时，拖动滑块可以控制颜色的变化。

选中☑使用 Shift 键切换工具(U)复选框，可以在工具箱中的工具间切换。

2.7.2 文件处理优化

选择菜单栏中的编辑(E)→首选项(N)→文件处理(F)...命令，弹出首选项对话框，如图 2.7.3 所示。

在文件存储选项选项区中，单击图像预览(G):右侧的总是存储下拉列表框，在弹出的下拉列表框中提供了 3 个选项：总不存储、总是存储和存储时提问，一般选择总是存储选项。

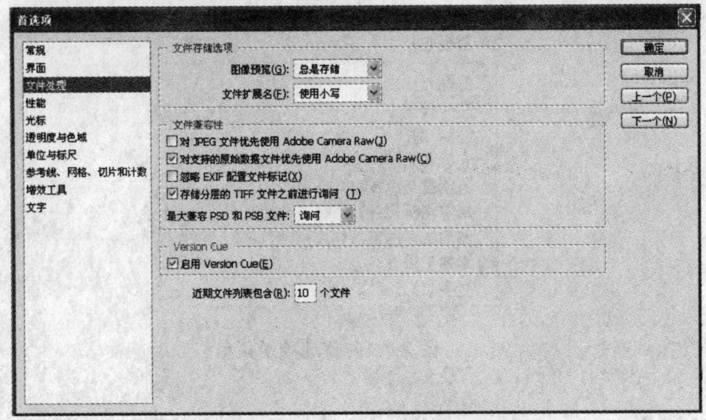

图 2.7.3　首选项对话框中的文件处理选项

单击文件扩展名(E):右侧的使用小写下拉列表框，在弹出的列表中提供了使用小写和使用大写两个选项，可以设置文件扩展名的大小写。

在文件兼容性选项区中，选中☑忽略 EXIF 配置文件标记(X)复选框，可在打开文件时忽略 EXIF 源数据指定的色彩空间规定。

选中☑存储分层的 TIFF 文件之前进行询问 (T)复选框，可在存储从拼合图像转换为分层图像的图像时显示 TIFF 选项对话框。

在近期文件列表包含(R):输入框中输入数值，可以设置保留在最近打开文件菜单中的文件数。

2.7.3　光标优化

选择菜单栏中的编辑(E)→首选项(N)→光标(C)...命令，弹出首选项对话框，如图 2.7.4 所示。

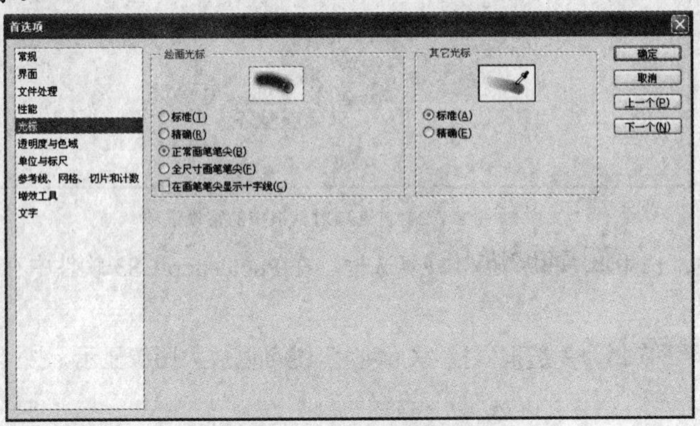

图 2.7.4　首选项对话框中的光标选项

在其它光标选项区中，选中⊙标准(A)单选按钮或⊙精确(E)单选按钮，可以控制使用其他工具时光标显示的状态（除画笔工具以外）。

2.7.4　透明区域与色域优化

选择菜单栏中的编辑(E)→首选项(N)→透明度与色域(T)...命令，弹出

首选项对话框，如图 2.7.5 所示。

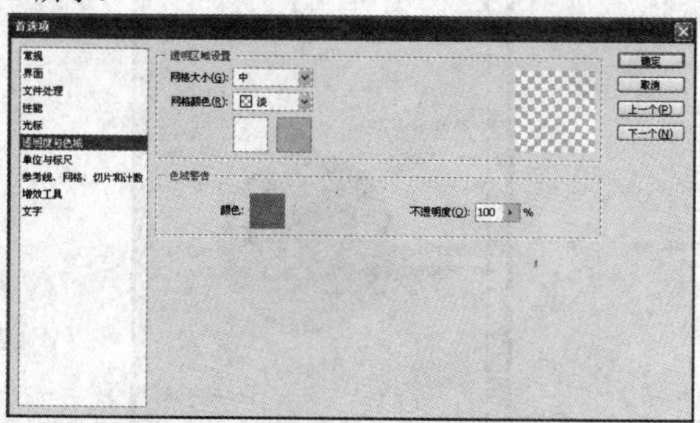

图 2.7.5 首选项对话框中的透明区域与色域选项

在透明区域设置选项区中，单击网格大小(G):右侧的中下拉列表框，可从弹出的列表中选择不同的选项，设置透明背景的网格大小。

单击网格颜色(R):右侧的淡下拉列表框，可以设置透明背景的网格颜色。

2.7.5 单位与标尺优化

选择菜单栏中的编辑(E)→首选项(N)→单位与标尺(U)...命令，弹出首选项对话框，如图 2.7.6 所示。

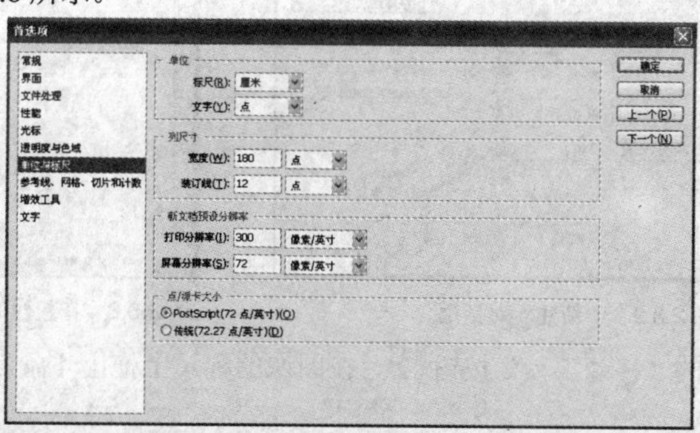

图 2.7.6 首选项对话框中的单位与标尺选项

在单位选项区中，单击标尺(R):右侧的厘米下拉列表框，在弹出的列表中可以选择标尺的单位，单击文字(Y):右侧的点下拉列表框，可在弹出的列表中选择文字的单位。

在列尺寸选项区中的宽度(W):输入框中输入数值，可设置裁切和图像大小所用的列宽，在装订线(T):输入框中输入数值，可设置裁切和图像大小的装订线宽度。

在新文档预设分辨率选项区中的打印分辨率(I):输入框中输入数值，可以设置打印的新文档预设的分辨率，在屏幕分辨率(S):输入框中输入数值，可以设置屏幕的新文档预设的分辨率。

2.8 上机练习

利用本章所学的知识绘制一个如图 2.8.1 所示的圆。

（1）选择开始→所有程序(P)→Adobe Photoshop CS3命令，启动 Photoshop CS3 应用程序。

（2）选择菜单栏中的文件(F)→新建(N)...命令，弹出新建对话框，设置参数如图 2.8.2 所示。

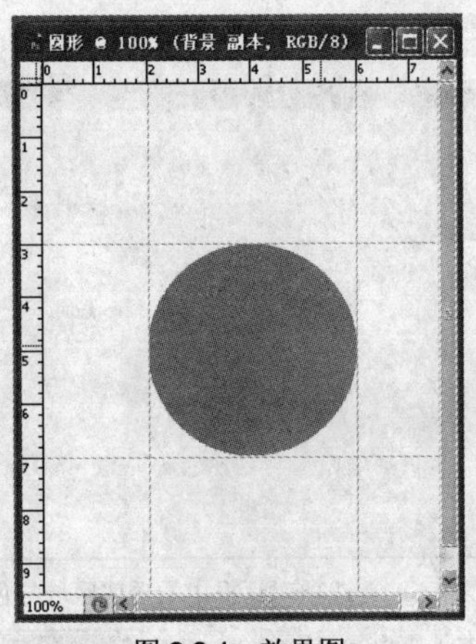

图 2.8.1　效果图

（3）设置好参数后，单击 确定 按钮，即可新建一个图像文件，按“Ctrl+R”键显示标尺，如图 2.8.3 所示。

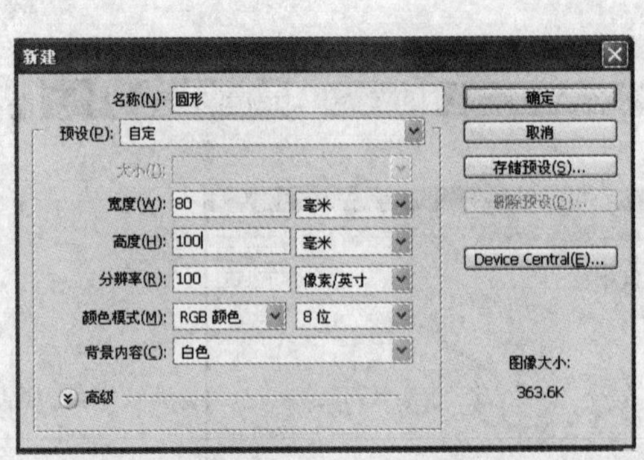

图 2.8.2　“新建”对话框

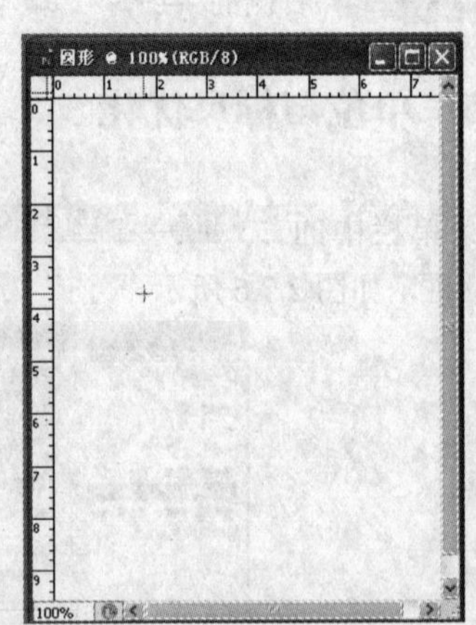

图 2.8.3　在新建的文件中打开标尺

（4）单击工具箱中的“移动工具”按钮，在图像的标尺上拖出 4 条参考线并按标尺放置到适当位置，如图 2.8.4 所示。

（5）单击工具箱中的“椭圆选框工具”按钮，并同时按住“Shift”键，在图像中沿 4 条参考线形成的矩形任意顶点拖动鼠标绘制选区，如图 2.8.5 所示。

图 2.8.4　创建参考线

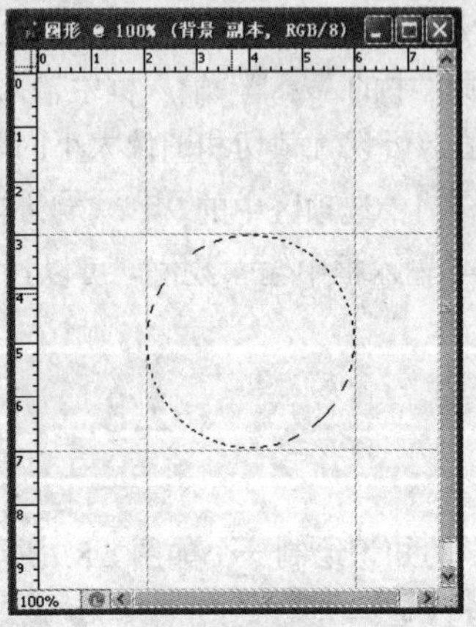

图 2.8.5　绘制选区

（6）在工具箱中单击前景色色块，在弹出的拾色器（前景色）对话框中将前景色设置为绿色，如图 2.8.6 所示。

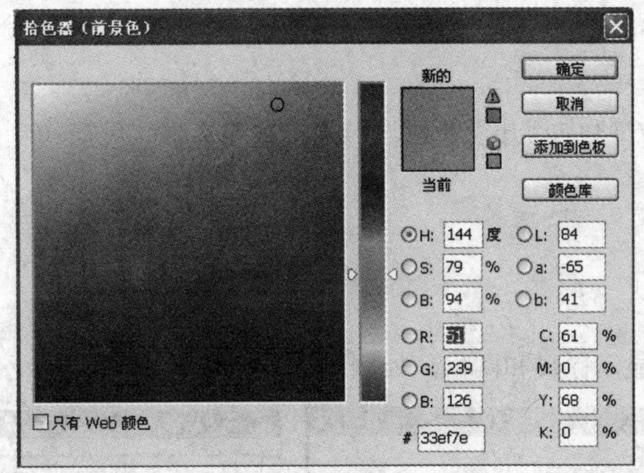

图 2.8.6　“拾色器”对话框

（7）单击确定按钮，按“Alt+Delete”键填充选区为绿色，按“Ctrl+D”键取消选区，最终效果如图 2.8.1 所示。

本 章 小 结

本章主要对像素、分辨率、Photoshop CS3 的操作界面、图像文件的操作以及图像尺寸的设置进行了概述。通过本章的学习，用户应该对 Photoshop CS3 软件有一个基本的了解，并掌握常用文件格式、文件管理、分辨率及图像尺寸的设定。

习　题　二

一、填空题

1．像素是组成图像的________，它是小方形的颜色块。

2．分辨率是指________，其单位是________。

3．Photoshop CS3 的操作界面是由________、________、________、________、________、________和________组成的。

二、选择题

1．若要隐藏或显示所有打开的面板和工具箱，可以通过按键盘上的（　）键来实现。

A．End　　B．Esc

C．Tab　　D．Caps Lock

2．若要在 Photoshop CS3 中打开图像文件，可按（　）键。

A．Alt+O　　B．Ctrl+O

C．Alt+B　　D．Ctrl+B

3．按（　）键，即可退出 Photoshop CS3。

A．Alt+F4　　B．Alt+W

C．Ctrl+F4　　D．Ctrl+W

4．若要隐藏或显示所有打开的面板和工具箱，可以通过按键盘上的（　）键来实现。

A．End　　B．Esc

C．Tab　　D．Caps Lock

5．若要在 Photoshop CS3 中打开“新建”对话框新建文件，可按（　）键。

A．Ctrl+B　　B．Alt+N

C．Alt+B　　D．Ctrl+N

三、上机操作题

打开一幅图像文件，显示标尺和网格，如题图 2.1 所示。

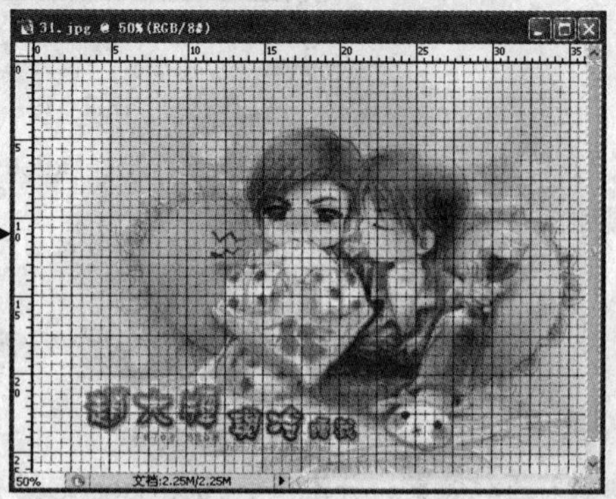

题图 2.1　示例图

第3章 图像选区的创建和编辑

本章要点

- ☑ 创建规则选区
- ☑ 创建不规则选区
- ☑ 用其他方法创建选区
- ☑ 选区的修改与调整
- ☑ 选区内图像的编辑

学习目标

在 Photoshop CS3 中的很多操作都是基于选区的，通过创建选区，用户可以对图像中的某一特定部分进行处理而不影响选区外的部分。本章将重点介绍如何创建和编辑选区。

3.1 创建规则选区

规则选区工具是 Photoshop CS3 中最常用也是最基本的选取工具，包括矩形选框工具、椭圆选框工具、单行选框工具和单列选框工具 4 种，如图 3.1.1 所示。

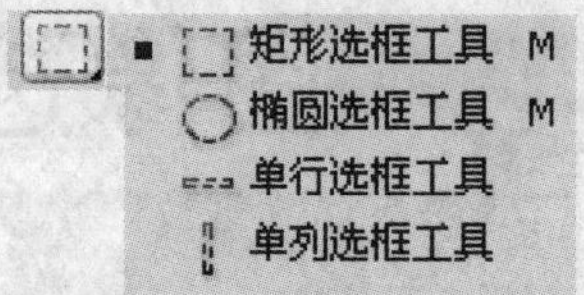

图 3.1.1 规则选区工具组

3.1.1 矩形选框工具

利用矩形选框工具可以创建矩形或正方形选区，单击工具箱中的“矩形选框工具”按钮，将光标移至图像中，按住鼠标左键单击并拖曳，即可创建矩形选区，此时属性栏如图 3.1.2 所示。

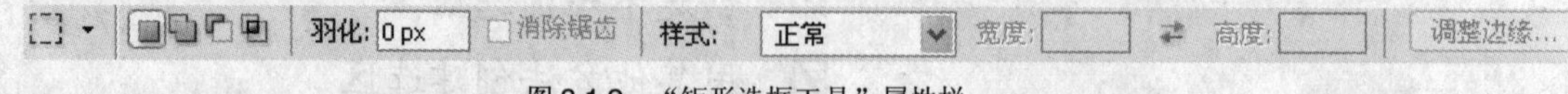

图 3.1.2 “矩形选框工具”属性栏

用鼠标单击按钮，可打开如图 3.1.3 所示的面板。单击其右上角的按钮，可弹出如图 3.1.4 所示的面板菜单，其中的“复位工具”命令用于将当前工具的属性设置恢复为默认值；“复位所有工具”命令用于将工具箱中所有工具的属性恢复为默认值。单击面板右边的“创建新工具预设”按钮，可弹出“新建工具预设”对话框，设置完参数后，单击确定按钮，将会在面板菜单中添加新的预设工具，如图 3.1.5 所示，在此列表框中可以转换使用绘图工具。

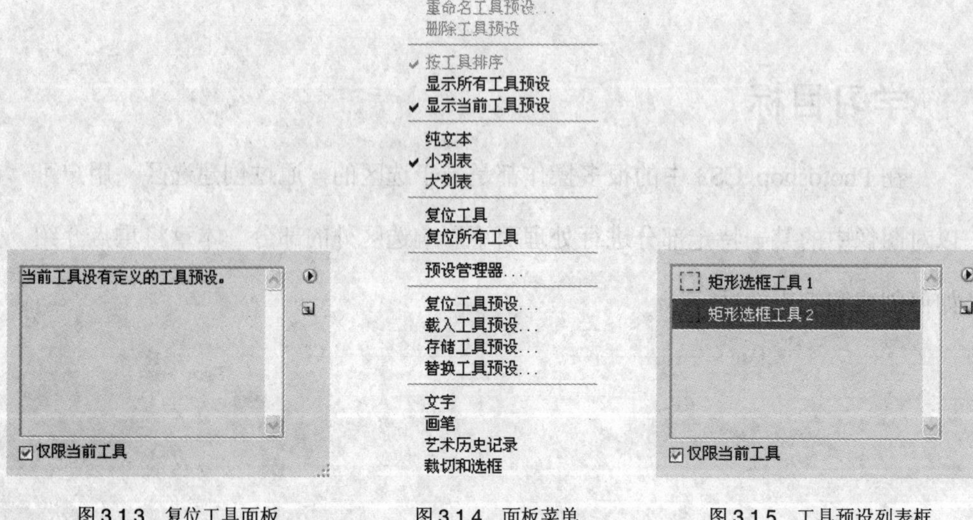

图 3.1.3 复位工具面板　　图 3.1.4 面板菜单　　图 3.1.5 工具预设列表框

：单击此按钮后，以默认的方式在图像中创建选区。

：单击此按钮后，在原有选区的基础上以添加的方式创建选区，效果如图 3.1.6 所示。

：单击此按钮后，在原有选区的基础上以减去的方式创建选区，效果如图 3.1.7 所示。

图 3.1.6 添加到选区

图 3.1.7 从选区中减去

：单击此按钮后，在原选区的基础上以相交的方式创建选区。最终产生的选区为原有选区和新选区的相交部分，效果如图 3.1.8 所示。

原选区与新选区

相交后的选区

图 3.1.8 以相交的方式创建选区

羽化: 0 px ：在该文本框中输入数值，可以设置选区边界的羽化程度。如图 3.1.9 所示为设置不同的羽化值效果。

羽化值为 0

羽化值为 50

图 3.1.9 不同羽化值对比效果

选中 消除锯齿 复选框，可以使图像边缘变得更加平滑。该选项在使用矩形选框工具时不可用。

样式: ：在该下拉列表中可以选择创建选区的样式，包括正常、固定比例和固定大小 3 种。当选择固定比例和固定大小两个选项时，可在 宽度: 和 高度: 文本框中输入数值创建固定大小比例的选区。

3.1.2 椭圆选框工具

利用椭圆选框工具可以在图像中创建椭圆或正圆选区。单击工具箱中的“椭圆选框工具”按钮，将鼠标移至图像上并按住鼠标左键拖动，即可创建一个椭圆选区，如图 3.1.10 所示。其属性栏和矩形选框工具相同，唯一不同的是其中的☑消除锯齿复选框，它的功能是用来平滑选区边缘的。

图 3.1.10 创建的椭圆形选区

图 3.1.11 创建的正圆形选区

3.1.3 单行选框工具

利用单行选框工具可以创建出高度为 1 像素的行选区。单击工具箱中的“单行选框工具”按钮，将鼠标移至图像中单击，即可创建一单行选区，效果如图 3.1.12 所示。其属性栏与矩形选框工具相同，这里不再详述。

3.1.4 单列选框工具

利用单列选框工具可以创建出宽度为 1 像素的单列选区，效果如图 3.1.13 所示，其使用方法与单行选框工具相同，这里不再详述。

图 3.1.12 创建的单行选区

图 3.1.13 创建的单列选区

3.2 创建不规则选区

不规则选区工具主要用来创建不规则的图像选区。其中包括套索工具、多边形套索工具和磁性套

索工具 3 种，如图 3.2.1 所示。

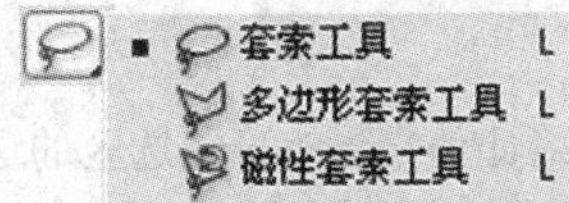

图 3.2.1　不规则选区工具组

3.2.1　套索工具

利用套索工具可以在图像中创建任意形状的选区，单击工具箱中的“套索工具”按钮，按住鼠标左键不放，然后沿着要选取的图像边缘拖动鼠标选定区域，释放鼠标后起点与终点会自动连接在一起，形成闭合的区域，如图 3.2.2 所示。其属性栏中的所有选项与椭圆选框工具中的相同，这里不再详述。

图 3.2.2　利用套索工具创建选区

3.2.2　多边形套索工具

利用多边形套索工具可以创建比较精确的图像选区，该工具一般用于选取边界多为直线或边界曲折的复杂图形。单击工具箱中的“多边形套索工具”按钮，在图像中单击鼠标左键创建选区的起点，然后拖动鼠标将会引出直线段，并在多边形的转折点处单击鼠标，作为多边形的一个顶点，用户可根据自己的需要创建多个顶点，最后使其回到起点处，当鼠标光标变为形状时单击，即可闭合选区，如图 3.2.3 所示。

技巧 在使用多边形套索工具创建选区时，若按住“Shift”键，可按水平、垂直或 45° 方向选取图像；按“Delete”键，则可删除最近选取的一条线段。

图 3.2.3　利用多边形套索工具创建选区

3.2.3 磁性套索工具

磁性套索工具根据图像中颜色的对比值来自动确定选区的边缘，从而快速、准确地选取复杂图像的区域，常用于创建颜色与背景色反差较大的图像选区。单击工具箱中的“磁性套索工具”按钮，其属性栏如图 3.2.4 所示。

羽化: 0 px　消除锯齿　宽度: 24 px　对比度: 10%　频率: 51　调整边缘...

图 3.2.4 “磁性套索工具”属性栏

宽度：在该文本框中输入数值，可设置选取时能够检测到的边缘宽度（检测从光标位置开始，到指定宽度以内的范围）。输入数值越小，所能检测到的范围越小，对于对比度较小的图像应设置较小的数值。

对比度：在该文本框中输入数值，可设置选取时边缘的对比度。输入的数值越大，边缘的对比度就越大，选取的范围就越精确。

频率：在该文本框中输入数值，可设置选取时的节点数量。输入的数值越大，产生的节点数就越多。

：单击此按钮后，可以设置笔刷的压力，随着笔刷工具压力的增加，套索线宽度将会变细。

打开一幅背景色与选取图像颜色反差较大的图像，选择磁性套索工具，将光标移到图像中需要选取的起始位置处单击确定起点，再沿着需要选取的图像边缘拖曳鼠标，系统会自动捕捉图像，当回到起始点处时，光标会变成形状，此时单击鼠标左键即可封闭选区，将图像选取，如图 3.2.5 所示。

技巧 在使用磁性套索工具创建图像选区时，如果选区尚未闭合，有选取不满意的地方，可通过按“Delete”键删除节点，也可通过按“Esc”键取消整个选取操作，重新进行选择。

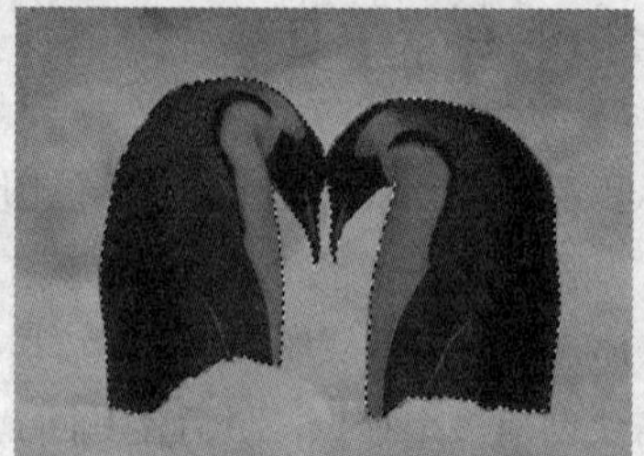

图 3.2.5 利用磁性套索工具创建选区

3.3 用其他方法创建选区

除了以上介绍的创建选区的方法外，在 Photoshop CS3 中还可以使用魔棒工具、色彩范围命令和全选命令来创建精确的选区效果。

3.3.1 魔棒工具

魔棒工具是根据一定的颜色范围来创建图像选区的。一般用于选取图像窗口中颜色相同或相近的图像。单击工具箱中的“魔棒工具”按钮，其属性栏如图 3.3.1 所示。

容差: 32　☑消除锯齿　☑连续　☐对所有图层取样　调整边缘...

图 3.3.1　“魔棒工具”属性栏

容差：在该文本框中输入数值，可设置选取的颜色范围，输入数值越大，选取的颜色范围也就越大；输入数值越小，选取的颜色就越接近，范围就越小。

选中☑连续复选框，只在鼠标单击处相邻的范围内选择，相反，将在整幅图像中选择。

选中☑对所有图层取样复选框，可在所有可见图层中选择图像，相反，将只对当前图层中的图像起作用。

打开一幅图像，然后选择魔棒工具，在需要选取的图像上单击鼠标，即可将附近与它颜色相同或相近的区域全部选取，其选取范围的大小由属性栏中的容差值来控制。如图 3.3.2 所示为分别将容差值设为 30 和 60 后选取的图像效果。

容差值为 30

容差值为 60

图 3.3.2　利用魔棒工具创建选区

3.3.2　色彩范围命令

利用色彩范围命令可以创建复杂的图像选区。具体的创建方法如下：

（1）打开一幅图像，选择选择(S)→色彩范围(C)...命令，弹出“色彩范围”对话框，如图 3.3.3 所示。

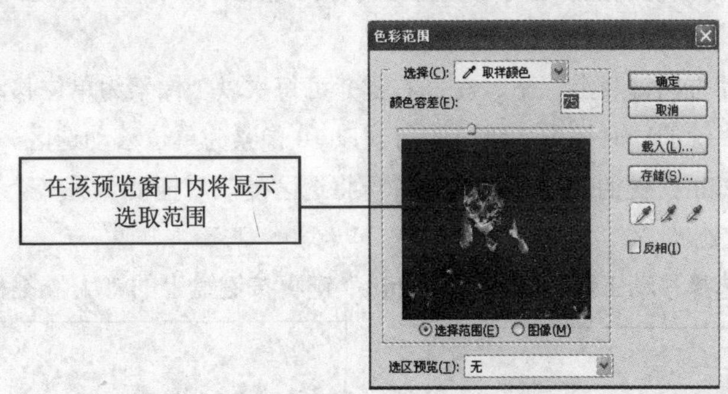

图 3.3.3　“色彩范围”对话框

（2）在选择(C):下拉列表中可以选择所需的颜色范围；在颜色容差(E):文本框中输入数值，可调整颜色的选取范围。数值越大，包含的相似颜色就越多，选取范围也就越大；在选区预览(T):下拉列表中可以选择所需的预览方式；按钮为吸管按钮组，左侧的吸管用于取样颜色；中间的吸管用于增加选取的颜色范围；右侧的吸管用于减少选取的颜色范围；选中☑反相(I)复选框可将选区范围反转。

（3）使用鼠标在图像预览窗口中需选择的颜色区域单击，即可选取图像。设置完成后，单击 确定 按钮，所有与用户设置相匹配的颜色区域都会被选取，效果如图 3.3.4 所示。

图 3.3.4 使用色彩范围命令创建选区

3.3.3 全选命令

利用全选命令可以将当前图层中的所有图像全部选取。具体的选择方法有以下两种：

（1）打开一幅图像，选择 选择(S)→全部(A) 命令即可将其全部选择。

（2）打开一幅图像，按“Ctrl+A”键，即可将其全部选择。

3.4 选区的修改与调整

在创建选区的过程中，有时所创建的选区不能满足用户的需要，这时就需要对选区进行修改与调整，下面将进行具体介绍。

3.4.1 移动选区

有时为了使选区位于所需的位置，就要移动选区。只要将光标移动到选区内，当鼠标光标变为 形状时，再拖动鼠标即可移动选区，还可与键盘上的方向键配合使用移动选区。具体的操作方法有以下几种：

（1）使用键盘上的方向键（上、下、左、右键）可每次以 1 像素为单位移动选区。

（2）按住“Shift”键的同时按方向键，则每次以 10 像素为单位移动选区。

（3）按住“Ctrl+Shift”键的同时拖动选区，可将选区复制后拖动至另一个窗口的新层中，并且放置于该层的中心位置处。

如图 3.4.1 所示为选择移动工具后，按住“Shift”键再按键盘上的“↑”键移动图像的效果。

图 3.4.1 移动选区效果

3.4.2 反选选区

反选选区可以将当前的选区和非选区相互转换。打开一幅图像并在其中创建选区，如图 3.4.2 所示，再选择 选择(S) → 反向(I) 命令，即可将图像中当前创建的选区和非选区互相转换，其效果如图 3.4.3 所示。

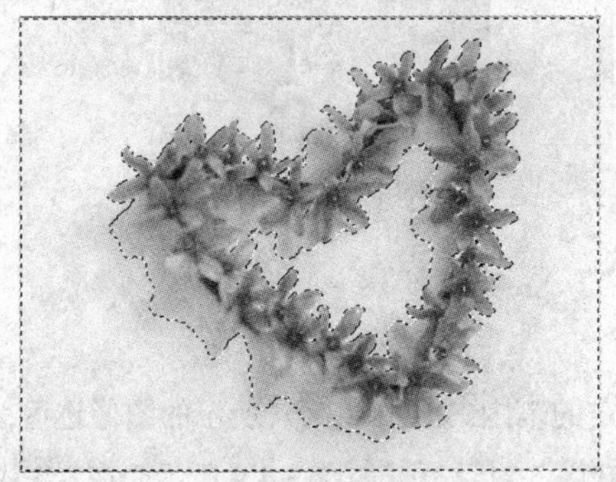
图 3.4.2 打开图像并创建选区

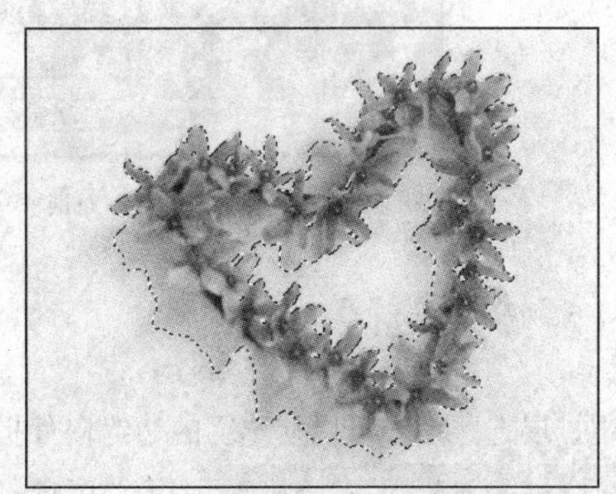
图 3.4.3 反选选区效果

3.4.3 边界选区

利用边界选区命令可以将原选区的边缘扩展一定的宽度，一般用于描绘图像轮廓的宽度。具体的操作方法如下：

（1）打开一幅图像，并在其中创建选区，如图 3.4.4 所示。

（2）选择 选择(S) → 修改(M) → 边界(B)... 命令，弹出“边界选区”对话框，如图 3.4.5 所示。

图 3.4.4 打开图像并创建选区

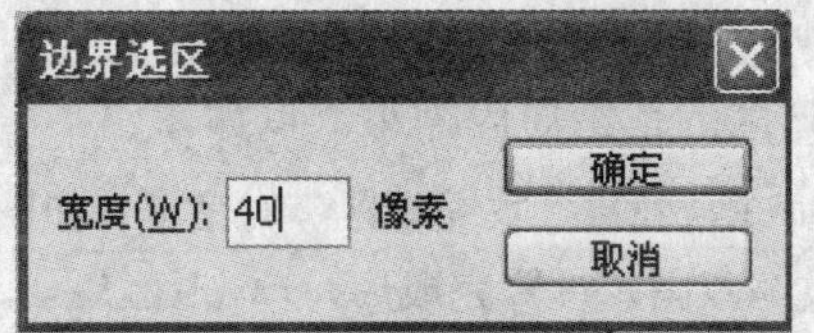

图 3.4.5 “边界选区”对话框

图 3.4.6 扩展后的效果

（3）在 选择(S) 文本框中输入数值，设置扩展的宽度，设置完成后，单击 确定 按钮，效果如图 3.4.6 所示。

3.4.4 平滑选区

利用平滑选区命令可以消除选区边缘的锯齿。以如图 3.4.4 所示的图像选区为基础，选择 选择(S) → 修改(M) → 平滑(S)... 命令，弹出如图 3.4.7 所示的“平滑选区”对话框，在其 取样半径(S): 文本框中输入数值，可以设置选区的平滑程度，设置完成后，单击 确定 按钮，效果如图 3.4.8 所示。

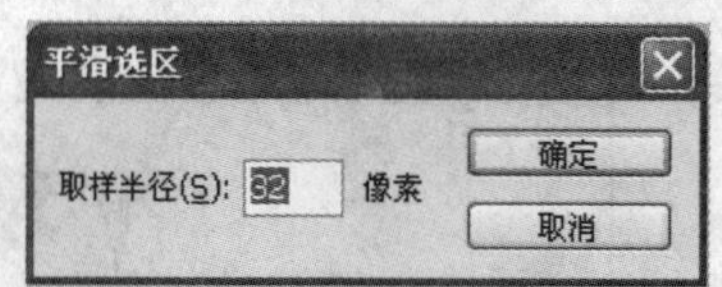

图 3.4.7 “平滑选区”对话框

图 3.4.8 平滑选区效果

3.4.5 扩展选区

利用扩展选区命令可以使选区的边缘向外扩大一定的范围。以如图 3.4.4 所示的图像选区为基础，选择 选择(S) → 修改(M) → 扩展(E)... 命令，弹出“扩展选区”对话框，如图 3.4.9 所示，在 扩展量(E): 文本框中输入数值，可以设置选区的扩展范围，设置完成后，单击 确定 按钮，效果如图 3.4.10 所示。

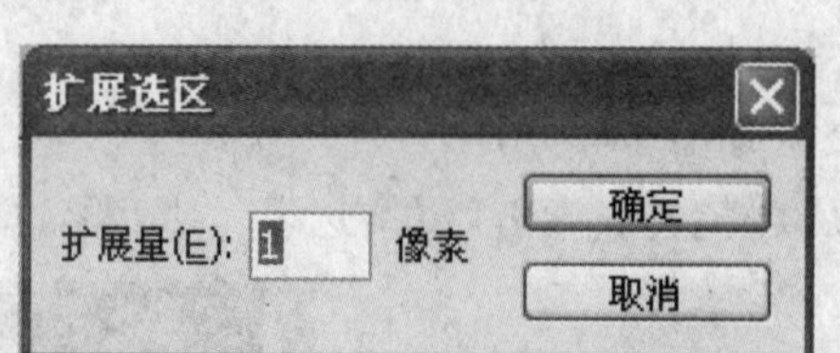

图 3.4.9 “扩展选区”对话框

图 3.4.10 扩展选区效果

3.4.6 收缩选区

利用收缩选区命令可以将选区的范围向内缩小。以如图 3.4.4 所示的图像选区为基础，选择 选择(S) → 修改(M) → 收缩(C)... 命令，弹出“收缩选区”对话框，如图 3.4.11 所示，在 收缩量(C): 文本框中输入数值，可以设置选区的收缩范围，设置完成后，单击 确定 按钮，效果如图 3.4.12 所示。

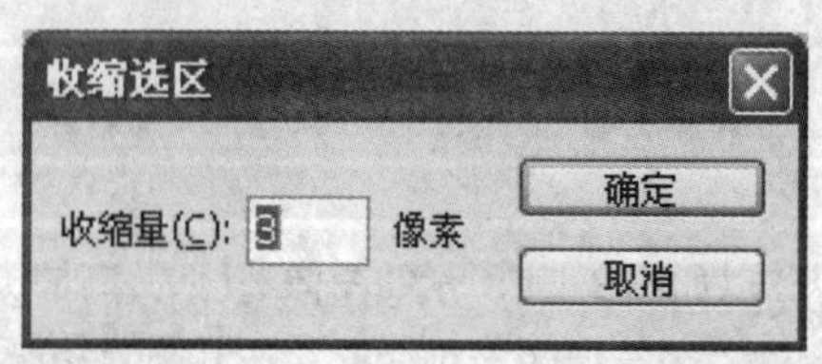

图 3.4.11 “收缩选区”对话框

图 3.4.12 收缩选区效果

3.4.7　变换选区

变换选区命令可以对已有选区做任意形状的变换，如调整选区大小、旋转选区和变形选区等。其具体的操作方法如下：

（1）打开一幅图像，并创建选区，选择选择(S)→变换选区(T)命令，选区周围出现 8 个小方块，如图 3.4.13 所示。

（2）用鼠标拖动选区周围的小方块即可扩展或收缩选区，效果如图 3.4.14 所示。

图 3.4.13　执行变换选区命令

图 3.4.14　扩大选区

（3）将鼠标光标移到选区以外任意位置处，当光标变为↷形状时，拖动鼠标可旋转选区，效果如图 3.4.15 所示。

（4）将鼠标光标置于选区中，单击鼠标右键可弹出如图 3.4.16 所示的快捷菜单，在其中包括斜切、扭曲、透视、翻转等一些变形命令，用户可根据需要对选区进行变换操作。

图 3.4.15　旋转选区

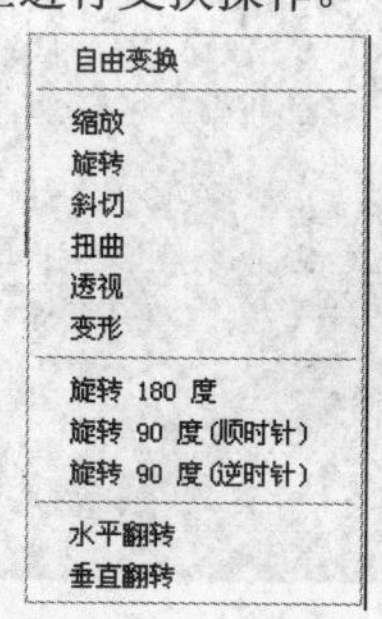

图 3.4.16　变换选区快捷菜单

（5）变换选区完成后，用鼠标单击工具箱中的任意一个工具按钮，都可出现如图 3.4.17 所示的提示框，单击 应用(A) 按钮即可确认变换选区效果，如图 3.4.18 所示。

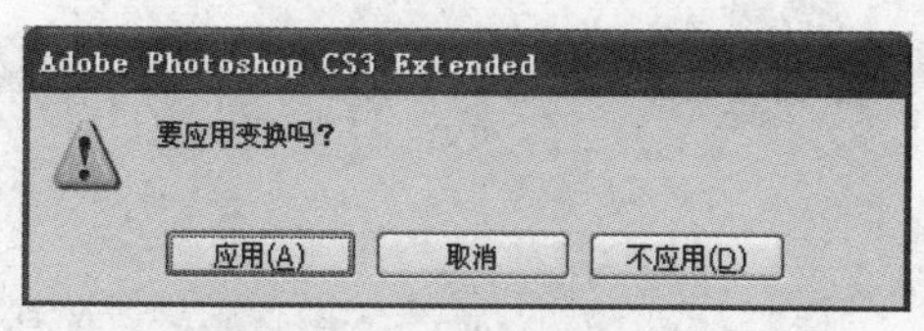

图 3.4.17　提示框

图 3.4.18　变换选区效果

3.4.8　取消选择

在操作过程中，当不需要一个选区时，可以将其取消，具体的操作方法有以下 3 种：

（1）选择 选择(S) → 取消选择(D) 命令取消选区。

（2）按“Ctrl+D”键取消选区。

（3）在选择了一种选取工具后，用鼠标在选区外任意位置处单击，即可取消当前选区。

3.5　选区内图像的编辑

若用户对所创建的选区内图像边缘或颜色不满意，则可以对其进行编辑操作，如复制、粘贴、删除、羽化、填充、描边和变形等，下面将进行具体介绍。

3.5.1　复制与粘贴图像

利用 编辑(E) 菜单中的 拷贝(C) 和 粘贴(P) 命令可对选区内的图像进行复制或粘贴。其具体的操作方法如下：

（1）打开一幅图像，并为需要复制的图像部分创建选区，如图3.5.1所示，然后按“Ctrl+C”键复制选区内的图像。

（2）按“Ctrl+V”键粘贴选区内图像，再单击工具箱中的“移动工具”按钮，将粘贴的图像移动到目标位置，效果如图3.5.2所示。

图3.5.1　创建选区效果

图3.5.2　粘贴并移动图像

另外，用户也可同时打开两幅图像，将其中一幅图像中的内容复制并粘贴到另外一幅图像中，其操作步骤和在一幅图像中的操作方法相同，这里不再详述。

3.5.2　变换选区内图像

Photoshop CS3 中新增了许多图像变形样式，可利用 编辑(E) 菜单中的 自由变换(F) 和 变换(A) 两个命令来完成，下面将分别进行介绍。

1. 自由变换命令

利用自由变换命令可对图像进行旋转、缩放、扭曲和拉伸等变形操作。打开一幅图像，并在图像中创建选区，选择 编辑(E) → 自由变换(F) 命令，在图像周围会出现 8 个小方块，将鼠标光标移至方块上并拖动，可改变选区内图像的尺寸大小；将鼠标光标放在选区以外，当光标变为 ↷ 形状时，拖动鼠标可将选区内的图像在任意方向上旋转；将鼠标放在选区内的图像上，当光标变为 ▶ 形状时，拖动鼠标可将选区内的图像移动到指定的位置。

另外，执行自由变换命令以后，在其属性栏中还增加了“变形图像”按钮，单击此按钮在属性栏中会多出变形: 自定 下拉列表框，单击其右侧的三角形按钮，可弹出变形图像下拉列表，如图 3.5.3 所示。

图 3.5.3　变形图像下拉列表

如图 3.5.4 所示为几种图像的变形效果。

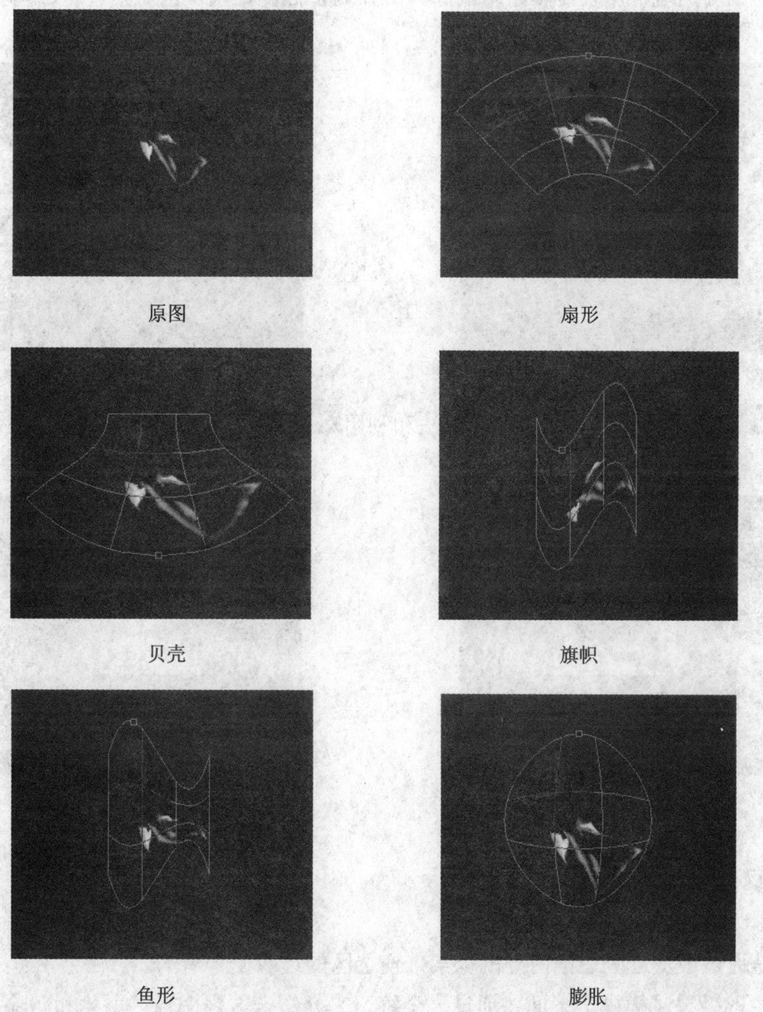

图 3.5.4　图像变形效果

挤压

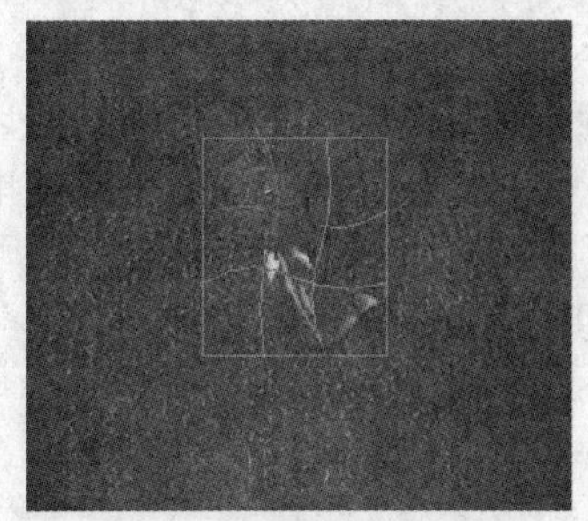

扭转

图 3.5.4　图像变形效果（续）

2. 变换命令

利用变换命令可以对选区内的图像进行斜切、扭曲、透视等操作，其具体的操作方法如下：

打开一幅图像，并在其中创建选区，效果如图 3.5.5 所示。然后选择编辑(E)→变换(A)→斜切(K)命令，在图像周围会出现一个控制框，用鼠标单击并调整控制框周围的节点，即可调整图像，效果如图 3.5.6 所示。

图 3.5.5　打开图像并创建选区

图 3.5.6　斜切选区内图像效果

利用扭曲(D)和透视(P)命令变形图像的方法和利用斜切(K)命令的方法相同，效果如图 3.5.7 和图 3.5.8 所示。

图 3.5.7　扭曲图像效果

图 3.5.8　透视图像效果

3.5.3　羽化和删除图像

羽化命令是通过改变选区边框内外的像素来使选区的边缘变平滑的。羽化半径越大，则选区的边缘越平滑，产生的效果越模糊。下面将通过一个练习来介绍选区内图像的羽化和删除。

（1）按“Ctrl+O”键，打开一幅图像，并单击工具箱中的“椭圆选框工具”按钮，在图像中

创建一个椭圆选区，效果如图 3.5.9 所示。

（2）选择 选择(S) → 修改(M) → 羽化(F)... 命令，弹出“羽化选区”对话框，设置参数如图 3.5.10 所示。

图 3.5.9　创建的椭圆选区

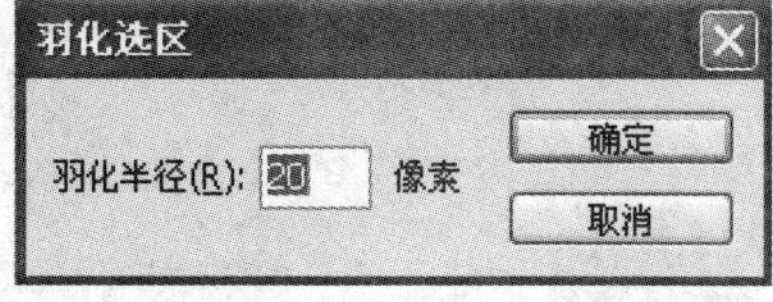

图 3.5.10　“羽化选区”对话框

（3）设置完成后，单击 确定 按钮，按“Ctrl+Shift+I”键，反选选区，按“Delete”键进行删除，效果如图 3.5.11 所示。

（4）按“Ctrl+D”键取消选区，最终效果如图 3.5.12 所示。

图 3.5.11　反选并删除选区效果

图 3.5.12　最终效果

3.5.4　描边选区内图像

描边选区可为图像选区的边缘添加颜色和设置宽度。具体的操作方法如下：

（1）打开一幅图像，并创建选区，如图 3.5.13 所示。

（2）选择 编辑(E) → 描边(S)... 命令，弹出“描边”对话框，设置参数如图 3.5.14 所示。

图 3.5.13　打开图像并创建选区

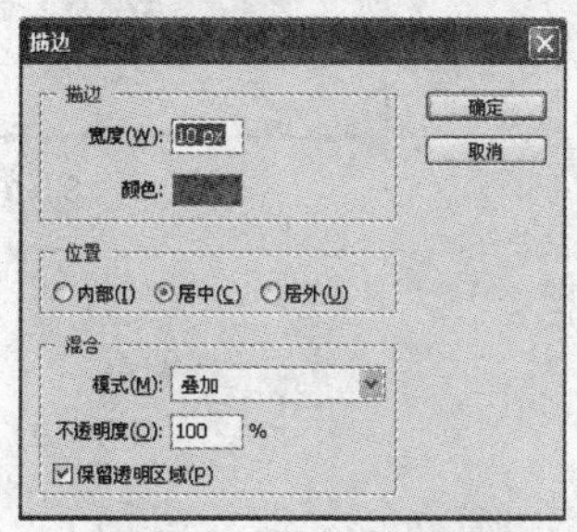

图 3.5.14　“描边”对话框

（3）设置完成后，单击 确定 按钮，按“Ctrl+D”键取消选区，效果如图 3.5.15 所示。

图 3.5.15　描边选区效果

3.5.5　填充选区内图像

填充选区是在创建的选区内部填充指定的颜色或图案。具体的操作方法如下：

（1）打开一幅图像，并在其中创建选区，选择 编辑(E) → 填充(L)... 命令，弹出“填充”对话框，设置参数如图 3.5.16 所示。

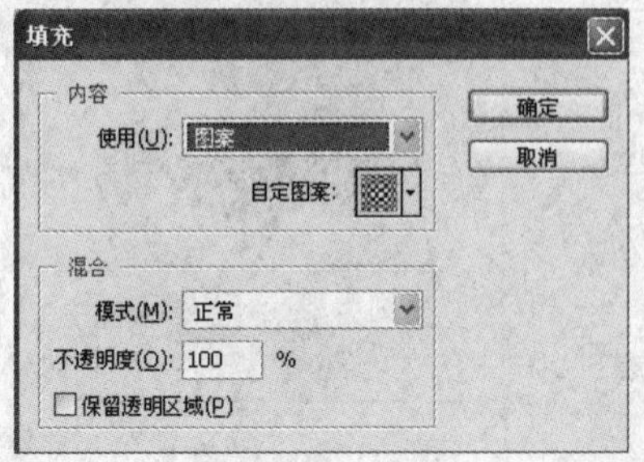

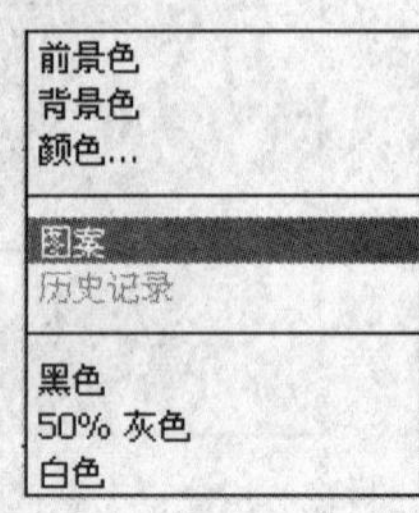

图 3.5.16　“填充”对话框

（2）设置完成后，单击 确定 按钮，效果如图 3.5.17 所示。

图 3.5.17　创建选区并填充

3.6　上 机 练 习

本例将制作圆环，效果如图 3.6.1 所示。

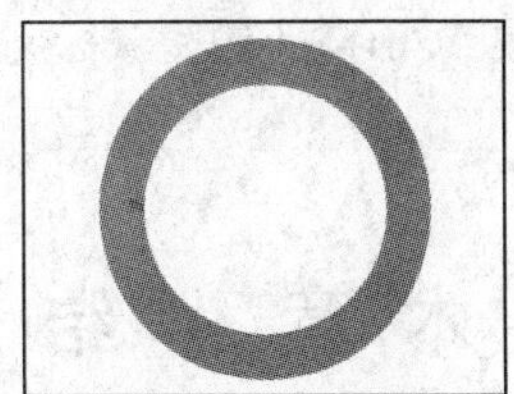

图 3.6.1　效果图

操作步骤

（1）选择文件(F)→新建(N)...命令，弹出“新建”对话框，设置参数如图 3.6.2 所示。

（2）按“Ctrl+R”键在新建图像中显示标尺，并利用鼠标拖动出如图 3.6.3 所示的水平和垂直参考线。

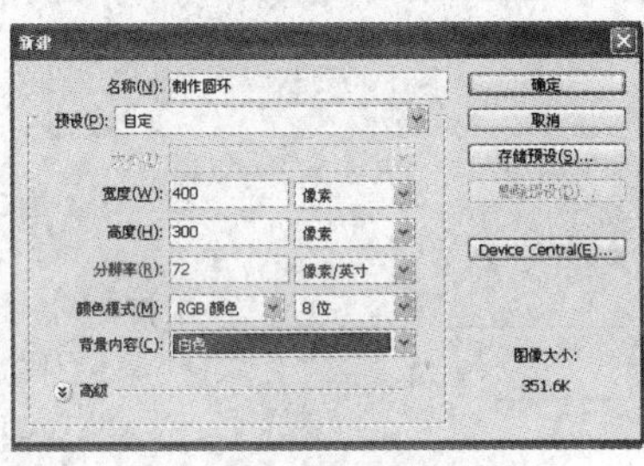

图 3.6.2　“新建”对话框

图 3.6.3　显示标尺和参考线

（3）单击工具箱中的“椭圆选框工具”按钮，以参考线的交点为圆心，在按住“Shift+Alt”键的同时单击并拖动鼠标，创建如图 3.6.4 所示的正圆形选区。

（4）设置前景色为绿色（R：112，G：188，B：74），按“Alt+Delete”键填充正圆选区，效果如图 3.6.5 所示。

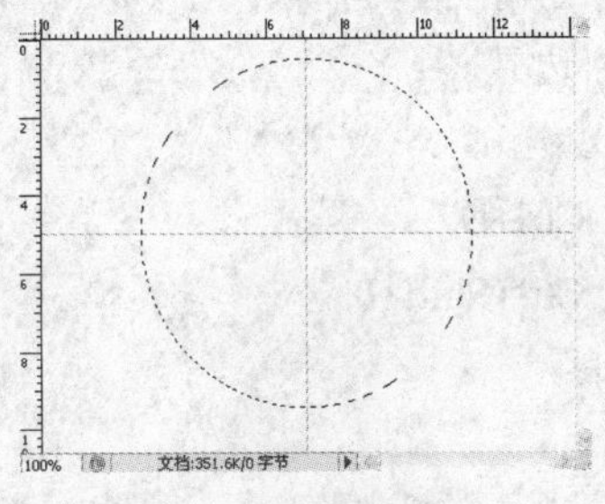

图 3.6.4　创建的正圆选区

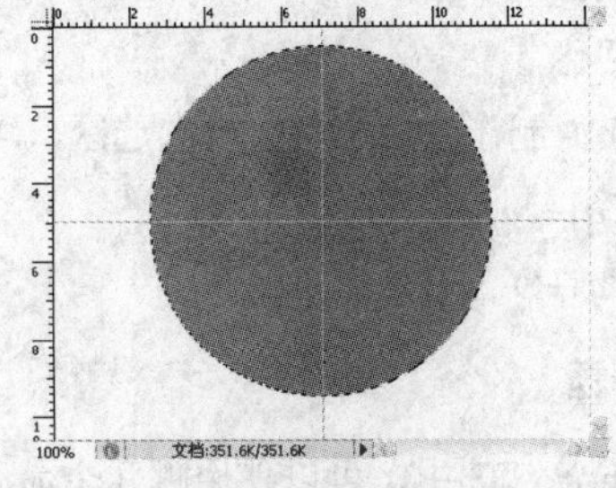

图 3.6.5　填充正圆选区效果

（5）选择选择(S)→变换选区(T)命令，将选区变换为如图 3.6.6 所示的效果。

（6）按“Enter”键确认变换操作，按“Delete”键删除选区内图像，效果如图 3.6.7 所示。

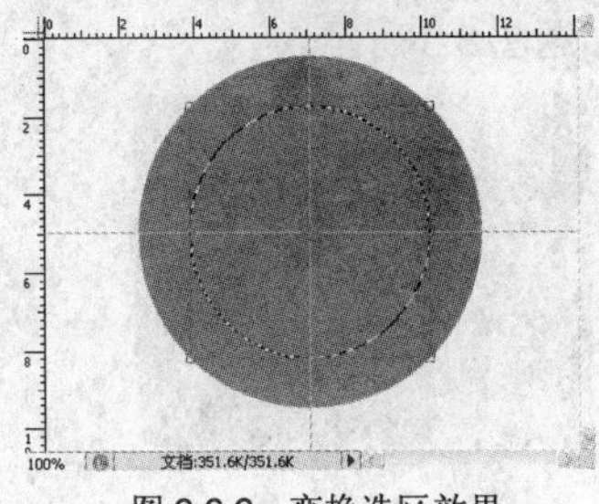

图 3.6.6　变换选区效果

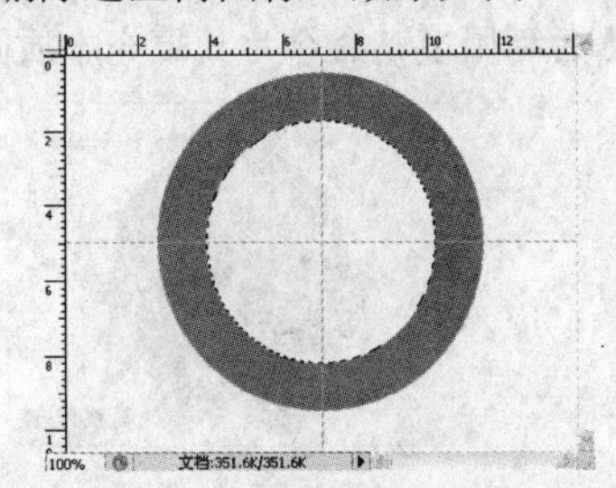

图 3.6.7　删除选区内容效果

（7）按“Ctrl+D”键取消选区，按“Ctrl+R”键隐藏标尺，按“Ctrl+H”键隐藏参考线，最终效果如图 3.6.1 所示。

本章小结

本章主要介绍了图像选区的内容，包括创建选区工具以及对选区范围的高级操作方法。通过本章的学习，用户应学会在图像中创建各种不同的选区范围，并对选区范围及其内部的图像进行缩放、旋转、翻转、自由变换以及变形等操作。

习　题　三

一、填空题

1．利用磁性套索工具可以选取________图像区域。

2．修改选区命令包括________、________、________和________4 种。

3．套索工具组包括________、________和________3 种。

二、选择题

1．下面不能用来创建规则选区的工具是（　）。

A．矩形选框工具　　B．椭圆选框工具

C．魔棒工具　　D．单行/单列选框工具

2．利用（　）命令可以将当前图像中的选区和非选区进行相互转换。

A．反向　　B．平滑

C．羽化　　D．边界

3．若要取消制作过程中不需要的选区，可按（　）键。

A．Ctrl+N　　B．Ctrl+D

C．Ctrl+O　　D．Ctrl+Shift+I

三、简答题

在 Photoshop CS3 中，可以使用哪几个命令来修改选区？

四、上机操作题

打开一幅图像，练习使用魔棒工具将图像中的背景选取，并对创建的选区进行羽化（羽化半径为 10 像素），然后利用填充命令为其填充木质图案，效果如题图 3.3 所示。

题图　3.3

第4章 图像的绘制与编辑

本章要点

- ☑ 绘制图像
- ☑ 编辑图像
- ☑ 图像的修饰
- ☑ 修复与修补图像
- ☑ 用渐变工具编辑图像

学习目标

在设计作品时，一般都要对图像进行一些描绘和修饰，来得到所需的效果。本章主要介绍 Photoshop CS3 中描绘工具与修饰工具的基本操作方法。

4.1 绘 制 图 像

在 Photoshop CS3 中可以使用画笔工具、铅笔工具以及历史记录画笔工具来绘制图像。只有了解并掌握了各种绘图工具的功能与操作方法，才能更好地绘制出所需的图像效果。

4.1.1 用画笔工具绘制图像

使用画笔工具可以绘制出比较柔和的图像、彩色线条以及黑白线条等，其效果如同用毛笔画出的线条。如图 4.1.1 所示的图像效果就是使用画笔工具，选择不同的画笔样式所绘制的。

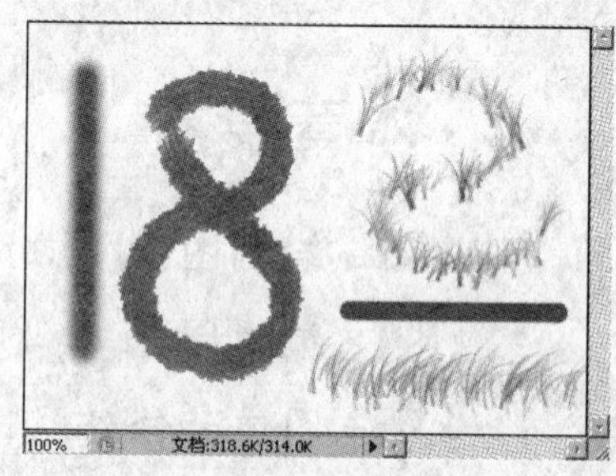

图 4.1.1 使用画笔工具绘制图像

1. 画笔工具属性栏

单击工具箱中的“画笔工具”按钮，其属性栏如图 4.1.2 所示。

图 4.1.2 “画笔工具”属性栏

在属性栏中单击画笔:右侧的下拉按钮，可打开预设的画笔面板，如图 4.1.3 所示。从中可选择合适的画笔大小，同时该面板中提供了多种不同类型的画笔，有尖角、柔角、喷枪硬边、喷枪软边、粉笔、星形、干画笔、草以及叶片等。

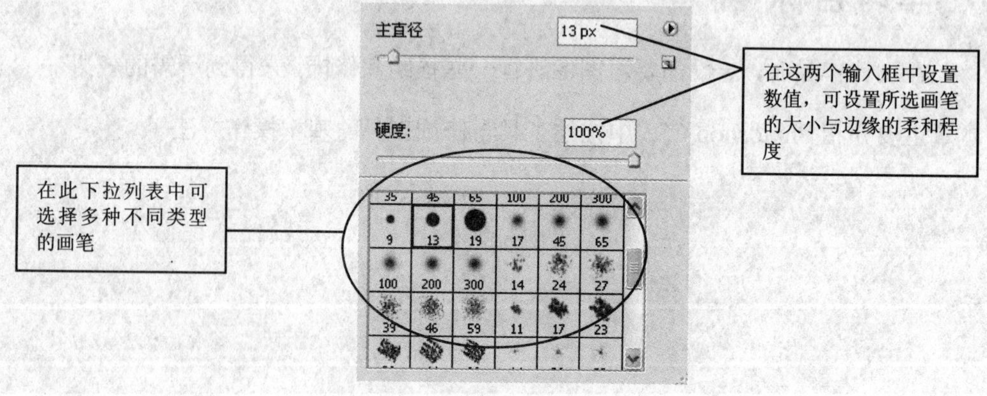

图 4.1.3 画笔面板

在属性栏中的模式:下拉列表中可选择不同的混合模式，用于设置绘图的前景色与背景色之间的混合效果。

在不透明度:输入框中输入数值，可设置绘图颜色的不透明度，输入的数值越大，绘制的效果越明显，反之越不明显，如图 4.1.4 所示。

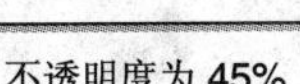
不透明度为 45%

不透明度为 100%

图 4.1.4　设置不透明度

在流量:输入框中输入数值，可设置画笔工具绘图时笔墨扩散的速度，数值越小，越不清晰。

在画笔工具属性栏中单击“喷枪工具”按钮，可设置画笔为喷枪工具，在此状态下绘制时所得到的笔画边缘更柔和。

2．使用画笔面板

在 Photoshop CS3 中，可以使用画笔面板查看、选择以及载入预设画笔。

在画笔工具属性栏中单击“切换画笔面板”按钮，即可打开画笔面板，也可选择菜单栏中的窗口(W)→画笔命令来打开此面板，如图 4.1.5 所示。

在绘制图像之前，首先要根据需要在画笔面板中选择一种预设的笔刷样式，然后在主直径输入框中输入数值或拖动其下方的滑块，可以调节画笔的直径，取值范围在 1～2 500 像素之间。

在画笔面板右上角单击按钮，可弹出其面板菜单，在此菜单中提供了几种画笔的显示方式命令，如图 4.1.6 所示，从中可选择一种画笔显示方式。如选择小缩览图命令，就会在面板右侧显示每个画笔的缩览图。

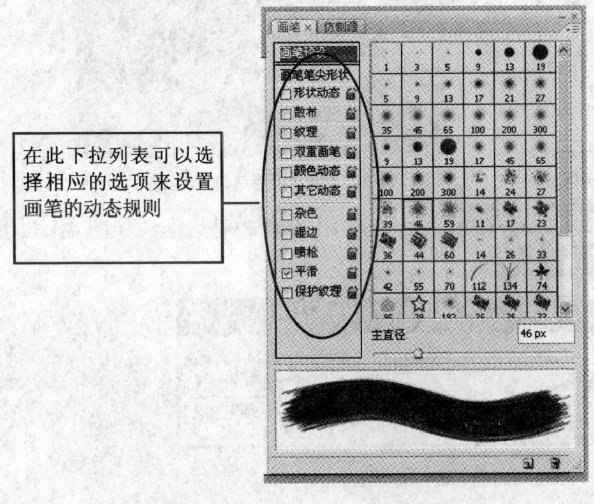

图 4.1.5　“画笔”面板

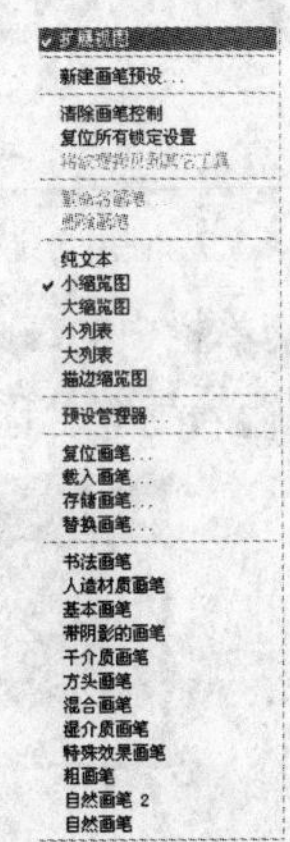

图 4.1.6　画笔显示方式菜单

例如，要设置如图 4.1.8 所示的画笔的渐隐效果，其具体的操作方法如下：

（1）在画笔面板的左侧选择画笔笔尖形状选项，然后在其右侧可显示出该选项的参数，在其中可以设置画笔直径、硬度以及笔尖形状。

（2）在画笔面板的左侧选中☑形状动态复选框，在其面板右侧可显示出该选项的参数，在大小抖动下方的控制:下拉列表中选择渐隐选项，并在其右侧的输入框中输入数值为70，可在画笔面板下方的预览框中显示出设置好的渐隐效果，如图4.1.7所示。

（3）将鼠标移至图像中，按住鼠标左键拖动，即可绘制出如图4.1.8所示的渐隐效果。

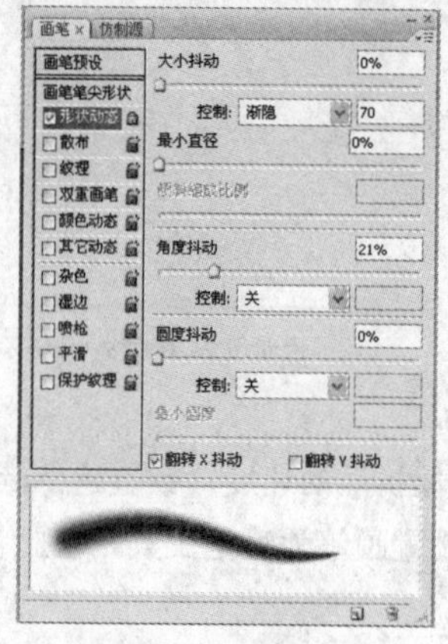

图4.1.7 设置渐隐效果

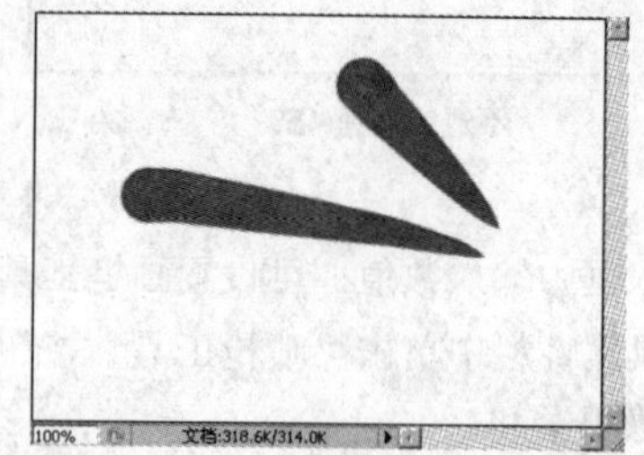

图4.1.8 画笔的渐隐效果图

3. 自定义画笔

在Photoshop CS3中，如果对预设的画笔不满意，也可以根据自己的需要重新定义一些特殊形状的画笔。如图4.1.9所示的效果就是自定义画笔后所绘制出来的图像效果。

如果需要将图像中的某个区域或某个文字定义成一个画笔，其具体的操作方法如下：

（1）打开一幅图像，使用矩形选框工具在图像中框选需要定义画笔的区域，如图4.1.10所示。

图4.1.9 使用自定义的画笔绘制图像

图4.1.10 使用矩形选框工具选择区域

（2）选择菜单栏中的编辑(E)→定义画笔预设(B)...命令，弹出画笔名称对话框，如图4.1.11所示，在名称:输入框中输入画笔名称，单击确定按钮。

图4.1.11 “画笔名称”对话框

此时，可在画笔面板中显示出自定义的新画笔，如图4.1.12所示。

（3）在画笔面板的左侧选择画笔笔尖形状选项，在右侧将显示该选项的参数，可在其中设置自定义画笔的直径、间距、旋转以及角度等，如图4.1.13所示。

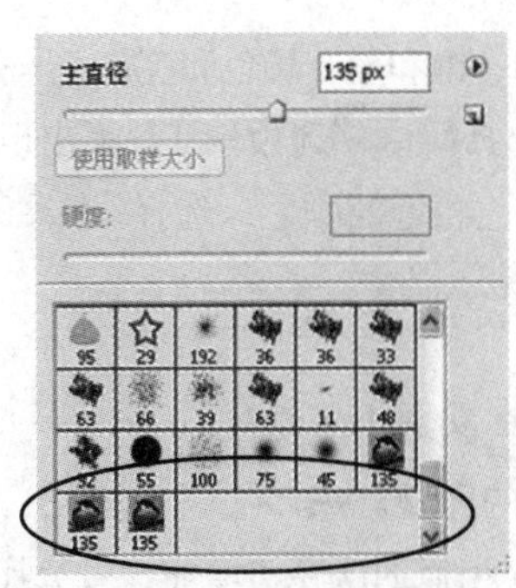

图 4.1.12　显示自定义的画笔

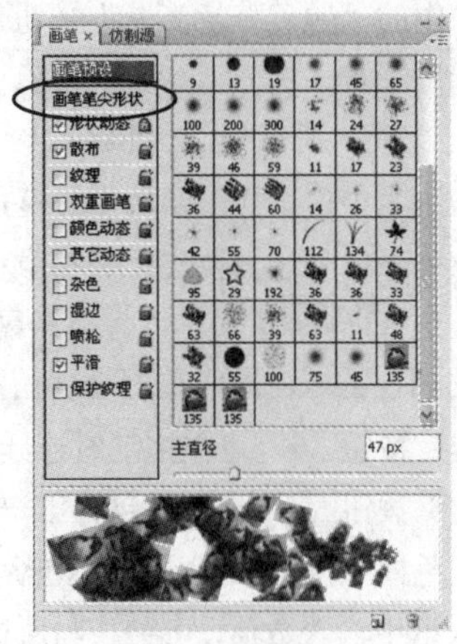

图 4.1.13　设置自定义画笔

（4）设置好自定义的画笔后，使用画笔工具在图像中拖动鼠标绘制，即可得到如图 4.1.9 所示的效果。

4.1.2　用铅笔工具绘制图像

铅笔工具属于实体画笔，主要用于绘制硬边画笔的笔触，类似于铅笔。用铅笔工具绘制的图像就像用钢笔画出的直线，线条比较尖锐。其使用方法与画笔工具类似，用鼠标单击或拖动即可绘制图像，如图 4.1.14 所示。

按住“Shift”键的同时单击“铅笔工具”按钮，在图像中拖动鼠标可绘制直线，效果如图 4.1.15 所示。

图 4.1.14　使用铅笔工具绘制图像

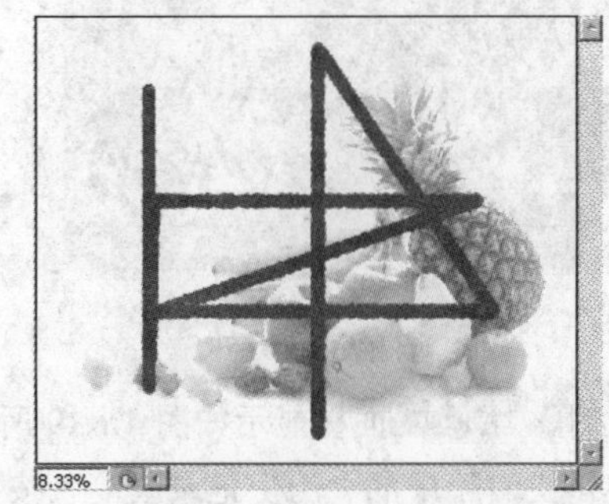

图 4.1.15　使用铅笔工具绘制直线

铅笔工具属性栏和画笔工具相比，多了一个 ☑自动抹除 复选框，这是铅笔的特殊功能。选中此复选框，所绘制效果与鼠标的单击起始点的像素有关，当鼠标起始点的像素颜色与前景色相同时，铅笔工具可表现出橡皮擦功能，并以背景色绘图；如果绘制时鼠标起始点的像素颜色不是前景色，则所绘制的颜色是前景色。

4.1.3　用颜色替换工具绘制图像

使用颜色替换工具可以用当前的前景色替换图像中的颜色，但同时保留替换处原有的纹理、光照和阴影。颜色替换工具不适用于位图、索引或多通道颜色模式的图像。

单击工具箱中的“颜色替换工具”按钮，其属性栏显示如图 4.1.16 所示。

图 4.1.16 “颜色替换工具”属性栏

在模式:下拉列表中可选择需要替换的模式，包括色相、饱和度、颜色和亮度，一般选择颜色选项。

在限制:下拉列表中可选择要进行替换颜色的方式，选择不连续选项，可替换出现在指针下任何位置的样本颜色；选择连续选项，可替换与鼠标单击处颜色相近的颜色；选择查找边缘选项，可替换包含样本颜色的相连区域，同时更好地保留形状边缘的锐化程度。

单击“连续”按钮，可在拖动时连续对颜色取样。

单击“一次”按钮，只替换包含第一次单击的颜色区域中的颜色。

单击“背景色板”按钮，只替换包含当前背景色的区域。

在容差:输入框中输入数值，可替换与所选点像素非常相似的颜色。增加该百分比，可替换范围更广的颜色。

4.1.4 用历史记录画笔工具绘制图像

下面通过一个实例来具体说明历史记录画笔工具的使用方法。

（1）打开一幅图像，如图 4.1.17 所示。

（2）设置前景色与背景色都为绿色，单击工具箱中的“画笔工具”按钮。

（3）在属性栏中设置画笔的大小、样式、不透明度以及流量，然后在图像中按住鼠标左键拖动，绘制草图像，效果如图 4.1.18 所示。

图 4.1.17 打开的图像

图 4.1.18 使用画笔工具绘制图像效果

（4）此时历史记录面板显示如图 4.1.19 所示。

（5）单击工具箱中的“历史记录画笔”按钮，在历史记录面板中的“打开”列表前单击，可设置历史记录画笔的源，此时小方块内会出现一个历史画笔图标，如图 4.1.20 所示。

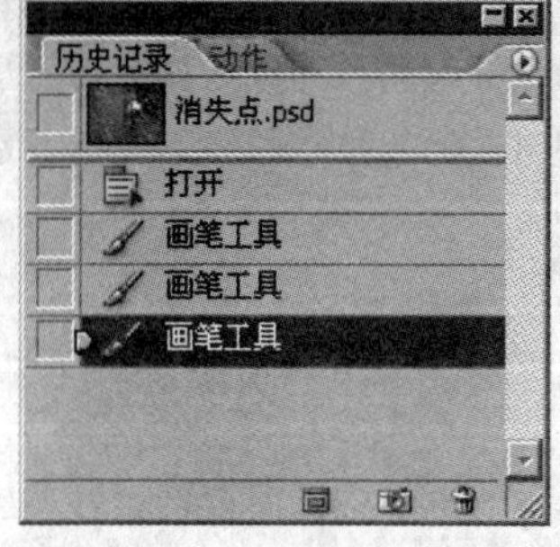

图 4.1.19 历史记录面板

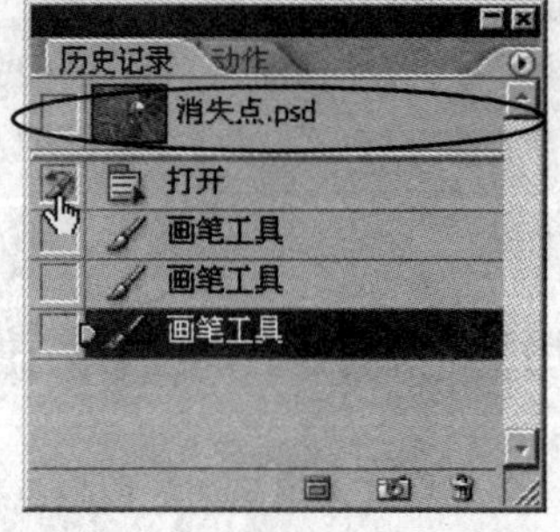

图 4.1.20 设置历史记录画笔的源

（6）在历史记录画笔工具属性栏中设置好画笔的大小，按住鼠标左键在图像中需要恢复的区域来回拖动，可将该区域的图像恢复到原来的状态，效果如图 4.1.21 所示。

图 4.1.21 使用历史记录画笔工具恢复图像

历史记录画笔工具和画笔工具一样，都是绘图工具，但它又有其独特的作用，历史记录画笔工具不仅可以非常方便地恢复图像至任意操作，而且还可以结合属性栏中的笔刷形状、不透明度和色彩混合模式等选项制作出特殊的效果。使用此工具必须结合历史记录面板，但它比历史记录面板更具灵活性，可以有选择地恢复图像的某一部分。

4.2 编 辑 图 像

在 Photoshop CS3 中图像的编辑命令包括剪切、粘贴、还原、拷贝以及贴入等，利用这些编辑命令可以快速地制作一些特殊的图像效果。

4.2.1 剪切、复制与粘贴图像

如果要对当前的图像进行剪切、复制或粘贴，其具体的操作如下：

（1）打开需要进行编辑的图像，如图 4.2.1 所示。

图 4.2.1 打开的两个图像

（2）使用椭圆选框工具在左图创建选区，如图 4.2.2 所示。

（3）选择菜单栏中的 编辑(E) → 拷贝(C) 命令，或按“Ctrl+C”键将选区内的图像复制到剪贴板上。

（4）单击右图，然后选择菜单栏中的 编辑(E) → 粘贴(P) 命令，或按“Ctrl+V”键，即可将剪贴板中的图像粘贴到该图像中，效果如图 4.2.3 所示。

图 4.2.2　创建选区

图 4.2.3　粘贴选区中的图像到另一幅图像中

（5）在 Photoshop CS3 中剪切图像同复制图像一样简单，只需要选中该图像后，选择菜单栏中的编辑(E)→剪切(T)命令，或按“Ctrl+X”键即可，如图 4.2.4 所示。

图 4.2.4　剪切前后的图像对比

4.2.2　合并拷贝和贴入图像

选择菜单栏中的编辑(E)→合并拷贝(Y)与贴入(I)命令，可实现复制与粘贴图像操作。

选择合并拷贝(Y)命令可用于复制图像中的所有图层，即在不影响原图像的情况下，将选区内的所有图层均复制并放入剪贴板中。

选择贴入(I)命令之前，先在图像中创建一个选区，并且该图像必须要有除背景图层以外的其他图层，否则此命令不可用。

如图 4.2.5 所示的图像就是使用贴入命令后的效果，其具体的操作方法如下：

（1）打开一幅图像，按“Ctrl+A”键全选整幅图像，如图 4.2.6 所示。

（2）按“Ctrl+C”键复制所选择的整幅图像到剪贴板上，再打开一幅图像，并在图像中创建选区，如图 4.2.7 所示。

（3）选择菜单栏中的编辑(E)→贴入(I)命令，或按“Ctrl+Shift+V”键，可将剪贴板上的图像粘贴到如图 4.2.7 所示的选区中，效果如图 4.2.5 所示。

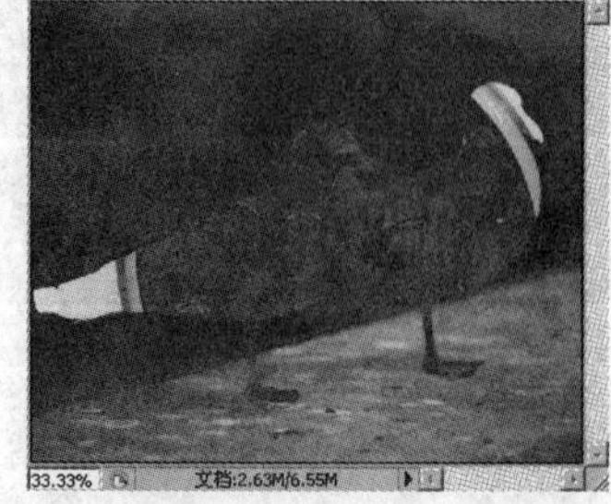

图 4.2.5　使用贴入命令后的效果

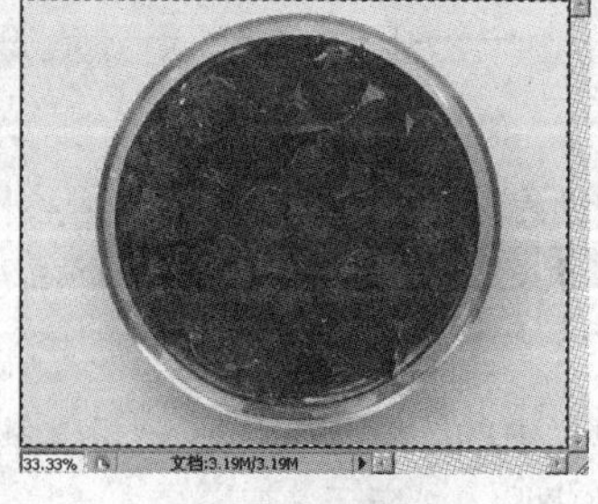

图 4.2.6　全选图像

图 4.2.7　创建选区

4.2.3　移动与清除图像

在 Photoshop CS3 中处理图像时，有时需要将当前图层中的图像、选区中的图像移动或清除，这时可以使用移动工具与清除图像功能来完成。

如图 4.2.8 所示就是使用移动工具完成的效果。

要使用移动工具移动图像，其具体的操作方法如下：

（1）打开一幅图像，使用选取工具在图像中需要移动的区域创建选区。

（2）单击工具箱中的“移动工具”按钮，将鼠标移至选区内按住鼠标左键拖动，即可将选区内的图像移至需要的位置。

使用移动工具除了可以移动选区内的图像外，还可以移动图层中的图像，方法是：选择要移动的图层，然后选择移动工具，在要移动的图像上按住鼠标左键拖动即可。

清除图像的方法是：先使用选取工具在图像中选择需要删除的区域，然后选择菜单栏中的编辑(E)→清除(E)命令，或按“Delete”键即可，删除后的图像区域会以背景色填充。

图 4.2.8　使用移动工具移动图像

4.2.4　图像的变换操作

在 Photoshop CS3 中，可以对整个图层、选区中的图像、路径以及形状进行变换操作，包括缩放、旋转、扭曲、斜切以及透视等。

1．旋转与翻转图像

选择菜单栏中的图像(I)→旋转画布(E)命令，弹出如图 4.2.9 所示的子菜单，从中选择相应的命令可对整个图像进行旋转与翻转操作。

180 度(1)
90 度(顺时针)(9)
90 度(逆时针)(0)
任意角度(A)...
水平翻转画布
垂直翻转画布

图 4.2.9　旋转画布子菜单

选择 180 度(1) 命令，可将整个图像旋转半圈，即旋转 180°。

选择 90 度(顺时针)(9) 命令，可将整个图像按顺时针方向旋转 90°。

选择 90 度(逆时针)(0) 命令，可将整个图像按逆时针方向旋转 90°。

选择 水平翻转画布 或 垂直翻转画布 命令，将整个图像沿垂直轴水平翻转或沿水平轴垂直翻转，如图 4.2.10 所示。

选择 任意角度(A)... 命令，按指定的角度旋转图像。

2．旋转与翻转局部图像

对局部图像的旋转与翻转就是对选区范围内的图像或一个普通图层中的图像进行操作。

选择菜单栏中的编辑(E)→变换命令，弹出其子菜单，从中选择相应的命令可对局部图像进行旋转与翻转操作。例如，选择一个选区后，选择菜单栏中的编辑(E)→变换→水平翻转(H)命令，可将选区内的图像水平翻转，效果如图 4.2.11 所示。

原图像

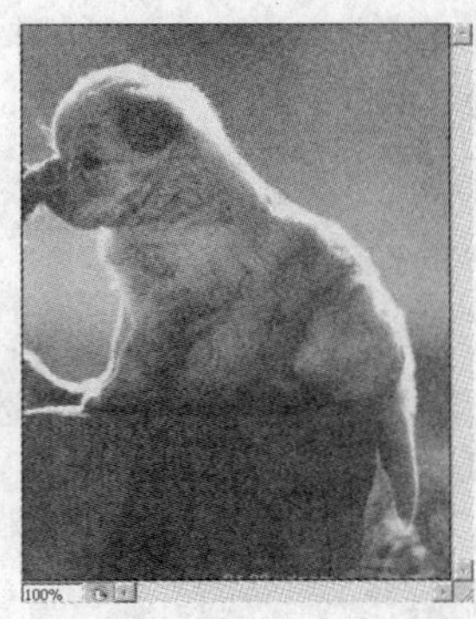
水平翻转

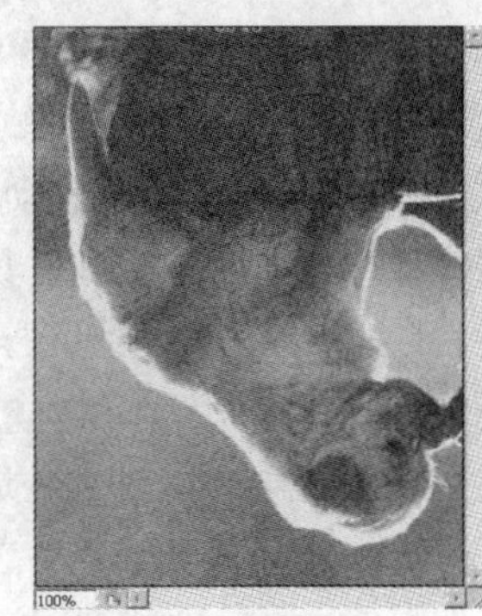
垂直翻转

图 4.2.10 翻转图像

图 4.2.11 水平翻转选区内的图像

3. 变换图像

要对图像进行自由变换，可选择菜单栏中的编辑(E)→变换命令，弹出如图 4.2.12 所示的子菜单。从中选择相应的命令，可对选区中的图像或普通图层中的图像进行相应的变换操作，此处选择扭曲(D)命令，效果如图 4.2.13 所示。

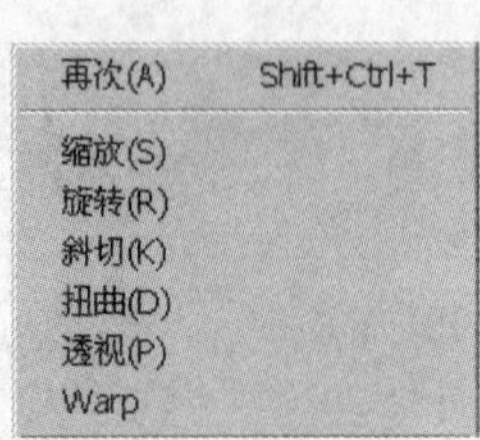

图 4.2.12 变换子菜单

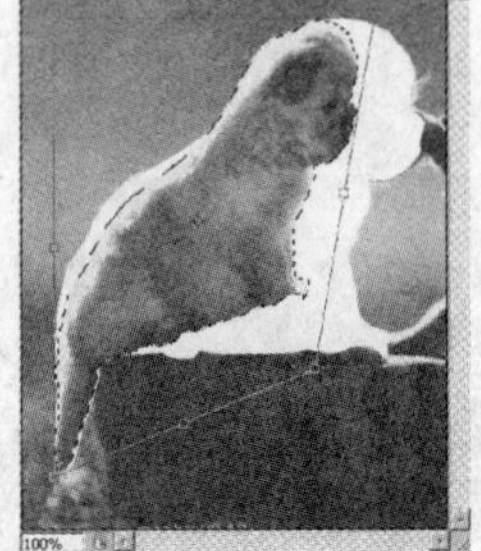

图 4.2.13 变换图像

4.2.5 裁切图像

裁切图像是移去整个图像中的部分图像以形成突出或加强构图效果的过程。

裁切图像可以使用工具箱中的裁切工具来完成，其具体的操作如下：

（1）打开一幅需要裁切的图像。

（2）单击工具箱中的“裁切工具”按钮，在需要裁切的图像中拖动鼠标，创建带有控制点的裁切框，如图 4.2.14 所示。

（3）当鼠标移至控制点时，鼠标将变成、形状，此时可按住鼠标左键并拖动对裁切框进行旋转、缩放等调节，如图 4.2.15 所示。

图 4.2.14　裁剪图像

图 4.2.15　旋转裁切框

（4）将鼠标移至裁切框内时，鼠标将变成形状，此时可按住鼠标左键并拖动，即可将裁切框移动至其他位置。在裁切框内双击鼠标左键，即可裁切图像，如图 4.2.16 所示。

创建裁切框之后，可在其属性栏中选中☑透视复选框，然后用鼠标拖动裁切框上的控制点，将裁切框进行透视变形，如图 4.2.17 所示。

图 4.2.16　裁切图像

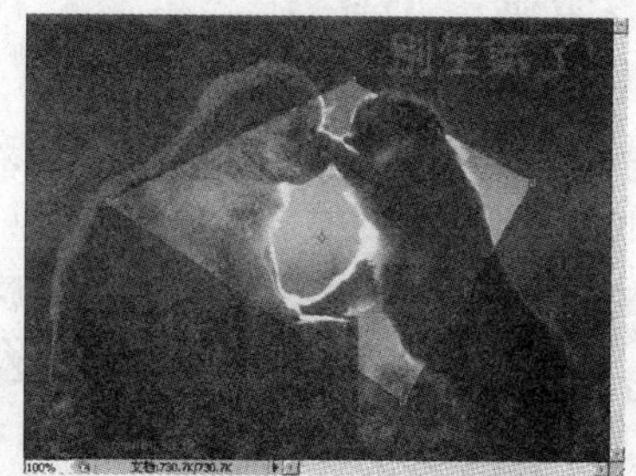

图 4.2.17　透视变形裁切框

如果按住“Alt”键拖动裁切框上的控制点，则可以原中心点为开始点将裁切框进行缩放；若按住“Shift”键拖动已选定裁切范围的控制点，则可将高与宽等比例缩放；如果按住“Shift+Alt”键拖动已选定裁切范围的控制点，则以原中心点为开始点，将高与宽等比例缩放。

4.3　图像的修饰

在 Photoshop CS3 中提供了一些图像的修饰工具，利用这些工具可对图像进行各种修饰操作，下面进行具体介绍。

4.3.1　污点修复画笔工具

污点修复画笔工具是 Photoshop CS3 新增的工具，该工具可以快速地移去图像中的污点和其他不理想部分，以达到令人满意的效果。单击工具箱中的“污点修复画笔工具”按钮，其属性栏如图 4.3.1 所示。

图 4.3.1　“污点修复画笔工具”属性栏

在模式:下拉列表中可以选择修复时的混合模式。

选中⊙近似匹配单选按钮，将使用选区周围的像素来查找要用作修补的图像区域。

选中⊙创建纹理单选按钮，将使用选区中的所有像素创建一个用于修复该区域的纹理。

在属性栏中设置好各选项后，在要去除的瑕疵上单击或拖曳鼠标，即可将图像中的瑕疵消除，而且被修改的区域可以无缝混合到周围图像环境中。如图 4.3.2 所示为利用污点修复画笔工具修复图像中瑕疵的效果。

图 4.3.2 利用污点修复画笔工具修复图像

4.3.2 修复画笔工具

利用修复画笔工具可对图像中的折痕部分进行修复，其功能与仿制图章工具相似，也可在图像中取样对其进行修复，唯一不同的是修复画笔工具可以将取样处的图像像素溶入到修复的图像区域中。单击工具箱中的“修复画笔工具”按钮，其属性栏如图 4.3.3 所示。

画笔： 19 模式： 正常 源：○取样 ⊙图案： □对齐 □对所有图层取样

图 4.3.3 “修复画笔工具”属性栏

选中⊙取样单选按钮，可以将图像中的一部分作为样品进行取样，用来修饰图像的另一部分，并将取样部分与图案融合部分用一种颜色模式混合，效果如图 4.3.4 所示。

选中⊙图案单选按钮，然后单击按钮，在弹出的下拉列表中选择一种图案，直接在图像中拖动鼠标进行涂抹，也可以创建选区后进行涂抹，效果如图 4.3.5 所示。

图 4.3.4 取样修复

图 4.3.5 图案修复

4.3.3 修补工具

修补工具可利用图案或样本来修复所选图像区域中不完美的部分。单击工具箱中的“修补工具”按钮，其属性栏如图 4.3.6 所示。

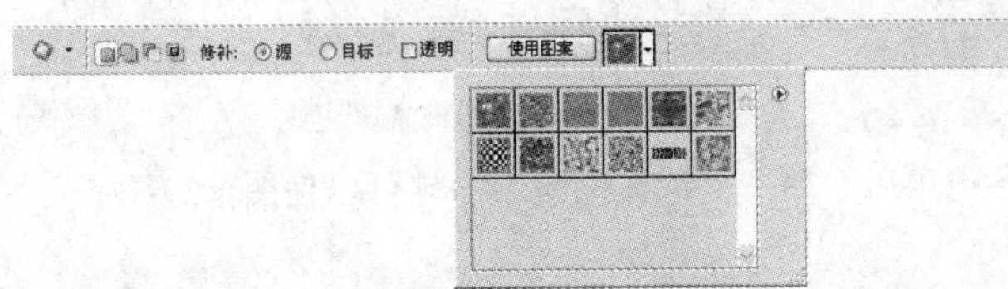

图 4.3.6　“修补工具”属性栏

选中⊙源单选按钮，在图像中创建一个选区，用鼠标拖动该区域，如图 4.3.7 所示，在图中可以看出，选区是作为要修补的区域，效果如图 4.3.8 所示。

图 4.3.7　拖动源

图 4.3.8　修补效果

选中⊙目标单选按钮，同样在图像中创建一个选区，拖动选区，如图 4.3.9 所示，在图中可以看出，选区是作为用于修补的区域，效果如图 4.3.10 所示。

图 4.3.9　拖动源

图 4.3.10　修补效果

如果图像中有选区，在属性栏中单击按钮，在弹出的下拉列表中选择一种图案，然后单击使用图案按钮，需要修补的选区就会被选定的图案完全填充，效果如图 4.3.11 所示。

图 4.3.11　利用图案修补图像选区

4.3.4　模糊工具

利用模糊工具可以使图像像素之间的反差缩小，从而形成调和、柔化的效果。单击工具箱中的“模糊工具”按钮，其属性栏如图 4.3.12 所示。

图 4.3.12 “模糊工具”属性栏

在属性栏中设置好各选项后，单击鼠标在图像中涂抹可以使图像边缘或选区中的图像变得模糊，如图 4.3.13 所示。

图 4.3.13 模糊图像效果

4.3.5 锐化工具

锐化工具与模糊工具刚好相反，该工具可以使图像像素之间的反差加大，从而使图像变得更清晰。单击工具箱中的“锐化工具”按钮，其属性栏中的选项与使用方法都与模糊工具相同，这里不再赘述。如图 4.3.14 所示为锐化图像效果。

图 4.3.14 锐化图像效果

4.3.6 涂抹工具

利用涂抹工具可以将涂抹区域中的像素与颜色沿鼠标拖动的方向扩展，形成类似在湿颜料中拖移手指后的绘画效果。单击工具箱中的“涂抹工具”按钮，其属性栏如图 4.3.15 所示。

图 4.3.15 “涂抹工具”属性栏

在属性栏中选中☑手指绘画复选框，可以用前景色对图像进行涂抹处理，并逐渐过渡到图像的颜色，类似于用手指混合并搅拌图像中的颜色，如图 4.3.16 所示。

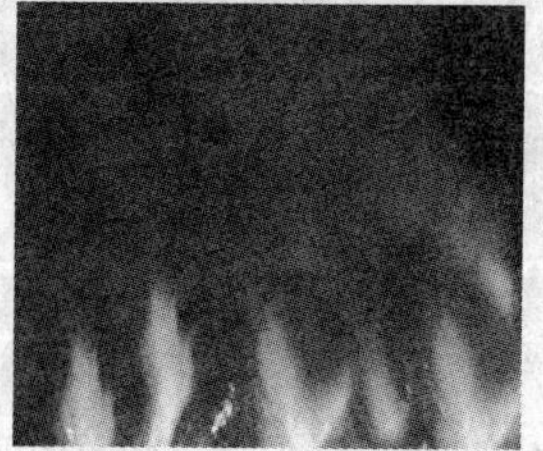
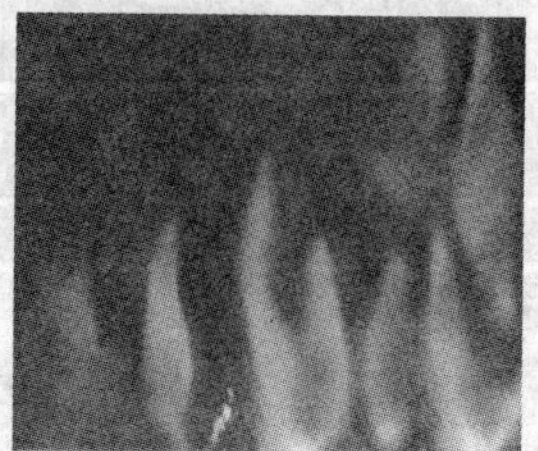

图 4.3.16 涂抹图像效果

4.3.7　减淡工具

利用减淡工具可以增加图像的曝光度，使图像颜色变浅、变淡。单击工具箱中的“减淡工具”按钮，其属性栏如图 4.3.17 所示。

图 4.3.17　“减淡工具”属性栏

在范围:下拉列表中可以选择减淡工具所用的色调，包括高光、中间调和阴影 3 个选项。其中，“高光”选项用于调整高亮度区域的亮度；“中间调”选项用于调整中等灰度区域的亮度；“阴影”选项用于调整阴影区域的亮度。

在曝光度:文本框中输入数值，可以调整图像曝光的强度，数值越大，亮化处理的效果越明显。

在属性栏中设置好各选项后，在图像中单击并拖动鼠标，即可增加图像的曝光度，效果如图 4.3.18 所示。

图 4.3.18　减淡图像效果

4.3.8　加深工具

利用加深工具可以降低图像的曝光度，使图像的颜色变深，变得更加鲜艳。单击工具箱中的“加深工具”按钮，其使用方法和属性栏设置都与减淡工具相同，这里不再赘述。如图 4.3.19 所示为加深图像颜色效果。

图 4.3.19　加深图像效果

4.3.9　海绵工具

利用海绵工具可以精确地更改图像区域的色彩饱和度。在灰度模式下，该工具通过使灰阶远离或靠近中间调来增加或降低对比度。单击工具箱中的“海绵工具”按钮，其属性栏设置如图 4.3.20 所示。

画笔: 65 模式: 去色 流量: 50%

图 4.3.20 “海绵工具”属性栏

在模式:下拉列表中可以选择更改颜色的模式，包括去色和加色两种模式。选择“去色”模式可减弱图像颜色的饱和度；选择“加色”模式可加强图像颜色的饱和度。如图 4.3.21 所示为使用“加色”模式修饰图像的效果。

图 4.3.21 加深图像色彩饱和度效果

4.4 修复与修补图像

在 Photoshop CS3 中，利用工具箱中的仿制图章工具、修复画笔工具以及修补工具等，可以对图像进行修复与修补操作。

4.4.1 仿制图像

如图 4.4.1 所示就是使用仿制图章工具来仿制图像的。

（a）原图像

（b）仿制后的图像

图 4.4.1 仿制图像

仿制图像的具体操作步骤如下：

（1）打开一幅图像，如图 4.4.1（a）所示。

（2）单击工具箱中的“仿制图章工具”按钮，将鼠标移至图像中需要复制的区域，此处将鼠标移至图像中的小动物区域，按住“Alt”键在图像中单击定点取样。

（3）将鼠标移到当前图像或另一幅图像中需要覆盖的区域按住鼠标左键来回拖动，即可将仿制的图像区域复制到新的位置，如图 4.4.1（b）所示。

4.4.2　用图案图章工具绘制图案

图案图章工具可以用于图案绘画，可以将图案库中的图案或自定义的图案复制到同一图像或其他图像中。

单击工具箱中的“图案图章工具”按钮，其属性栏如图 4.4.2 所示。

图 4.4.2　“图案图章工具”属性栏

在属性栏中单击下拉按钮，可打开预设的图案样式面板，从中可以选择一种预设的图案样式，然后在图像中拖动鼠标绘制所选的图案。

在属性栏中选中印象派效果复选框，可在绘制图案时添加印象派画的艺术效果。

如果要使用图案图章工具复制自定义的图案，其具体的操作步骤如下：

（1）打开要复制的图像，使用矩形选框工具选取所要复制的区域，如图 4.4.3 所示。

（2）选择菜单栏中的编辑(E)→定义图案(D)...命令，弹出图案名称对话框，如图 4.4.4 所示。

（3）在名称(N):输入框中输入图案名称，单击确定按钮，新定义的图案即可显示在预设的图案样式面板中，如图 4.4.5 所示。

图 4.4.3　选取区域

图 4.4.4　“图案名称”对话框

（4）选择自定义的图案，在属性栏中设置所复制图案的不透明度、模式、流量以及画笔大小，然后在当前图像或新建的图像中按住鼠标左键来回拖动，绘制图案，效果如图 4.4.6 所示。

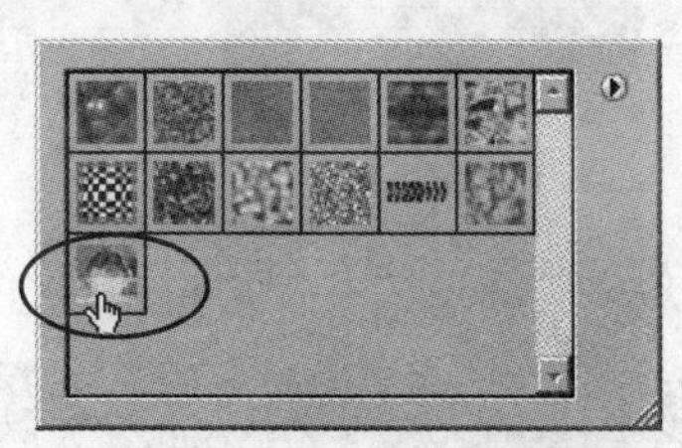

图 4.4.5　预设的图案样式面板

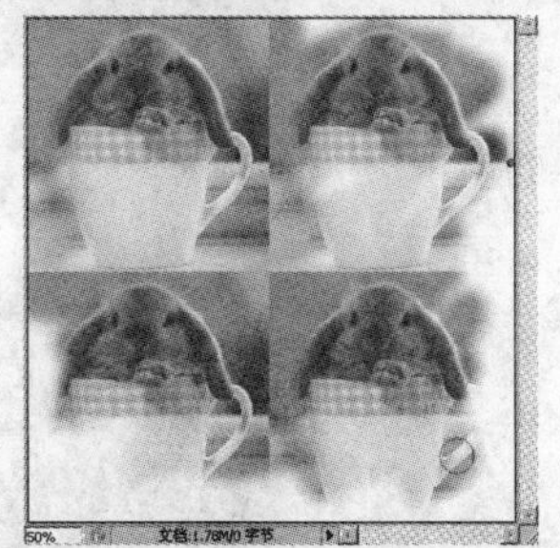

图 4.4.6　使用图案图章工具绘制图案

4.4.3　修复污点

污点修复画笔工具是 Photoshop CS3 新增的功能，它可以快速移去照片中的污点和其他不理想的部分。污点修复画笔的工作方式与修复画笔类似，它使用图像或图案中的样本像素进行绘画，并将样本像素的纹理、光照、透明度和阴影与所修复的像素相匹配。与修复画笔不同，污点修复画笔不要求

指定样本点，它自动从所修饰区域的周围取样。

要使用污点修复画笔工具修复图像，其方法很简单，只需要将鼠标移至图像中需要修复的区域单击，或按住鼠标左键拖动即可。

使用污点修复画笔工具修复图像的效果如图 4.4.7 所示。

图 4.4.7　使用污点修复画笔工具前后效果对比

4.4.4　修复图像

修复画笔工具可用于校正瑕疵，使它们消失在周围的图像中。与仿制工具一样，使用修复画笔工具可以利用图像或图案中的样本像素来绘画。修复画笔工具还可将样本像素的纹理、光照、透明度和阴影与所修复的像素进行匹配，从而使修复后的像素不留痕迹地融入图像的其余部分。

下面通过一个实例来说明修复画笔工具的使用方法：

（1）打开一幅有很多瑕疵的图像，如图 4.4.8 所示。

（2）单击工具箱中的“修复画笔工具”按钮，在属性栏中设置画笔的大小，还可以选择来源，此处采用样式来源方式。

（3）按住“Alt”键，在图像中单击进行取样，然后松开“Alt”键，在图像中的瑕疵处按住鼠标左键拖动，瑕疵就会消失，效果如图 4.4.9 所示。

图 4.4.8　打开的有瑕疵的图像

图 4.4.9　修复后的图像

4.4.5　修补图像

修补工具可以利用图像的局部或图案来修复所选图像区域中不完美的部分。与修复画笔工具一样，修补工具会将样本像素的纹理、光照、阴影与所要修补的像素进行匹配，但与修复画笔工具不同的是修补工具要先建立选区，然后用拖动选区的方法来修补图像。

如图 4.4.10 所示的是一幅有瑕疵的图像，下面将使用修补工具来处理图像，其具体的操作如下：

（1）单击工具箱中的“修补工具”按钮，在图像中拖动鼠标选择想要修复的区域，如图 4.4.10 所示。

（2）将鼠标移至选区内，按住鼠标左键将其拖动到要取样的区域进行修复，如图 4.4.11 所示。

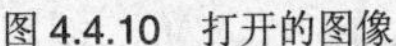

图 4.4.10　打开的图像

图 4.4.11　拖动选区

（3）松开鼠标后，即可用取样的区域修补选择的区域，然后按“Ctrl+D”键取消选区。

单击工具箱中的“修补工具”按钮，其属性栏如图 4.4.12 所示。

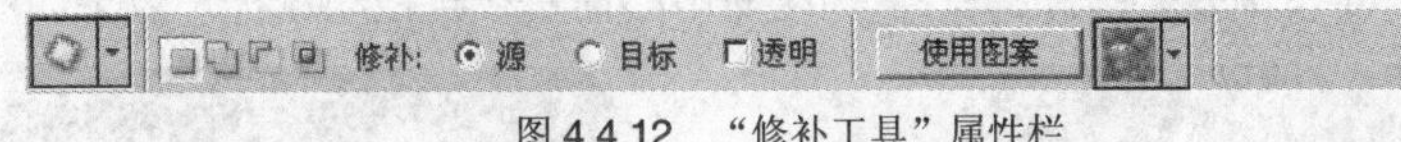

图 4.4.12　“修补工具”属性栏

在修补:选项区中提供了两种修补方式：选中源单选按钮，将选择的图像区域拖动至另一区域，即可用另一区域的像素修补选择区域的像素；选中目标单选按钮，将选择的图像区域拖动至另一区域，即可将选择区域像素复制到另一区域，并且选区内的图像将会和目标图像融合在一起，达到修复图像的目的。

选中透明复选框，可使修补的图像与原图像产生透明的叠加效果。

单击使用图案按钮，可从图案库中选择图案来填充建立的选区。

4.5　用渐变工具编辑图像

使用渐变工具可以创建多种颜色之间的渐变效果。创建渐变颜色，可以使图像更加丰富多彩，增强视觉效果。

4.5.1　应用渐变效果

如图 4.5.1 所示的光盘是应用渐变工具绘制的效果。其操作步骤如下：

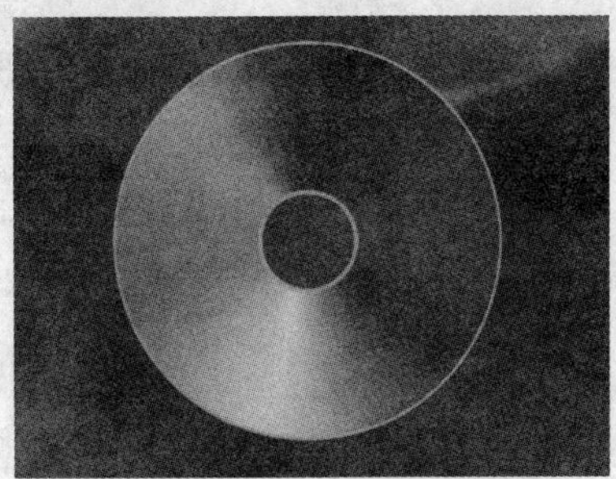

图 4.5.1　效果图

（1）按“Ctrl+O”键，打开一幅图像文件，如图 4.5.2 所示。

（2）新建“图层 1”，设置前景色为灰色（R：189，G：190，B：192），然后单击工具箱中的“椭圆选框工具”按钮，按住“Shift”键在打开的图像中拖动鼠标绘制一正圆形选区，按“Alt+Delete”键进行填充，效果如图 4.5.3 所示。

图 4.5.2　打开的图像文件

图 4.5.3　绘制并填充正圆形选区

（3）选择 选择(S) → 变换选区(T) 命令，调整选区大小，效果如图 4.5.4 所示。

（4）按“Enter”键确认变换操作，单击工具箱中的“渐变工具”按钮，在其属性栏中选择彩虹渐变类型，再单击“角度渐变”按钮，从选区的中心向右下角拖动鼠标，效果如图 4.5.5 所示。

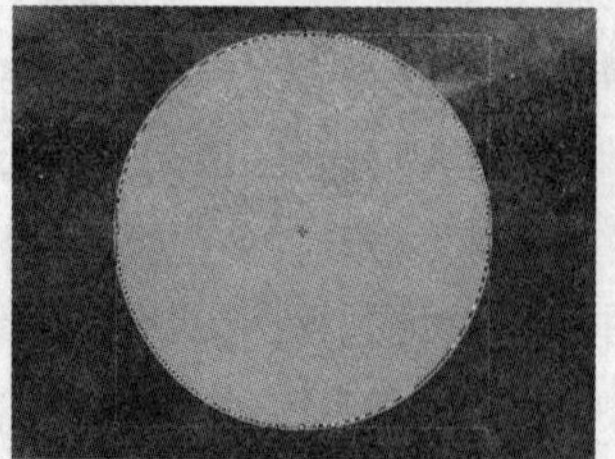

图 4.5.4　变换选区效果

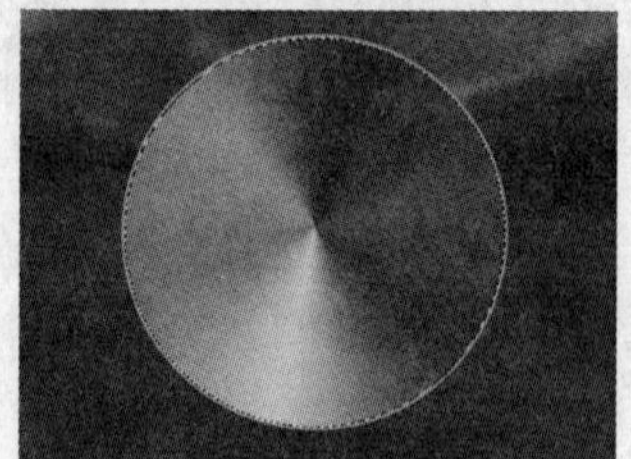

图 4.5.5　渐变填充效果

（5）再利用 变换选区(T) 命令对选区进行缩小调整，如图 4.5.6 所示。

（6）按“Enter”键确认变换操作，按“Alt+Delete”键进行填充，将其填充为灰色，效果如图 4.5.7 所示。

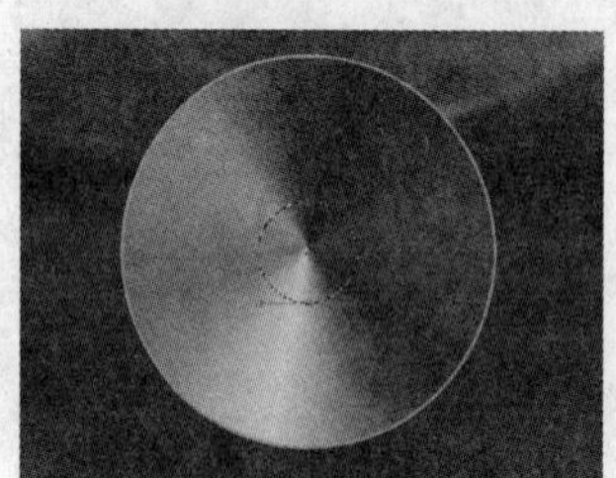

图 4.5.6　变换选区大小

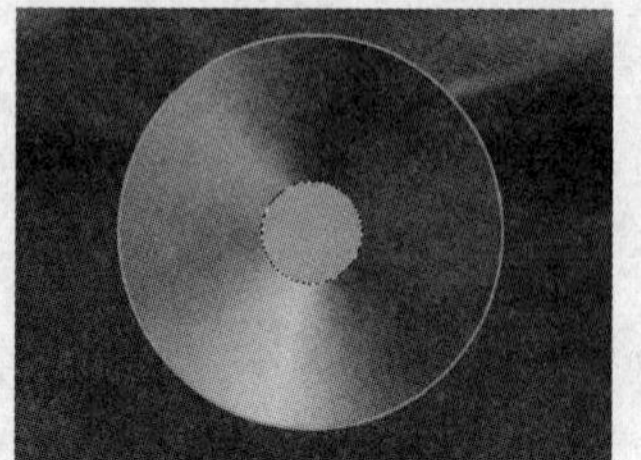

图 4.5.7　填充选区效果

（7）再利用 变换选区(T) 命令对选区进行缩小调整，如图 4.5.8 所示。

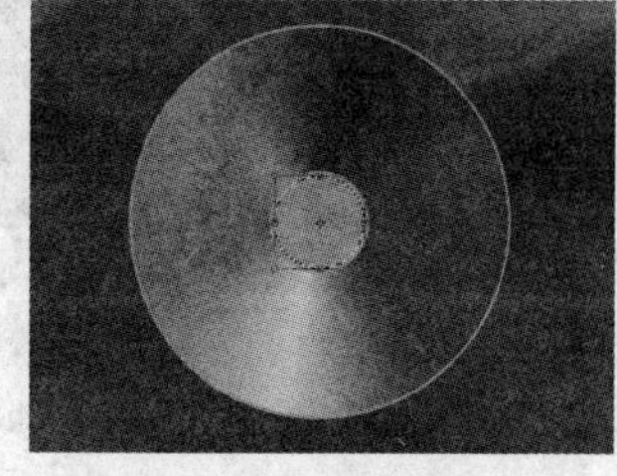

图 4.5.8　变换选区大小

（8）按“Enter”键确认变换操作，按“Delete”键删除，按“Ctrl+D”键取消选区，最终效果如图 4.5.1 所示。

4.5.2　渐变工具的属性设置

渐变填充是在设计作品时最常用的工具，使用它在图像或选区内可以创建多种颜色之间的混合过渡，从而使图像更加活泼。

单击工具箱中的“渐变工具”按钮，其属性栏如图 4.5.9 所示。

图 4.5.9　“渐变工具”属性栏

单击可编辑框右侧的按钮，弹出预设的渐变样式，可从中选择预设的渐变，如图 4.5.10 所示。

单击可编辑框，弹出渐变编辑器对话框，如图 4.5.11 所示。

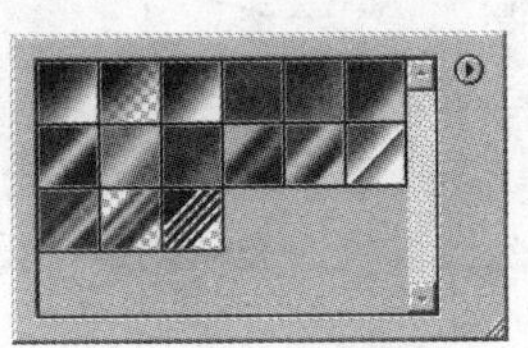

图 4.5.10　预设的渐变样式

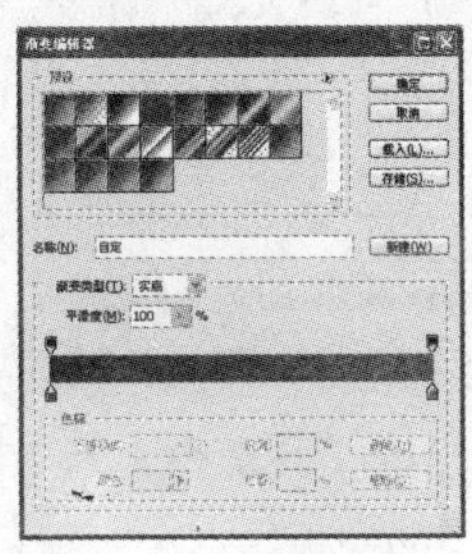

图 4.5.11　“渐变编辑器”对话框

在渐变颜色条上单击鼠标即可添加色标，然后在颜色:框中设置色标的颜色。

单击确定按钮，可在编辑框中显示自定义的颜色，在图像中或选区内拖动鼠标即可自定义渐变色。

在渐变工具属性栏中提供了 5 种渐变填充方式的按钮，即“线性渐变”按钮、“径向渐变”按钮、“角度渐变”按钮、“对称渐变”按钮和“菱形渐变”按钮，分别使用它们填充图像后的效果如图 4.5.12 所示。

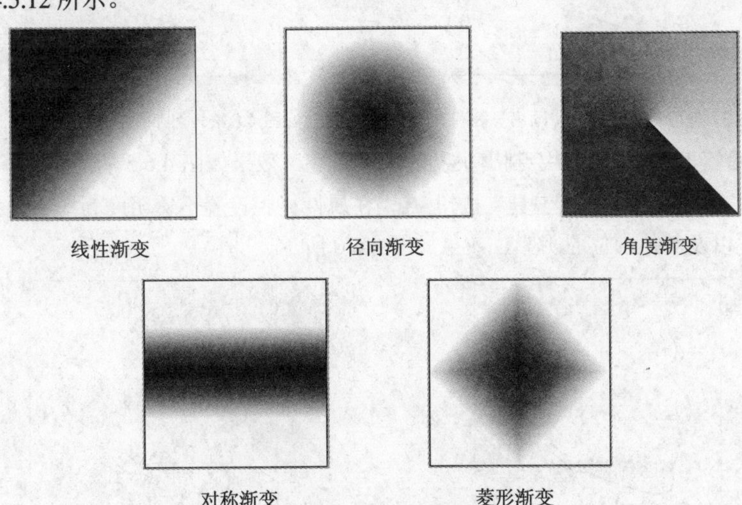

图 4.5.12　渐变填充的方式

在不透明度:输入框中输入数值，可以设置各种渐变填充的不透明度。

选中☑反向复选框，可以将所选择的渐变色调换起点到终点的颜色顺序。

4.6 上机练习

下面通过绘制人物图像，来巩固本章所学的知识。操作步骤如下：

（1）新建一个图像文件，新建图层 1，单击工具箱中的“铅笔工具”按钮，在属性栏中设置画笔大小为 3，在图像中拖动鼠标，绘制人物的大体轮廓线条，如图 4.6.1 所示。

（2）新建图层 2，单击工具箱中的“铅笔工具”按钮，沿大体轮廓线条绘制出细节轮廓线条，如图 4.6.2 所示。

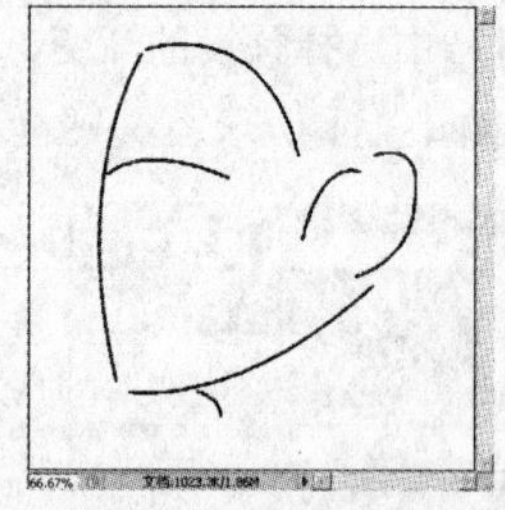

图 4.6.1 使用铅笔工具绘制轮廓

图 4.6.2 绘制细节轮廓线条

（3）单击工具箱中的“橡皮擦工具”按钮，擦除图像中的大体轮廓，再使用铅笔工具绘制鼻孔和耳朵部位，如图 4.6.3 所示。

（4）单击工具箱中的“铅笔工具”按钮，在属性栏中设置画笔的大小，在图像中绘制嘴唇与眼睛部位，效果如图 4.6.4 所示。

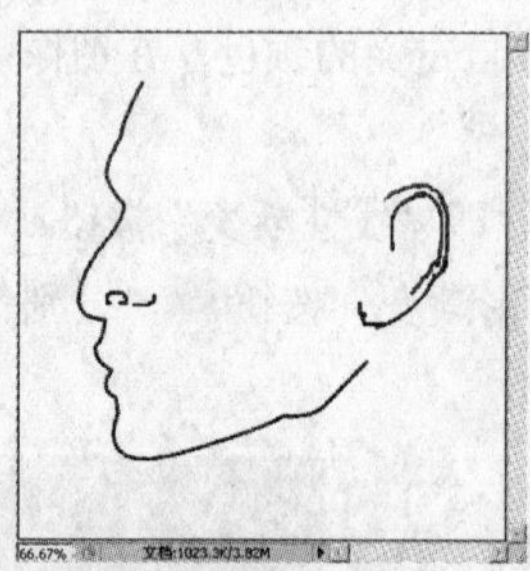

图 4.6.3 擦除大体轮廓及勾画出鼻孔和耳朵

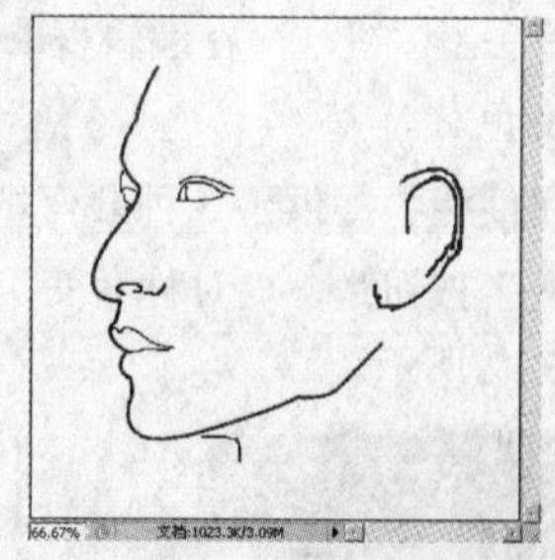

图 4.6.4 绘制嘴唇与眼睛部位

（5）使用铅笔工具在图像中绘制出头发的大体轮廓，效果如图 4.6.5 所示。

（6）单击工具箱中的“画笔工具”按钮，在属性栏中设置不透明度为 30%，在图像中绘制人物的眉毛、鼻孔以及其他部位的阴影，效果如图 4.6.6 所示。

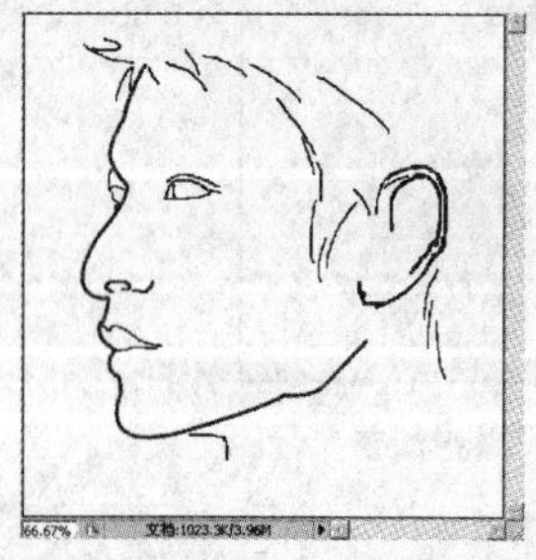

图 4.6.5 绘制出的头发轮廓

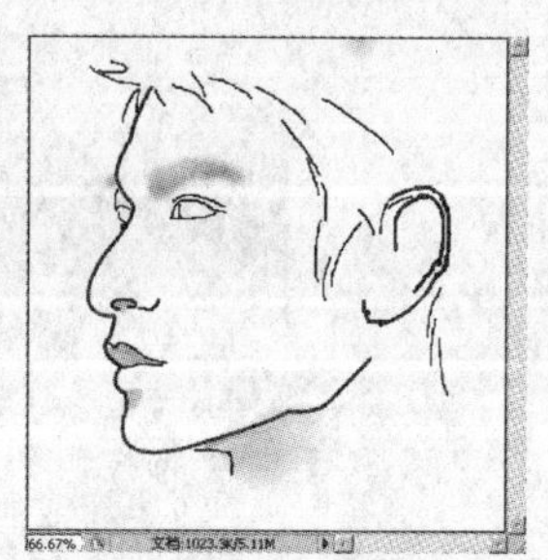

图 4.6.6 使用画笔工具绘制阴影

（7）使用画笔工具勾画出眼珠与耳朵的细节部位，效果如图 4.6.7 所示。

（8）设置前景色为灰色，单击工具箱中的“画笔工具”按钮，在眼珠与耳朵部位拖动鼠标进行绘制，为其填充颜色，效果如图 4.6.8 所示。

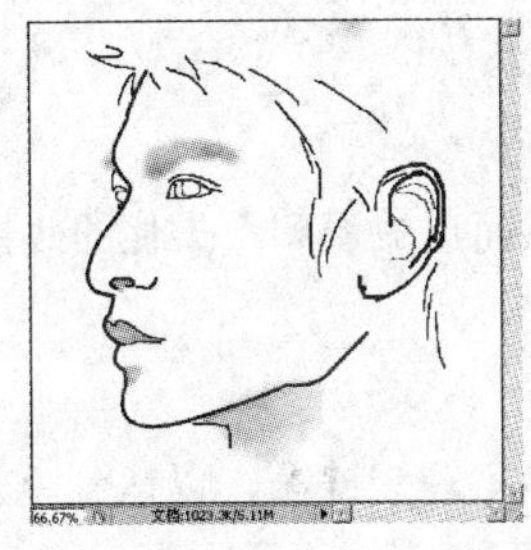

图 4.6.7　勾画眼珠与耳朵的细节部位

图 4.6.8　为眼珠与耳朵部位填充颜色

（9）设置前景色为白色，单击工具箱中的“画笔工具”按钮，在眼珠部位单击，绘制出眼睛的高光。

（10）设置前景色为深灰色，单击工具箱中的“画笔工具”按钮，并设置属性栏中的不透明度，在图像中的头发部位拖动鼠标，为其上色，最终的人物图像绘制完成，效果如图 4.6.9 所示。

图 4.6.9　绘制的人物图像

本 章 小 结

本章介绍了各种绘图工具的功能与使用方法。主要包括画笔工具、铅笔工具、图章工具、橡皮擦工具、模糊工具、修复画笔工具、渐变工具以及历史记录画笔工具配合历史记录面板恢复操作。这些工具的使用为图像的绘制和编辑提供了极大的方便。通过本章的学习，用户应该熟练应用这些工具绘制与编辑图像。

习　题　四

一、填空题

1．如果要切换前景色和背景色，可在工具箱中单击“切换颜色”按钮，或按键盘上的_________键。

2．若要返回默认的前景色和背景色，可在工具箱中单击“默认颜色”按钮，或按键盘上的_________键。

3．利用________工具可以在图像中绘制边缘较硬的线条及图像。

二、选择题

1．利用（　）工具可以擦除图层中具有相似颜色的区域，并以透明色替代被擦除的区域。

A．魔术橡皮擦　　B．橡皮擦

C．背景橡皮擦　　D．仿制图章

2．利用（　）工具可以使图像像素之间的反差缩小，从而形成调和、柔化的效果。

A．锐化　　B．模糊

C．加深　　D．海绵

3．利用（　）工具可以快速地移去图像中的污点和其他不理想部分，以达到令人满意的效果。

A．污点修复画笔　　B．修补

C．修复画笔　　D．背景橡皮擦

4．利用（　）工具可降低图像的曝光度，使图像颜色变深，更加鲜艳。

A．锐化　　B．减淡

C．涂抹　　D．加深

三、简答题

修复画笔工具与什么工具相似，可对图像进行什么操作？

四、上机操作题

1．打开如题图 4.1（a）所示的图像，练习使用本章所学的内容，将其中的人物图像的背景色去掉，效果如题图 4.1（b）所示。

（a）原始图像

（b）去掉背景

题图　4.1

2．使用图像修复工具，将如题图 4.2（a）所示的图像修复，其效果如题图 4.2（b）所示。

（a）原始图像

（b）修复后图像

题图　4.2

第5章 图层、通道、蒙版和路径

本章要点

- ☑ 图层的概念及图层面板
- ☑ 通道的基本概念及基本操作
- ☑ 蒙版及其应用
- ☑ 图像混合运算
- ☑ 路径的使用

学习目标

图层、通道与蒙版在 Photoshop CS3 中非常重要，图层是为了方便修改图像而设立的；通道记载颜色选区信息；蒙版使图像的修改与选取更方便、更精确。

5.1 图层的概念及图层面板

将图像中的内容按层进行管理和操作，是大部分图形制作处理软件的共同特性，如 AutoCAD，3DS MAX 等，这种图层管理技术在 Photoshop CS3 中得到了更为充分和广泛的应用。

5.1.1 图层的概念

在 Photoshop CS3 中，将图像的每一部分置于不同的图层中，这些图层叠放在一起就形成了完整的图像，用户可以单独对每一层或某些图层中的图像内容进行各种操作，而不会对其他图层造成影响。打开一个包含有多个图层的图像文件后，“图层”面板中将显示出该图像的图层信息，如图 5.1.1 所示，可看出其中共包含了 4 个图层（背景层除外）。

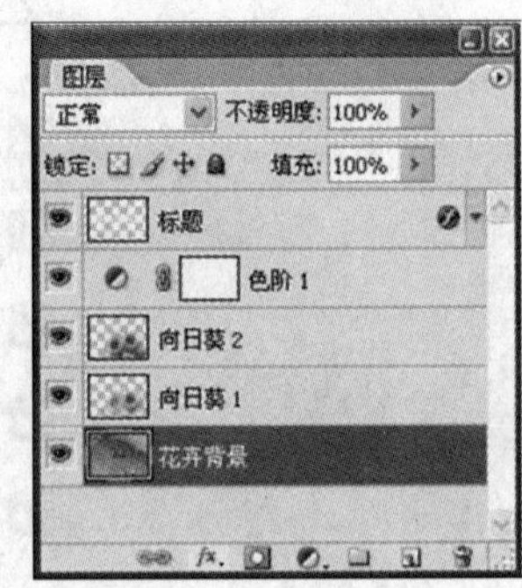

图 5.1.1　打开的图像及“图层”面板

在 Photoshop CS3 中，图层主要起着以下作用：

（1）创建图像的部分剪辑画面或剪辑组，用于演示或产生动画效果。

（2）创建框架或空白区用作文本插入的背景，以及创建可在图像内被重新定位并能多次编辑的可移动文本。

（3）创建动态的、可调整的色彩校正图层（在这些图层中可应用各种色彩调整工具）。

（4）限定滤镜的作用区域。

（5）在不影响图像内容的前提下，使用新图层创建徒手画。

（6）用户可手动修改或操作图像而不破坏原始图像（可在一个图层上保留原图像的一份原始拷贝，而在另一个图层修改复制）。

5.1.2 图层面板

在 Photoshop CS3 中，用户可在“图层”面板中完成图层中图像的大部分操作，例如，图层的创建、隐藏、显示、复制、删除及调整图层顺序等。“图层”面板默认为打开状态，位于窗口的最右侧，若窗口中没有显示该面板，可以选择 窗口(W) → 图层 命令或按“F7”键将其打开，如图 5.1.2 所示。

单击 正常 右侧的 按钮，可在弹出的图层混合模式下拉列表中选择不同的图层混合模式。

在 不透明度: 文本框中输入数值，可以设置当前图层的不透明度。

单击 按钮，可以锁定当前图层中图像的透明像素。

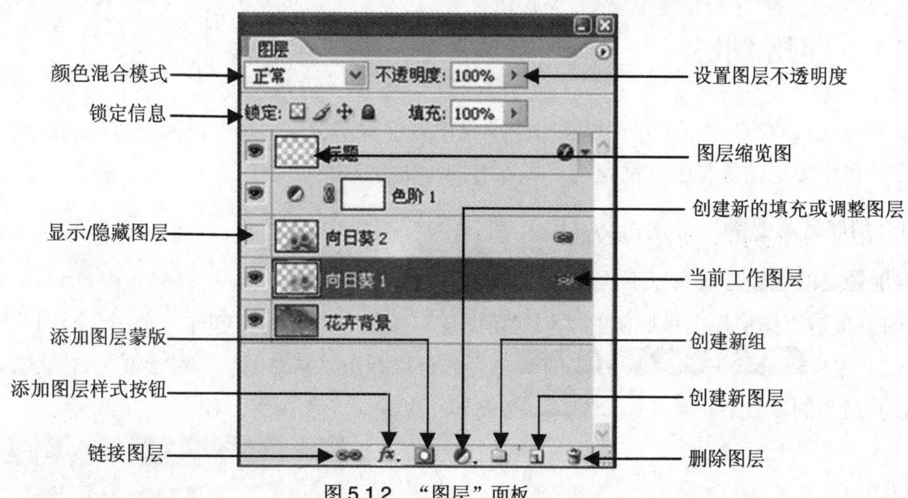

图 5.1.2　"图层"面板

单击按钮：可以锁定当前图层，即不能对当前设置的图层中的任何图像进行编辑和修改，包括透明度，但是可以对它进行移动和变形操作。

单击按钮，可以锁定当前图层的位置。

单击按钮，可以锁定当前图层的所有设置，不能对当前图层进行任何操作。

在填充:文本框中输入数值，可以设置图层色彩填充的不透明程度。

：该图标表示当前图层是否可见。隐藏该图标，表示该图层为不可见状态；显示该图标，则表示该图层为可见状态。

单击按钮，可以链接图层或取消图层之间的链接关系。

单击按钮，可以在弹出的下拉菜单中选择不同的命令为图层添加特殊样式。

单击按钮，可以为当前图层添加图层蒙版。

单击按钮，可以在当前图层上新建一个图层组。

单击按钮，可以在弹出的下拉菜单中选择要进行添加的调整或填充图层命令。

单击按钮，可以在"图层"面板中创建一个新的图层。

单击按钮，可以将当前选择的图层删除。

单击"图层"面板右上角的按钮，弹出如图 5.1.3 所示的图层面板菜单，该菜单中的大部分命令功能与"图层"面板功能相同。用户可以选择该菜单中的调板选项...命令，在弹出的"图层调板选项"对话框（见图 5.1.4）中设置图层缩览图的大小。

图 5.1.3　图层面板菜单

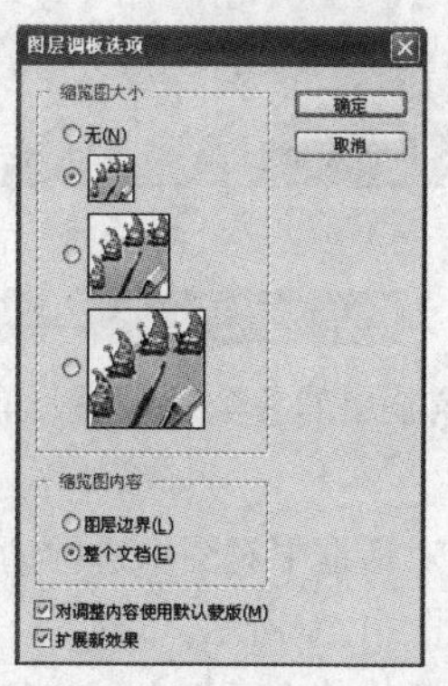

图 5.1.4　"图层调板选项"对话框

5.1.2 创建图层

在 Photoshop CS3 中，用户可以在一个图像中创建很多图层，每个图层都有自己的混合模式和不透明度，每个图层的操作独立性使用户可以对图像进行多种处理。

1 创建普通图层

普通图层的创建方法有以下两种：

（1）单击“图层”面板底部的“创建新图层”按钮，即可创建一个完全透明的空白图层。

（2）选择 图层(L)→新建(N)→图层(L)... 命令，可以弹出“新建图层”对话框，如图 5.1.5 所示，在其中设置适当的参数后，单击 确定 按钮即可创建一个新图层，如图 5.1.6 所示。

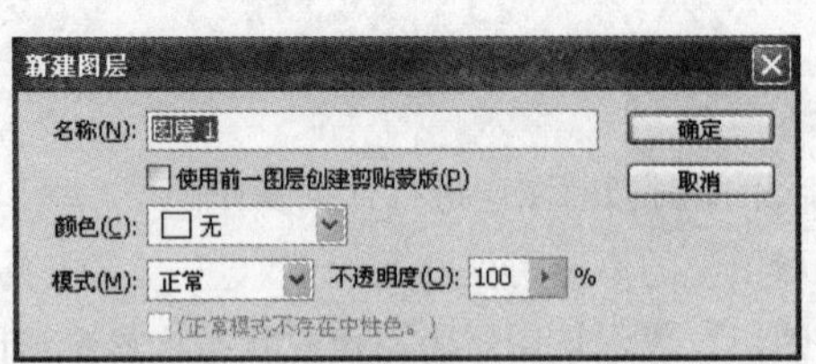

图 5.1.5 “新建图层”对话框

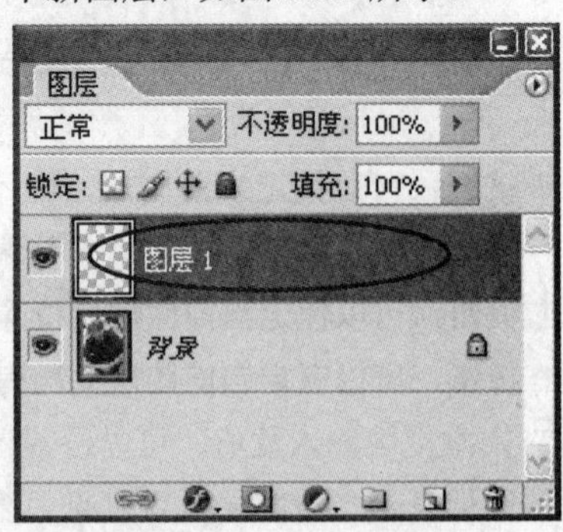

图 5.1.6 创建的图层

2 创建调整图层

利用调整图层可以将用色阶、颜色平衡、曲线等命令制作的图像调整效果单独放在一个图层中，而不会改变原图。打开或关闭调整图层，即可为当前图像添加或撤销调整效果，方便了图像的编辑。

下面通过一个例子介绍调整图层的创建方法，具体的操作步骤如下：

（1）打开一幅图像，其效果及“图层”面板如图 5.1.7 所示。

图 5.1.7 打开的图像及“图层”面板

（2）选择 图层(L)→新建调整图层(A)→曲线(V)... 命令，可以弹出“新建图层”对话框，如图 5.1.8 所示，在其中设置新调整层的各个参数后，单击 确定 按钮，将弹出“曲线”对话框，如图 5.1.9 所示。

（3）在“曲线”对话框中对图像进行调整，单击 确定 按钮，即可创建一个含有曲线调整效果的调整图层，如图 5.1.10 所示。

在图 5.1.6 中可以看出，在图像中创建的调整图层实际上是一个带蒙版的图层。因此，用户可直

接编辑其中的蒙版。若想要恢复图像的原始效果，只须单击该图层前面的眼睛图标将其隐藏即可。如果对所调整的图像效果不满意，可用鼠标双击调整图层缩览图，在打开的对话框中重新进行调整。

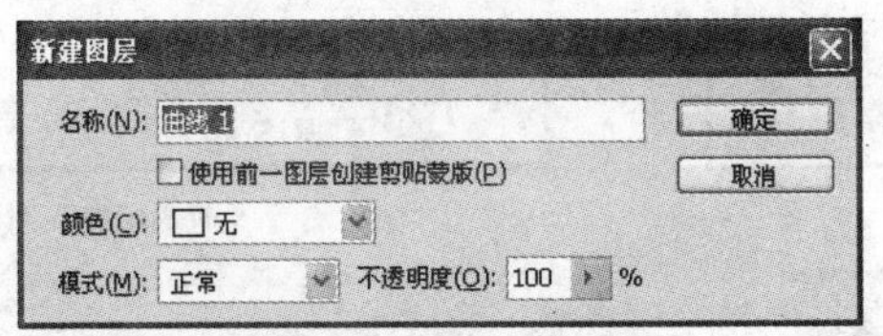

图 5.1.8　“新建图层”对话框

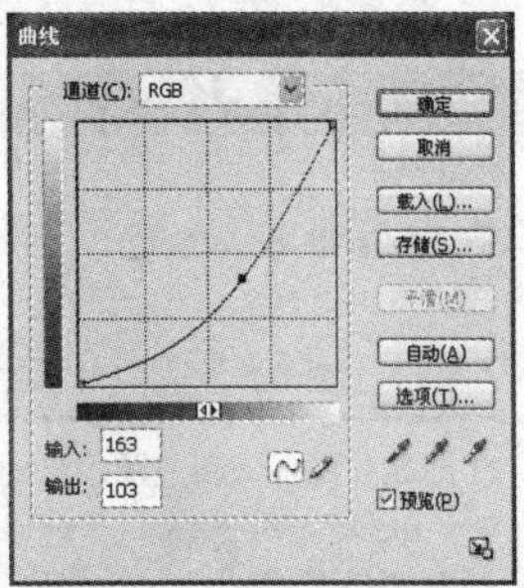

图 5.1.9　“曲线”对话框

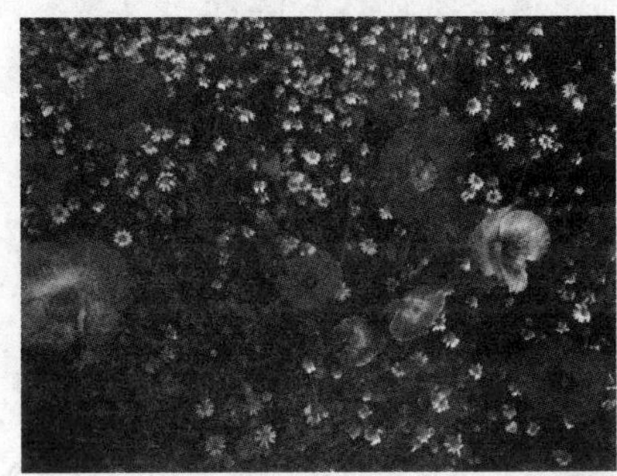

图 5.1.10　调整图像后的效果及其“图层”面板

3　创建填充图层

填充图层是一种带蒙版的图层，可以用纯色、渐变色或图案填充图层，也可设置填充的方向、角度等。填充图层具有以下特点：

（1）可以随时更换其内容。

（2）可以将其转换为调整层。

（3）可以通过编辑蒙版制作图像融合效果。

下面通过一个例子介绍填充图层的创建方法，具体的操作步骤如下：

（1）打开一幅图像，其效果及“图层”面板如图 5.1.11 所示。

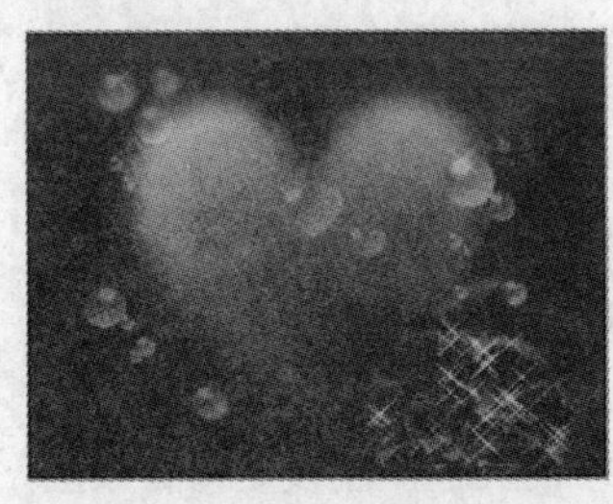

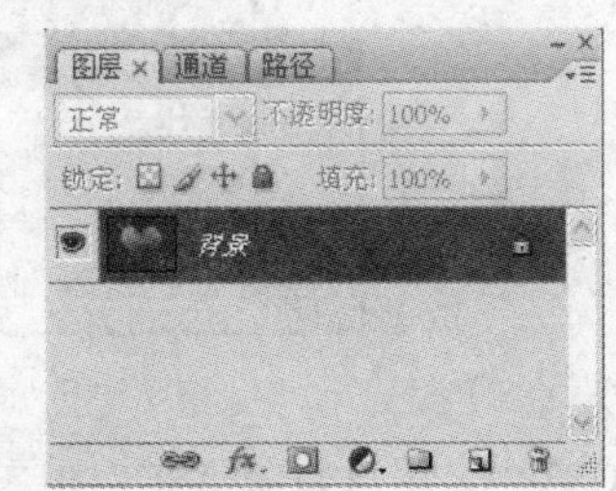

图 5.1.11　打开的图像及“图层”面板

（2）选择图层(L)→新建填充图层(W)→渐变(G)...命令，可弹出“新建图层”对话框，如图 5.1.12 所示，在其中设置新填充层的各个参数后，单击确定按钮，可弹出“渐变填充”对话框，如图 5.1.13 所示。

（3）在“渐变填充”对话框中设置渐变填充的类型、样式以及角度等，单击确定按钮，

即可创建一个含有渐变效果的填充图层，效果如图 5.1.14 所示。

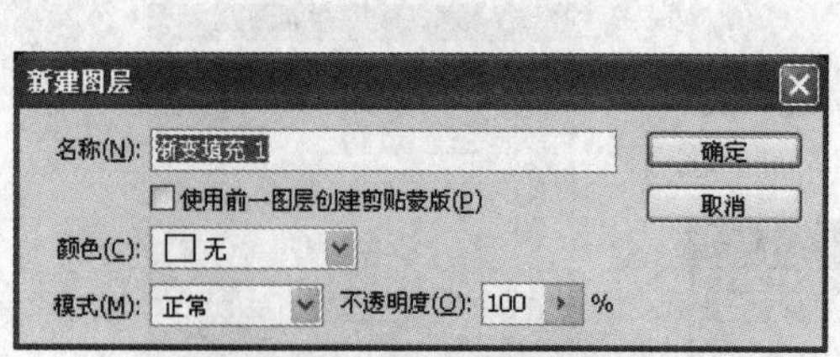

图 5.1.12 “新建图层”对话框

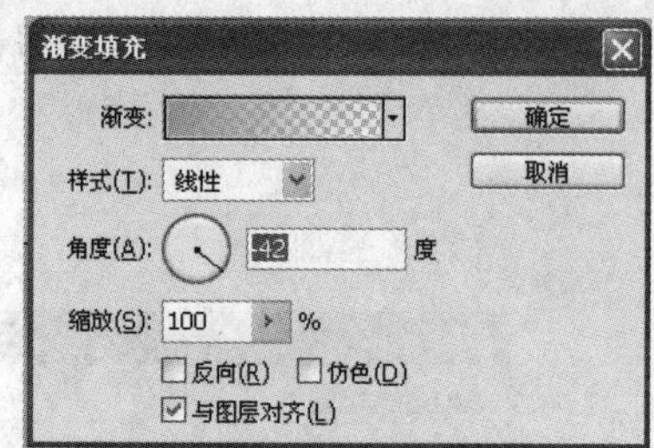

图 5.1.13 “渐变填充”对话框

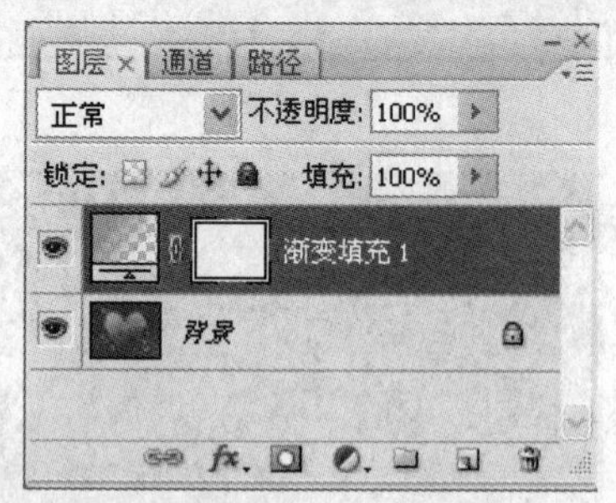

图 5.1.14 渐变填充后的图像及其“图层”面板

若想要改变填充图层的内容（转换为纯色或图案填充）或将其转换为调整图层，可以在选择需要转换的填充图层后，选择图层(L)→更改图层内容(H)命令，在其子菜单中选择相应的命令进行更改；若想要编辑填充图层，可以选择图层(L)→图层内容选项(O)...命令，或用鼠标左键双击填充图层的缩览图，在打开的填充图层设置对话框中进行编辑。另外，对于填充图层，用户只能更改其内容，而不能在其中进行绘画，若要对其进行绘画操作，可以选择图层(L)→栅格化(Z)→填充内容(F)命令，将其转换为带蒙版的普通图层再进行操作。

4 创建背景图层

背景图层位于“图层”面板的最底部，系统自动将该图层锁定，因此，用户通常无法对这一层的图像进行某些编辑。若想对背景图层进行修改，可以用鼠标双击“背景”图层，在弹出的“新建图层”对话框中设置相关的参数，如图 5.1.15 所示，单击确定按钮，将其转换为普通图层，然后再进行编辑处理。

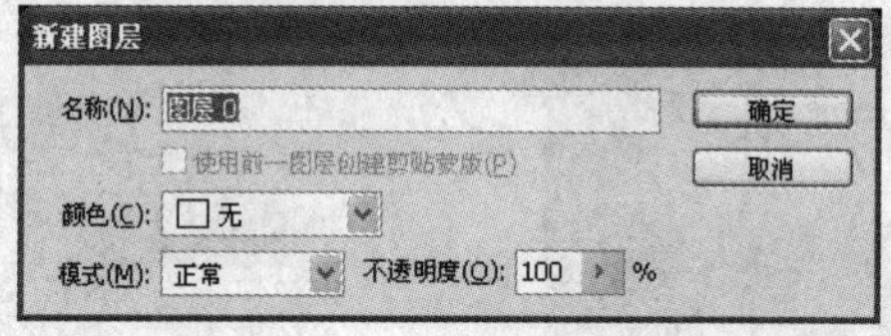

图 5.1.15 “新建图层”对话框

在 Photoshop CS3 中，用户如果要将“图层”面板中的其他图层设定为背景层，首先选择要设定为背景层的图层，再选择图层(L)→新建(N)→背景图层(B)...命令，即可将当前选择的图层转换为背景图层，并将其置于“图层”面板的最底部。

5 创建图层组

在“图层”面板中，可将多个图层编辑为图层组，这样可以方便用户对图层进行管理和编辑操作。图层组的创建方法有以下两种：

（1）单击“图层”面板底部的“创建新组”按钮，即可创建一个新图层组。

（2）选择图层(L)→新建(N)→组(G)...命令，可弹出“新建组”对话框，如图 5.1.16 所示。

（3）在该对话框中可设置新图层组的名称、颜色以及模式等，单击确定按钮即可创建新图层组，如图 5.1.17 所示。

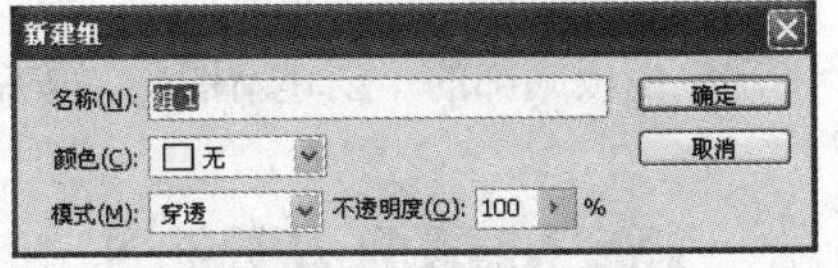

图 5.1.16　“新建组”对话框

图 5.1.17　创建的图层组

6　将图像选区转换为新图层

在 Photoshop 中，用户不仅可以创建新图层，还可以将创建的选区转换为新图层。下面通过一个例子介绍将图像选区转换为新图层的方法，具体的操作步骤如下：

（1）打开一幅图像，并在图像中创建一个选区，其效果及“图层”面板如图 5.1.18 所示。

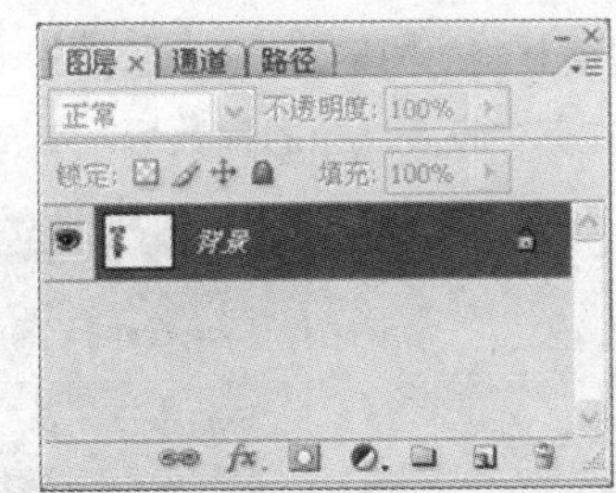

图 5.1.18　创建的选区及“图层”面板

（2）选择图层(L)→新建(N)→通过拷贝的图层(C)命令，即可将图像选区转换为新图层，并将该图层作为当前图层，如图 5.1.19 所示。利用工具箱中的移动工具在图像窗口中拖动鼠标移动图像，效果如图 5.1.20 所示。

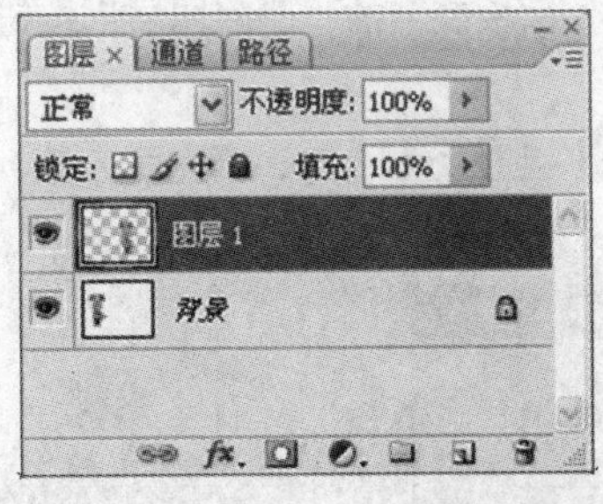

图 5.1.19　“图层”面板

图 5.1.20　复制的图像效果

由图 5.1.20 可以看出，执行通过拷贝的图层(C)命令后，系统会自动将选区中的图像复制到一个新图层中。另外，选择图层(L)→新建(N)→通过剪切的图层(T)命令，即可将选区转换为新图层，并将选区内的图像剪切到新图层中。

5.1.3 编辑图层

在 Photoshop 中创建图层后，可对其进行复制、删除、链接、合并、重命名以及排列顺序等操作。下面分别进行讲解。

1 复制图层

复制图层就是再新建一个与原图层属性相同的图层副本，从而进一步创建多种效果。复制图层的方法有以下两种：

（1）直接用鼠标将需要复制的图层拖动到“图层”面板底部的“创建新图层”按钮上，释放鼠标，即可复制图层，如图 5.1.21 所示。

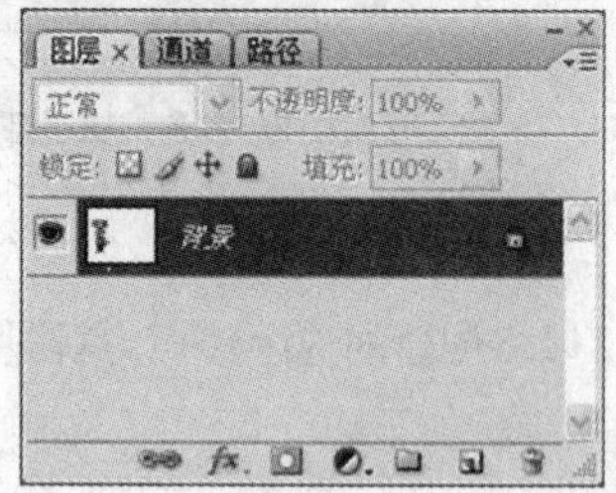

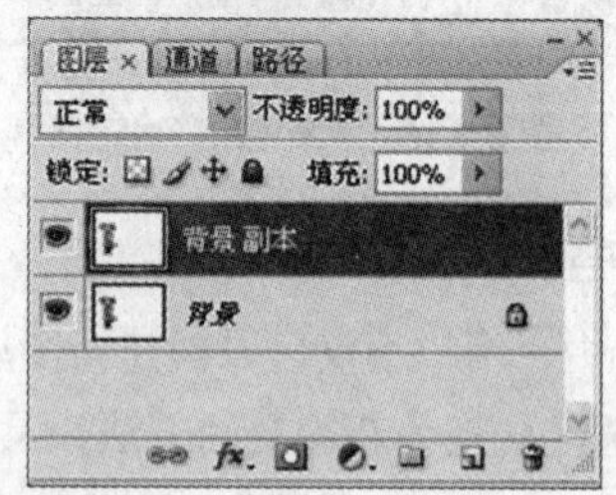

图 5.1.21 复制图层

（2）选中需要复制的图层，选择图层(L)→复制图层(D)...命令，可弹出“复制图层”对话框，如图 5.1.22 所示，在其中设置适当的参数后，单击确定按钮即可复制图层。

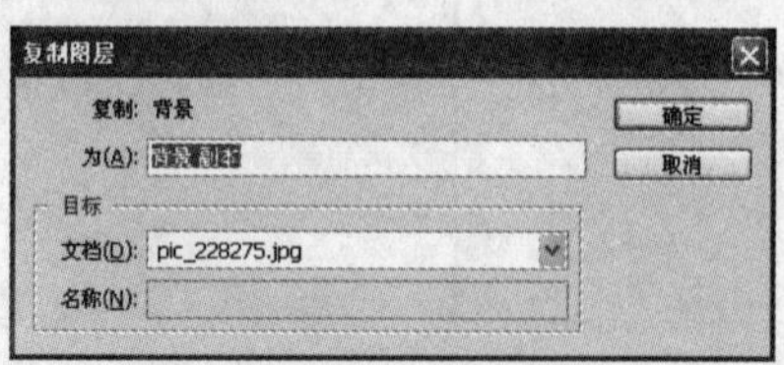

图 5.1.22 “复制图层”对话框

2 删除图层

删除图层的方法有以下两种：

（1）直接用鼠标将需要删除的图层拖动到“图层”面板底部的“删除图层”按钮上，即可删除图层。

（2）选中需要删除的图层，选择图层(L)→删除(L)→图层(L)命令，弹出提示框，如图 5.1.23 所示，单击是(Y)按钮即可将图层删除。

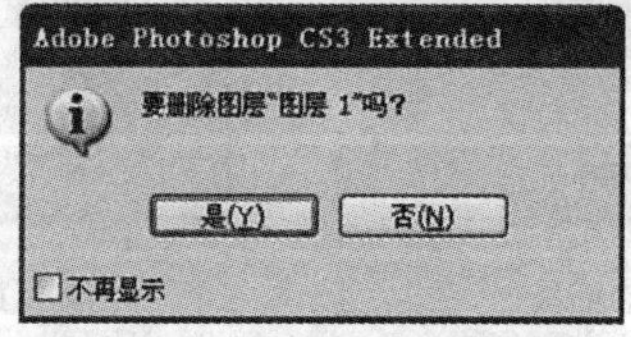

图 5.1.23 提示框

3 链接与合并图层

在处理图像的过程中，有时需要对多个图层上的内容进行统一的操作，此时就要将图层链接起来

或将它们合并，然后再进行各种处理。

图层的链接：在“图层”面板中选择需要链接的多个图层，然后单击“图层”面板底部的“链接图层”按钮，即可完成图层链接，在链接的图层右侧会出现链接符号，如图5.1.24所示。

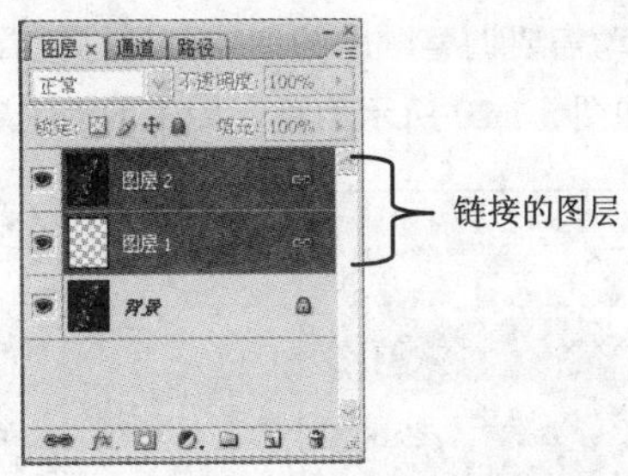

图5.1.24 链接图层

若想要取消链接的图层，可在“图层”面板中选择链接的图层，然后用鼠标直接单击“图层”面板底部的“链接图层”按钮，即可取消图层之间的链接关系。

图层的合并：用户可以通过选择图层(L)菜单下的相应命令来合并图层，如图5.1.25所示为合并图层命令。

拼合图像(F)：该命令用于把图像中所有的图层合并到背景图层中，在合并的过程中，若有不可见的图层，则执行拼合图像命令后，将弹出一个提示框，如图5.1.26所示，询问是否删除不可见图层，单击 确定 按钮即可合并图层。

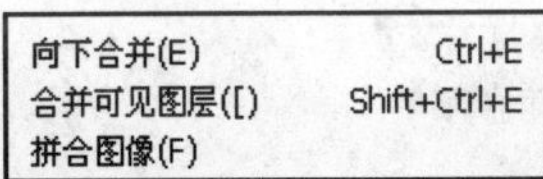

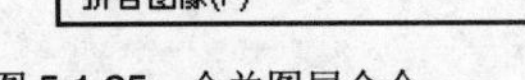

图5.1.25 合并图层命令

图5.1.26 提示框

向下合并(E)：执行该命令可以将当前图层的图像与其下面的一个图层合并为一个新的图层。

合并可见图层([)：执行该命令可以将当前所有可见图层合并到当前正在编辑的活动图层或背景图层中，且保留不可见图层在合并图层的上方。

4 重命名图层

在Photoshop CS3中，可以随时更改图层的名称，这样便于用户对单独的图层进行操作，具体的操作步骤如下：

（1）在“图层”面板中，用鼠标在需要重新命名的图层名称处双击，如图5.1.27所示。

（2）在图层名称处输入新的图层名称，如图5.1.28所示。

（3）输入完成后，用鼠标在“图层”面板中任意位置处单击，即可确认新输入的图层名称。

图5.1.27 重命名图层

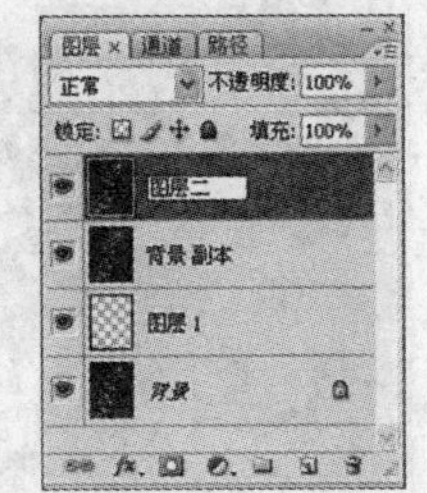

图5.1.28 输入新的图层名称

5 调整图层顺序

由于图像层的不透明区域能够遮盖其下面的图层内容，所以在图层编辑过程中用户经常需要调整图层的顺序。调整图层顺序的方法有以下两种：

（1）用鼠标单击并拖动需要调整顺序的图层到目标位置，然后松开鼠标即可调整图层顺序，并将该图层作为当前图层。如图 5.1.29 所示为将左图中的“图层 2”调整到右图中的“图层 1”的下面。

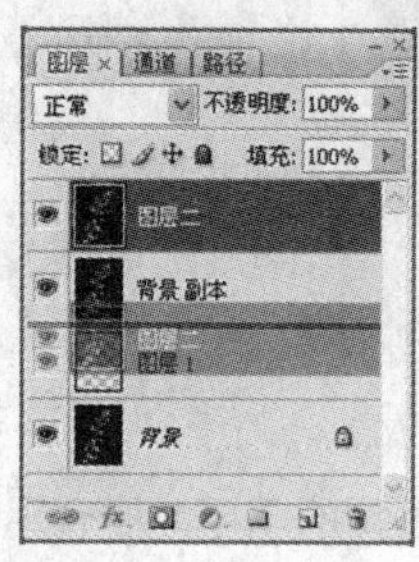

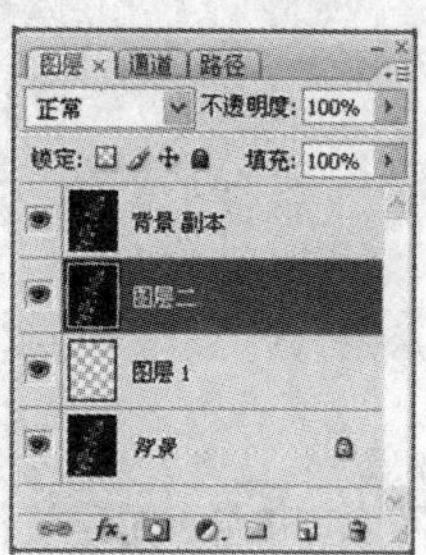

图 5.1.29 调整图层的排列顺序

（2）选择需要调整顺序的图层，然后选择图层(L)→排列(J)命令，在其子菜单（见图 5.1.30）中选择相应的命令对图层顺序进行调整。

置为顶层(F)	Shift+Ctrl+]
前移一层(W)	Ctrl+]
后移一层(K)	Ctrl+[
置为底层(B)	Shift+Ctrl+[
反向(R)	

图 5.1.30 “排列”子菜单

5.2 通道的基本概念及基本操作

在通道面板中用户可以对通道进行各种操作，如显示与隐藏通道、设置通道面板的状态信息、新建通道、复制与删除通道、分离与合并通道等，本节将进行详细介绍。

通道主要用于存储图像的颜色和选区信息。通道面板中显示的颜色通道与图像文件有关，如 RGB 模式的文件包括 RGB 通道和红色、绿色、蓝色 4 个颜色通道；CMYK 模式的文件包括 CMYK 通道和青色通道、洋红通道、黄色通道、黑色通道 5 种。如图 5.2.1 所示为一幅 CMYK 模式的图像文件及其通道面板。

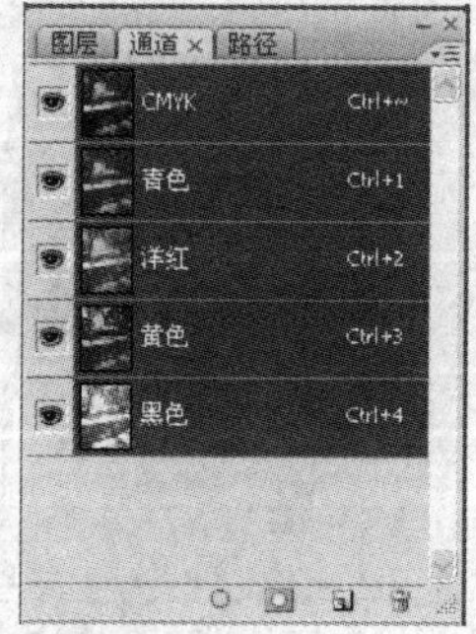

图 5.2.1 打开的图像文件及其通道面板

通道可以看成是一种特殊的图层，用户可以把对图层所做的选取内容以通道的形式存储起来，方便用户在图层和蒙版制作中选取内容，该种通道称之为Alpha通道，它是8位灰度图像，通道中的像素颜色是由一组原色的亮度值组成的，而图层的各个像素点的属性是以红、绿、蓝3种颜色的数值来表示的，这是通道与图层之间的根本区别。

在实际应用过程中，通道是选取图层中某部分图像的重要手段。另外，用户也可以利用通道来制作特殊效果，如利用通道产生渐隐效果、创建有阴影的文字效果等，此时就需要用通道面板显示并管理当前编辑图像的各个通道，如果用户在操作界面中看不到通道面板，可以选择 窗口(W)→✔通道 命令将其打开，如图5.2.2所示。

下面介绍通道面板的各个组成部分及其功能。

：单击此按钮可以切换通道的显示或隐藏状态。

：用于缩略显示通道内的图像，可以使用户很清楚地识别每一个通道，还可以通过选择通道面板菜单中的 调板选项... 命令来改变它的大小。

：单击此按钮可以将通道作为选区载入到图像中，也可以通过按住“Ctrl”键然后在面板中单击需要载入选区的通道来实现。

：单击此按钮可以将当前的选区存储为通道。

：单击此按钮可以创建新的通道，如果同时按住“Alt”键，则可以在弹出的对话框中设置新建通道的参数；如果按住“Ctrl”键，可以创建新的专色通道。

：单击此按钮可以删除当前所选的通道。

单击通道面板右上角的 按钮，可以弹出通道面板菜单，如图5.2.3所示，在其中列出了通道的各种操作和编辑命令。

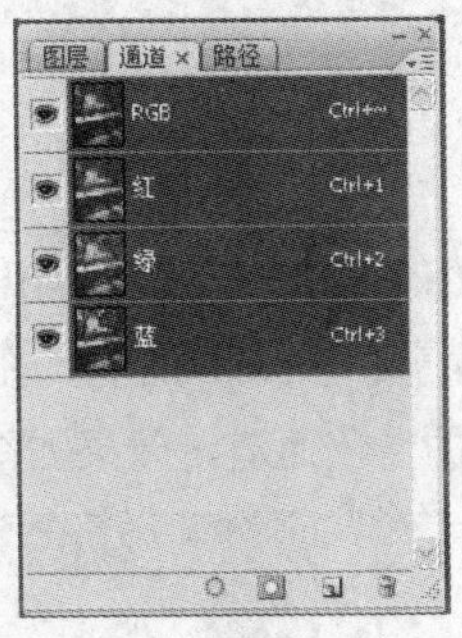

图5.2.2　通道面板

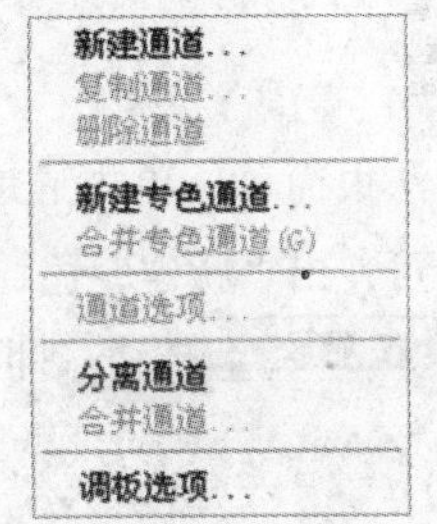

图5.2.3　通道面板菜单

在通道面板中用户可以改变通道的排列顺序，而不会影响通道中的内容，但是原色通道在所有通道的最上面，专色通道在中间，它们的位置不可以改变。如果要选中某通道，则可直接单击该通道；若要选中多个通道，可以在选择通道的同时按住“Shift”键。另外，用户不可以随便编辑原色通道，如果必须要修改，最好将原色通道进行复制，然后在其副本上进行修改。

5.2.1　新建通道

在通道面板中，可以创建Alpha通道和专色通道两种，Alpha通道主要用于建立、保存和编辑选择区域，也可将选区转换为蒙版，专色通道是一种比较特殊的颜色通道，在印刷过程中比较常用。

1. Alpha 通道的创建

创建 Alpha 通道的常用方法有以下两种：

（1）单击通道面板底部的“创建新通道”按钮，即可在通道面板中创建一个新的 Alpha 通道，如图 5.2.4 所示。

（2）单击通道面板右上角的按钮，在弹出的通道面板菜单中选择新建通道...命令，弹出“新建通道”对话框，如图 5.2.5 所示，在该对话框中可设置通道的各项属性，单击确定按钮，即可创建一个 Alpha 通道。

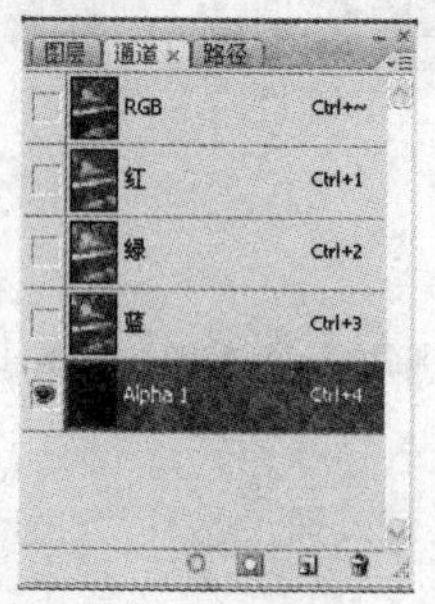

图 5.2.4　创建的 Alpha 通道

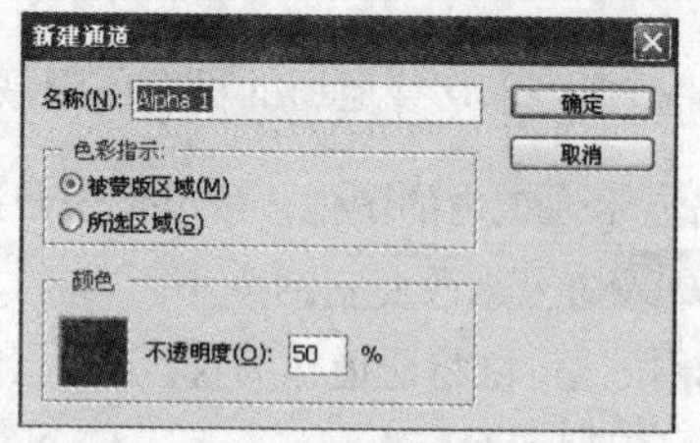

图 5.2.5　“新建通道”对话框

名称(N)：用于设置所要创建的通道名称。

选中被蒙版区域(M)单选按钮，则表示新建通道中黑色的区域代表蒙版区，白色区域代表选区。

选中所选区域(S)单选按钮，则表示新建通道中黑色区域代表选区，白色区域代表蒙版区。

颜色：在此选项区中，可以更改通道的颜色和不透明度。

注意：在颜色选区中设置的颜色和不透明度不会影响图像本身，该颜色用来区别通道上的蒙版区和非蒙版区。

2. 专色通道的创建

创建专色通道的方法很简单，单击通道面板右上角的按钮，在弹出的通道面板菜单中选择新建专色通道...命令，可弹出“新建专色通道”对话框，如图 5.2.6 所示。在该对话框中设置好专色通道的各项属性，单击确定按钮，即可创建出新的专色通道，效果如图 5.2.7 所示。

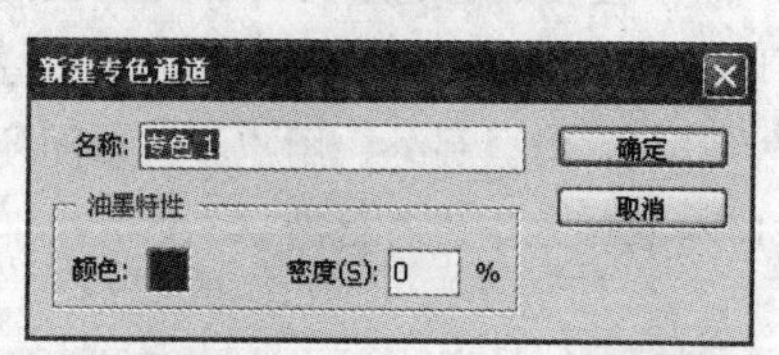

图 5.2.6　“新建专色通道“对话框

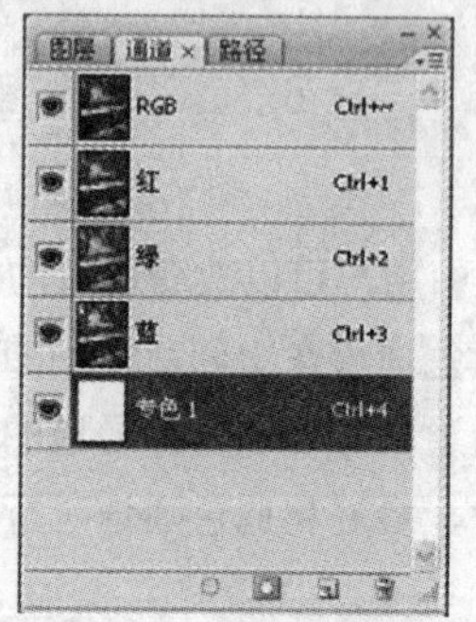

图 5.2.7　创建的专色通道

3. 将 Alpha 通道转换为专色通道

将 Alpha 通道转换为专色通道的具体操作方法如下：

（1）选择通道中已经建立的 Alpha 通道，单击通道面板右上角的按钮，在弹出的通道面板菜

单中选择通道选项...命令，弹出“通道选项”对话框，如图 5.2.8 所示。

（2）选中 ⊙专色(P) 单选按钮，名称(N):文本框中的名称将变为“专色 1”，如图 5.2.9 所示，如果需要，可在其中更改转换后的专色通道名称。

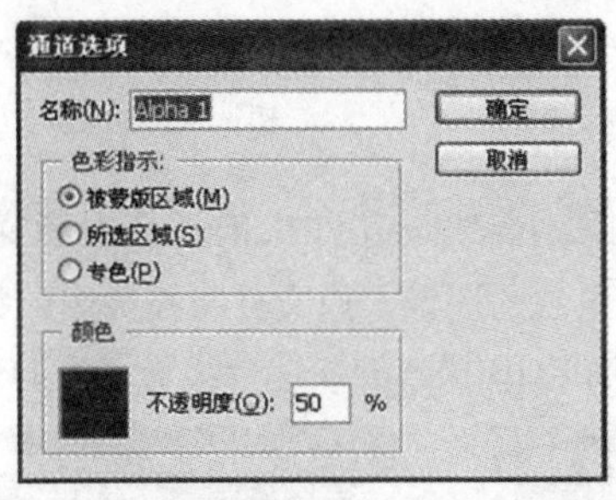

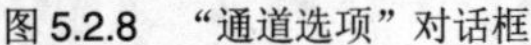
图 5.2.8　“通道选项”对话框

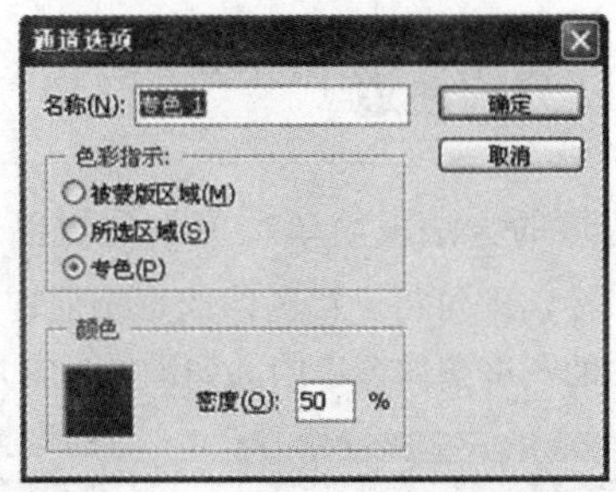

图 5.2.9　选中“专色”单选按钮

（3）在颜色选项区中用户可以为专色通道选择一种合适的颜色和相应的不透明度数值。

（4）设置完成后，单击 确定 按钮，即可将包含灰度值的 Alpha 通道转换为专色通道。

5.2.2　复制通道

用户在进行图像处理时，有时需要对某一颜色通道进行多种处理，以获得不同的效果。此时就需要复制图像内的通道，或者把一幅图像中的通道复制到另外一幅图像中去。下面介绍两种复制通道的常用方法。

（1）选择需要复制的通道，将其拖动到通道面板底部的“创建新通道”按钮上，即可复制通道，在通道面板中将会出现一个带有“副本”字样的新通道，即为所复制的通道，如图 5.2.10 所示。如果需要将其复制到另外一幅图像中，可以直接将通道拖动到另外一幅图像的窗口中即可。

（2）选择要复制的通道，单击通道面板右上角的按钮，在弹出的通道面板菜单中选择复制通道...命令，弹出“复制通道”对话框，如图 5.2.11 所示，在该对话框中可设置复制通道的各项属性，单击 确定 按钮，即可复制通道。

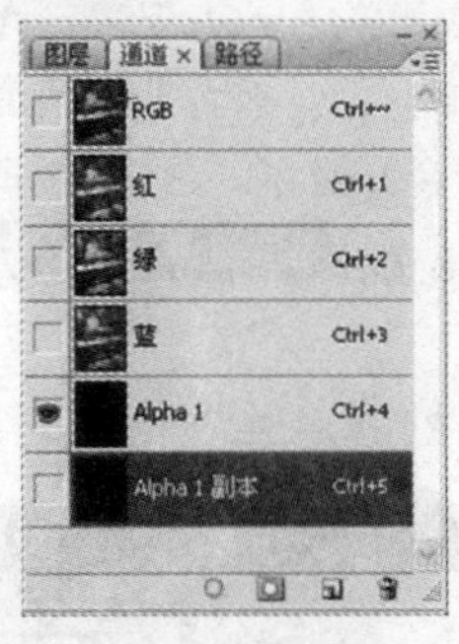

图 5.2.10　复制通道

图 5.2.11　“复制通道”对话框

5.2.3　删除通道

在图像处理过程中，可以将不用的通道删除以提高图像处理速度。下面介绍两种常用的删除通道方法。

（1）选择要删除的通道，将其拖动到通道面板底部的“删除通道”按钮上，直接删除通道。

（2）选择要删除的通道，单击通道面板右上角的按钮，在弹出的通道面板菜单中选择删除通道命令，即可将选中的通道删除。

5.2.4 分离通道

分离通道的方法很简单，单击通道面板右上角的按钮，在弹出的通道面板菜单中选择分离通道命令，即可将一幅图像的每个通道分别拆分为单独的图像，原文件将被关闭，每个通道将出现在单独的灰度图像窗口中。如图 5.2.12 所示为将一幅 RGB 模式的图像分离通道后的效果。

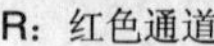

R：红色通道

G：绿色通道

B：蓝色通道

图 5.2.12 分离通道效果

此时原来的 RGB 图像被分离为 3 个大小一样的灰度图像，对于分离出来的文件可以进行单独的操作，还可以将其单独保存或将它们再合并成一个文件。如果分离时图像中包含多个图层，则在分离通道前必须将其合并，这样才能进行分离通道操作。

5.2.5 合并通道

分离通道后，还可以将分离后的通道图像合并为一个新图像，但是被合并的通道图像必须为灰度模式，而且像素尺寸也要相同。下面将对上面分离的图像进行合并操作，具体操作步骤如下：

（1）单击通道面板中的按钮，在弹出的通道面板菜单中选择合并通道...命令，可弹出“合并通道”对话框，如图 5.2.13 所示。

（2）在该对话框中单击确定按钮，将会弹出“合并 RGB 通道”对话框，如图 5.2.14 所示。

图 5.2.13 “合并通道”对话框

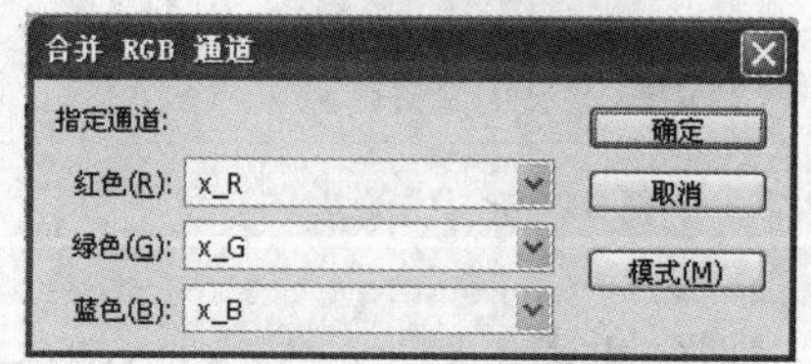

图 5.2.14 “合并 RGB 通道”对话框

（3）在该对话框中单击确定按钮即可将已经被分离的若干个灰度图像文件合并成一个新创建的彩色图像，效果如图 5.2.15 所示。

图 5.2.15　合并通道效果

5.3　蒙版及其应用

蒙版可以保护图像中被选取或指定的区域不受编辑操作的影响，起到遮盖的作用，还可以通过它来实现多种图像特效，下面将介绍蒙版的使用方法。

5.3.1　认识蒙版

蒙版一般被广泛用于多图像拼接、创建选区、替换局部图像、调整局部图像等诸多方面。

蒙版是 Photoshop 中指定选择区域的最精确方法，它实质上是一个独立的灰度图。任何绘图工具、编辑工具、色彩调整等都可以用来编辑蒙版。当在一幅图像上创建了选区时，对图像所做的编辑都只对选区中的图像有效，其余部分不受影响。但这种选区只是临时的，为了保存多个可以重复使用的选择区域，以便以后编辑，就可创建蒙版。

蒙版与选区的功能基本相同，两者之间可以相互转换，但它们本质上有区别。选区是一个透明无色的虚框，在图像中只能看出它的虚框形状，不能看出经过羽化边缘后的选区效果；而蒙版则是以一个实实在在的形状出现在 通道 面板中，可以在蒙版状态下对其进行各种编辑操作（如使用滤镜功能、旋转以及变形等），然后将其转换为选区，应用到图像中。

5.3.2　Alpha 通道蒙版

在 Photoshop 中创建蒙版的方法很多，通常有以下 3 种：

（1）利用 通道 面板先创建一个 Alpha 通道，然后使用绘图工具或其他编辑工具在该通道中编辑，创建一个蒙版。

（2）创建选区后，选择菜单栏中的 选择(S)→存储选区(V)... 命令，或在 通道 面板中单击“将选区存储为通道”按钮，也可以将选区保存为蒙版。

（3）单击工具箱中的“以快速蒙版模式编辑”按钮，可产生快速蒙版。

5.3.3　快速蒙版

快速蒙版与 Alpha 通道蒙版都用于保护图像区域，二者的区别在于快速蒙版是一个临时蒙版，而

Alpha 通道蒙版可以作为 Alpha 通道保存到图像中。

下面通过一个实例来学习快速蒙版的使用方法。

（1）打开一幅图像，使用磁性套索工具在图像中创建选区，如图 5.3.1 所示。

（2）在工具箱中单击“以快速蒙版模式编辑”按钮，将图像切换到快速蒙版编辑模式，选区被转换为快速蒙版，蒙版中默认用红色表示未被选中的区域，此时也会在 通道 面板中创建一个快速蒙版，如图 5.3.2 所示。

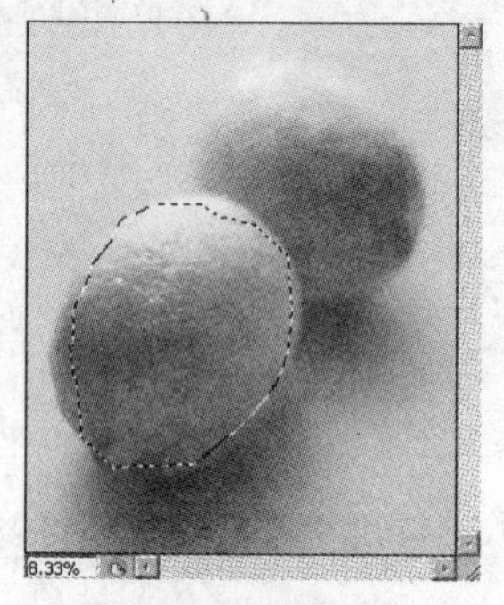

图 5.3.1 创建选区

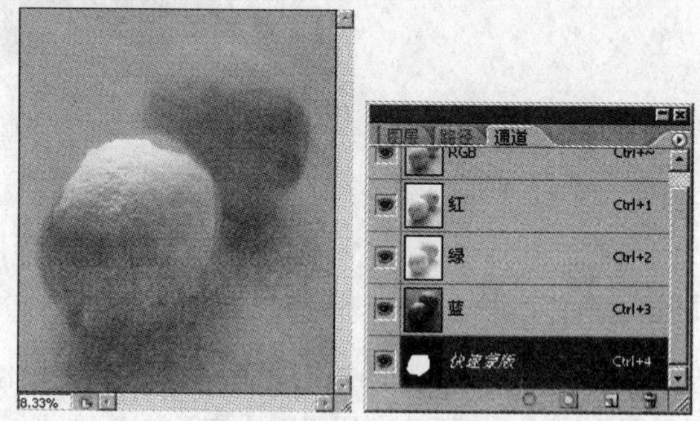

图 5.3.2 切换为快速蒙版

（3）使用橡皮擦工具将需要添加到选区中的红色擦除，如图 5.3.3 所示。如果使用画笔工具在不需要选中的区域上绘制，可在该区域填充红色。

（4）编辑完成后，单击工具箱中的“以标准模式编辑”按钮，切换为标准模式，即回到正常编辑模式，此时就可以得到一个较为精确的选区，在 通道 面板中创建的快速蒙版也会自动消失，如图 5.3.4 所示。

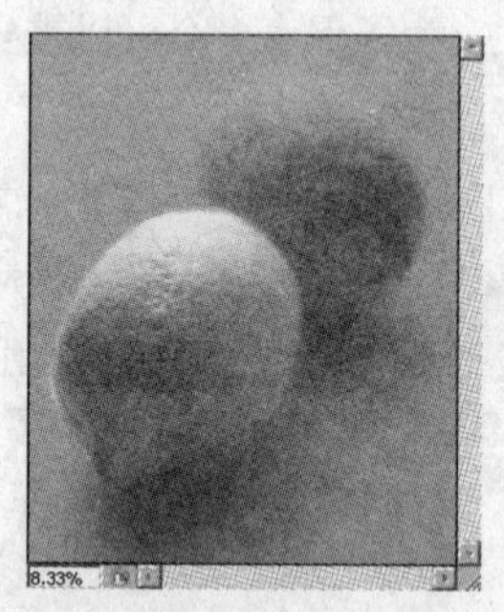

图 5.3.3 使用橡皮擦擦除后的效果

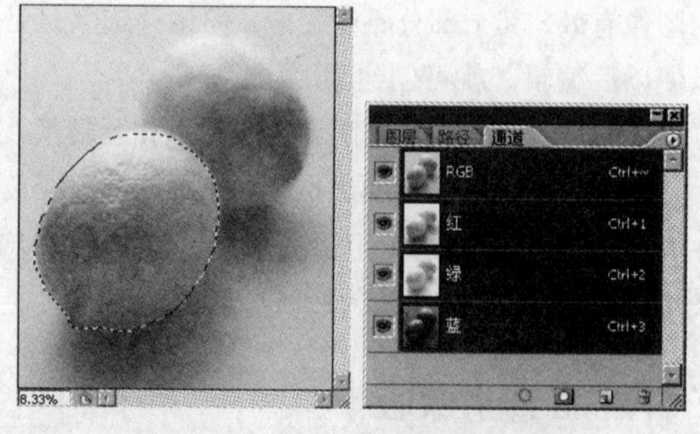

图 5.3.4 切换为标准模式得到的选区

从上例中可以看出，通过选区与快速蒙版之间的转换，可以利用蒙版的优势来弥补选区的不足。

蒙版有两种不同的显示方式，当与图像共同显示时，蒙版默认用不同透明度的红色来表示，当其单独显示时，则显示为灰度图像，灰度的深浅表示对该区域的保护程度。

无论在何种显示方式下，都可以将蒙版作为一个 8 位的灰度图像，并使用绘图、选区、擦除工具以及滤镜等对其进行编辑，从而建立复杂的蒙版。

5.3.4 编辑蒙版

新建的 Alpha 通道会显示在 通道 面板中，在面板中选中某个通道后，即可使用各种编辑工具对其中的蒙版进行编辑。编辑蒙版时，须注意以下几点：

（1）蒙版中的白色区域相当于选区内的区域。

（2）黑色区域相当于选区外的区域。

（3）灰色区域相当于被羽化的选区边缘。

（4）灰色的深浅表示被选中的程度。

5.3.5　从通道中载入选区

Alpha 通道中的蒙版必须转换为选区才能发挥作用，要将所选通道中的蒙版作为选区载入到图像中，可以采取以下两种方法：

（1）按住“Ctrl”键的同时单击某个通道，即可将该通道中的蒙版作为选区载入到图像中。

（2）在 通道 面板底部单击“将通道作为选区载入”按钮，可将所选通道中的蒙版作为选区载入到图像中。

5.4　图像混合运算

图像的合成是指对一个或多个图像中的通道和图层、通道和通道之间进行混合运算操作，并将混合运算后所产生的效果组合成新的通道或新的图像。下面将具体介绍合成图像的两个命令：应用图像和计算。

5.4.1　应用图像

应用图像命令可以将一幅图像的图层或通道混合到另一幅图像的图层或通道中，从而产生许多特殊效果。应用这一命令时必须保证源图像与目标图像的像素大小相同，因为应用图像命令是基于两幅图像的图层或通道重叠后，相应位置的像素在不同的混合方式下产生相互作用，而产生不同效果的。下面举例说明应用图像命令的使用方法。

（1）打开一幅图像，如图 5.4.1 所示，并在 通道 面板中新建一个 Alpha 通道，如图 5.4.2 所示。

图 5.4.1　打开的图像

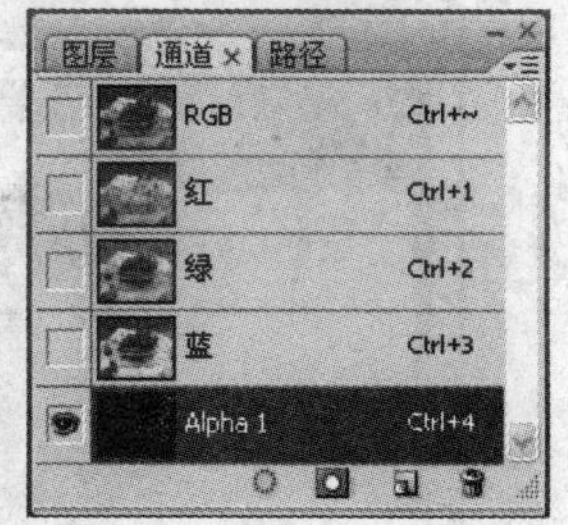

图 5.4.2　新建通道

（2）使用椭圆选框工具在图像中拖动，创建如图 5.4.3 所示的选区。

（3）设置前景色为白色，按“Alt+Delete”键将选区填充为白色，如图 5.4.4 所示，此时的 通道 面板如图 5.4.5 所示。

（4）在 通道 面板中单击 RGB 复合通道，选择菜单栏中的 图像(I) → 应用图像(Y)... 命令，弹出 应用图像 对话框，在 通道(C): 下拉列表中选择 Alpha 1 通道，设置混合方式为 叠加，如图 5.4.6 所示。

（5）单击 确定 按钮，即可得到混合通道后的效果，如图 5.4.7 所示。

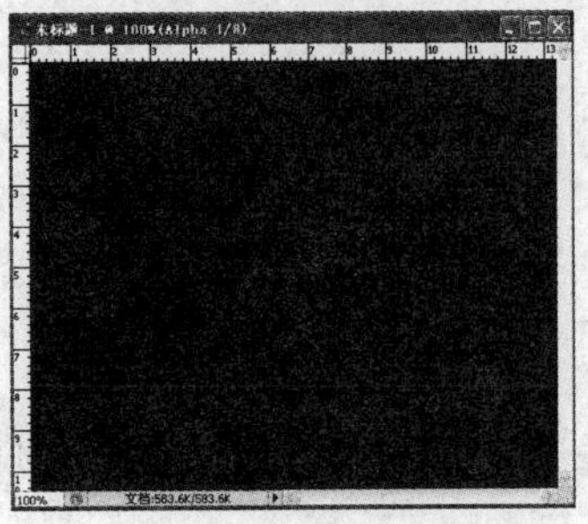

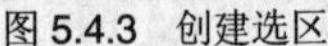

图 5.4.3　创建选区

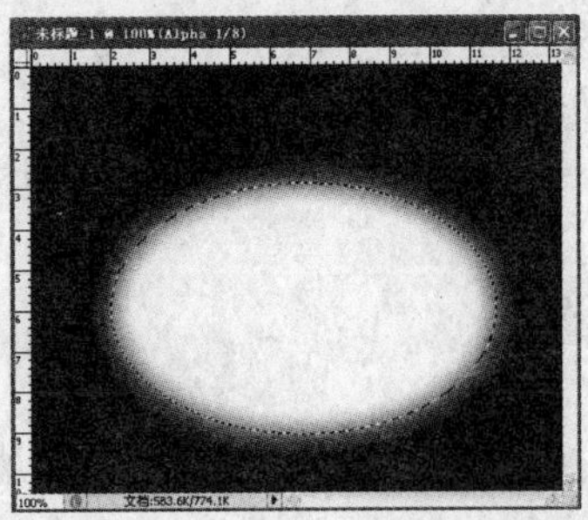

图 5.4.4　填充选区

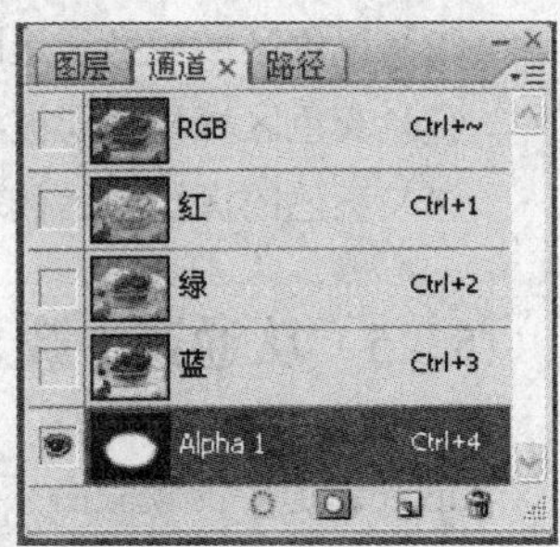

图 5.4.5　“通道”面板

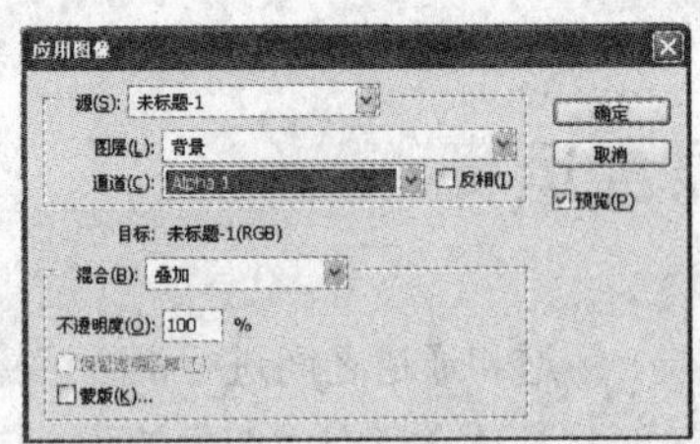

图 5.4.6　“应用图像”对话框

图 5.4.7　应用图像效果

5.4.2　计算

利用计算命令可以将一幅或多幅图像中的两个通道进行合成，然后将合成的结果保存到一个符合要求的新通道或新图像中，也可以直接将结果转换为选区，但计算命令不能对复合通道进行计算，并且在对图像进行计算时，被操作的图像文件和应用图像命令的要求相同，必须只有一个通道，而且图像的尺寸大小、文件格式、色彩模式和分辨率等都必须相同。具体的操作方法如下：

（1）打开两幅图像，如图 5.4.8 所示，将它们分别作为源文件 1 和源文件 2。

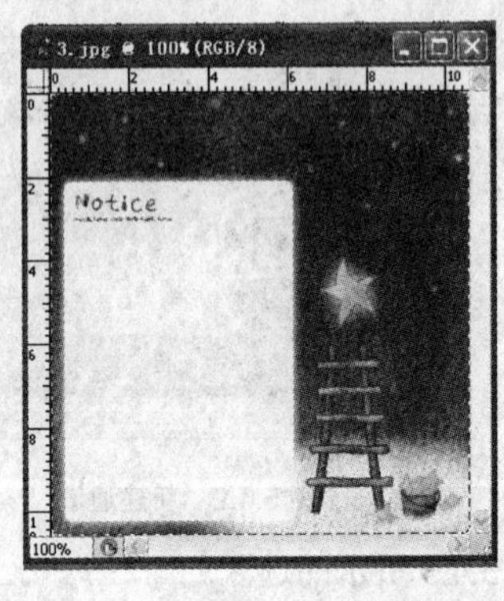

源文件 1

源文件 2

图 5.4.8　打开的图像

（2）选择 图像(I) → 计算(C)... 命令，弹出“计算”对话框，设置参数如图 5.4.9 所示。

（3）单击 确定 按钮完成图像的计算，最终效果如图 5.4.10 所示。

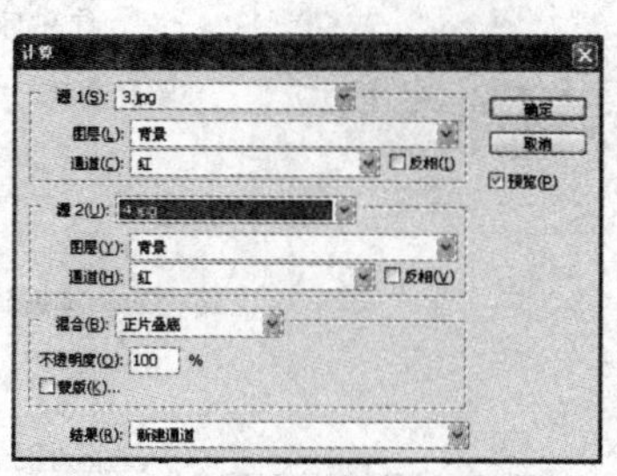

图 5.4.9　“计算”对话框

图 5.4.10　最终效果图

5.5　路径的使用

路径是由直线或贝塞尔曲线组成的线条或图形，可以是一个点、一条线段或者是由多个贝塞尔曲线段组成的图形，它属于图像的组成部分，不能被打印出来。任何形状的一段曲线都是由 4 个点组成，其中两个点为曲线的端点也称为锚点，浮动在曲线周围的两个点称为方向点，每个锚点和方向点之间的连线称为方向线，如图 5.5.1 所示。

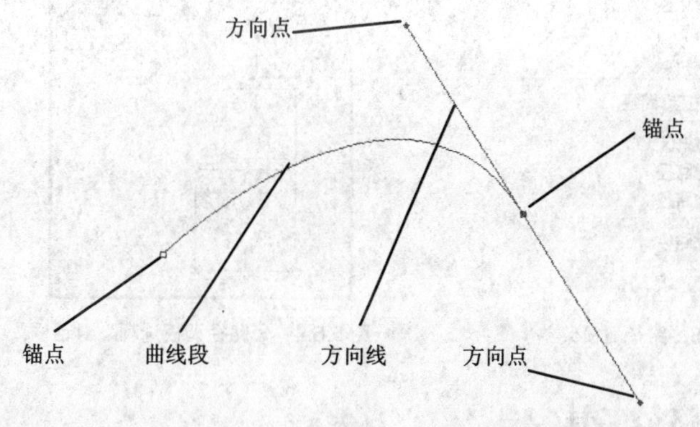

图 5.5.1　路径示意图

拖动方向点可以改变方向线的长度和角度，而方向线的长度和角度控制其同侧路径段的长度和弧度。锚点是组成路径的直线段或曲线段的端点，改变锚点的位置可以改变路径的形状，被选中的曲线段的锚点会显示其控制杆，包括方向线和方向点。

路径可分为开放路径和闭合路径两种。开放路径有特定的起始点和终点，它们之间只有一条线段连接。闭合路径的起始点和终点，有两条线段连接。闭合路径可以被转化成选区轮廓。路径面板如图 5.5.2 所示。

路径面板中的选项介绍如下：

：单击此按钮，可用前景色填充路径包围的区域。

：单击此按钮，可用描绘工具对路径进行描边处理。

：单击此按钮，可将当前绘制的封闭路径转换为选区。

：单击此按钮，可将图像中创建的选区直接转换为工作路径。

：单击此按钮，可在路径面板中创建新的路径。

：单击此按钮，可将当前路径删除。

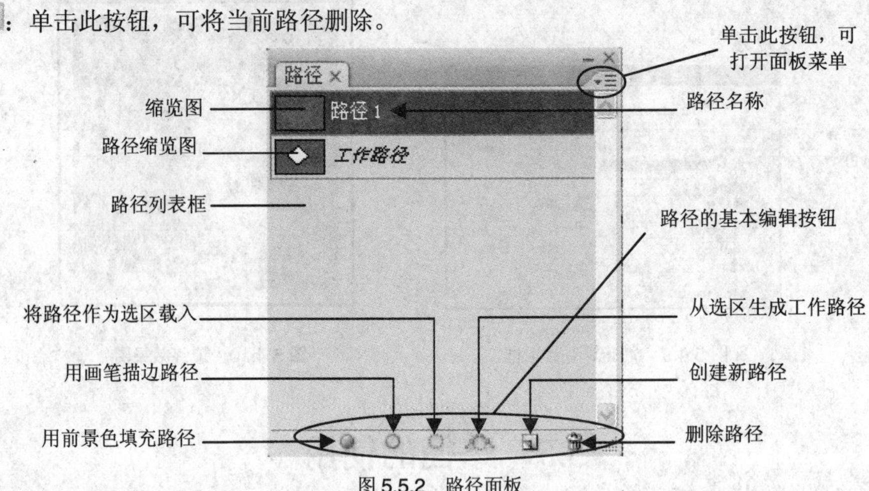

图 5.5.2　路径面板

单击路径面板右上角的按钮，可弹出如图 5.5.3 所示的路径面板菜单，在其中包含了所有用于路径的操作命令，如新建、复制、删除、填充和描边路径等。另外，用户可以选择路径面板菜单中的调板选项...命令，在弹出的“路径调板选项”对话框（见图 5.5.4）中调整路径缩览图的大小。

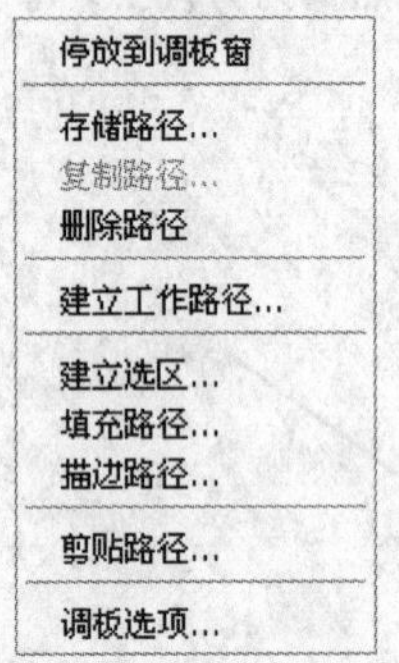

图 5.5.3　路径面板菜单

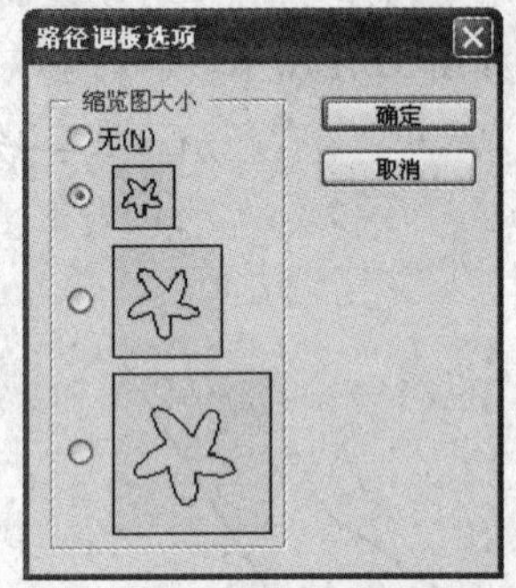

图 5.5.4　“路径调板选项”对话框

5.5.1　常用创建路径工具

在 Photoshop CS3 中，常用的创建路径工具有钢笔工具、自由钢笔工具、形状工具 3 种。下面将具体介绍如何利用这些工具来创建路径。

1　钢笔工具

钢笔工具是一种特殊的工具，用它可以创建精确的直线和平滑流畅的曲线，但是用它绘制出的矢量图形是不含任何像素的。单击工具箱中的“钢笔工具”按钮，其属性栏如图 5.5.5 所示。

自动添加/删除

图 5.5.5　“钢笔工具”属性栏

其属性栏中的选项介绍如下：

：单击此按钮表示在使用钢笔工具绘制图形后，不但可以绘制路径，还可以创建一个新的形状图层。形状图层可以理解为带形状剪贴路径的填充图层，图层中间的填充色默认为前景色，如图

5.5.6 所示。

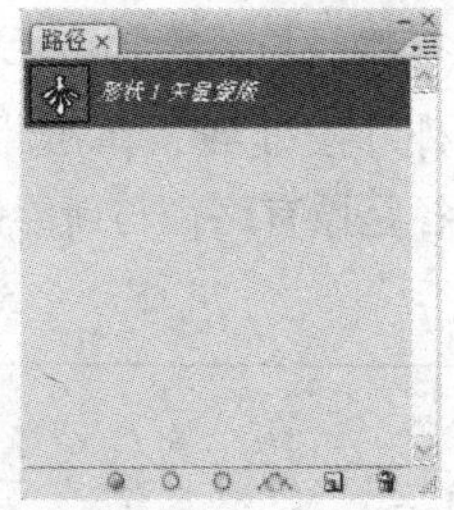

图 5.5.6　使用钢笔工具绘制形状剪贴路径

“路径”按钮：单击此按钮表示使用钢笔工具绘制某个路径后只产生形状所在的路径，而不产生形状图层，如图 5.5.7 所示。

图 5.5.7　使用钢笔工具绘制路径

“形状图层”按钮：单击此按钮表示填充像素。该按钮只有在当前工具是某个形状工具时才能被激活。使用某一种形状工具绘图时，既不产生形状图层也不产生路径，但会在当前图层中绘制一个有前景色填充的形状，如图 5.5.8 所示。

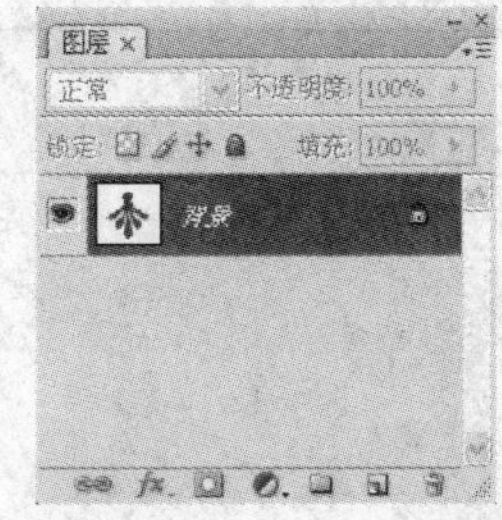

图 5.5.8 使用钢笔工具绘制图形

“添加到路径区域”按钮：单击此按钮可进行增加路径操作，即在原有路径的基础上绘制新的路径，如图 5.5.9 所示。

“从路径区域减去”按钮：单击此按钮可进行减去路径操作，即在原有路径的基础上绘制新的路径，最终的路径是原有路径减去原有路径与新绘制路径的相交部分，如图 5.5.10 所示。

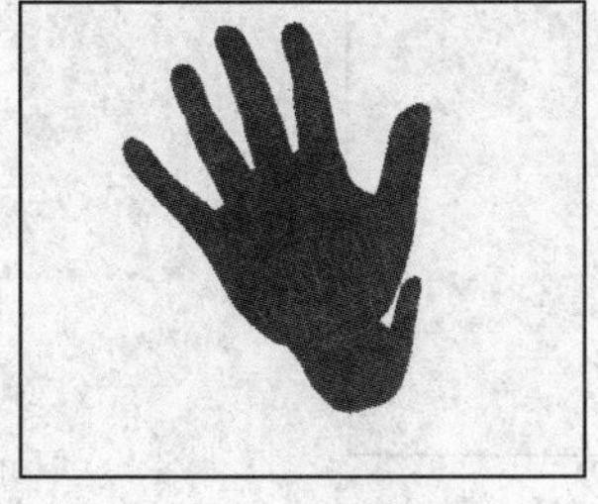

图 5.5.9　添加路径

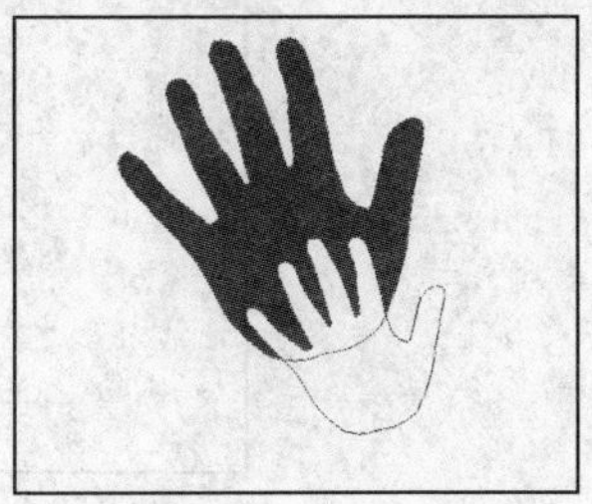

图 5.5.10　减去路径

“交叉路径区域”按钮：单击此按钮可进行相交路径操作，即在原有路径的基础上绘制新的路径，最终的路径是原有路径与新绘制路径交叉的部分，如图 5.5.11 所示。

“重叠路径区域除外”按钮：单击此按钮可对路径进行镂空操作，即在原有路径的基础上绘制新的路径，最终的路径是原有路径与新绘制路径的组合，但必须减去两者的相交部分，如图 5.5.12 所示。

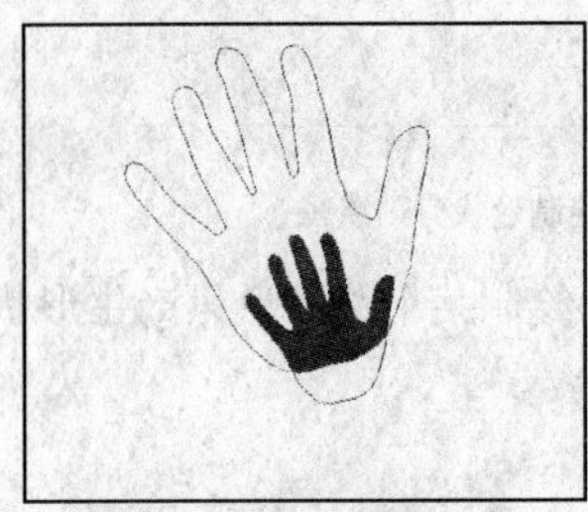

图 5.5.11　交叉路径

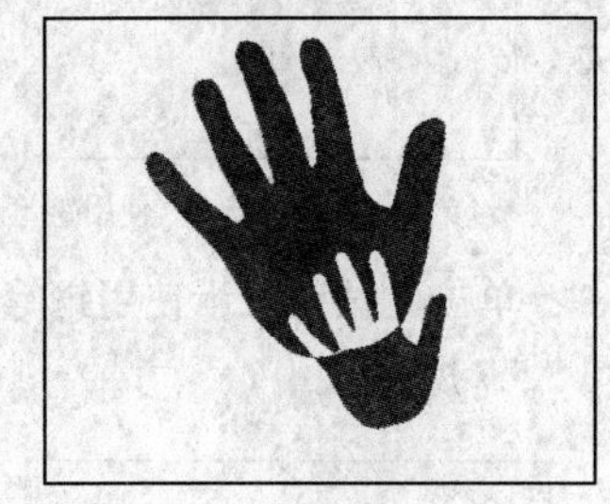

图 5.5.12　减去重叠部分路径

：此组按钮可用来在各种形状工具之间进行相互切换。

☑自动添加/删除：选中该复选框，在绘制形状时可以自动添加或删除节点。

使用钢笔工具创建路径的具体方法如下：

（1）在工具栏中选择钢笔工具，移动光标到图像窗口，单击鼠标左键，以此确定线段的起始锚点。

（2）移动鼠标到下一锚点单击就可以得到第二个锚点，这两个锚点之间会以直线连接，如图 5.5.13 所示。

（3）继续单击其他要设置节点的位置，在当前节点和前一个节点之间以直线连接。如果要绘制曲线路径，将指针拖移到另一位置，然后按左键拖动鼠标，即可绘制平滑曲线路径，如图 5.5.14 所示。

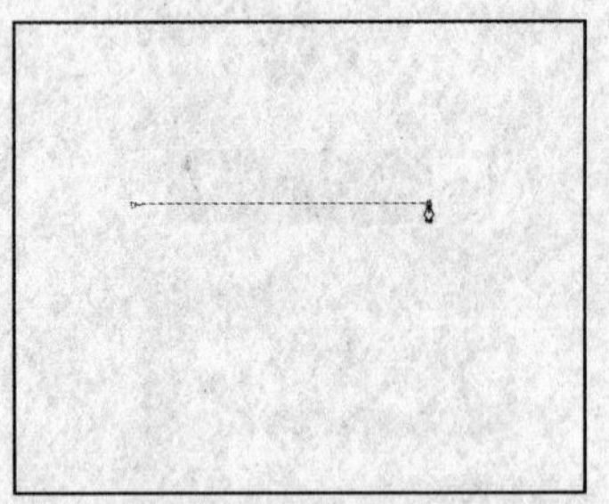

图 5.5.13　绘制的直线路径

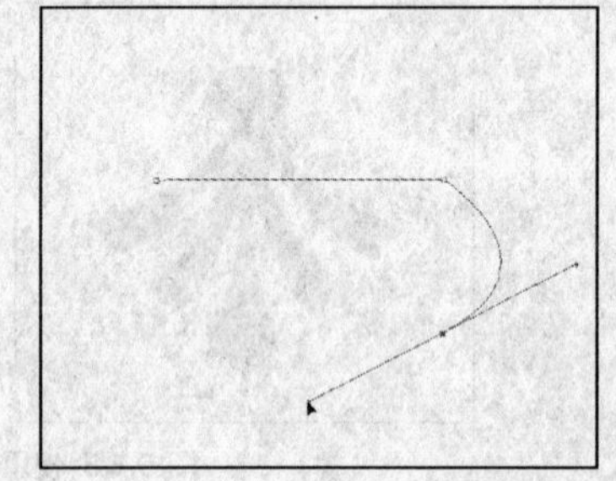

图 5.5.14　绘制的曲线路径

（4）将钢笔指针放在起始锚点处，使指针变为形状，然后单击鼠标左键，即可绘制封闭的路径，如图 5.5.15 所示。

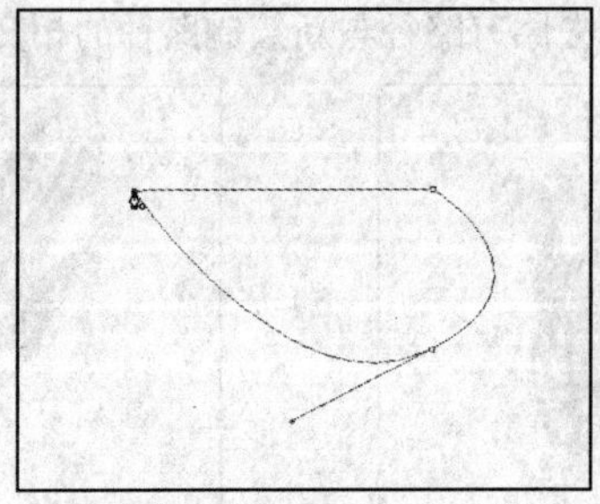

图 5.5.15　绘制的封闭路径

2　自由钢笔工具

使用自由钢笔工具就像用钢笔在纸上绘画一样绘制路径，一般用于较简单路径的绘制。用此工具创建路径时，无须指定其具体位置，它会自动确定锚点。单击工具箱中的“自由钢笔工具”按钮，其属性栏如图 5.5.16 所示。

图 5.5.16　“自由钢笔工具”属性栏

其属性栏中只有☑磁性的选项与钢笔工具属性栏的选项不同，选中此复选框，绘制路径时会在路径上自动附着带有磁性的锚点。

使用自由钢笔工具绘制路径很简单，在图像窗口中适当位置处单击鼠标左键并拖动就可以创建所需要的路径，释放鼠标完成路径的绘制。如果要绘制封闭的路径，将鼠标指针放在起始锚点处，使指针变为形状，然后单击鼠标左键，即可绘制封闭的路径，如图 5.5.17 所示。

图 5.5.17　使用自由钢笔工具绘制路径

3　形状工具

使用形状工具可以绘制各种各样的形状，并且还可将绘制的形状转换为路径。这样对于绘制一些特定的路径就非常方便了。

将绘制的形状转换为路径的方法很简单，这里以自定形状工具为例进行讲解。

（1）单击钢笔工具属性栏中的“自定形状工具”按钮，或单击工具箱中的“自定形状工具”按钮，其属性栏如图 5.5.18 所示。

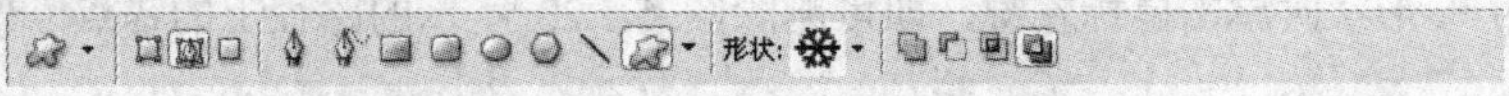

图 5.5.18　“自定形状工具”属性栏

（2）在属性栏中单击形状:选项右侧的三角形按钮，可在弹出的下拉列表中选择形状，然后在图像中拖动鼠标绘制形状，如图 5.5.19 所示。

（3）单击工具箱中的“直接选择路径工具”按钮，在图像中绘制的形状上的任意位置单击，此时绘制的形状如图 5.5.20 所示。

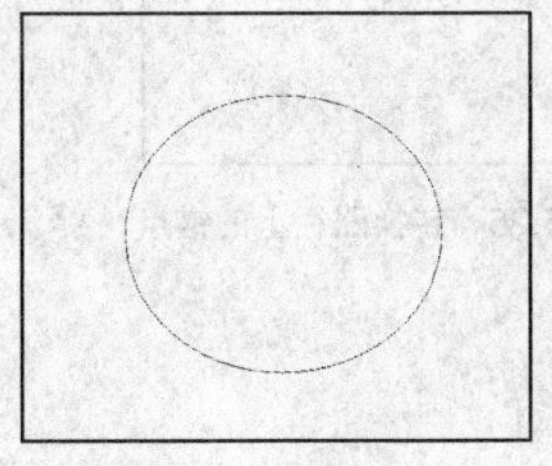

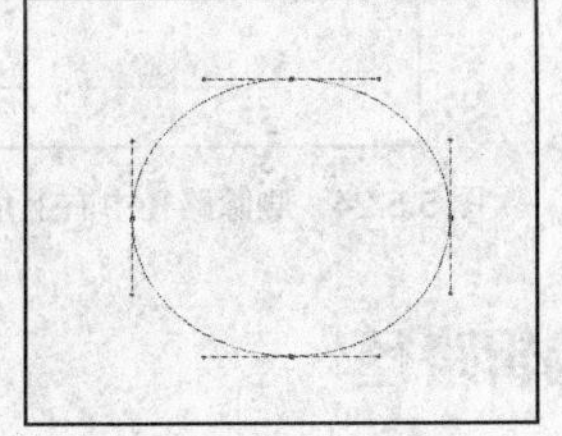

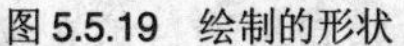

图 5.5.19　绘制的形状　　图 5.5.20　使用直接选择路径工具单击形状后的效果

（4）下面用鼠标在路径中的锚点上单击并拖动，即可修改路径锚点，修改后的路径效果如图 5.5.21 所示。

在属性栏中单击形状:选项右侧的三角形按钮，可弹出如图5.5.22所示的形状列表框，在其中还可选择其他比较复杂的形状来绘制路径。

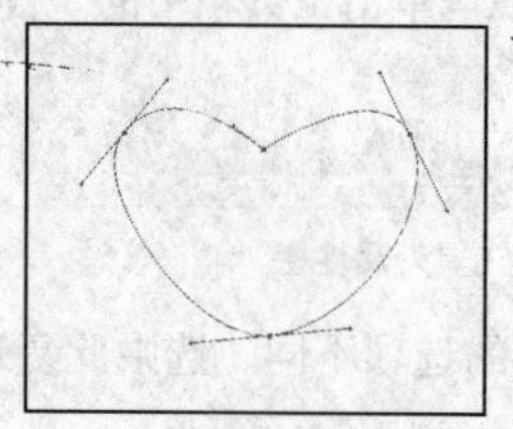
图5.5.21 修改后的形状路径

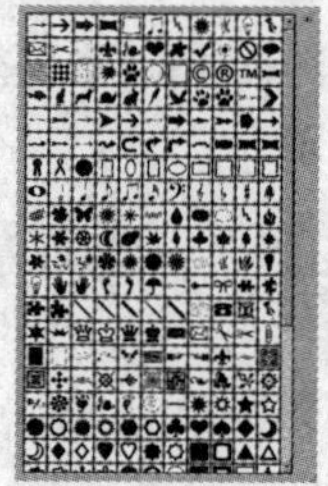
图5.5.22 形状列表框

4 编辑锚点工具

编辑锚点工具包含在钢笔工具组中，其中有添加锚点工具、删除锚点工具和转换锚点工具3种。下面将以如图5.5.23所示的路径具体进行介绍。

添加锚点：单击工具箱中的“添加锚点工具”按钮，将鼠标指针放在需要添加锚点的路径上，当指针变为形状时单击鼠标左键，即可在如图5.5.23所示路径上添加一个新的锚点，效果如图5.5.24所示。

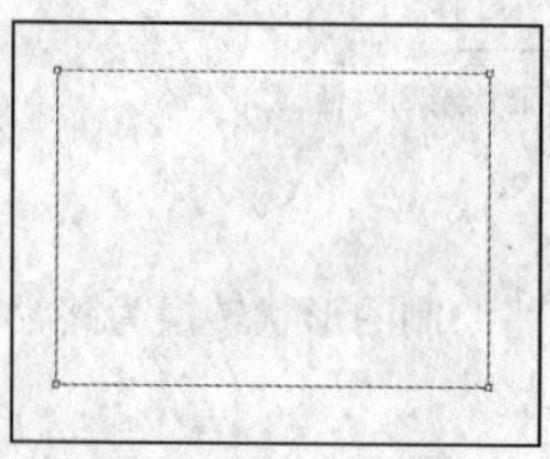
图5.5.23 绘制的示例路径

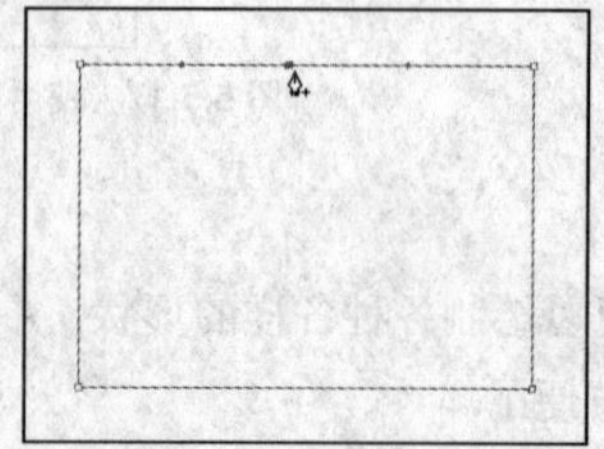
图5.5.24 添加新锚点

删除锚点：单击工具箱中的“删除锚点工具”按钮，将鼠标指针放在路径中需要删除的锚点上，当指针变为形状时单击鼠标左键，即可删除图5.5.23所示的路径上的锚点，效果如图5.5.24所示。

转换锚点：单击工具箱中的“转换锚点工具”按钮，将鼠标指针放在路径中需要转换的锚点上，当指针变为形状时单击鼠标左键并拖动，即可转换路径上的锚点，效果如图5.5.25所示。

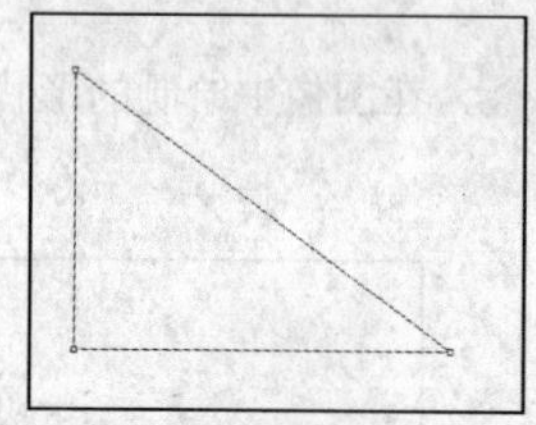
图5.5.24 删除路径中右上角的锚点

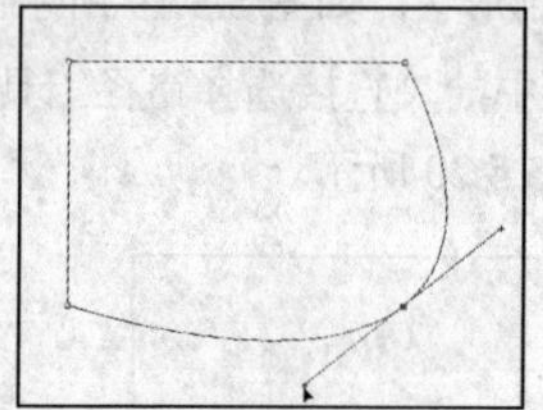
图5.5.25 转换路径上的锚点

5.5.2 编辑路径

绘制完路径后，可将路径转换为选取范围来进行各种编辑，也可以通过填充或描边的方式为路径添加颜色。路径的编辑主要包括选择路径、填充路径、描边路径以及将路径转换为选区等。

1　选择路径

单击工具箱中的“直接路径选择工具”按钮，可用来移动路径中的锚点和线段，也可以调整方向线和方向点，在调整时对其他的点或线无影响。

用直接路径选择工具选择路径有以下 3 种方法：

（1）若要选择整条路径，在选择路径的同时按住“Alt”键，然后单击该路径。

（2）直接用鼠标拖曳出一个选框围住要选择的路径部分。

（3）若要连续选择多个路径，可在选择时按住“Shift”键，然后单击需要选择的每一个路径。

使用直接路径选择工具还可以调整和删除线段，下面将具体介绍。

（1）若要调整直线段，可单击工具箱中的“直接路径选择工具”按钮，选择要调整的线段，然后用鼠标选择一个锚点进行拖移，可以调整线段的角度和长度。

（2）若要调整曲线段，可单击工具箱中的“直接路径选择工具”按钮，选择要调整的曲线段或点，然后用鼠标拖移锚点，或拖移方向点。

（3）若要删除路径，可单击工具箱中的“直接路径选择工具”按钮，选择要删除的曲线或直线段，然后按“Back Space”键或按“Delete”键都可删除所选的线段，继续按“Back Space”键或按“Delete”键可删除余下的路径。

2　填充路径

填充路径可按指定的颜色、图像或图案填充路径区域，具体的操作方法如下：

在“路径”面板中选择需要填充的路径后，单击路径面板右上角的按钮，在弹出的路径面板菜单中选择填充路径...命令，可弹出“填充路径”对话框，如图 5.5.26 所示。

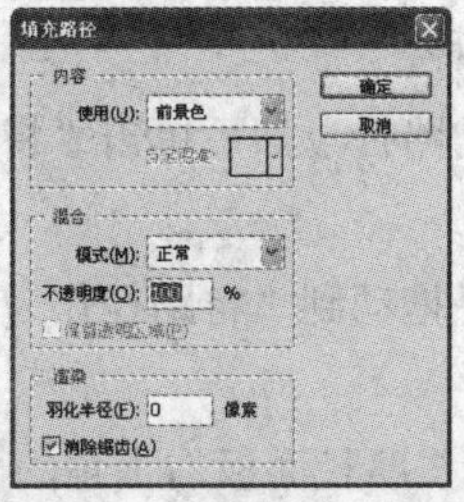

图 5.5.26　“填充路径”对话框

在该对话框中，单击使用(U):选项右侧的三角形按钮，可在弹出的下拉列表中设置填充路径样式，如图 5.5.27 所示。设置好各项参数后，单击确定按钮即可填充路径。如图 5.5.28 所示的为使用图案填充路径效果。

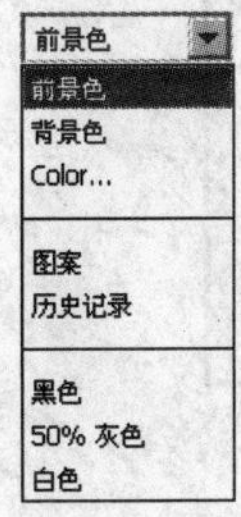

图 5.5.27　选择填充路径样式下拉列表

图 5.5.28　用图案填充路径效果

3　描边路径

在 Photoshop CS3 中，可使用画笔、橡皮擦和图章等工具来描边路径，具体的操作方法如下：

在“路径”面板中选择需要描边的路径后，单击路径面板右上角的按钮，在弹出的路径面板菜单中选择描边路径...命令，可弹出“描边路径”对话框，如图 5.5.29 所示。

图 5.5.29 “描边路径”对话框

在该对话框中，单击铅笔选项右侧的三角形按钮，可在弹出的下拉列表中选择用来描边的工具，如图 5.5.30 所示。设置好各项参数后，单击确定按钮即可描边路径。如图 5.5.31 所示的为使用画笔描边路径效果。

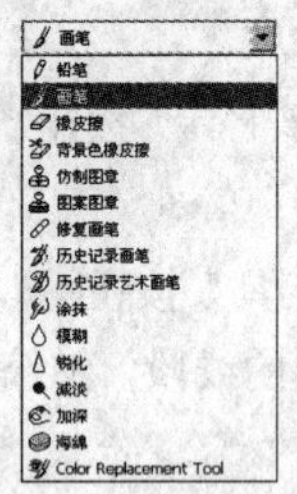

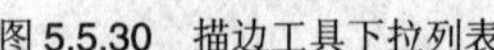

图 5.5.30 描边工具下拉列表　　图 5.5.31 用画笔工具描边路径效果

还可以直接在工具箱中单击“画笔工具”按钮，在其属性栏中设置好各属性，然后单击路径面板底部的“用画笔描边路径”按钮，即可对路径进行描边。

4 路径与选区的转换

将路径转换为选区的方法有以下 4 种：

（1）在路径面板上选择需要转换的路径，然后单击“将路径作为选区载入”按钮，即可将该路径转换为选区。

（2）用鼠标直接将需要转换的路径拖动到“将路径作为选区载入”按钮上，也可将路径转换为选区。

（3）选择需要转换的路径，然后单击路径面板右上角的按钮，在弹出的路径面板菜单中选择建立选区...命令，可弹出“建立选区”对话框，如图 5.5.32 所示。在该对话框中可设置需要转换的路径所在选区的相关参数，单击确定按钮，即可将路径转换为选区。

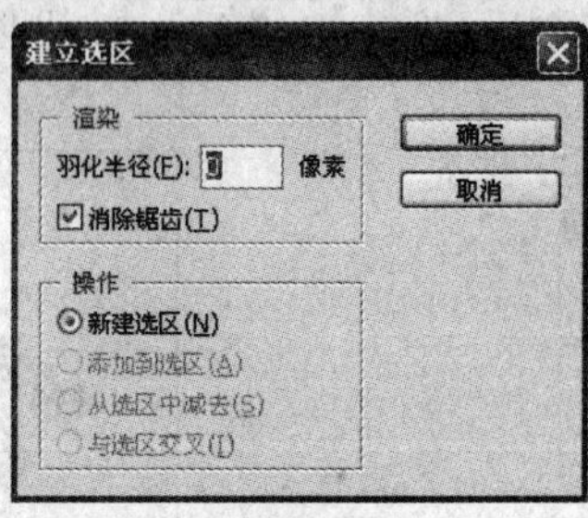

图 5.5.32 “建立选区”对话框

（4）按住“Ctrl”键的同时单击路径面板上需要转换的路径，即可快速地将路径转换为选区，效果如图 5.5.33 所示。

若要将创建的选区转换为路径，单击路径面板底部的“从选区生成工作路径”按钮即可。

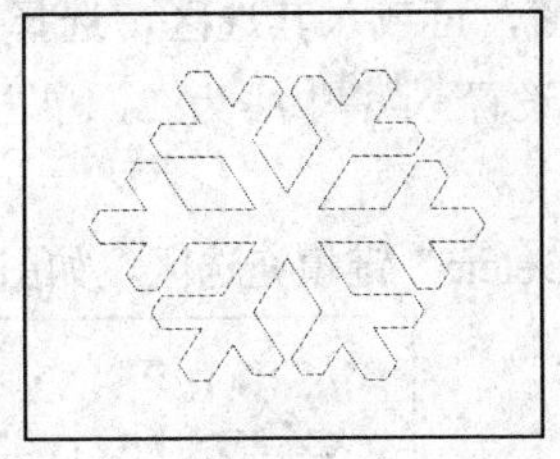

转换前

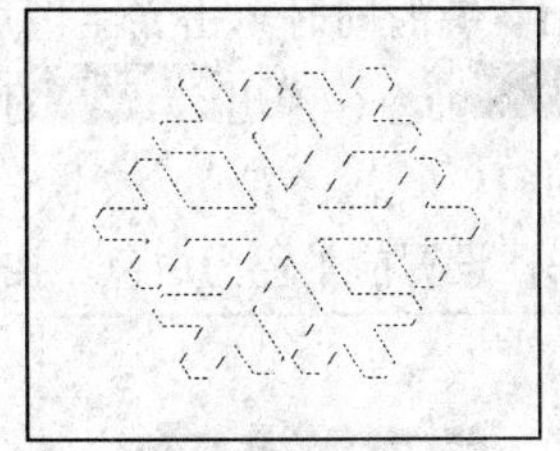

转换后

图 5.5.33　将路径转换为选区的前后效果对比

5　复制、粘贴和删除路径

可以将路径看做是一个图层中的图像，因此可以对它进行复制、粘贴、删除等操作。

复制路径主要有以下 3 种方法：

（1）直接复制路径。选中路径后，选择菜单栏中的 编辑(E)→ 拷贝(C) 命令，或按“Ctrl+C”键即可。

（2）在移动时复制路径。在路径面板中选择路径名，并使用路径选择工具选择路径，然后按住“Alt”键并拖移所选路径即可，如图 5.5.34 所示。

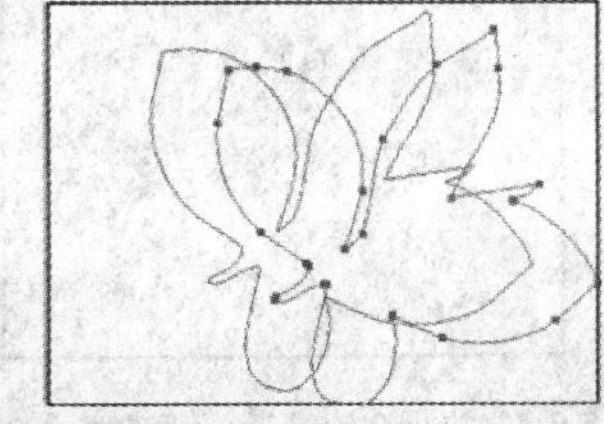

图 5.5.34 移动时复制路径

（3）通过 路径 × 面板进行复制。先选中要复制的路径，在 路径 × 面板菜单中选择 复制路径... 命令，弹出 复制路径 对话框，如图 5.5.35 所示。在 名称(N): 输入框中输入一个名称，单击 确定 按钮即可。

5.6　上 机 练 习

本例利用通道制作特效字，最终效果如图 5.6.1 所示。

图 5.6.1　效果图

（1）新建一个图像，设置前景色为绿色，使用文字工具在图像中输入文字，如图 5.6.2 所示。

（2）按住“Ctrl”键的同时单击文字图层缩览图，可载入其选区，选择菜单栏中的选择(S)→修改(M)→收缩(C)...命令，弹出收缩选区对话框，设置收缩量(C):为 2，单击确定按钮，可将选区缩小 2 像素。

（3）新建图层 3，设置前景色为白色，按“Alt+Delete”键填充选区，如图 5.6.3 所示。

图 5.6.2　输入文字

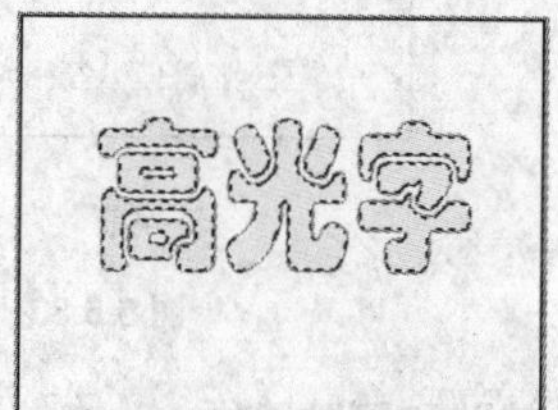

图 5.6.3　填充选区

（4）按“Ctrl+D”键取消选区，选择菜单栏中滤镜(T)→模糊→高斯模糊...命令，进行 3 次高斯模糊滤镜，分别设置 3 次模糊的半径参数为 10，5，2.5，执行高斯模糊后的效果如图 5.6.4 所示。

（5）设置图层 1 的不透明度为 50%，混合模式为颜色加深，按住“Ctrl”键的同时单击文字图层缩览图，载入其选区，在通道面板底部单击“将选区存储为通道”按钮，可将选区保存为 Alpha 1 通道，然后选择该通道，如图 5.6.5 所示。

图 5.6.4　执行 3 次高斯模糊滤镜后的效果

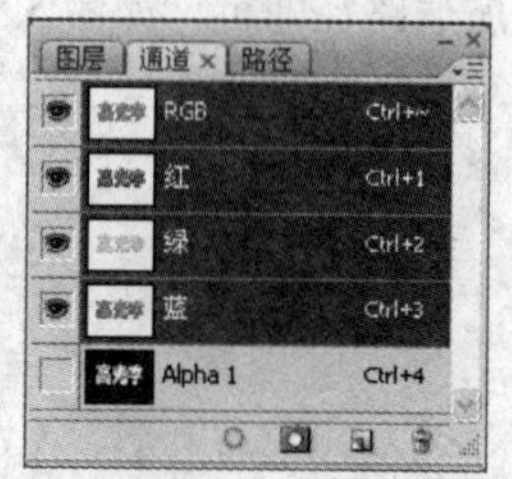

图 5.6.5　选择通道

（6）执行 3 次高斯模糊滤镜，分别设置 3 次模糊的半径参数为 10，5，2.5，效果如图 5.6.6 所示。

（7）按“Ctrl+Shift+I”键反选选区，按“Delete”键删除选区内的图像，然后取消选区。

（8）按“Ctrl+～”键返回到图层面板，按住“Ctrl”键的同时单击文字图层缩览图，载入其选区，然后在所有图层之上新建图层 2，用黑色填充选区，设置该图层的混合模式为滤色，如图 5.6.7 所示。

图 5.6.6　执行高斯模糊后的效果

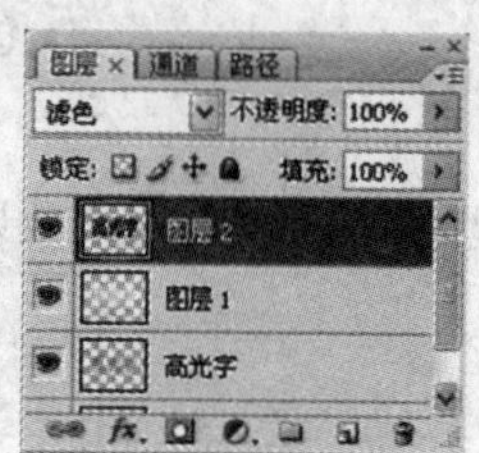

图 5.6.7　设置混合模式

（9）选择菜单栏中的滤镜(T)→渲染→光照效果...命令，弹出光照效果对话框，设置参数如图 5.6.8 所示。

（10）单击确定按钮，文字效果如图 5.6.9 所示。

（11）按“Ctrl+M”键弹出曲线对话框，调整曲线如图 5.6.10 所示。

（12）单击确定按钮，文字效果如图 5.6.11 所示。

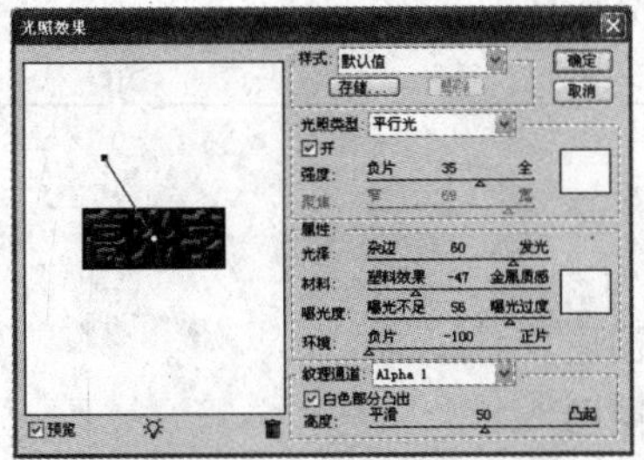

图 5.6.8　“光照效果”对话框

图 5.6.9　应用光照效果滤镜

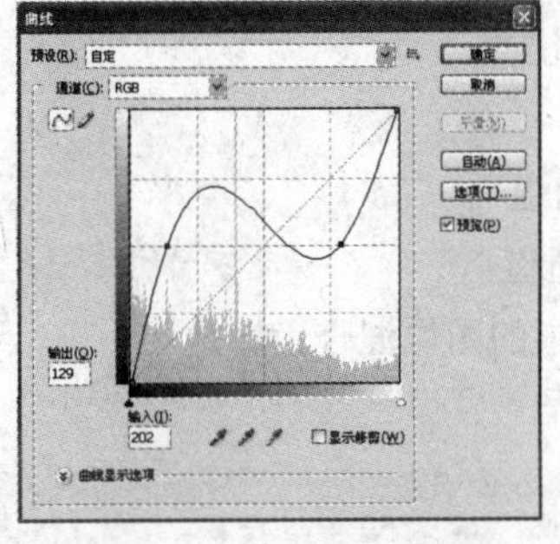

图 5.6.10　调整曲线

图 5.6.11　调整曲线后的效果

（13）再为图层 2 中的文字添加阴影效果，如图 5.6.12 所示。然后取消选区，最终的文字特效如图 5.6.1 所示。

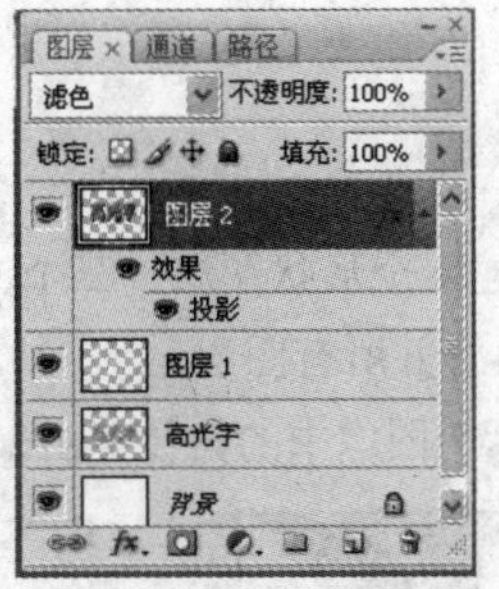

图 5.6.12　添加阴影效果

本 章 小 结

本章主要介绍了图层、通道、蒙版和路径在 Photoshop CS3 中的应用。通过本章的学习，用户应熟练掌握其基本概念和使用方法，并利用所学的内容创作出精美的作品。

习　题　五

一、填空题

1．根据图层的属性和功能，图层分为_________、_________、_________、_________、__________和_________6 种。

2. ________是用来隔离和保护图像的区域。

3. 绘制路径工具包括________、________、________、________和________5种。

二、选择题

1. 利用形状工具创建的图层是（　）。

A. 基本图层　　B. 背景图层

C. 填充图层　　D. 形状图层

2. 用来调整图层色彩的图层是（　）。

A. 基本图层　　B. 填充图层

C. 调整图层　　D. 形状图层

3. 下列属于用户自行创建的通道是（　）。

A. 专色通道　　B. 颜色通道

C. Alpha 通道　　D. 单色通道

4. 将图像中两个不同的通道合成为一个新通道的图像混合运算是（　）。

A. 添加　　B. 柔和

C. 应用图像　　D. 计算

三、简答题

1. 如何创建新图层？

2. 什么是通道？简述通道的基本操作。

3. 如何创建快速蒙版？

四、上机操作题

1. 打开一幅图像，为其分别创建一个形状图层、三个文本图层和一个填充图层，并编辑创建的图层，编辑完毕，链接文本图层，再合并所有图层。

2. 练习使用通道将题图 5.1 所示的图像中的树枝抠出来，得到如题图 5.2 所示的效果。

题图 5.1　原图

题图 5.2　效果图

第6章 滤镜的应用

本章要点

- ☑ 滤镜应用基础
- ☑ 像素化滤镜组
- ☑ 扭曲滤镜组
- ☑ 杂色滤镜组
- ☑ 模糊滤镜组
- ☑ 渲染滤镜组
- ☑ 画笔描边滤镜组
- ☑ 素描滤镜组
- ☑ 纹理滤镜组
- ☑ 艺术效果滤镜组
- ☑ 锐化滤镜组
- ☑ 风格化滤镜组

学习目标

在 Photoshop CS3 中使用滤镜菜单中的各种滤镜命令，可以使图像产生各种特殊的效果。本章主要讲述各种滤镜的功能与操作方法以及制作出的各种效果。

6.1 滤镜应用基础

滤镜来源于摄影中的滤光镜，利用滤光镜的功能可以改进图像，并能产生特殊效果。通过滤镜的处理，可以为图像加入多达上百种的特效，如艺术风格、纹理效果、光照效果以及变形处理等。Photoshop CS3 提供了近百种滤镜，它们都包含在滤镜(T)菜单中，如图 6.1.1 所示。利用滤镜可以为图像添加各种特效。

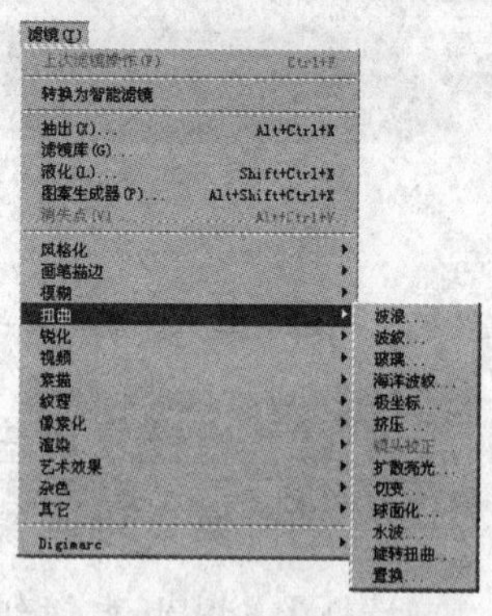

图 6.1.1 滤镜菜单

滤镜的使用方法与其他工具有一些差别，下面先对相关的事项进行介绍。

（1）上一次选取的滤镜将出现在菜单顶部，按“Ctrl+F”键，可以快速重复使用该滤镜，若要使用新的设置选项，需要在对话框中设置。

（2）按“Esc”键，可以放弃当前正在应用的滤镜。

（3）按“Ctrl+Z”键，可以还原滤镜的操作。

（4）按“Ctrl+Alt+F”键，可以显示出最近应用的滤镜对话框。

（5）滤镜可以应用于可视图层。

（6）不能将滤镜应用于位图模式或索引颜色的图像。

（7）有些滤镜只对 RGB 图像产生作用。

在为图像添加滤镜效果时，通常会占用计算机系统的大量内存，特别是在处理高分辨率的图像时就更加明显。用户可以使用以下方法进行优化：

（1）在处理大图像时，先在图像局部添加滤镜效果。

（2）如果图像很大，且有内存不足的问题时，可以将滤镜效果应用于图像的单个通道。

（3）关闭其他应用程序，以便为 Photoshop CS3 提供更多的可用内存。

（4）如果要打印黑白图像，最好在应用滤镜之前，先将图像的一个副本转换为灰度图像。如果将滤镜应用于彩色图像后再转换为灰度，则所得到的效果可能与该滤镜直接应用于此图像的灰度图的效果不同。

6.2 像素化滤镜组

像素化滤镜组主要是通过将相似颜色值的像素转化成单元格而使图像分块或平面化。选择菜单栏

中的滤镜(T)→像素化命令，将弹出如图 6.2.1 所示的子菜单。

彩块化
彩色半调...
点状化...
晶格化...
马赛克...
碎片
铜版雕刻...

图 6.2.1　像素化滤镜子菜单

6.2.1　彩色半调滤镜

使用彩色半调滤镜可以在图像中的每个通道上添加一层半调网点的效果。选择菜单栏中的滤镜(T)→像素化→彩色半调...命令，弹出“彩色半调”对话框，如图 6.2.2 所示。

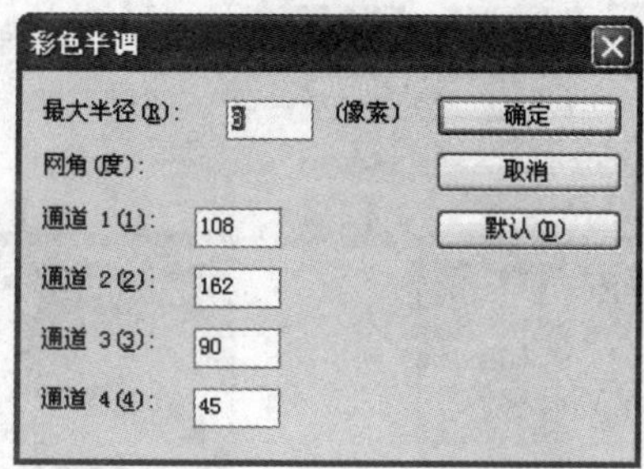

图 6.2.2　“彩色半调”对话框

在最大半径(R):文本框中输入数值，可设置网点的大小，也可通过拖动下面的滑块进行设置。

在网角(度):下面所代表的 4 个通道文本框中输入数值，可设置挂网角度。

设置好参数后，单击确定按钮即可。如图 6.2.3 所示为使用彩色半调滤镜前后的效果对比。

图 6.2.3　使用彩色半调滤镜前后效果对比

6.2.2　点状化滤镜

点状化滤镜可将图像中的颜色分散为随机分布的网点，且用背景色来填充网点之间的区域，从而实现点描画的效果。

打开一幅图像，选择菜单栏中的滤镜(T)→像素化→点状化...命令，可在弹出的“点状化”对话框中设置单元格大小(C)数值，设置好参数后，单击确定按钮。使用点状化滤镜前后的效果对比如图 6.2.4 所示。

图 6.2.4 使用点状化滤镜前后效果对比

6.2.3 马赛克滤镜

马赛克滤镜可以使图像中颜色相似的像素结合形成单一颜色的方块，产生马赛克拼图的效果。

打开一幅图像，选择 滤镜(T) → 像素化 → 马赛克... 命令，可在弹出的“马赛克”对话框中设置 单元格大小(C) 数值，设置好参数后，单击 确定 按钮。使用马赛克滤镜前后的效果对比如图 6.2.5 所示。

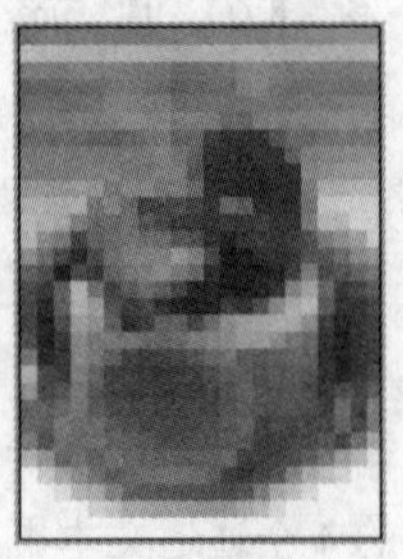

图 6.2.5 使用马赛克滤镜前后效果对比

6.3 扭曲滤镜组

扭曲滤镜组主要通过对图像进行扭曲变形等操作，为图像整形从而产生特殊的效果，是一组功能强大的滤镜。选择 滤镜(T) → 扭曲 命令，弹出如图 6.3.1 所示的子菜单。

波浪...
波纹...
玻璃...
海洋波纹...
极坐标...
挤压...
镜头校正...
扩散亮光...
切变...
球面化...
水波...
旋转扭曲...
置换...

图 6.3.1 扭曲滤镜子菜单

6.3.1　切变滤镜

切变滤镜可以在垂直方向上按设定的弯曲路径来扭曲图像。打开如图 6.3.2 所示的图像，选择 滤镜(T)→扭曲→切变... 命令，弹出“切变”对话框，如图 6.3.3 所示，在 未定义区域： 选项区中设置对扭曲后的图像的空白区域的填充方式，设置好参数后，单击 确定 按钮。使用切变滤镜后的效果如图 6.3.4 所示。

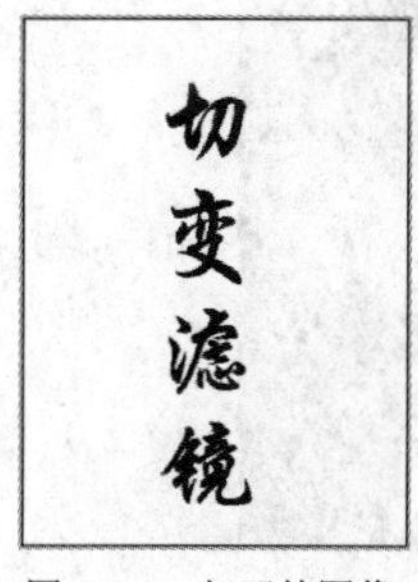

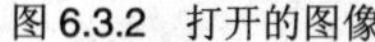

图 6.3.2　打开的图像

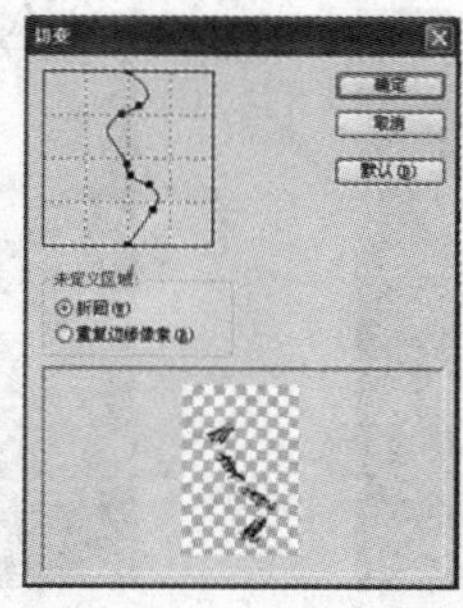

图 6.3.3　“切变”对话框

图 6.3.4　切变滤镜效果

6.3.2　扩散亮光滤镜

扩散亮光滤镜可以使图像产生光热弥漫的效果，一般用来表现强烈的光线和烟雾效果。选择 滤镜(T)→扭曲→扩散亮光... 命令，弹出“扩散亮光”对话框，如图 6.3.5 所示。

在 粒度(G) 文本框中输入数值，可用来调整杂点颗粒数量，输入数值范围为 0～10。数值较大时，图像中杂点的数量也较多，随着数值的降低，图像中杂点的数量将逐渐减少。

在 发光量(L) 文本框中输入数值，可设置光的散射强度，输入数值范围为 0～20。数值越大，光越强烈；数值较小时，图像将保持原来的结果。

图 6.3.5　“扩散亮光”对话框

在 清除数量(C) 文本框中输入数值，可设置杂点的清晰度。输入数值范围为 0～20。当数值为 0 时，则看不清原图像。

设置好参数后，单击 确定 按钮即可。使用扩散亮光滤镜前后的效果对比如图 6.3.6 所示。

图 6.3.6　使用扩散亮光滤镜前后效果对比

6.3.3 极坐标滤镜

极坐标滤镜可以将图像从平面坐标转换为极坐标，也可将图像从极坐标转换为平面坐标，从而使图像产生弯曲变形的效果。

打开一幅图像，选择滤镜(T)→扭曲→极坐标...命令，可在弹出的“极坐标”对话框设置相关的参数，然后单击确定按钮。使用极坐标滤镜前后的效果对比如图 6.3.7 所示。

图 6.3.7 使用极坐标滤镜前后的效果对比

6.3.4 水波滤镜

水波滤镜可以使图像产生不同波长形状的波动效果。选择滤镜(T)→扭曲→水波...命令，弹出“波浪”对话框，如图 6.3.8 所示。

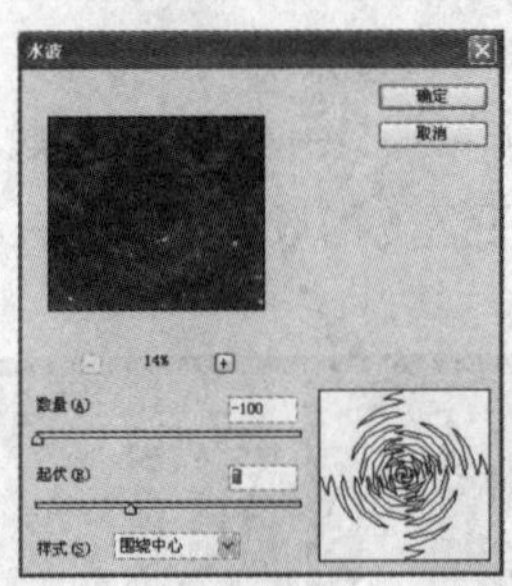

图 6.3.8 “水波”对话框

在数量(A)文本框中输入数值，可设置产生水波的数值。

在起伏(R)文本框中输入数值，可设置波的高度。

在样式(S)选项区中可选中围绕中心、从中心向外或水池波纹单选按钮，设置波的形状。

设置好参数后，单击确定按钮。使用波浪滤镜前后的效果对比如图 6.3.9 所示。

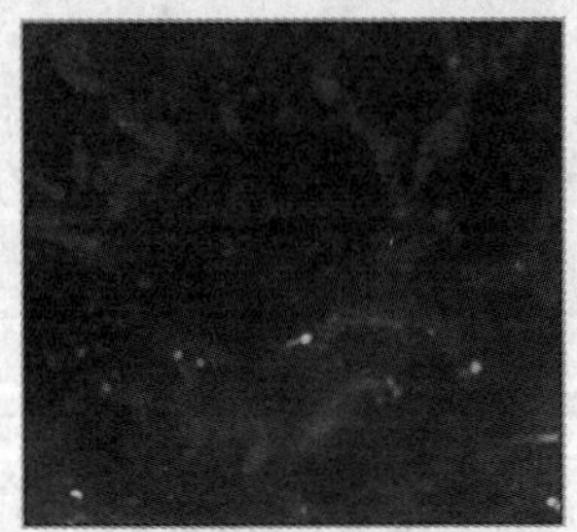

图 6.3.9 使用波浪滤镜前后的效果对比

6.3.5　球面化滤镜

球面化滤镜可以使选区中的图像或图层中的图像产生一种球面扭曲的立体效果。打开一幅图像，在其中创建选区，选择 滤镜(T) → 扭曲 → 球面化... 命令，在弹出的“球面化”对话框中设置相关的参数，然后单击 确定 按钮。使用球面化滤镜前后的效果对比如图 6.3.10 所示。

图 6.3.10　使用球面化滤镜前后的效果对比

6.4　杂色滤镜组

使用杂色滤镜组可以添加或减少图像中的杂色。选择 滤镜(T) → 杂色 命令，弹出如图 6.4.1 所示的子菜单。

减少杂色...
蒙尘与划痕...
去斑
添加杂色...
中间值...

图 6.4.1　杂色滤镜子菜单

6.4.1　中间值

中间值滤镜可以减少所选择部分像素亮度混合时产生的杂点。打开一幅图像，选择 滤镜(T) → 杂色 → 中间值... 命令，可在弹出的“中间值”对话框中设置 半径(R): 数值，设置好参数后，单击 确定 按钮。使用中间值滤镜前后的效果对比如图 6.4.2 所示。

图 6.4.2　使用中间值滤镜前后的效果对比

6.4.2 添加杂色

添加杂色滤镜可以在图像中添加随机像素，也可用于羽化选区或渐变填充中过渡区域的修饰。选择滤镜(T)→杂色→添加杂色...命令，弹出“添加杂色”对话框，如图 6.4.3 所示。

图 6.4.3 “添加杂色”对话框

在数量(A):文本框中输入数值或拖动下方的滑块，可以设置添加杂色的数值。

在分布选项区中有两个选项，可用来设置分布杂色的方式。

设置好参数后，单击确定按钮。使用添加杂色滤镜前后的效果对比如图 6.4.4 所示。

图 6.4.4 使用添加杂色滤镜前后的效果对比

6.5 模糊滤镜组

模糊滤镜组主要是通过削弱相邻像素间的对比度，使图像中相邻像素间过渡平滑，从而产生柔和、模糊的图像效果。选择滤镜(T)→模糊命令，弹出如图 6.5.1 所示的子菜单。

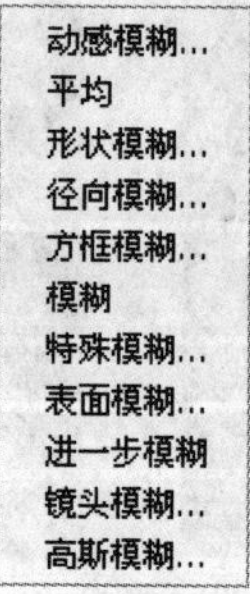

图 6.5.1 模糊滤镜子菜单

6.5.1　高斯模糊

高斯模糊滤镜可以通过调整模糊半径的参数使图像快速模糊，从而产生一种朦胧效果。打开一幅图像，选择 滤镜(T) → 模糊 → 高斯模糊... 命令，可在弹出的“高斯模糊”对话框中设置 半径(R): 数值，设置好参数后，单击 确定 按钮。使用高斯模糊滤镜前后的效果对比如图 6.5.2 所示。

图 6.5.2　使用高斯模糊滤镜前后的效果对比

6.5.2　动感模糊

动感模糊滤镜可在指定的方向上对像素进行线性的移动，使其产生一种运动模糊的效果。选择 滤镜(T) → 模糊 → 动感模糊... 命令，弹出“动感模糊”对话框，如图 6.5.3 所示。

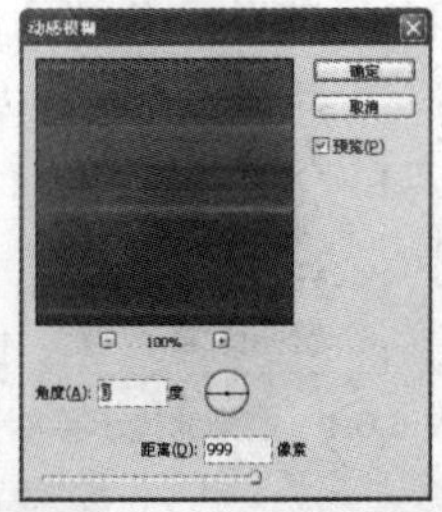

图 6.5.3　“动感模糊”对话框

在 角度(A): 文本框中输入数值，可设置动感模糊的方向。

在 距离(D): 文本框中输入数值，可设置动感模糊的强弱程度，输入的数值越大模糊效果越强烈。

设置好参数后，单击 确定 按钮。使用动感模糊滤镜前后的效果对比如图 6.5.4 所示。

图 6.5.4　使用动感模糊滤镜前后的效果对比

6.5.3　径向模糊

径向模糊滤镜可对图像进行旋转模糊，也可将图像从中心向外缩放模糊。选择 滤镜(T) → 模糊 →

径向模糊... 命令，弹出“径向模糊”对话框，如图 6.5.5 所示。

在 数量(A) 文本框中输入数值，可设置模糊的程度。

在 模糊方法: 选项区中选中 ⊙旋转(S) 单选按钮，可使图像从中心旋转模糊；选中 ⊙缩放(Z) 单选按钮，可使图像从中心缩放模糊。

设置好参数后，单击 确定 按钮。使用径向模糊滤镜前后的效果对比如图 6.5.6 所示。

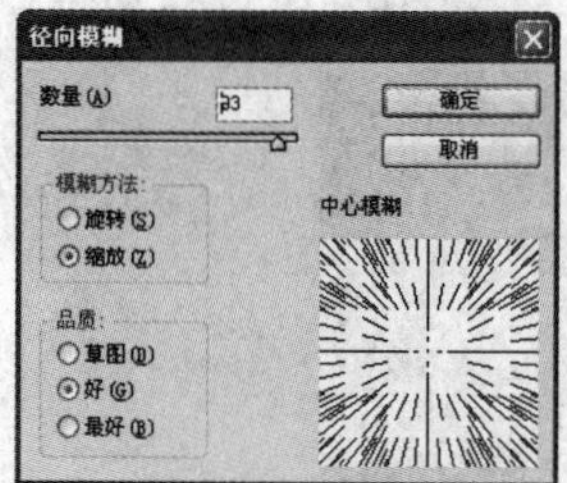

图 6.5.5 “径向模糊”对话框

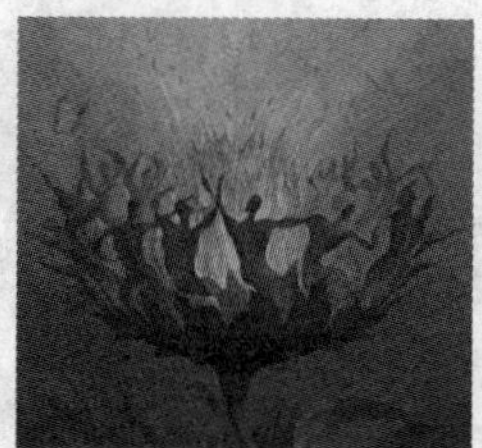
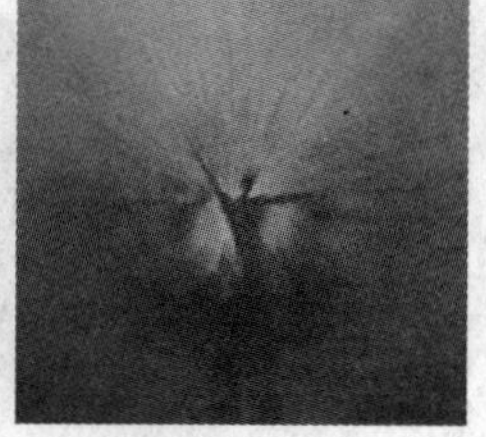

图 6.5.6 使用径向模糊滤镜前后的效果对比

6.6 渲染滤镜组

渲染滤镜组主要用来模拟光线照明效果，它可以模拟不同的光源效果，使图像产生光照、云彩或镜头光晕等效果。选择 滤镜(T) → 渲染 命令，弹出如图 6.6.1 所示的子菜单。

云彩
光照效果...
分层云彩
纤维...
镜头光晕...

图 6.6.1 渲染滤镜子菜单

6.6.1 云彩

云彩滤镜可以在图像的前景色和背景色之间随机地抽取像素，再将图像转换为柔和的云彩效果。打开一幅图像，选择 滤镜(T) → 渲染 → 云彩 命令，系统将自动为图像添加云彩效果。使用云彩滤镜前后的效果对比如图 6.6.2 所示。

图 6.6.2 使用云彩滤镜前后的效果对比

6.6.2 镜头光晕

镜头光晕滤镜可给图像添加摄像机镜头炫光效果，也可自动调节摄像机炫光位置。选择 滤镜(T) →

渲染 → 镜头光晕... 命令，弹出“镜头光晕”对话框，如图 6.6.3 所示。

在 亮度(B): 文本框中输入数值，可控制炫光的亮度大小，输入数值范围为 0～300。

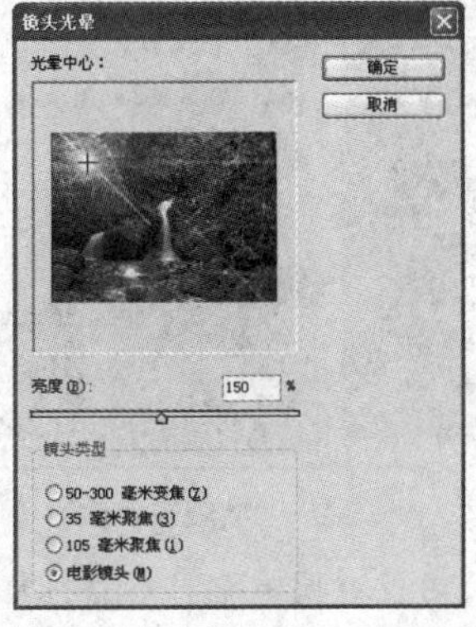

图 6.6.3　“镜头光晕”对话框

在 光晕中心: 选项的显示框中拖动十字光标可设定炫光位置。

在 镜头类型 选项中可以选择镜头的类型。

设置好参数后，单击 确定 按钮。使用镜头光晕滤镜前后的效果对比如图 6.6.4 所示。

图 6.6.4　使用镜头光晕滤镜前后的效果对比

6.7　画笔描边滤镜组

画笔描边滤镜组可使用不同的画笔和油墨笔触效果使图像产生绘画式或精美艺术的外观。这些滤镜对 CMYK 和 Lab 颜色模式的图像都不起作用。选择 滤镜(T) → 画笔描边 命令，弹出如图 6.7.1 所示的子菜单。

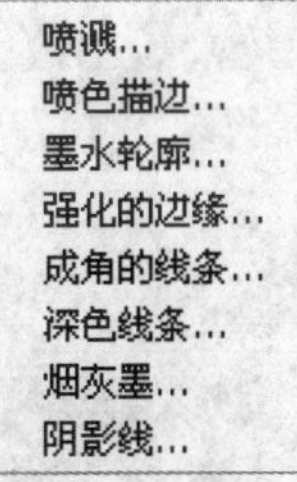

图 6.7.1　画笔描边滤镜子菜单

6.7.1　喷溅

喷溅滤镜用于模拟喷枪的效果来绘制图像，使图像产生水珠喷溅的效果。选择 滤镜(T) →

画笔描边 → 喷溅... 命令，弹出“喷溅”对话框，如图 6.7.2 所示。

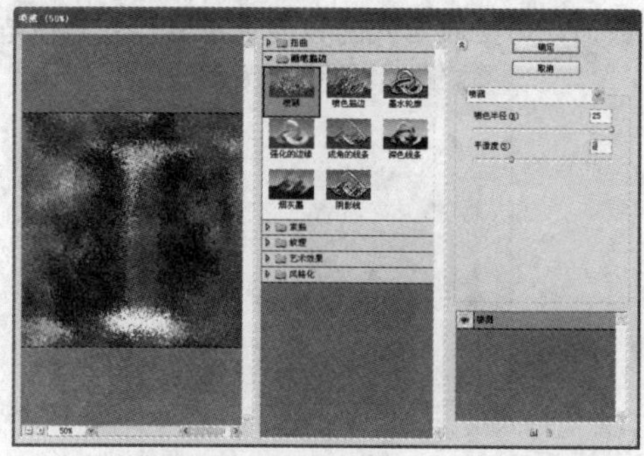

图 6.7.2 “喷溅”对话框

在 喷色半径(R) 文本框中输入数值，可设置喷枪喷射范围的大小，输入的数值越大，喷射的范围就越大。

在 平滑度(S) 文本框中输入数值，设置喷射颗粒的平滑程度，输入的数值越大，喷射颗粒就越平滑。

设置好参数后，单击 确定 按钮。使用喷溅滤镜前后的效果对比如图 6.7.3 所示。

图 6.7.3 使用喷溅滤镜前后的效果对比

6.7.2 喷色描边

喷色描边滤镜是使用带有一定角度的喷色线条的主导色彩来重新描绘图像，使图像表面产生描绘的水彩画效果。选择 滤镜(T) → 画笔描边 → 喷色描边... 命令，弹出“喷色描边”对话框，如图 6.7.4 所示。

图 6.7.4 “喷色描边”对话框

在 描边长度(S) 文本框中输入数值，可设置笔触的长度，取值范围为 0～20。

在 喷色半径(R) 文本框中输入数值，可设置喷射的范围大小，取值范围为 0～25。

在描边方向(D):下拉列表中可选择笔画的方向。

设置好参数后，单击确定按钮。使用喷色描边滤镜前后的效果对比如图 6.7.5 所示。

图 6.7.5 使用喷色描边滤镜前后的效果对比

6.7.3 成角的线条

成角的线条滤镜使用对角线描绘图像，使图像中较亮的区域用一个方向的线条绘制，较暗的区域用相反方向的线条绘制。选择滤镜(T)→画笔描边→成角的线条...命令，弹出“成角的线条”对话框，如图 6.7.6 所示。

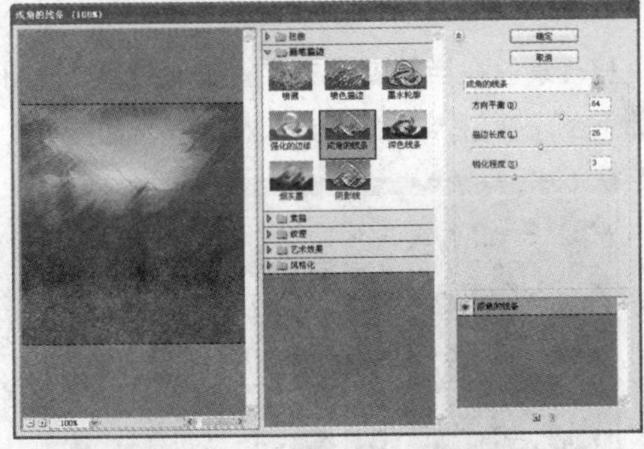

图 6.7.6 “成角的线条”对话框

在方向平衡(D)文本框中输入数值，可设置线条倾斜的方向，输入数值范围为 0～100。设置为 0 时，线条方向从右上方向左下方倾斜；设置为 100 时，则线条方向从左上方向右下方倾斜。

在描边长度(L)文本框中输入数值，可设置线条的长度，输入数值范围为 3～50。

在锐化程度(S)文本框中输入数值，可设置画笔线条的尖锐程度，输入数值范围为 0～10。数值较大时，产生的线条比较模糊。

设置好参数后，单击确定按钮。使用成角的线条滤镜前后的效果对比如图 6.7.7 所示。

图 6.7.7 使用成角的线条滤镜前后的效果对比

6.8 素描滤镜组

素描滤镜组可以使图像产生模拟素描、手工速写或绘制艺术图像效果，也可产生三维效果。该滤镜组中的大多数滤镜都需要前景色与背景色的配合来产生不同的效果。选择 滤镜(T) → 素描 命令，弹出如图 6.8.1 所示的子菜单。

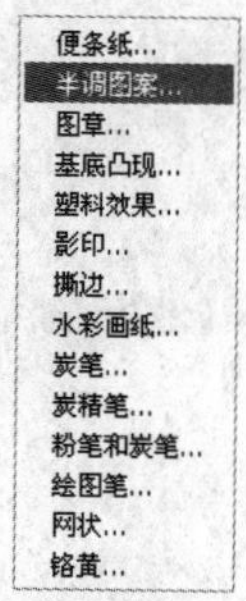

图 6.8.1　素描滤镜子菜单

6.8.1　半调图案

半调图案滤镜使用前景色和背景色在当前图像中重新添加颜色，使图像产生网状图案效果。选择 滤镜(T) → 素描 → 半调图案... 命令，弹出"半调图案"对话框，如图 6.8.2 所示。

图 6.8.2　"半调图案"对话框

在 大小(S) 文本框中输入数值可设置图案的大小。

在 对比度(C) 文本框中输入数值可设置图像中前景色和背景色的对比度。

在 图案类型(P): 下拉列表中可选择产生的图案类型，包括圆形、网点和直线 3 种类型。

设置好参数后，单击 确定 按钮。使用半调图案滤镜前后的效果对比如图 6.8.3 所示。

图 6.8.3　使用半调图案滤镜前后的效果对比

6.8.2　基底凸现

基底凸现滤镜可使图像产生柔和的浮雕效果。选择 滤镜(T) → 素描 → 基底凸现... 命令，弹出“基底凸现”对话框，如图 6.8.4 所示。

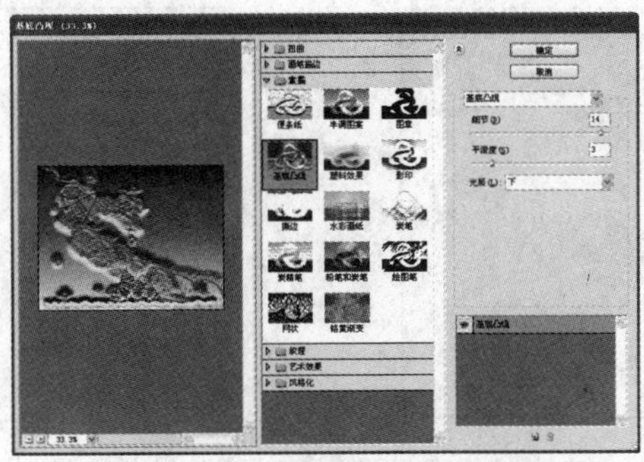

图 6.8.4　“基底凸现”对话框

在 细节(D) 文本框中输入数值，可调节图像中前景色与背景色的平衡度，输入数值范围为 1～15。

在 平滑度(S) 文本框中输入数值，可调节喷刷面的平滑程度，输入数值范围为 1～15。数值为 1 时，画面比较粗糙；数值为 15 时，画面比较平滑。

在 光照(L): 下拉列表中可以选择灯光的照射方向。

设置好参数后，单击 确定 按钮。使用基底凸现滤镜前后的效果对比如图 6.8.5 所示。

图 6.8.5　使用基底凸现滤镜前后的效果对比

6.8.3　水彩画纸

水彩画纸滤镜可以使图像产生类似在潮湿的纸上绘图而产生画面浸湿的效果。选择 滤镜(T) → 素描 → 水彩画纸... 命令，弹出“水彩画纸”对话框，如图 6.8.6 所示。

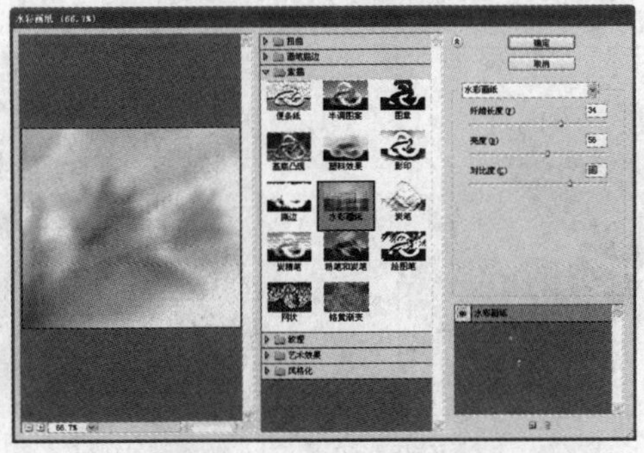

图 6.8.6　“水彩画纸”对话框

在 纤维长度(F) 文本框中输入数值可设置扩散的程度与画笔的长度。

在 亮度(B) 文本框中输入数值可设置图像的亮度。

在 对比度(C) 文本框中输入数值可设置图像的对比度。

设置好参数后，单击 确定 按钮。使用水彩画纸滤镜前后的效果对比如图 6.8.7 所示。

图 6.8.7　使用水彩画纸滤镜前后的效果对比

6.8.4　影印

影印滤镜可用前景色与背景色来模拟影印图像效果，图像中的较暗区域显示为背景色，较亮区域显示为前景色。选择 滤镜(T) → 素描 → 影印... 命令，弹出“影印”对话框，如图 6.8.8 所示。

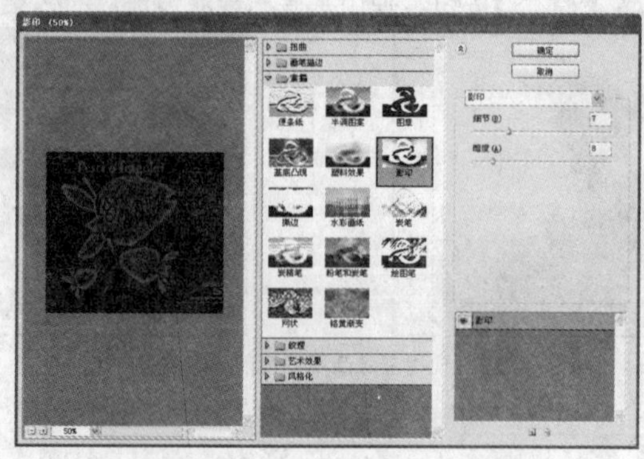

图 6.8.8　“影印”对话框

在 细节(D) 文本框中输入数值，可设置图像影印效果细节的明显程度。

在 暗度(A) 文本框中输入数值，可设置图像较暗区域的明暗程度，输入数值越大，暗区越暗。

设置好参数后，单击 确定 按钮。使用影印滤镜前后的效果对比如图 6.8.9 所示。

图 6.8.9　使用影印滤镜前后的效果对比

6.8.5 铬黄

铬黄滤镜可以模拟发光的液态金属效果，使图像产生金属质感效果。选择滤镜(T)→素描→铬黄...命令，弹出“铬黄渐变”对话框，如图 6.8.10 所示。

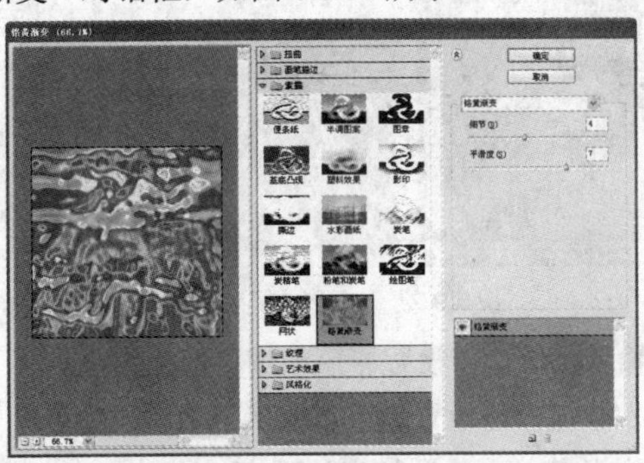

图 6.8.10　“铬黄渐变”对话框

在细节(D)文本框中输入数值，可设置原图像细节保留的程度。

在平滑度(S)文本框中输入数值，可设置铬黄效果纹理的光滑程度。

设置好参数后，单击确定按钮。使用铬黄渐变滤镜前后的效果对比如图 6.8.11 所示。

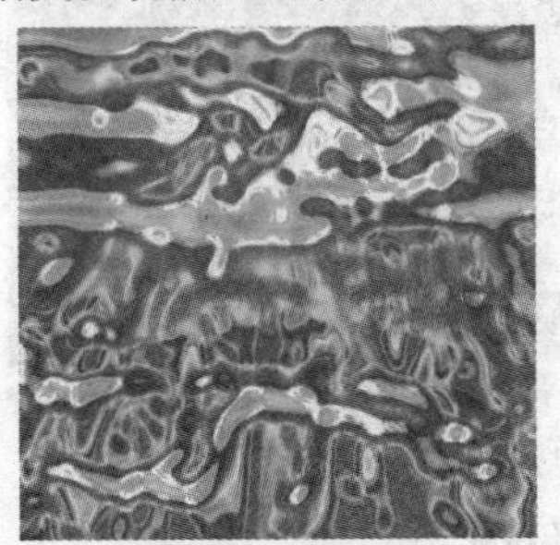

图 6.8.11　使用铬黄渐变滤镜前后的效果对比

6.9 纹理滤镜组

纹理滤镜组可为图像添加各种纹理，产生深度感和材质感。选择滤镜(T)→纹理命令，弹出如图 6.9.1 所示的子菜单。

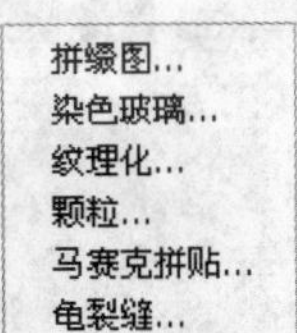

拼缀图...
染色玻璃...
纹理化...
颗粒...
马赛克拼贴...
龟裂缝...

图 6.9.1　纹理滤镜子菜单

6.9.1 染色玻璃

染色玻璃滤镜可以使图像产生不规则的玻璃网格，每一格的颜色由该格的平均颜色来显示。选择滤镜(T)→纹理→染色玻璃...命令，弹出“染色玻璃”对话框，如图 6.9.2 所示。

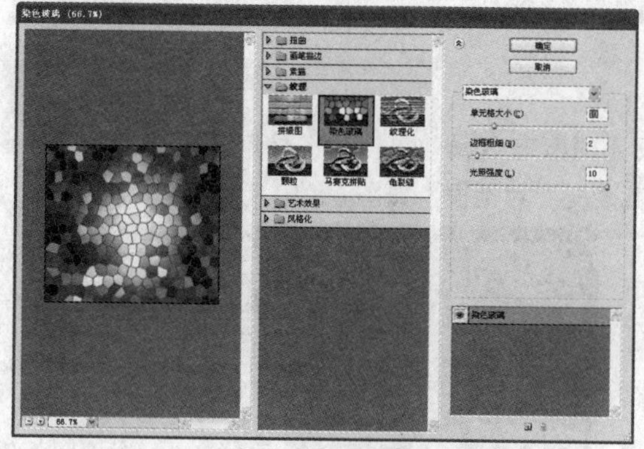

图 6.9.2 “染色玻璃”对话框

在单元格大小(C)文本框中输入数值，可设置彩色玻璃格子的大小。

在边框粗细(B)文本框中输入数值，可设置彩色玻璃格子边线的宽度。

在光照强度(L)文本框中输入数值，可设置灯光的强度，输入数值范围为 0～10。

设置好参数后，单击确定按钮。使用染色玻璃滤镜前后的效果对比如图 6.9.3 所示。

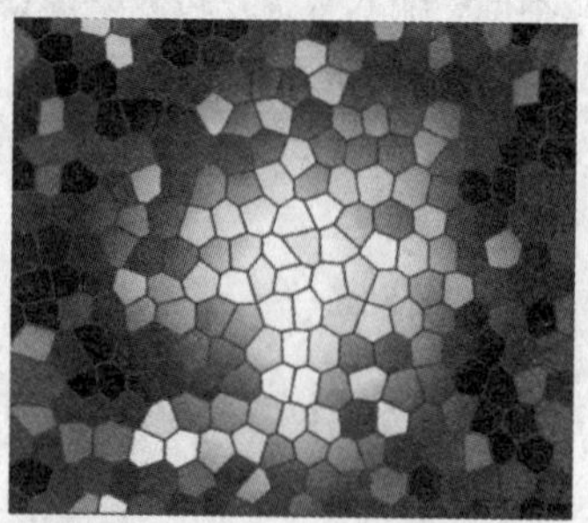

图 6.9.3 使用染色玻璃滤镜前后的效果对比

6.9.2 纹理化

纹理化滤镜可以为图像添加预设的纹理或自己创建的纹理效果。选择滤镜(T)→纹理→纹理化...命令，弹出“纹理化”对话框，如图 6.9.4 所示。

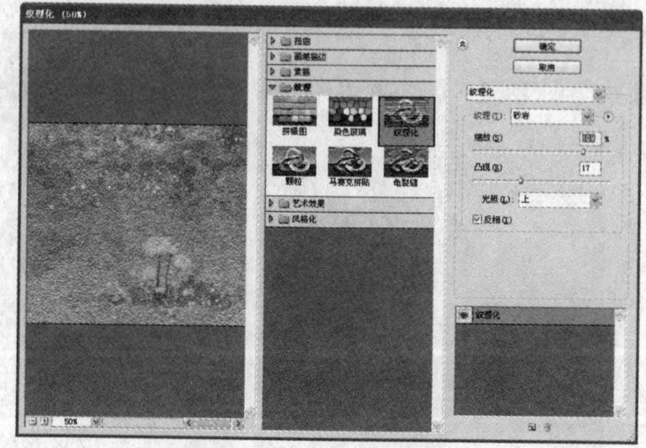

图 6.9.4 “纹理化”对话框

在纹理(T):下拉列表中可选择纹理的类型。

在缩放(S)文本框中输入数值，可调整纹理的缩放比例，输入数值范围为 50%～200%。

在凸现(R)文本框中输入数值，可调节纹理的凸现程度，输入数值范围为 0～50。

在光照(L):下拉列表中可选择灯光照射的方向。

设置好参数后，单击确定按钮。使用纹理化滤镜前后的效果对比如图 6.9.5 所示。

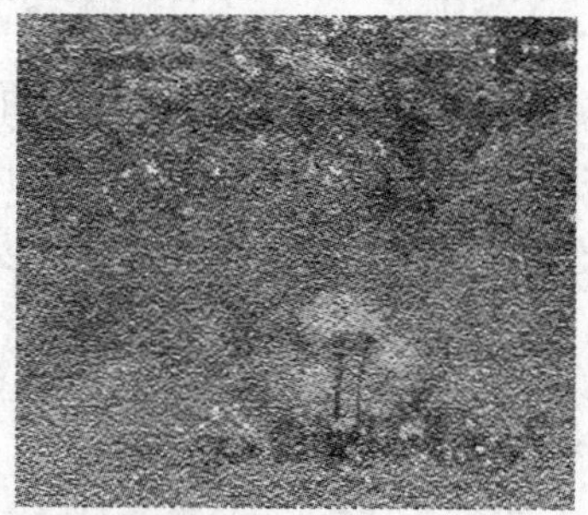

图 6.9.5　使用纹理化滤镜前后的效果对比

6.9.3　龟裂缝

龟裂缝滤镜可使图像产生凹凸不平的浮雕或石制品特有的龟裂缝效果。选择滤镜(T)→纹理→龟裂缝...命令，弹出“龟裂缝”对话框，如图 6.9.6 所示。

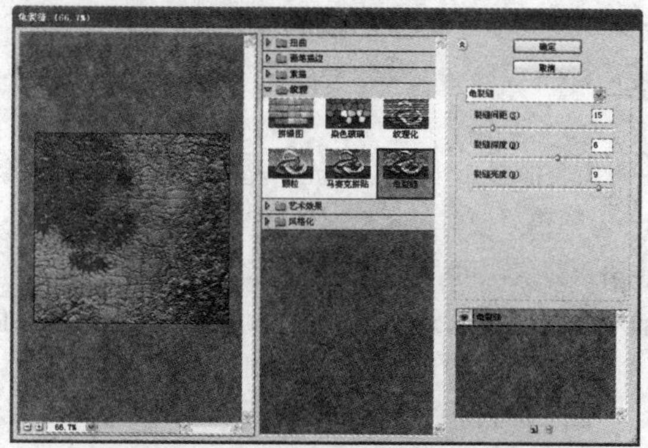

图 6.9.6　“龟裂缝”对话框

在裂缝间距(S)文本框中输入数值，可调整裂痕纹理的间距，输入数值范围为 2～100。参数设置为 100 时，图像中有非常稀疏的裂纹。

在裂缝深度(D)文本框中输入数值，可调整裂痕的深度，输入数值范围为 0～10。当该数值设为 0 时，裂痕非常浅；数值设为 10 时，图像变得非常暗以至失去了原来的面目。

在裂缝亮度(B)文本框中输入数值，可调节裂痕的亮度，输入数值范围为 0～10。当该数值设为 0 时，裂痕将表现为黑色，设置值过高时，由于过亮而失去了它应有的特性。

设置好参数后，单击确定按钮。使用龟裂缝滤镜前后的效果对比如图 6.9.7 所示。

图 6.9.7　使用龟裂缝滤镜前后的效果对比

6.10 艺术效果滤镜组

艺术效果滤镜组仅用于 RGB 色彩模式和多通道色彩模式的图像，而不能在 CMYK 或 Lab 模式下工作，要求图像的当前层不能为全空。这组滤镜可以制作各种各样的艺术效果，可独立发挥作用，也可配合其他滤镜效果使用，以取得理想的效果。选择 滤镜(T) → 艺术效果 命令，弹出如图 6.10.1 所示的子菜单。

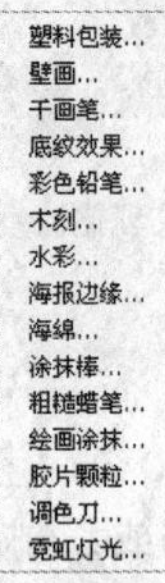

图 6.10.1 艺术效果滤镜子菜单

6.10.1 塑料包装

塑料包装滤镜可以在图像表面显示出一层发光的塑料效果来强调图像的细节。选择 滤镜(T) → 艺术效果 → 塑料包装... 命令，弹出“塑料包装”对话框，如图 6.10.2 所示。

在 高光强度(H) 文本框中输入数值，可设置图像表面光亮度。

在 细节(D) 文本框中输入数值，可设置塑料包装边缘的细节。输入的数值越大，其细节越明显。

在 平滑度(S) 文本框中输入数值，可设置产生效果的平滑程度。

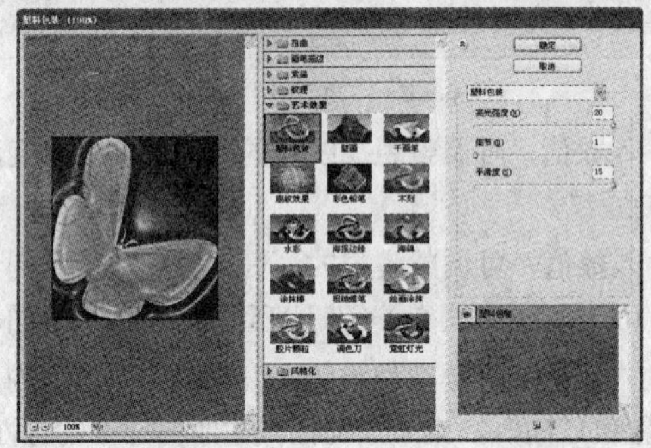

图 6.10.2 “塑料包装”对话框

设置好参数后，单击 确定 按钮。使用塑料包装滤镜前后的效果对比如图 6.10.3 所示。

图 6.10.3 使用塑料包装滤镜前后的效果对比

6.10.2　干画笔

干画笔滤镜通过将图像的颜色范围降到普通颜色范围来简化图像，使画面产生一种不饱和、不湿润、干枯的油画效果。选择滤镜(T)→艺术效果→干画笔...命令，弹出“干画笔”对话框，如图 6.10.4 所示。

图 6.10.4　“干画笔”对话框

在画笔大小(B)文本框中输入数值，可设置模拟笔刷的大小，输入数值范围为 0～10。

在画笔细节(D)文本框中输入数值，可调节笔刷的细腻程度，输入数值范围为 0～10。该参数的设置决定了从原图像中捕获的细微层次的数量。

在纹理(T)文本框中输入数值，可调节图像效果颜色之间的过渡变形程度。输入数值范围为 1～3。数值设为 1 时，能产生一种光滑效果的图像；数值设为 3 时，图像将会增加一些原图像中不曾有的微小像素，即图像中增加了像素斑点。

设置好参数后，单击确定按钮。使用干画笔滤镜前后的效果对比如图 6.10.5 所示。

图 6.10.5　使用干画笔滤镜前后的效果对比

6.10.3　壁画

壁画滤镜能够使图像产生一种古壁画的斑点效果。选择滤镜(T)→艺术效果→壁画...命令，弹出“壁画”对话框，如图 6.10.6 所示。

在画笔大小(B)文本框中输入数值，可设置模拟笔刷的大小，输入数值范围为 0～10。当数值设为 0 时，模拟笔刷最小，相反则笔刷最大。

在画笔细节(D)文本框中输入数值，可设置笔触的细腻程度，输入数值范围为 0～10。该数值决定了从处理的图像中捕获的细微层次的数量。

在纹理(T)文本框中输入数值，可设置壁画效果的颜色过渡变形值，输入数值范围为 1～3。

图 6.10.6 “壁画”对话框

设置好参数后，单击 确定 按钮。使用壁画滤镜前后的效果对比如图 6.10.7 所示。

图 6.10.7 使用壁画滤镜前后的效果对比

6.10.4 木刻

木刻滤镜是利用版画和雕刻原理来处理图像，使图像看起来好像是由粗糙剪切的彩纸组成的。选择 滤镜(T) → 艺术效果 → 木刻... 命令，弹出“木刻”对话框，如图 6.10.8 所示。

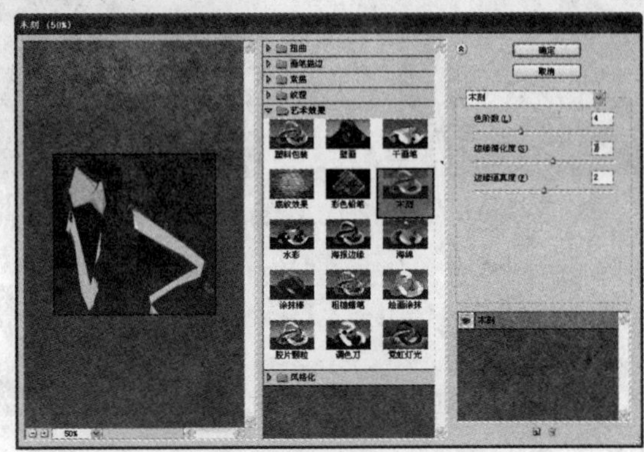

图 6.10.8 “木刻”对话框

在 色阶数(L) 文本框中输入数值，可设置图像色彩的层次。

在 边缘简化度(S) 文本框中输入数值，可设置边缘的简化程度。

在 边缘逼真度(F) 文本框中输入数值，可设置边缘的真实度。数值越大，其图像真实度越高。

设置好参数后，单击 确定 按钮。使用木刻滤镜前后的效果对比如图 6.10.9 所示。

图 6.10.9　使用木刻滤镜前后的效果对比

6.11　锐化滤镜组

锐化滤镜组主要通过增加相邻像素之间的对比度来减弱和消除图像的模糊程度，使图像变得更加清晰，从而达到锐化的效果。选择 滤镜(T) → 锐化 命令，弹出如图 6.11.1 所示的子菜单。

USM 锐化...
智能锐化...
进一步锐化
锐化
锐化边缘

图 6.11.1　锐化滤镜子菜单

6.11.1　USM 锐化

使用 USM 锐化滤镜可以在图像边缘的两侧分别制作一条明线或暗线，以调整其边缘细节的对比度，最终使图像的边缘轮廓锐化。选择 滤镜(T) → 锐化 → USM 锐化... 命令，弹出“USM 锐化”对话框，如图 6.11.2 所示。

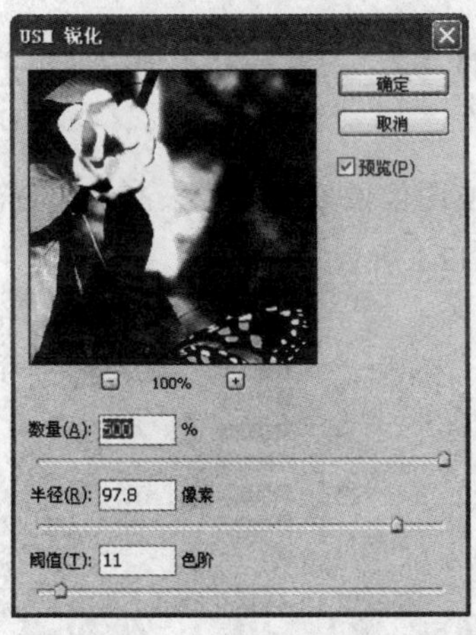

图 6.11.2　“USM 锐化”对话框

在 数量(A): 文本框中输入数值，可设置锐化的程度。

在 半径(R): 文本框中输入数值，可设置边缘像素周围影响锐化的像素数。

在 阈值(T): 文本框中输入数值，可设置锐化的相邻像素之间的最低差值。

设置好参数后，单击 确定 按钮。使用 USM 锐化滤镜前后的效果对比如图 6.11.3 所示。

图 6.11.3　使用 USM 锐化滤镜前后的效果对比

6.11.2　锐化

锐化滤镜可以提高相邻像素之间的对比度，使图像更加清晰。使用该命令时无参数设置对话框。打开一幅图像，选择 滤镜(T) → 锐化 → 锐化 命令，系统将自动对图像进行调整，使用锐化滤镜前后的效果对比如图 6.11.4 所示。

图 6.11.4　使用锐化滤镜前后的效果对比

6.12　风格化滤镜组

风格化滤镜组通过移动或置换图像像素的方式来产生印象派或其他风格的图像效果。选择 滤镜(T) → 风格化 命令，弹出如图 6.12.1 所示的子菜单。

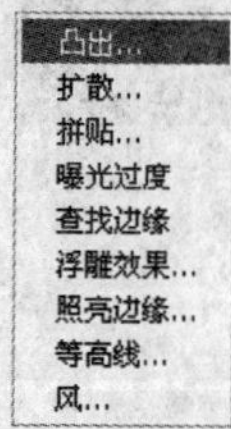

图 6.12.1　风格化滤镜子菜单

6.12.1　凸出滤镜

凸出滤镜可将图像转变为凸出的三维锥体或立方体，使其产生 3D 纹理效果。选择菜单栏中的

滤镜(T) → 风格化 → 凸出... 命令，弹出“凸出”对话框，如图 6.12.2 所示。

凸出
类型：○块(B)　⊙金字塔(P)　确定
大小(S)：30　像素　取消
深度(D)：30　⊙随机(R)　○基于色阶(L)
□立方体正面(F)
□蒙版不完整块(M)

图 6.12.2　“凸出”对话框

在该对话框中设置好参数，单击 确定 按钮。使用凸出滤镜前后的效果对比如图 6.12.3 所示。

图 6.12.3　使用凸出滤镜前后的效果对比

6.12.2　浮雕效果

浮雕效果滤镜是将图像中的颜色转换为灰色，并用原来的颜色勾画图像边缘，使图像下陷或凸出，产生类似浮雕的效果。选择 滤镜(T) → 风格化 → 浮雕效果... 命令，弹出“浮雕效果”对话框，如图 6.12.4 所示。

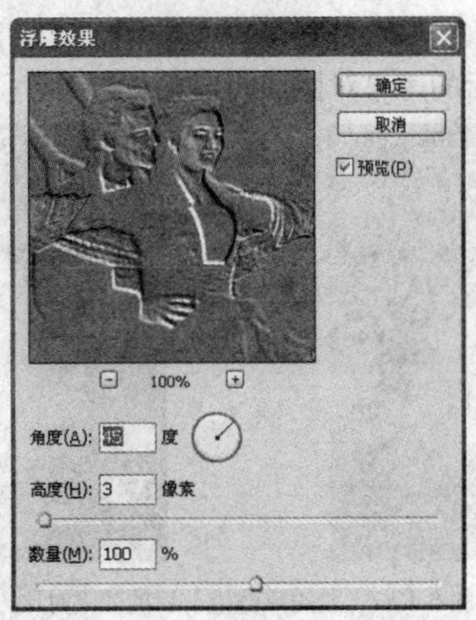

图 6.12.4　“浮雕效果”对话框

在 角度(A): 文本框中输入数值，可设置光线照射的角度值，输入数值范围为 0～360°。

在 高度(H): 文本框中输入数值，可设置浮雕凸起的高度，输入数值范围为 1～10。

在 数量(M): 文本框中输入数值，可设置凸出部分细节的百分比，输入数值范围为 1%～500%。

设置好参数后，单击 确定 按钮。使用浮雕滤镜前后的效果对比如图 6.12.5 所示。

图 6.12.5　使用浮雕滤镜前后的效果对比

6.12.3　风滤镜

风滤镜可以为图像添加一些水平的细微线条，从而产生吹风的效果。选择滤镜(T)→风格化→风...命令，弹出“风”对话框，如图 6.12.6 所示。

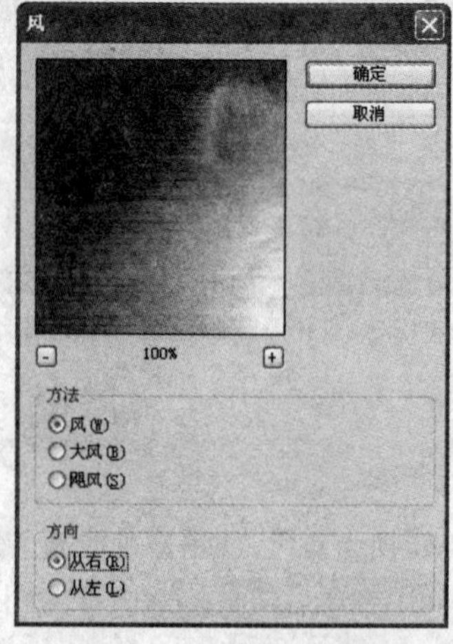

图 6.12.6　“风”对话框

在方法选项区中可选择风的样式，在方向选项区中可选择风的方向，设置完成后，单击确定按钮。使用风滤镜前后的效果对比如图 6.12.7 所示。

图 6.12.7　使用风滤镜前后的效果对比

6.12.4　照亮边缘

照亮边缘滤镜可以查找图像中的轮廓，并对其进行加亮。选择滤镜(T)→风格化→照亮边缘...命令，弹出“照亮边缘”对话框，如图 6.12.8 所示。

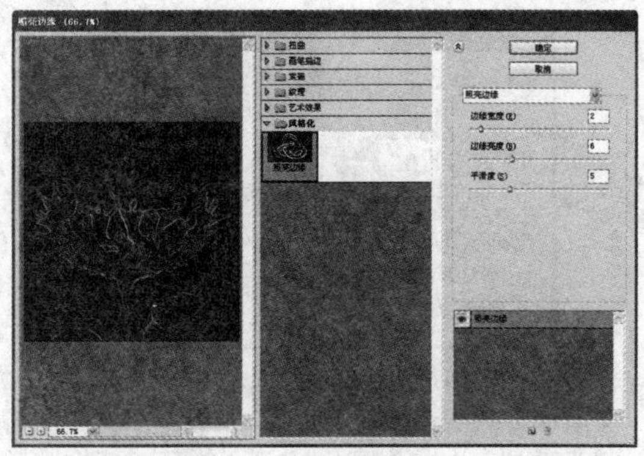

图 6.12.8　“照亮边缘”对话框

在 边缘宽度 文本框中输入数值，可设置描绘边缘线条的宽度。

在 边缘亮度 文本框中输入数值，可设置描绘边缘线条的亮度。

在 平滑度 文本框中输入数值，可设置描绘边缘线条的平滑程度。

设置好参数后，单击 确定 按钮。使用照亮边缘滤镜前后的效果对比如图 6.12.9 所示。

图 6.12.9　使用照亮边缘滤镜前后的效果对比

6.13　其他滤镜组

其他滤镜组主要用于修饰图像的部分细节，同时也可以创建一些用户自定义的特殊效果。选择 滤镜(T) → 其它 命令，弹出如图 6.13.1 所示的子菜单。

位移...
最大值...
最小值...
自定...
高反差保留...

图 6.13.1　其他滤镜子菜单

6.13.1　位移滤镜

位移滤镜可以将图像水平或垂直移动一定的数量，移动留下的空白区域可用图像的折回部分或图像边缘像素填充。选择 滤镜(T) → 其它 → 位移... 命令，弹出“位移”对话框，如图 6.13.2 所示。

在 水平(H): 文本框中输入数值，可设置图像在水平方向上向左或向右的偏移量。在 垂直(V): 文本框中输入数值，可设置图像在垂直方向上向上或向下的偏移量。

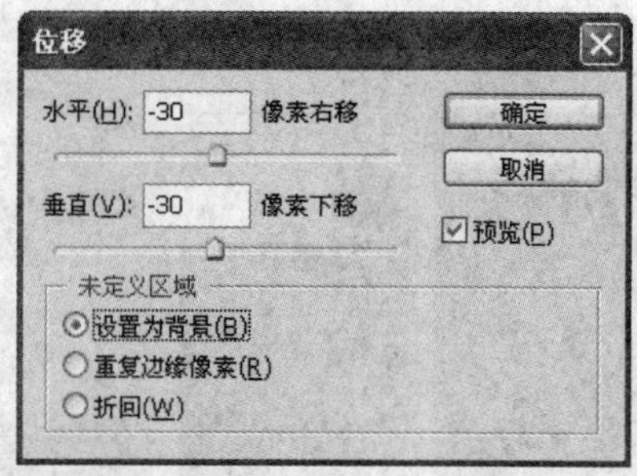

图 6.13.2 “位移”对话框

在未定义区域选项区中，选中设置为背景(B)单选按钮，可将图像移动后留下的空白区域以透明色填充；选中重复边缘像素(R)单选按钮，可将图像移动后留下的空白区域用图像边缘的像素填充；选中折回(W)单选按钮，可将图像移动后的区域用图像折回部分填充。

设置好参数后，单击确定按钮。使用位移滤镜前后的效果对比如图 6.13.3 所示。

图 6.13.3 使用位移滤镜前后的效果对比

6.13.2 最大值

最大值滤镜可以强化图像中的亮色调并减弱暗色调。选择滤镜(T)→其它→最大值...命令，可在弹出的“最大值”对话框中设置半径(R):数值，设置好参数后，单击确定按钮。使用最大值滤镜前后的效果对比如图 6.13.4 所示。

图 6.13.4 使用最大值滤镜前后的效果对比

6.14 插件滤镜的使用

在 Photoshop CS3 中常用的插件滤镜包括抽出、液化以及图案生成器滤镜等，下面将进行具体介绍。

6.14.1　抽出滤镜

使用抽出滤镜可以很轻易地将图像从背景中提取出来，其具体的操作方法如下：

（1）选择 滤镜(T) → 抽出(X)... 命令，弹出“抽出”对话框，如图 6.14.1 所示。

图 6.14.1　“抽出”对话框

（2）单击该对话框左侧的“边缘高光器工具”按钮，在图像中勾画出一个闭合的边缘高光线，将图像和背景分离，如图 6.14.2 所示。

图 6.14.2　边缘高光线的效果

（3）单击该对话框左侧的“填充工具”按钮，对边缘高光线围成的闭合区域进行填充，如图 6.14.3 所示，在对话框右侧的 填充: 下拉列表框中可设置填充颜色。

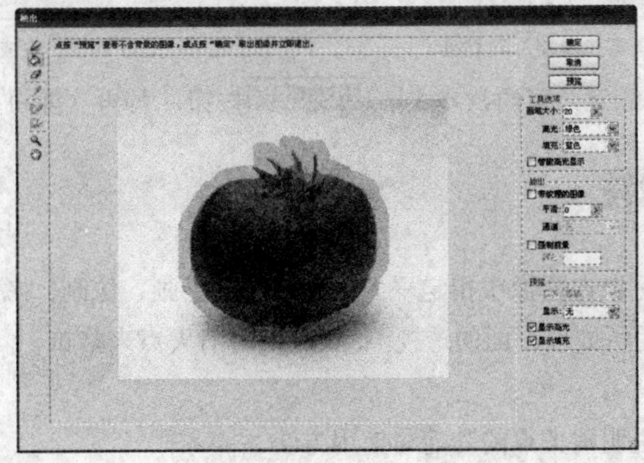

图 6.14.3　填充的效果

（4）单击对话框左侧的“橡皮擦工具”按钮，可将选取的不满意的高光区域擦除。

（5）单击 预览 按钮，可对抽出的结果进行预览，如图 6.14.4 所示。

（6）单击对话框左侧的“清除工具”按钮，将不需要的背景擦除。

（7）单击对话框左侧的“边缘修饰工具”按钮，将已擦除的边缘细节恢复，来修整抽出的效果。

（8）单击 确定 按钮确认抽出操作，效果如图 6.14.5 所示。

图 6.14.4 预览抽出结果

图 6.14.5 抽出的图像效果

6.14.2 图案生成器滤镜

利用图案生成器滤镜命令可以将选区中的图像生成纹理图案，其具体的操作方法如下：

（1）打开一幅图像，选择 滤镜(T) → 图案生成器(P)... 命令，弹出“图案生成器”对话框，单击其右上角的“矩形选框工具”按钮，在图像中创建选区，如图 6.14.6 所示。

（2）创建完成后，单击 生成 按钮，可得到该区域图像生成的图案，如图 6.14.7 所示。

图 6.14.6 “图案生成器”对话框

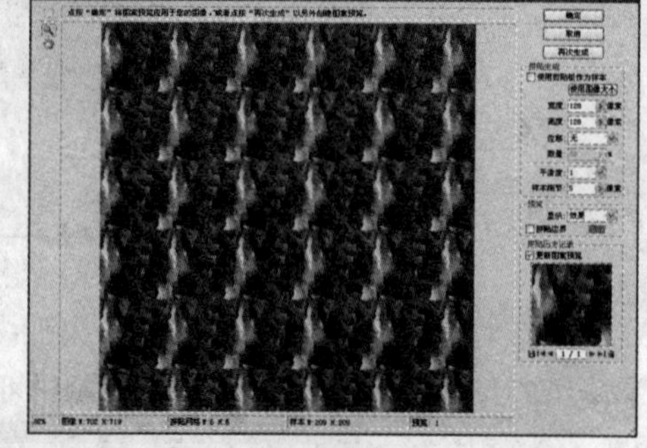

图 6.14.7 生成图案

（3）若对生成图案不满意，可再次单击 再次生成 按钮，可再次随机生成图案。

6.14.3 消失点滤镜

使用消失点滤镜命令可以在图像中指定平面，然后进行绘画、仿制、拷贝、粘贴、变换等编辑操作。所有编辑操作都将采用所处理平面的透视，因此，使用消失点来修饰、添加或移去图像中的内容，效果将更加逼真。

下面通过一个实例来说明消失点的功能与使用方法。

（1）打开一幅图像，如图 6.14.8 所示，使用多边形工具将图像中的盒子从背景中选出来。

（2）按“Ctrl+J”键可自动将选区中的图像拷贝到一个新图层中，如图 6.14.9 所示。

图 6.14.8 创建选区

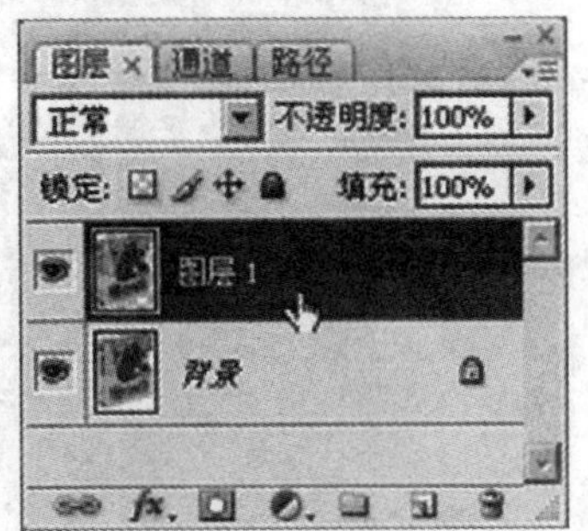

图 6.14.9 创建拷贝图层

(3) 打开一幅如图 6.14.10 所示的图像，按"Ctrl+A"键全选图像，按"Ctrl+C"键将其复制到剪贴板中，以备后用。

(4) 选择菜单栏中的 滤镜(T) → 消失点(V)... 命令，弹出 消失点 对话框，如图 6.14.11 所示。

图 6.14.10 打开的图像

图 6.14.11 "消失点"对话框

(5) 在工具箱中单击"创建平面工具"按钮，此时光标变为形状，在盒子的一侧单击，然后沿盒子边缘拖动光标，单击第 3 个点将出现一个三角形平面，拖动光标，即可形成一个四边形的平面，如图 6.14.12 所示。

(6) 在 网格大小: 输入框中可设置平面中的网格数量。

(7) 继续使用创建平面工具绘制其他各个面的网格平面。

图 6.14.12 四边形的平面

(8) 按"Ctrl+V"键将复制到剪贴板中的图像粘贴到窗口中，如图 6.14.13 所示。

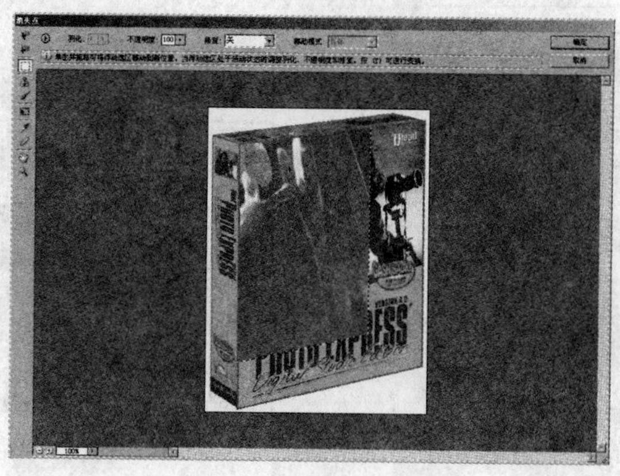

图 6.14.13　粘贴效果

（9）拖动光标，将粘贴的图像拖至第一个网格平面中，系统将自动适应该平面，在工具箱中单击“变换工具”按钮，变换网格中图像的大小，效果如图 6.14.14 所示。

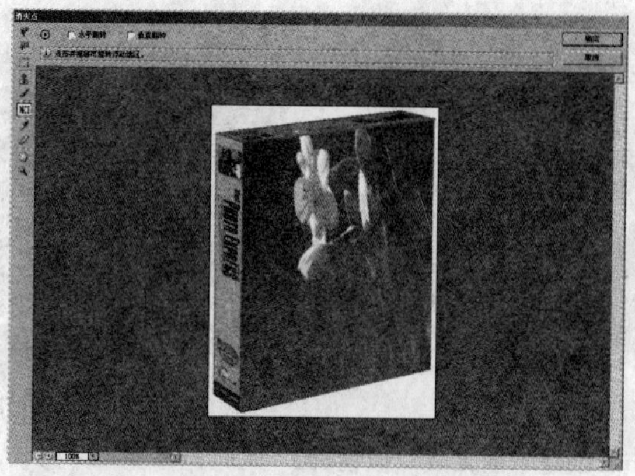

图 6.14.14　变换网格中图像的大小

（10）按住“Alt”键拖动变换后的图像，将其复制 3 个，并放入其他两个网格平面中，效果如图 6.14.15 所示。

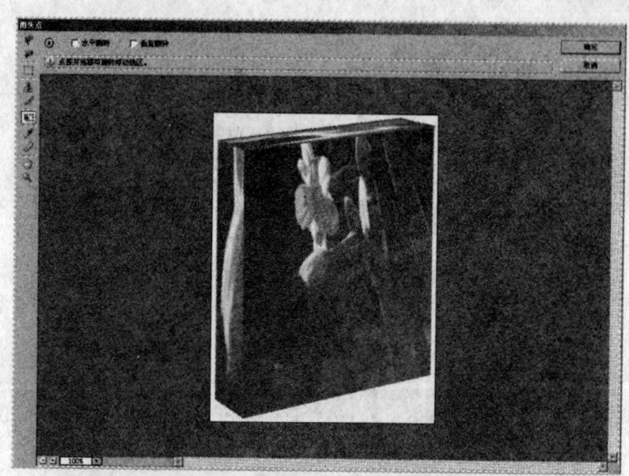

图 6.14.15　复制到其他平面的效果

（11）单击 确定 按钮，返回到 Photoshop CS3 工作界面，将图层 1 的不透明度设置为 73%，混合模式设置为色相，效果如图 6.14.16 所示。

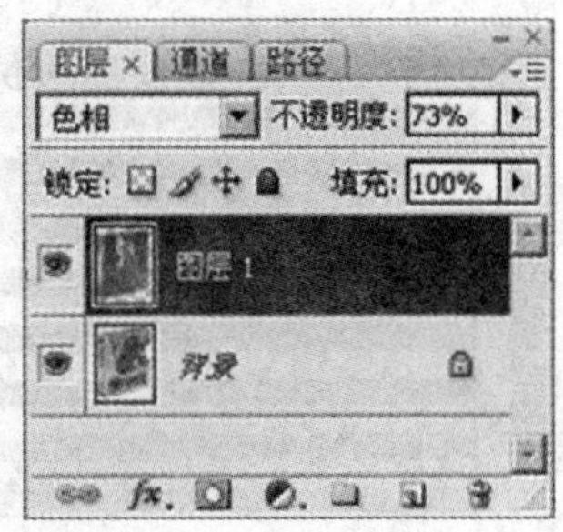

图 6.14.16　更改不透明度与混合模式效果

6.15　上 机 练 习

在制作游泳圈的过程中主要用到滤镜菜单中的一些命令，效果如图 6.15.1 所示。

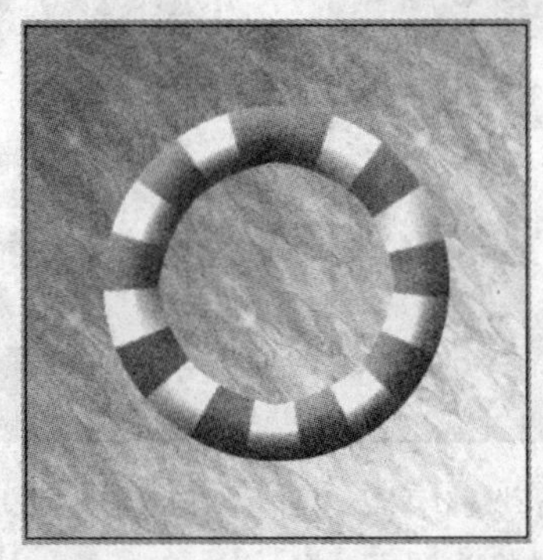

图 6.15.1　效果图

（1）选择菜单栏中的 文件(F) → 新建(N)... 命令，在弹出的 新建 对话框中设置 宽度(W): 为 10 cm，高度(H): 为 10 cm， 颜色模式(M): 为 RGB 颜色，单击 确定 按钮，新建一个图像文件。

（2）设置前景色为绿色，背景色为白色。选择菜单栏中的 滤镜(T) → 素描 → 半调图案... 命令，弹出 半调图案 对话框，设置参数如图 6.15.2 所示。

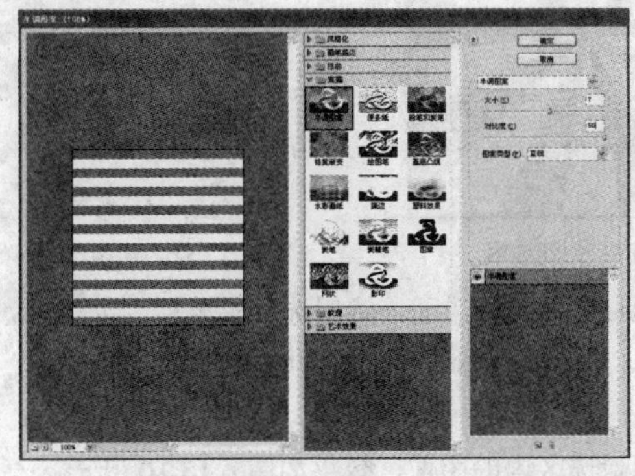

图 6.15.2　“半调图案”对话框

（3）单击确定按钮，图像效果如图 6.15.3 所示。

（4）选择菜单栏中的图像(I)→旋转画布(E)→90 度(顺时针)(9)命令，将图像旋转 90°，如图 6.15.4 所示。

图 6.15.3　使用半调图案后的效果

图 6.15.4　旋转图像效果

（5）选择菜单栏中的滤镜(T)→扭曲→极坐标...命令，在弹出的极坐标对话框中设置参数如图 6.15.5 所示。

（6）单击确定按钮，图像效果如图 6.15.6 所示。

图 6.15.5　极坐标对话框

图 6.15.6　使用极坐标滤镜后的效果

（7）在背景层上双击，将其转换为图层 0 层，单击工具箱中的椭圆选框工具按钮，按住“Shift”键在图像中创建正圆选区，如图 6.15.7 所示。

（8）按“Ctrl+Shift+I”键反选选区，按“Delete”键删除选区内的图像，效果如图 6.15.8 所示。

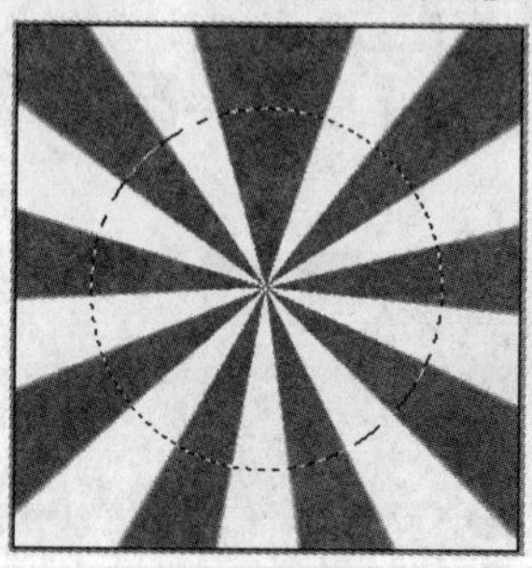

图 6.15.7　创建选区

图 6.15.8　删除选区内的图像效果

（9）再次按“Ctrl+Shift+I”键反选选区，然后选择菜单栏中的选择(S)→修改(M)→收缩(C)...命令，弹出收缩选区对话框，在收缩量(C):输入框中输入数值为 30 像素，单击确定按钮，收缩选区，如图 6.15.9 所示。

（10）按“Delete”键删除选区内的图像，效果如图 6.15.10 所示。

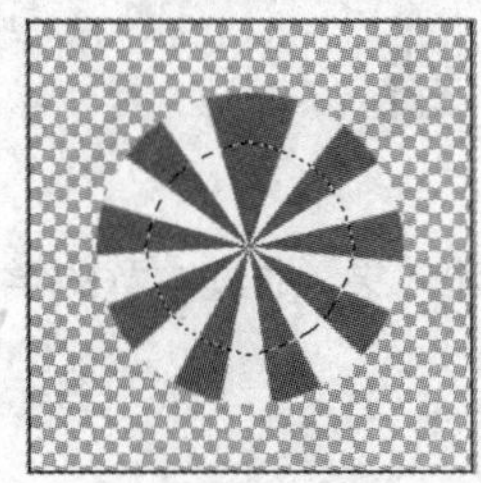
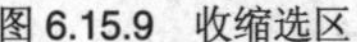

图 6.15.9　收缩选区

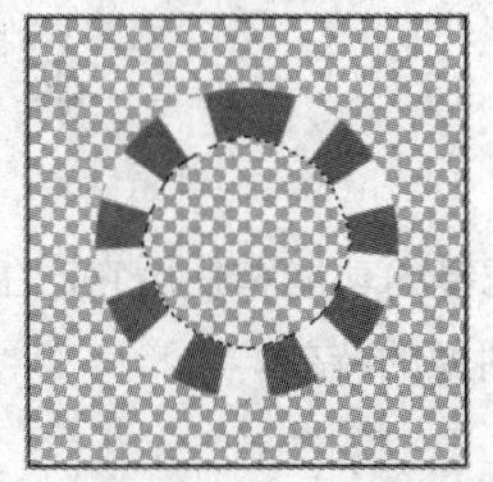

图 6.15.10　删除选区内的图像

（11）按“Ctrl+D”键取消选区，选择菜单栏中的图层(L)→图层样式(Y)→斜面和浮雕(B)...命令，设置参数如图 6.15.11 所示。

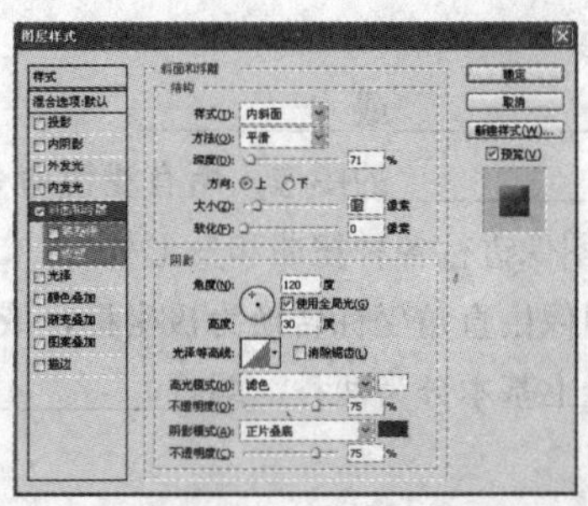

图 6.15.11　图层样式对话框中的斜面和浮雕选项设置

（12）单击确定按钮，图像效果如图 6.15.12 所示。

（13）新建图层 1 层，并将图层 1 层移至图层 0 层的下面，使用渐变工具在图层 1 层上从左上向右下拖动鼠标填充绿色到白色渐变，如图 6.15.13 所示。

图 6.15.12　应用图层样式后的效果

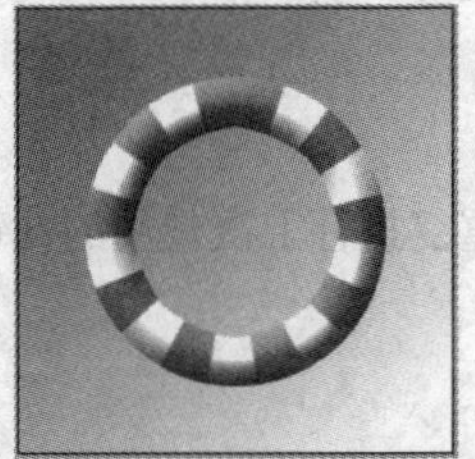

图 6.15.13　填充渐变效果

（14）选择菜单栏中的滤镜(T)→扭曲→波纹...命令，弹出波纹对话框，设置参数如图 6.13.14 所示。

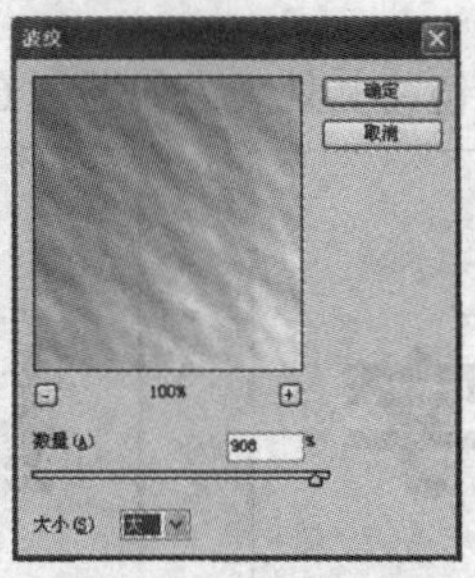

图 6.15.14　“波纹”对话框

（15）单击确定按钮，再按“Ctrl+F”键重复一次波纹滤镜，最终的游泳圈效果制作完成，如图 6.15.1 所示。

本 章 小 结

本章介绍了各种滤镜的功能和使用它产生的一些特殊效果，通过本章的学习，用户应能灵活应用各种滤镜来制作一些图像的特效。

习 题 六

一、填空题

1. 滤镜菜单中的命令可用于__________或__________。
2. 大部分滤镜命令只能用于__________的图像，所有滤镜命令都可应用在__________。
3. 使用________滤镜可以对图像进行各种扭曲和变形处理。
4. 使用_________滤镜可将图像由直角坐标转换为极坐标，或将图像由极坐标转换为直角坐标。
5. Photoshop 中的滤镜从功能上基本分为两种，即__________滤镜与__________滤镜。

二、选择题

1. 对图像进行膨胀、旋转、放射以及收缩等操作，可使用（ ）滤镜。
   A. 抽出　　B. 液化
   C. 扭曲　　D. 旋转扭曲
2. 使用（ ）滤镜可以使图像产生旋涡的效果。
   A. 扭曲　　B. 切变
   C. 旋转扭曲　　D. 极坐标
3. 按（ ）键可重复执行上次使用的滤镜。
   A. Ctrl+F　　B. Ctrl+D
   C. Ctrl+C　　D. Ctrl+Alt+F

三、简答题

简述使用抽出命令将图像与背景分离的过程。

四、上机操作题

在图像中输入文字，并利用拼贴滤镜将其处理为如题图 6.1（b）所示的效果。

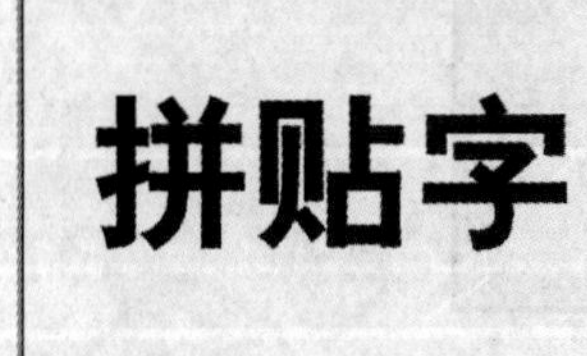

（a）原图

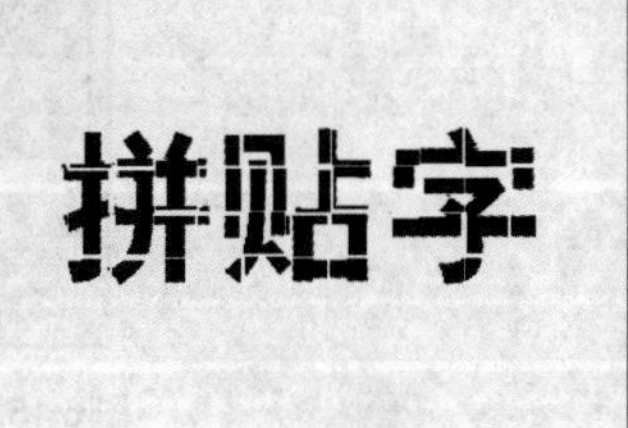

（b）效果图

题图 6.1

第7章 CorelDRAW X3 基础知识

本章要点

- ☑ CorelDRAW X3 简介
- ☑ CorelDRAW 的重要概念
- ☑ CorelDRAW X3 的新增功能
- ☑ CorelDRAW X3 的工作界面
- ☑ CorelDRAW X3 的页面操作
- ☑ CorelDRAW X3 的显示模式
- ☑ CorelDRAW X3 的辅助设置

学习目标

CorelDRAW X3 是 Corel 公司推出的用于绘制矢量图形的应用软件，它不仅仅是矢量图形创作处理软件，还是一个大型的工具软件包，因此它是专业美术设计师的首选绘图软件之一。

本章主要讲解 CorelDRAW X3 中的重要概念、工作界面、新增功能以及页面操作和显示模式等知识。

7.1 CorelDRAW X3 简介

CorelDRAW 是可以在 Windows 95/98/2000/XP 或 Windows NT 操作系统下运行的图形图像创作处理软件，经过多年的发展由 CorelDRAW 7.01 版发展到现在最新的版本 CorelDRAW X3，它集绘画、设计、制作、合成和输出等多项功能为一体，广泛应用在广告设计、封面设计、商标设计等领域。

CorelDRAW X3 是 CorelDRAW 的最新版本，拥有超过 40 个新的属性和增强的特性，具有出众的整合性和易用性，其操作比以前的版本更加简便，图形处理功能更加强大，而且节约了时间，增强并改进了 CorelDRAW 的文件兼容性。它集设计、绘画、制作、编辑、合成、高品质输出、网页制作与发布等功能于一体，无论是专业的图像设计师还是小型商业、企业用户，都可以使用 CorelDRAW X3 进行任意的设计。

7.1.1 CorelDRAW 的基本功能

绘制与处理矢量图：在 CorelDRAW 中可以很方便地利用图形工具直接绘制出各种图形，还可以对绘制的对象进行排列组合、对齐、镜像等操作。

文字处理：CorelDRAW 中有输入美术字文本和段落文本两种输入文字的方法。因此，CorelDRAW 不但可以对单个的文字进行处理，也可以对整段文字进行编辑、变形等操作，还可以对文字进行沿路径排列，给文字添加透视效果等。

位图处理：CorelDRAW 处理位图的功能也十分强大，它可以直接处理位图，还可以使矢量图与位图进行相互转换。利用 CorelDRAW 中的位图滤镜，可以为位图添加各种效果，设计出各种有创意的图形。

7.1.2 CorelDRAW X3 的工作环境

CorelDRAW X3 在运作时要占用很大的系统资源，因此，它对硬件的配置要求较高。要顺利运行 CorelDRAW X3，必须具备以下条件：

（1）CPU（中央处理器）：CPU 的处理速度是计算机性能的重要标志之一，运行 CorelDRAW X3 的电脑处理器至少应在 Pentium 133 以上。

（2）内存（RAM）：内存是处理器与硬盘等外存设备进行数据交换的主要场所，需要运行 CorelDRAW X3 的计算机，其内存应为 256 MB，512 MB 或更高。

（3）硬盘空闲空间：必须保证硬盘具有 250 MB 以上的空闲空间，以进行数据交换。

7.1.3 CorelDRAW X3 的主要功能

CorelDRAW X3 是运行在 Windows 2000/XP 或 Windows Tablet PC Editiont 操作系统下的图形图像制作软件，拥有超过 40 个新的属性和增强的特性，具有出众的整合性和易用性。它集设计、绘画、制作、编辑、合成、高品质输出、网页制作与发布等功能于一体，可以进行广告设计、封面设计、标志设计等，还可以将矢量图形转换为不同类型的位图，并对其应用各种位图效果进行处理，如模糊效果、艺术效果、三维效果以及扭曲效果等。

7.2　CorelDRAW 的重要概念

在使用 CorelDRAW 绘图之前，用户需要了解一些重要概念。

1. 矢量图

矢量图也叫面向对象绘图，它是以数字方式描述曲线的，其组成单位是锚点和路径。用户所绘制的每一个图形，打印的每一个字母都是一个对象，每个对象都是一个自成一体的实体，并且对象的绘制与分辨率无关，因此可自由地改变对象的位置、形状、大小和颜色，而不会影响它的清晰度和弯曲度，也不会影响图例中的其他对象。矢量图形适用于文字设计、标志设计、图案设计和版式设计等。矢量图放大后效果对比如图 7.2.1 所示。

矢量图　　矢量图放大后

图 7.2.1　矢量图放大后效果对比

2. 位图

位图也叫像素图，是由计算机屏幕上许多像素点组成的。在色彩允许的前提下，位图可以最真实地描述图像。位图有固定的分辨率，分辨率越高，图像的效果就越好，但按照原图大小打印或显示时效果最好。如果将位图扩大，其显示效果不会很清晰，如图 7.2.2 所示。

位图　　位图放大后

图 7.2.2　位图放大后的效果对比

3. CorelDRAW 中常用的几个概念

（1）对象。工作区中编辑的所有图形都称为对象。

（2）属性。属性即对象的参数，例如宽高、大小、颜色等，不同对象有不同的属性。

（3）填充。CorelDRAW 中只有闭合曲线才能进行填充。填充可以是单一颜色、渐变色，也可以是图案等。

（4）轮廓线。轮廓线拥有粗细、笔触、颜色等属性，与对象不可分割，但 CorelDRAW 允许对象没有轮廓线。

（5）交互。交互是常用到的一个词，在 CorelDRAW 中，凡是以“交互”二字开头的工具都只须通过一些鼠标操作就可以立即对当前被选对象的属性样式进行更改。

（6）捕捉。捕捉是指在绘图时让光标沿网格、辅助线或对象精确定位，从而绘制精确图形。

7.3 CorelDRAW X3 的新增功能

CorelDRAW X3 与以前的版本相比，除了具有更加人性化的窗口视图外，还增加了许多新的功能，现对这套组件的新特性进行介绍。

1．新增的裁剪工具

CorelDRAW X3 新增的裁剪工具非常实用，使用它可以对绘图区中的任何一个对象进行裁剪，但它不同于精确剪裁功能。如果对多个对象进行剪裁，使用精确剪裁功能必须先群组多个对象，而新增的裁剪工具可以对绘图区中的混合对象进行一次性裁剪。

2．新增的智能填充工具

CorelDRAW X3 新增的智能填充工具，可以对任意两个或多个对象的重叠区域以及任何封闭的对象进行填色。智能填充功能类似 Illustrator 中的实时填充，除了可以实现填充以外，还可以快速在两个或多个相重叠的对象中间创建新对象，在以前的版本里，如果要使这两个对象相交，只能先同时选择这两个对象，或者在属性栏选择相交命令。

3．增强的轮廓图工具

CorelDRAW X3 增强的轮廓图工具可以快速、方便地优化目标对象的轮廓线，能够动态地减少轮廓图形的节点，失量图节点越少，路径就越光滑，它是以数学涵数方式来记录图形的形状与色彩的，节点越少，运算速度就越快，要记录的图形形状信息就越少，存盘时占用的空间也会相应的减少。

4．增强的文本适配路径功能

增强的文本适配路径功能更加人性化，更易于操作，用户可以自由拖动文本，调整其与路径的偏移距离。

5．增强的文本功能

对文本的处理，Corel 公司一直做得非常出色，CorelDRAW X3 又增加了很多重要的改进，如首字下沉的改进，增强的制表符与项目符号，使文本适合文本框等，在 CorelDRAW X3 中可以很容易的选择、编辑和格式化文本。

6．新增的描摹位图功能

描摹位图功能是 CorelDRAW X3 新增的功能，也是该版本的一个亮点。使用该功能可以非常方便地把位图矢量化，在矢量化的同时，还有很多参数可以选择，如要转换的图片类型、要转换的色彩模式或专色等。

7．新增的复杂星形工具

复杂星形工具在原星形的基础上进行了改进，可以通过调节属性栏中的参数，得到不同复杂程度与外形的星形对象。

8．创建边界功能

CorelDRAW X3 新增的创建边界功能可以快速地从选取的单个、多个或群组的对象上创建其外轮廓。

9. 新增的步长和重复功能

使用新增的步长和重复功能，可以非常方便地复制图像，在复制的同时，可以调整复制对象的水平与垂直偏移距离以及复制数量。

10. 图形调整实验室

在位图菜单中新增了自动调节与图像调整实验室功能，使用它们可以非常方便地调整位图的色彩平衡与对比度。

11. 新的提示泊坞窗

新的提示泊坞窗使初学者学习起来更加容易，每当执行一个操作时，它会识别执行状态，及时显示出相关提示和技巧，提供有益的帮助，使用户可以更加快捷地完成设计任务。

12. 新增的斜角功能

新增的斜角功能包含了两种类型：一种是柔化边缘；另一种是浮雕。使用此功能的前提是图形必须是填色的。另外，该功能不能应用于对象的轮廓上。当图形使用斜角功能后，还可以使用交互式封套工具与交互式变形工具对其进行处理，而不能使用交互式阴影工具，透明工具等。

7.4　CorelDRAW X3 的工作界面

打开 CorelDRAW X3 后，呈现在屏幕上的是一个基本的工作界面，如图 7.4.1 所示。CorelDRAW X3 所有的绘图工作都是在这里完成的，熟悉其工作界面是学习 CorelDRAW X3 绘图制作的基础。

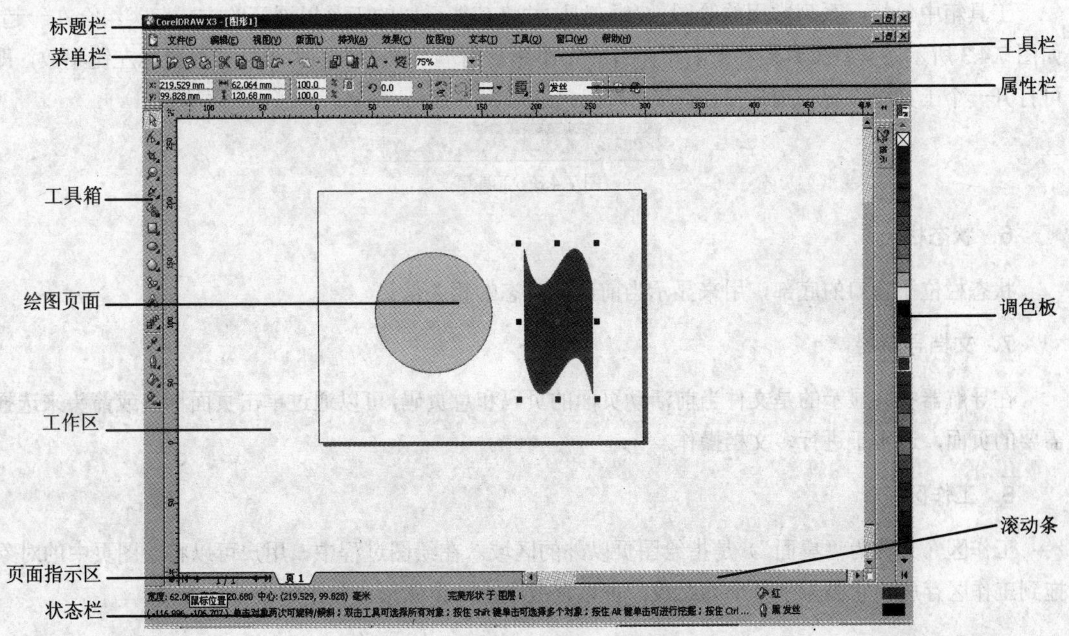

图 7.4.1　CorelDRAW X3 的工作界面

1. 标题栏

标题栏显示了当前的文件名和用于关闭窗口、放大/缩小窗口、退出 CorelDRAW X3 程序的几个

快捷按钮。用鼠标单击标题栏最左侧的图标，会弹出一个快捷菜单，如图 7.4.2 所示，通过选择其中相应的菜单项可对应用程序进行移动、最小化、最大化、关闭及其他操作。

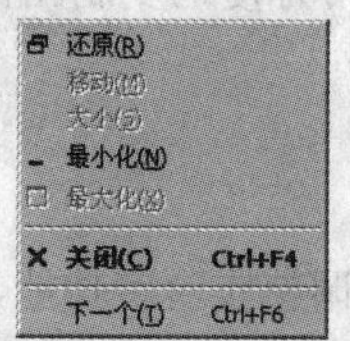

图 7.4.2　标题栏快捷菜单

2．菜单栏

CorelDRAW X3 的菜单栏中包括 文件(F)、编辑(E)、视图(V)、版面(L)、排列(A)、效果(C)、位图(B)、文本(T)、工具(O)、窗口(W)和 帮助(H) 11 个菜单项。CorelDRAW X3 的主要功能都可以通过执行菜单栏中的命令来完成，执行菜单命令是最基本的操作方式。

3．工具栏

在工具栏中列出了最常用的一些功能选项并以命令按钮的形式体现出来，这些功能选项大多数都是从菜单中挑选出来的。

4．属性栏

属性栏用来显示选取对象的属性，用户可通过对属性栏中相关属性的设置来控制对象产生相应的变化。当没有选中任何对象时，系统默认的属性栏中则提供文档的一些版面布局信息。

5．工具箱

工具箱中包括一系列常用的绘图、编辑工具，并将功能近似的工具以展开的方式归类组合在一起，如图 7.4.3 所示。有些工具图标的右下角有一个小黑三角形，单击小三角形并按住鼠标左键不放，即可打开一个工具组，便于用户操作。

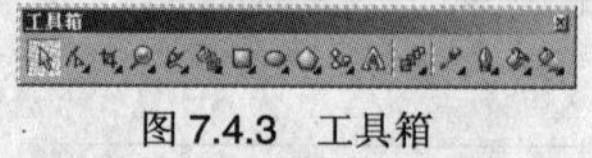

图 7.4.3　工具箱

6．状态栏

状态栏位于窗口的底部，用来显示当前工作状态的相关信息。

7．文档导航器

在导航器中间显示的是文件当前活动页面的页码和总页码，可以通过单击页面标签或箭头来选择需要的页面，适用于进行多文档操作。

8．工作区

工作区（又称为“桌面”）是指绘图页以外的区域。在绘图过程中，用户可以将绘图页中的对象拖到工作区存放。它类似于一个剪贴板，可以存放不止一个图形，使用起来十分方便。

9．标尺

标尺用于图形的定位与测量大小，分为水平标尺和垂直标尺。用户可以通过选择 视图(V) → ✔ 标尺(R) 命令来打开或关闭标尺。

10．辅助线、网格

辅助线用来定位或者确定图形的形状，它包括横向、竖向和倾斜等几种类型。用户可以通过单击标尺并向工作区拖动来创建，还可以移动辅助线的位置或对其进行旋转。删除时，可以选择编辑(E)→删除(L) Delete命令，或选中辅助线后按“Delete”键。

网格也是用来辅助确定对象的位置或尺寸的，它是页面上均匀的小方格。用户可以通过选择视图(V)→✓网格(G)命令来打开或关闭网格。

11．调色板

利用调色板可以快速地选择轮廓色和填充色。展开后的调色板如图 7.4.4 所示。

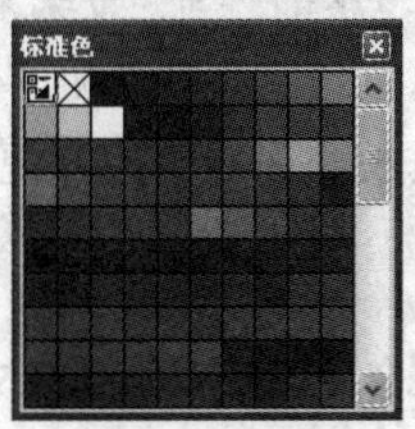

图 7.4.4 调色板

12．泊坞窗

泊坞窗中包括了各种操作按钮、列表和菜单的操作面板。这些控制面板的调用是十分方便的，打开时只须选择窗口(W)→泊坞窗(D)命令，在弹出的泊坞窗的子菜单中选择相应的面板命令即可；调整时可直接用鼠标拖动面板边缘来改变控制面板的大小；关闭控制面板时，只须单击控制面板右上角的“关闭”按钮☒即可。

13．视图导航器

单击工作区右下角的视图导航器图标启动该功能后，可以在弹出的窗口中按下鼠标左键并随意拖动，以显示文档的不同区域。此功能特别适合对象放大后的编辑。

7.5 CorelDRAW X3 的页面操作

在绘图之前，需要对页面进行各种操作，如插入页面，删除页面，重命名页面，页面大小、标签、版面、页面背景的设置等。

7.5.1 插入、删除页面及重命名页面

插入、删除页面及重命名页面是 CorelDRAW 中常用的操作。

默认设置下，新建的文件只有一个页面，如果绘制的是一套画册或多页的宣传册等，就在要同一文件中添加多个新页面以方便绘制，也可将一些无用页面删除，当一个文档包含多个页面时，可为各个页面分别设置具有识别功能的名称，人而可以方便地对其进行管理。

1．插入、删除页面

选择版面(L)→插入页(I)... /删除页面(D)...命令，弹出如图 7.5.1 所示的插入页面对话框

和删除页面对话框，可进行相关的参数设置，设置完成后单击确定按钮即可。

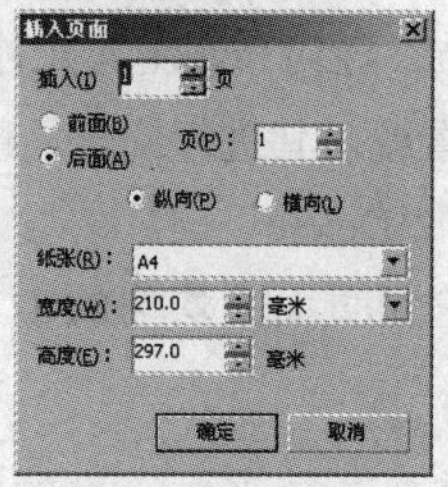
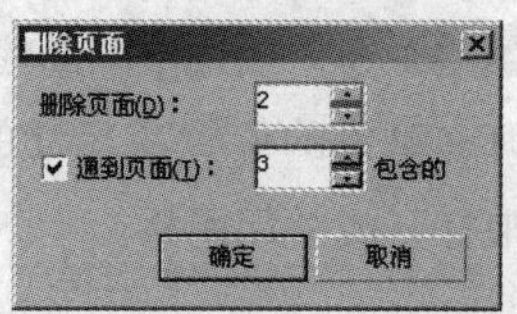

图 7.5.1 “插入页面”对话框和“删除页面”对话框

插入页面操作也可通过文档导航器上的两个“+”号或文档导航器的快捷菜单来完成，如图 7.5.2 所示。从文档导航器的快捷菜单中，可以看到重命名页面、在后面插入页、在前面插入页、删除页面和切换页面方向等命令，这为用户的操作提供了极大的方便。

2．重命名页面

选择版面(L)→重命名页面(A)...命令，弹出如图 7.5.3 所示的重命名页面对话框，输入合适的文件名。这个操作也可以通过文档导航器快捷菜单的“重命名页面”命令来完成。

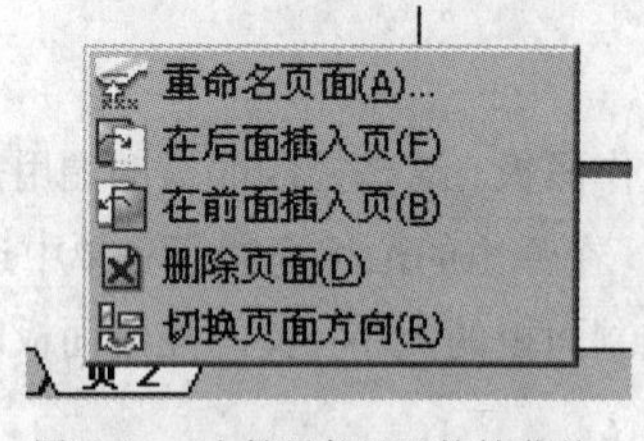

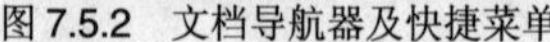

图 7.5.2 文档导航器及快捷菜单

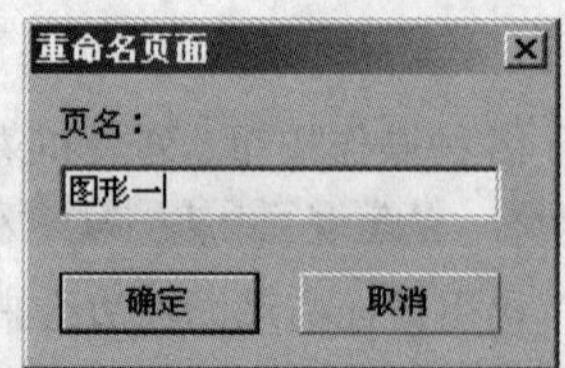

图 7.5.3 “重命名页面”对话框

7.5.2 页面大小、标签、版面与背景的设置

选择版面(L)→页面设置(P)...命令，弹出选项对话框（见图 7.5.4），在其中可对页面的大小、标签、版面与背景进行设置。

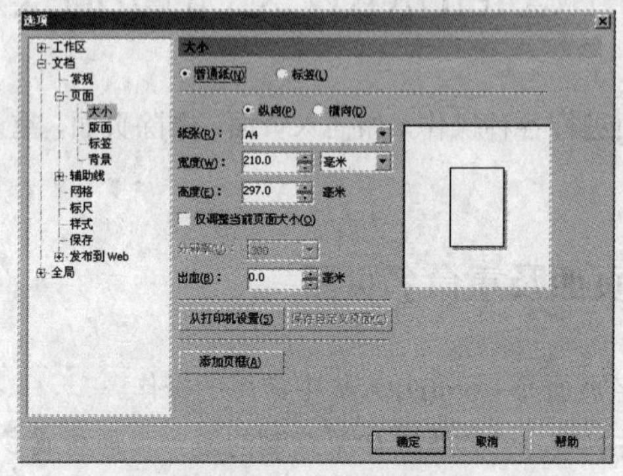

图 7.5.4 “选项”对话框

1．页面大小的设置

在如图 7.5.4 所示的选项对话框中，用户可以根据需要对纸张的类型、宽度、高度和分辨率进行设置，特别需要说明的是出血(B): 0 毫米、从打印机设置(S)、保存自定义页面(C)和添加页框(A)的设置。

出血(B): 0 毫米的设置，也就是设定页面的出血宽度。出血宽度是为了进行裁剪预留的区域。在实际工作中，为了便于将来进行裁剪和纠正误差，实际纸张尺寸通常要比标准尺寸大一些，也就是打印区域实际为“页面尺寸+出血宽度”，并且会在页面边界处打上裁剪标记。

单击 从打印机设置(S) 按钮，可使当前绘图页面的大小、方向与打印机设置相匹配。单击 保存自定义页面(C) 按钮，用户可以命名自定页面类型，并将该类型添加到如图 7.5.5 所示的“页面”下拉列表中。

单击 添加页框(A) 按钮，用户可以为页面添加一个外框。默认情况下，该外框与页面边界重合，用户也可调整其位置与尺寸。

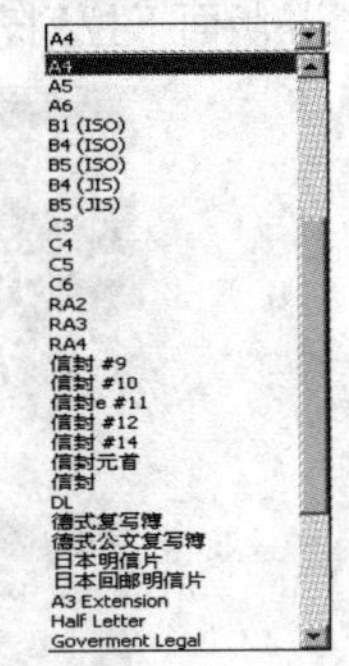

图 7.5.5　“页面”下拉列表

另外，在如图 7.5.6 所示的“无选定范围”属性栏中可直接设置页面大小。

图 7.5.6　页面大小的设置

2．页面标签的设置

当用户需要用 CorelDRAW 制作标签（如名片各类标签等）时，可选择 版面(L) → 页面设置(P)... 命令，在弹出的 选项 对话框中选择合适的“页面标签”类型，如图 7.5.7 所示。

一般情况下，用户可以直接在“标签类型”列表框中选择一种合适的标签，并通过预览窗口显示选中的标签样式。如果没有合适的标签类型，用户也可在 自定义标签(U)... 对话框中按自己的需要进行版面、标签尺寸、页边距和栏间距的设置，如图 7.5.8 所示。

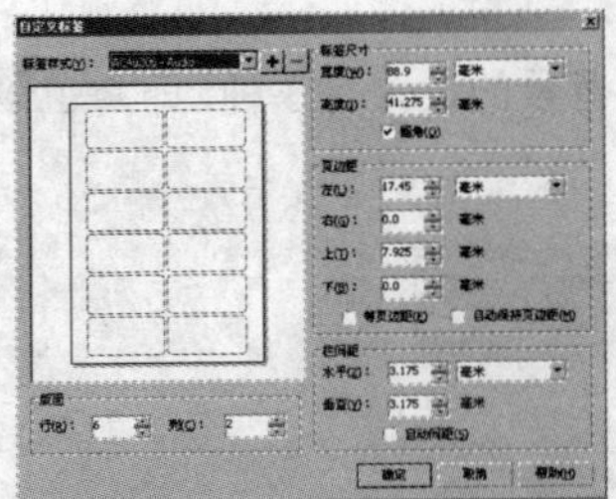

图 7.5.7　选择“页面标签”类型

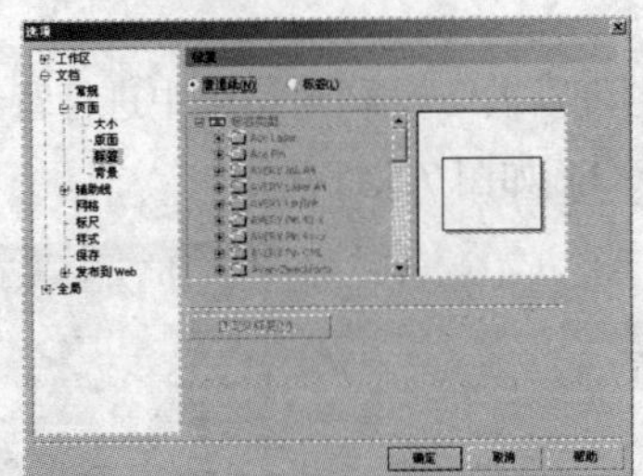

图 7.5.8　“自定义标签”对话框

7.5.3　版面的设置

在 选项 对话框左侧的列表框中选择 文档 → 页面 → 版面 选项，可以对版面进行设置，如图 7.5.9 所示。

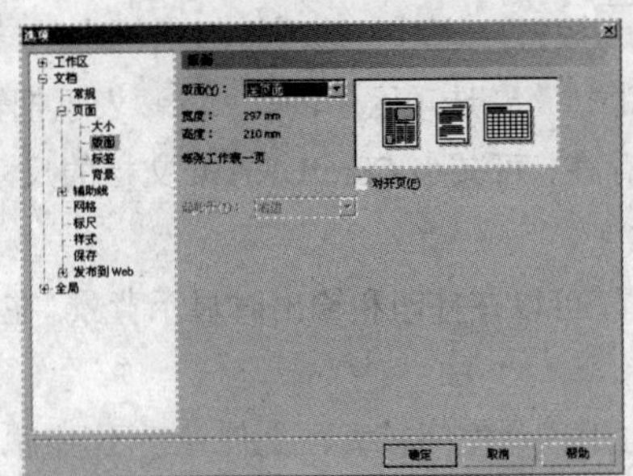

图 7.5.9　版面的设置

在版面下拉列表中，用户可以选择如图 7.5.10 所示的版面样式。

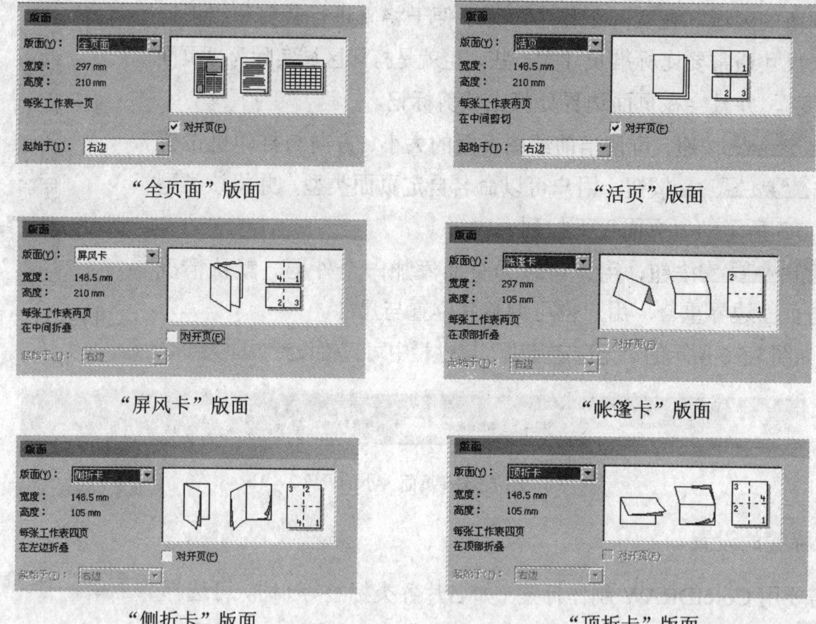

“全页面”版面　　“活页”版面

“屏风卡”版面　　“帐篷卡”版面

“侧折卡”版面　　“顶折卡”版面

图 7.5.10　版面样式

7.5.4　背景的设置

同样用户也可以在“选项”对话框中进行背景的设置。背景的设置有 3 种，即 无背景(N)、 纯色(S) 和 位图(B) 浏览(W)...，如图 7.5.11 所示。

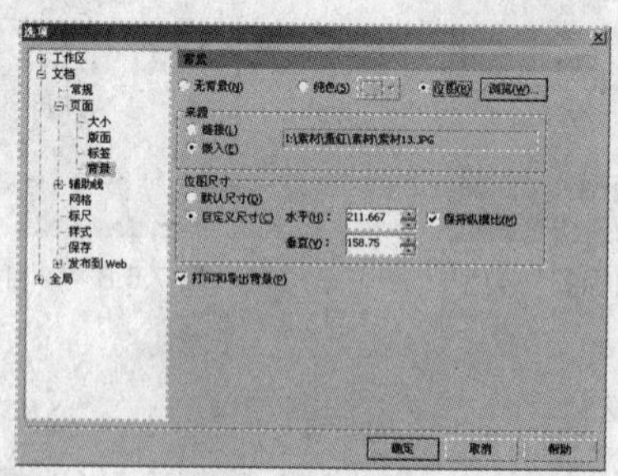

图 7.5.11　背景的设置

使用位图作为背景，用户可以直接单击 浏览(W)... 按钮，打开“导入”对话框，选择一个可作为背景的图像文件，然后单击 导入 按钮，这时“选项”对话框中的 来源 和 位图尺寸 选项区被激活，用户即可进一步进行相关的设置。其中 来源 选项区中的 链接(L) 表示把输入的图像链接到页面中，选中该单选按钮的好处是图像仍独立存在，可减小 CorelDRAW 文档的尺寸；选中 嵌入(E) 单选按钮可将输入的图像嵌入到页面中。

如选中 打印和导出背景(P) 复选框，可以在打印和输出时显示背景。在存储文件时需要选择存储格式。文件存储格式主要有以下几种：

（1）BMP 格式：此种格式占用磁盘空间较大，文件几乎不压缩，存储格式可以为 1 bit、4 bit、8 bit、24 bit、索引、灰度和位图色彩模式，但是不支持 Alpha 通道。

（2）JPG 格式：压缩比可大可小，支持 CMYK、RGB 和灰度的色彩模式，但是不支持 Alpha 通道。此种格式可以用不同的压缩比对图像文件进行压缩，是一种占用较少的磁盘空间便可获得较好图像质量的格式。

（3）PSD 格式：它是唯一支持 Photoshop 全部图像色彩模式的文件格式，还支持网络、通道、图层等其他所有功能。它是具有图层功能的 Photoshop 专用格式，修改非常方便。

（4）GIF 格式：这种格式文件压缩比较大，占用磁盘空间少，支持位图模式、灰度模式和索引色彩模式的图像，是近乎完美的图像格式。

（5）CDR 格式：这种格式是 CorelDRAW 专用的格式，也就是说 CDR 格式存储的文件只能在 CorelDRAW 中打开。

7.6 CorelDRAW X3 的显示模式

在 CorelDRAW X3 中提供了各种不同的视图显示模式，有线框、草稿、正常、增强和简单线框模式、全屏预览、只预览选定的对象、页面排序器视图。如果要在各种显示模式之间切换，可在视图(V)菜单中选择相应的命令来切换。在不同的情况与不同的绘图要求下，用户可以选择适当的显示模式来提高绘图的质量与效率。使用这些模式不会影响绘图的打印结果。

7.6.1 简单线框显示模式

在该模式下，所有的矢量图形只显示外框，其渐变、立体、均匀填充和渐变填充等效果都被隐藏，其色彩以所在图层颜色显示；位图全部显示为灰度图，可更方便地选择和编辑重叠图形对象。要将绘图页面以线框模式显示，可选择菜单栏中的视图(V)→简单线框(S)命令，效果如图 7.6.1 所示。

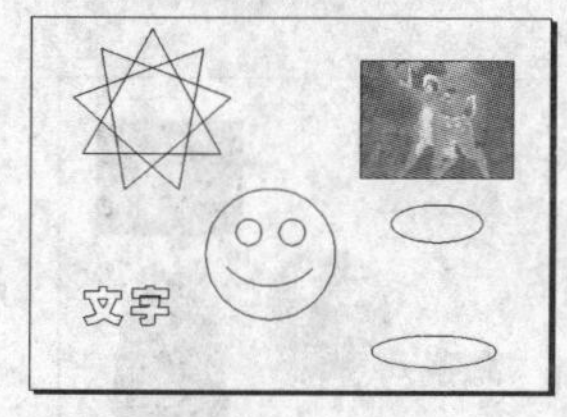

图 7.6.1 简单线框显示模式前后效果对比

7.6.2 线框显示模式

线框显示模式只显示单色位图图像、立体视图或视图状态等，不显示任何的填充效果。要将绘图页面以线框模式显示，可选择菜单栏中的视图(V)→线框(W)命令，效果如图 7.6.2 所示。

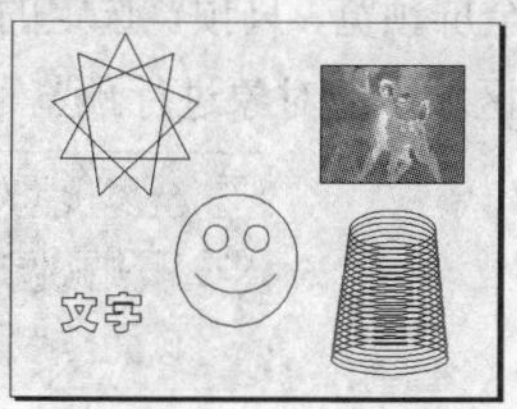

图 7.6.2 线框显示模式前后效果对比

7.6.3 草稿显示模式

草稿显示模式是以标准填充和低分辨率的视图显示。在该模式下，所有的矢量图形只显示外框，其色彩以所在图层颜色显示；所有变形对象（渐变、立体化、轮廓效果）只显示其原始图像的外框；位图全部显示为灰度图.其中，花纹填色、材质填色及图案填色等均以一种基本图案显示；滤镜效果以普通色块显示；渐变层填色以单色显示，效果如图 7.6.3 所示。

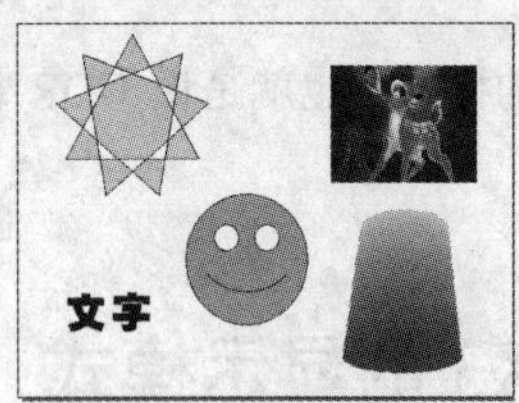

图 7.6.3 草稿显示模式前后的效果对比

7.6.4 正常显示模式

普通显示模式可使页面中的所有图形均能正常显示，但位图以高分辨率显示。此显示模式是最常用的显示方式，既可保持图形的显示质量，也不影响图形的显示速度。

7.6.5 增强显示模式

选择菜单栏中的 视图(V) → 增强(E) 命令，可使所有图形均以增强模式显示。该模式显示的图形质量最好，最接近实际的图形显示效果。但是，当系统资源不够时，显示的速度会明显降低。效果如图 7.6.4 所示。

图 7.6.4 增强显示模式前后的效果对比

7.6.6 预览与调整显示

在 视图(V) 菜单中，除了“显示模式”栏外，还有“全屏预览”栏，从如图 7.6.5 所示的菜单中可以看到它的 3 个选项：全屏预览、只预览选定的对象和页面排序器视图，它们分别用于以全屏方式进行显示预览、仅对选定区域中的对象进行预览和分页预览。

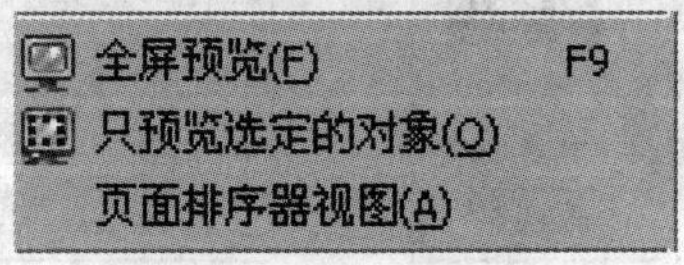

图 7.6.5 预览显示方式的选择

1．全屏预览显示模式

选择菜单栏中的视图(V)→全屏预览(F)命令，就会将绘图页面显示在整个屏幕上，并将所有的窗口全都隐藏起来，如图 7.6.6 所示。由于整屏显示绘图页面，因此，可以方便地观察绘图页面的整体效果与细节显示。

图 7.6.6　全屏预览显示模式

2．只预览选定的对象显示模式

在页面中选择需要预览的对象后，选择菜单栏中的视图(V)→只预览选定的对象(O)命令，即可将所选的对象以全屏模式显示出来。该模式是 CorelDRAW 的默认显示模式，如图 7.6.7 所示。

图 7.6.7　只预览选定的对象显示模式

3．页面排序器视图显示模式

选择菜单栏中的视图(V)→页面排序器视图(A)命令，可将文件中包含的所有页面预览显示出来，如图 7.6.8 所示。

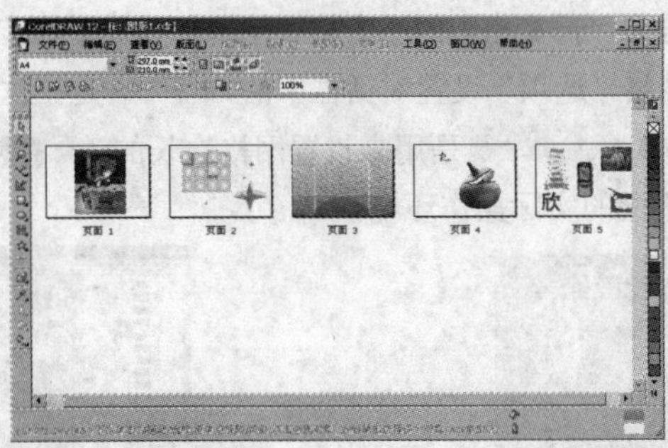

图 7.6.8　页面排序器视图显示模式

7.7　CorelDRAW X3 的辅助设置

辅助设置可以让用户更方便、快捷地创作自己的作品，比如“标尺”、“辅助线”、“网格”等绘图工具。用户可以通过选择“视图”菜单中的“标尺”、“网格”、“辅助线”等命令在绘图窗口中打开它们，如图 7.7.1 所示。

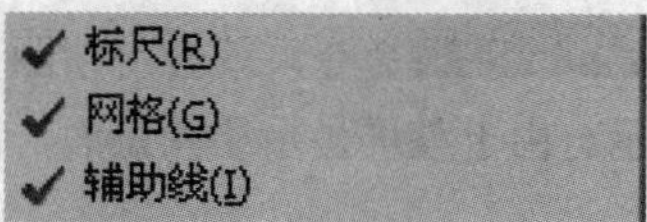

图 7.7.1　选择“视图”菜单中的“标尺”、“网格”、“辅助线”命令

用户还可以选择 工具(O) → 选项(O)... Ctrl+J 命令，在弹出的选项对话框中对这些辅助选项进行详细设置。

7.7.1　标尺的设置

如图 7.7.2 所示是标尺选项对话框，在该对话框的微调选项区中可以设置使用箭头键及配合“Ctrl”键与“Shift”键移动对象时每次移动的距离；在单位选项区中可设置标尺的单位；在原点选项区中可设置坐标原点的水平和垂直位置；在刻度记号(T):选项区中可设置每一标尺单位划分的刻度记号数量，比如设置为 5，则每一标尺单位的刻度数量即为 5，默认的刻度数量为 10；编辑刻度按钮是用来调整绘图比例的。

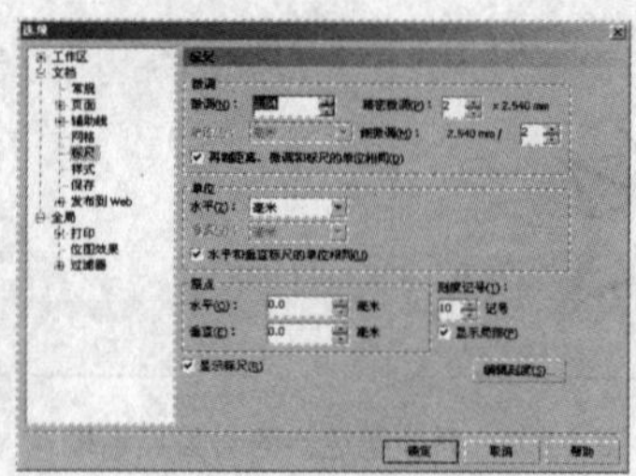

图 7.7.2　标尺的设置

7.7.2　网格的设置

一般网格是页面上均匀分布、长宽相等的小方格，使用它以便于用户在绘图时让对象“贴齐到网格”或做辅助线参照使用。网格“选项”设置对话框中的 频率(F) 是指水平或垂直标尺每一标尺单位长度包含的网格数（见图 7.7.3）； 间距(S) 是用来设置网格边长的。 频率(F) 和 间距(S) 的设置是同一个效果，目的是便于应用于不同的实际操作环境。

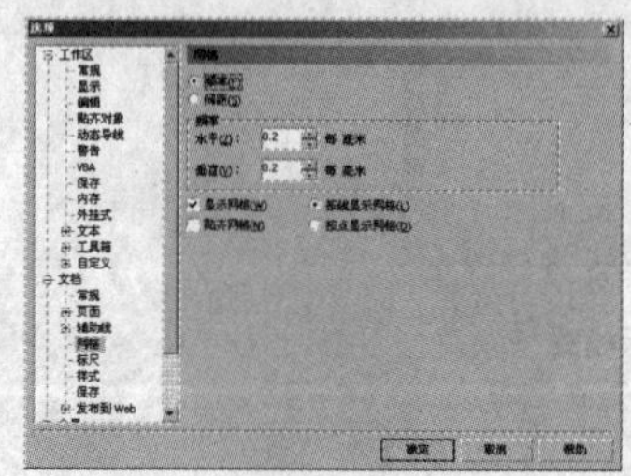

图 7.7.3　网格“选项”设置对话框中“频率”选项的设置

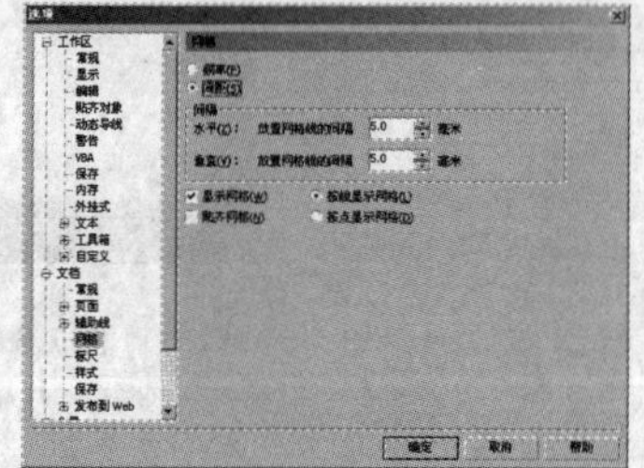

图 7.7.4　网格“选项”设置对话框中“间距”选项的设置

7.7.3　辅助线的设置

选择辅助线“选项”设置对话框左面列表框中辅助线下的水平、垂直、导线或预置选项，可以进

行创建新导线，删除、移动现有导线或清除全部导线等操作。如图 7.7.5 所示是辅助线“选项”设置对话框的“导线”选项的设置，单击添加(A)按钮，可按所设参数增加一条导线；单击移动(M)按钮，可将所选导线移至设定的位置；单击删除(D)按钮，可删除所选导线；单击清除(L)按钮，可清除所有的导线。

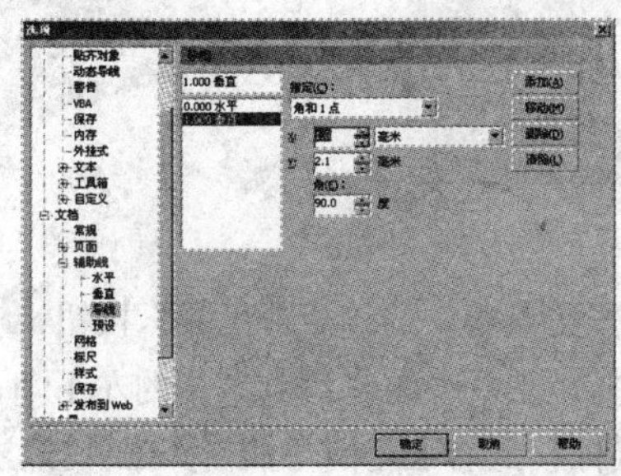

图 7.7.5 辅助线“选项”设置对话框中“导线”选项的设置

7.8 上机练习

本例将制作扇子，在制作的过程中主要用到椭圆工具、纹理填充工具、变换命令等，最终效果如图 7.8.1 所示。

图 7.8.1 效果图

操作步骤

（1）选择文件(F)→新建(N) Ctrl+N命令，再选择版面(L)→页面设置(P)命令，在弹出的对话框中设置纸张大小为 A4，摆放方式为横放。

（2）绘制扇形。选择工具箱中的“椭圆工具”按钮，然后单击属性栏上的“饼形”按钮，调整起始和结束角度输入框中的数值为“212”和“351”，按住鼠标左键并拖动在页面中绘制出一个扇形，如图 7.8.2 所示。

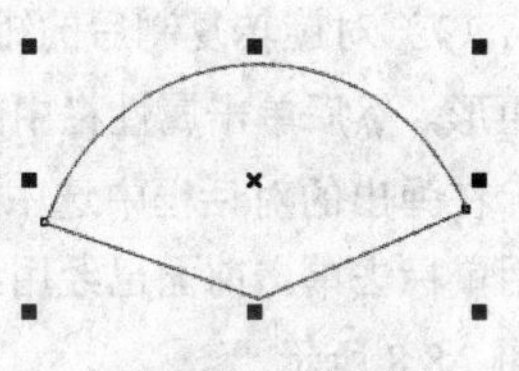

图 7.8.2 创建扇形

（3）用纹理填充扇形。用工具箱中的“挑选工具”选择扇形，选择工具箱中的“底纹填充对话框”按钮，弹出如图 7.8.3 所示的底纹填充对话框，在底纹库(L):下拉列表中选择样式选项，并在底纹列表(T):中选择彩虹色表面图案，其他参数为默认设置，单击确定按钮进行纹理填充，填充纹理后的效果如图 7.8.4 所示。

（4）给扇子加黄色边框。用工具箱中的“挑选工具”选择扇形，选择工具箱中的“轮廓画笔对话框”按钮，弹出轮廓笔对话框，选择颜色(C):为黄色，在宽度(W):下拉列表中设置轮廓宽度为 0.76 mm，然后选中按图像比例显示(M)复选框，设置其他参数选项为默认值，最后单击确定按钮。

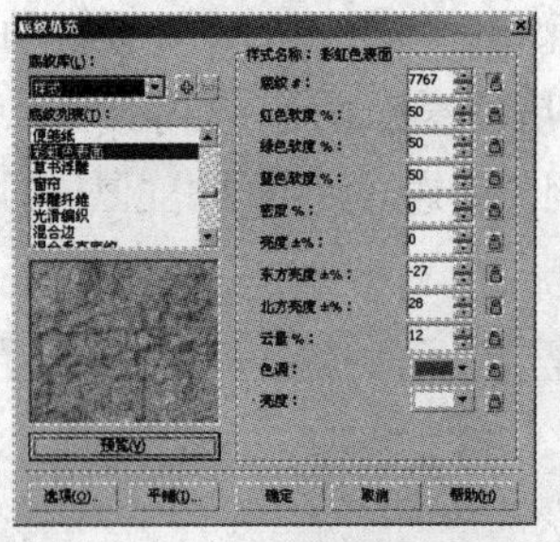
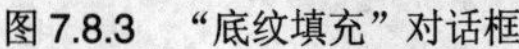

图 7.8.3 “底纹填充”对话框

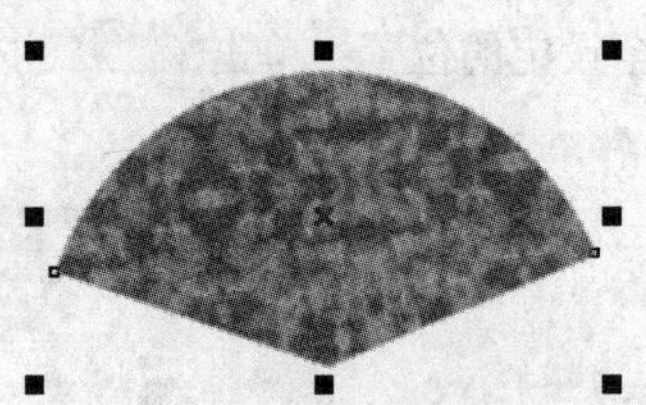

图 7.8.4 填充后的扇形

（5）绘制并旋转矩形。选择工具箱中的“矩形工具”按钮，在页面中绘制出一个小矩形，然后用工具箱中的挑选工具选择矩形，并将它移到扇子的左下角，单击矩形一次，这时矩形的四个角上出现四个弯曲的箭头，将鼠标移到右上角的弯曲箭头上并按住鼠标将矩形旋转适当的角度，用鼠标选择矩形中心出现的小圆圈，并将小圆圈移到旋转后的矩形的右上角，如图 7.8.5 所示。

（6）旋转复制几个矩形。用工具箱中的挑选工具选择旋转后的矩形，选择排列(A)→变换(T)→旋转(R) Alt+F8命令，弹出变换泊坞窗，调整泊坞窗的下面角度: 10.0 度输入框中的数值为 10，旋转中心为默认设置，泊坞窗的各项参数设置如图 7.8.6 所示，然后单击应用到再制按钮 7 次，旋转复制 7 个矩形，旋转复制矩形后的图形如图 7.8.7 所示。

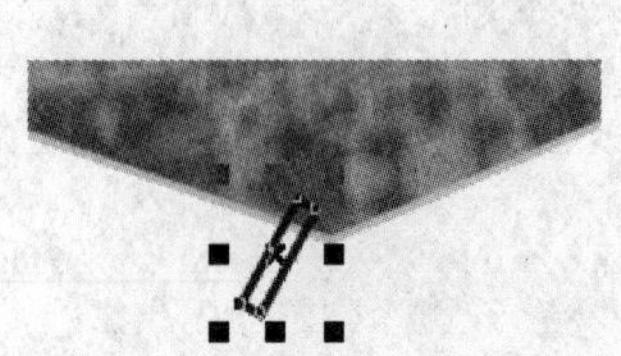

图 7.8.5 旋转后的矩形

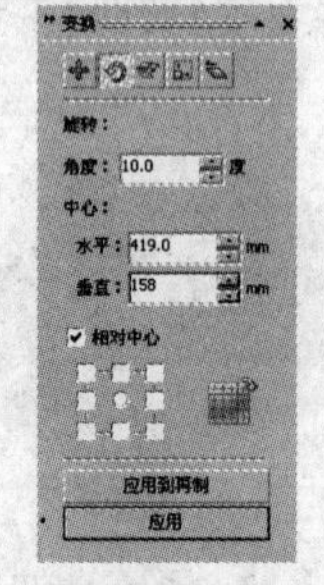

图 7.8.6 “变换”泊坞窗

图 7.8.7 旋转复制后的矩形

（7）对旋转复制后的矩形进行填充。选择工具箱中的挑选工具，按住 Shift 键逐个选择 8 个小矩形，然后单击属性栏中的群组按钮将矩形进行群组，接着选择编辑(E)→复制属性自(M)...命令，在弹出的对话框中选中填充(F)复选框，单击确定按钮，这时光标变成大箭头形状，然后用鼠标去单击前面已经用纹理填充好的扇形，这样群组后的矩形就以与扇形同样的纹理填充，效果如图 7.8.8 所示。

（8）将填充后的矩形调整顺序。用工具箱中的挑选工具选择填充后的矩形，选择排列(A)→顺序(O)→到后部(B) Shift+PgDn命令，这样就将填充后的矩形置于最后，或者我们也可以先选择矩形，然后按“Shift+PageDown”键将矩形置于最后，将矩形置后的图形如图 7.8.9 所示。

图 7.8.8 复制填色的矩形

图 7.8.9 将矩形置后

（9）给扇子绘制一组细线。选择工具箱中的“贝塞尔工具”按钮，在扇子的上面绘制一排直线，得到如图 7.8.1 所示的最终效果图。

本 章 小 结

本章主要介绍了矢量图与位图的概念、CorelDRAW X3 的工作界面及新增功能以及页面操作和显示模式等知识。通过本章的学习，用户应该对 CorelDRAW X3 有一个基本认识，为以后的学习打下良好的基础。

习 题 七

一、填空题

1．CorelDRAW X3 是一个____________绘制软件。

2．新增的________工具非常实用，使用它可以对绘图区中的任何一个对象进行裁剪。

3．新增的______________工具，可以对任意两个或多个对象的重叠区域以及任何封闭的对象进行填色。

4．进入 CorelDRAW X3 之后，要展开工作，必须先_________文件或________文件。

5．CorelDRAW X3 中进行页面设置有两种方法，分别是________和________。

6．多页面设置主要包括_________、_________、_________、_________4 种基本操作。

7．在存储文件时需要选择存储格式，文件存储格式主要有________、________、________、________和________。

8．CorelDRAW 是矢量图形绘制软件，使用的是________格式的文件。

9．在 CorelDRAW X3 中，当使用其他格式的图形文件进行编辑时，就要通过________来完成；为了使完成后的图形文件适用于其他软件，就要使用________。

10. CorelDRAW X3 提供的图像显示模式有________、________、________、________和________。

二、选择题

1．利用（　）可以快速地选择轮廓色和填充色。

A．调色板　　B．泊坞窗

C．状态栏　　D．工具栏

2．使用（　）功能，可以将 CorelDRAW X3 绘制好的图形输出为位图或其他格式的文件。

A．新建　　B．导入

C．导出　　D．打开

3．在 CorelDRAW X3 中，为了提高工作效率，系统提供了（　）种形式的图像显示模式。

A．5　　B．4

C．2　　D．2

4．对于多页面文档，使用（　）查看方法，可以同时显示所有的页面。

A．增强　　B．草稿

C. 页面分类视图　　　　　　　　　　　　D. 全屏预览

三、简答题

1. 怎样使用缩放工具缩小画面显示？
2. 怎样使用平移工具移动画面显示？

四、上机操作题

1. 打开一个已存在的文件，练习使用导入功能在页面中导入一幅位图。

2. 按照本章提供的实例制作一个苹果，以达到熟悉 CorelDRAW X3 中的基础操作的目的。

3. 新建一个图形文件，在绘图页面中绘制多个图形对象，然后使用对象管理器泊坞窗功能创建新图层、复制图层、改变图层间的层叠顺序等操作。

4. 打开一个已存文件，练习使用标尺、网格与辅助线。

第8章 图形的绘制与调整

本章要点

- ☑ 直线和曲线的绘制
- ☑ 基本图形的绘制
- ☑ 轮廓线的使用

学习目标

CorelDRAW X3 是一个功能强大的图形处理软件，为用户创建各种图形对象提供了一整套的工具，可以十分方便地绘制出各种图形对象。本章主要讲解最简单的直线和曲线的绘制以及一些基本图形的绘制。

8.1 直线和曲线的绘制

CorelDRAW X3 中提供了许多绘制线条的工具，如手绘工具、贝塞尔工具、艺术笔工具、钢笔工具、折线工具、三点曲线工具、交互式连线工具、度量工具，使用这些工具可以绘制各种各样的线条。

手绘工具组如图 8.1.1 所示，可以用来绘制各种各样的线条，如直线、曲线、书法线等。

图 8.1.1 手绘工具组

1. 手绘工具

手绘工具实际上就是使用鼠标在绘图页上直接绘制直线或曲线的一种工具，选择手绘工具，在所绘制线条的起点和终点位置上各单击一下，即可绘制直线，如图 8.1.2 所示。

使用手绘工具，在曲线的起点处按下鼠标并随意拖动，可以很随意地绘制出各种曲线，如图 8.1.3 所示。

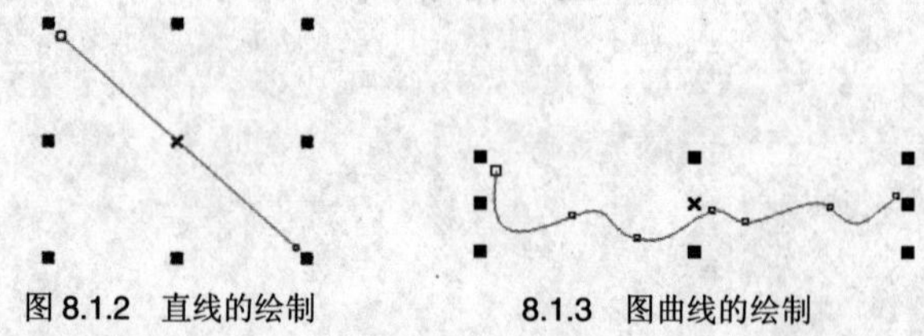

图 8.1.2 直线的绘制　　8.1.3 图曲线的绘制

使用手绘工具，在折线的起点单击一下，在每一个折点处双击一下，再在终点处单击可绘制出各种折线，如图 8.1.4 所示。

使用手绘工具时，无论绘制的是曲线还是折线，只要将其起点和终点重合，即可绘制出封闭的图形，并可对其进行颜色填充，如图 8.1.5 所示。

图 8.1.4 折线的绘制　　图 8.1.5 封闭图形的绘制

选择所绘制的折线或曲线后，单击属性栏中的“自动闭合曲线”按钮，可自动将所选的折线或曲线的首尾连接起来，形成一个封闭的图形。

利用手绘工具在绘制简单的直线（或曲线）的同时，可以配合其属性栏的设置，绘制出各种粗细、线型的直线或曲线以及箭头符号。

在手绘工具属性栏（见图 8.1.6）中的下拉列表中可以对起点箭头类型、线条类型及终点箭头类型进行设置（见图 8.1.7）。经设置，所绘制的箭头如图 8.1.8 所示。

图 8.1.6 手绘工具属性栏

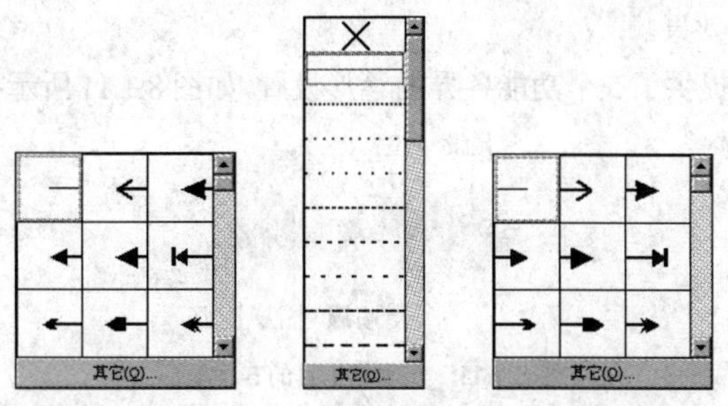

图 8.1.7　起点箭头类型、线条类型及终点箭头类型的设置

在"起始箭头选择器"或"终止箭头选择器"下拉列表框中单击 其它(O)... 按钮，可在打开的 编辑箭头尖 对话框中对箭头样式进行编辑，如图 8.1.9 所示。

图 8.1.8　箭头的绘制　　图 8.1.9　"编辑箭头尖"对话框

2. 贝塞尔工具

使用贝塞尔工具可以比较精确地绘制直线、折线和圆滑的曲线，其绘制直线和折线的方法与手绘工具相似，这里主要介绍绘制曲线的方法。贝塞尔工具是通过改变节点控制点的位置来控制或调整曲线的弯曲程度，用户可以随意地绘制曲线。

当使用贝塞尔工具绘制曲线时，在绘图页中的曲线起点处单击鼠标，然后在下一节点的位置处按住鼠标并拖动以确定曲线的弧度（此时显示出一条带有两个节点的虚线调节杆，利用它可以调节曲线的弧度），确定一处节点及曲线弧度后，用户可以继续确定下一节点的位置及曲线弧度，如图 8.1.10 所示。

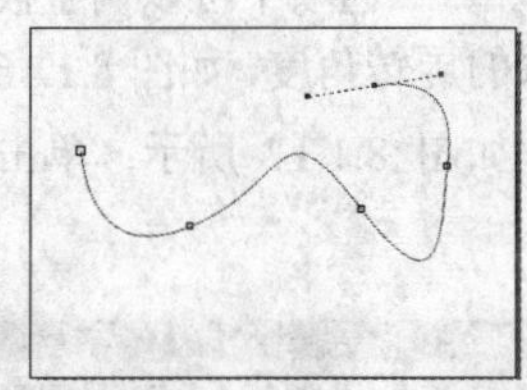

图 8.1.10　使用贝塞尔工具绘制曲线

相对而言，手绘工具更适合用来制作带有箭头或特殊线型的图案，而贝塞尔工具适用于制作复杂的形状及图案。

另外，钢笔工具的使用方法与贝塞尔工具是十分相似的，折线工具的使用方法与手绘工具是十分相似的。

3. 艺术笔工具

CorelDRAW X3 中的艺术笔工具是一种具有可变宽度及形状的特殊画笔工具，利用它可以创建具有特殊艺术效果的线条或图案。选择了笔形并设置好宽度等选项后，在绘图页中单击并拖动鼠标，即可绘制出丰富多彩的图案效果。

艺术笔工具属性栏中提供了5个功能各异的笔形设置，如图8.1.11所示标出了这5种笔形的名称。

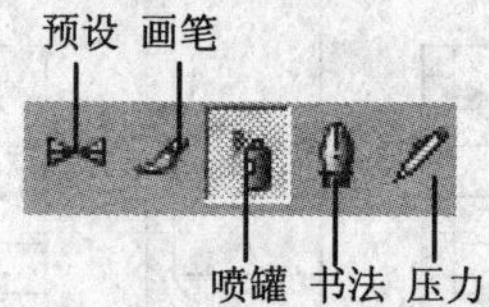

图8.1.11　艺术笔工具的5种笔形

（1）预设艺术笔。预设艺术笔用于预置艺术媒体笔的形状，其属性栏如图8.1.12所示。

图8.1.12　预设艺术笔属性栏

其属性栏中各选项介绍如下：

：用于设置画笔笔触的平滑程度。

：用于设置画笔笔触的宽度。

：用于选择画笔的形状。

（2）笔刷艺术笔。画笔艺术笔的属性栏如图8.1.13所示。

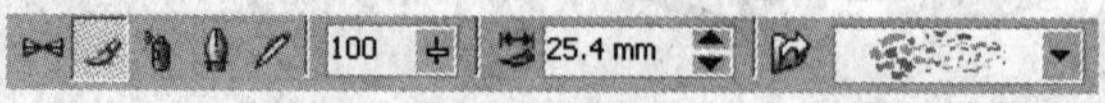

图8.1.13　笔刷艺术笔属性栏

该属性栏中各选项的作用与预设艺术笔是相同的，这里不再赘述。

（3）喷罐艺术笔。喷罐艺术笔可以用来绘制在该属性栏中的下拉列表中所选择的图案，其属性栏如图8.1.14所示。

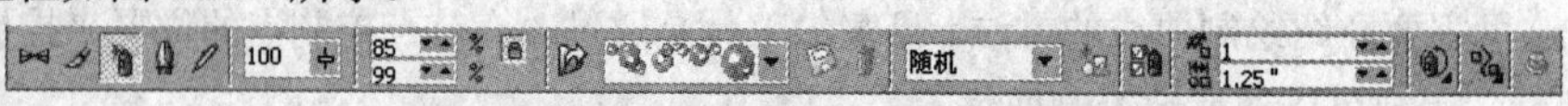

图8.1.14　喷罐艺术笔属性栏

在该属性栏中，下拉列表框用来选择所要绘制的图案；选项用来设置所要喷涂的对象大小；在下拉列表中可选择喷绘方式为“随机”、“顺序”或“按方向”；单击按钮，弹出创建播放列表对话框，如图8.1.15所示，在其中可编辑喷涂图案列表；单击按钮将已选定的图案添加到下拉列表中；在选项中可以调整被喷绘对象的涂抹数量和间距；单击按钮可以在弹出的面板中设置喷绘对象的旋转角度，如图8.1.16所示；单击按钮可以在弹出的面板中设置喷绘对象的偏移量及偏移方向，如图8.1.17所示；单击按钮可以重新设置旋转角度和偏移方向的数值。

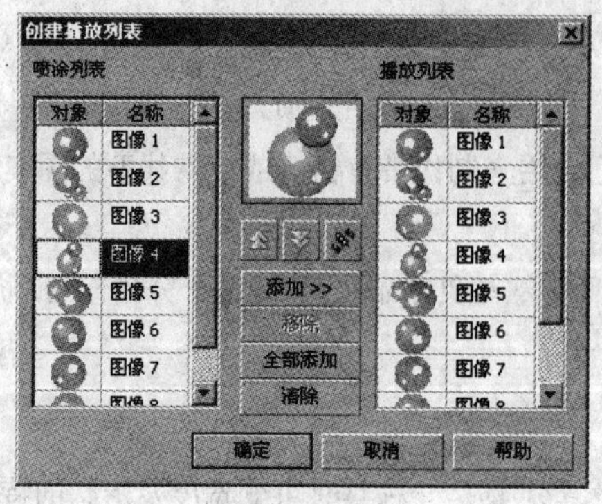

图8.1.15　“创建播放列表”对话框

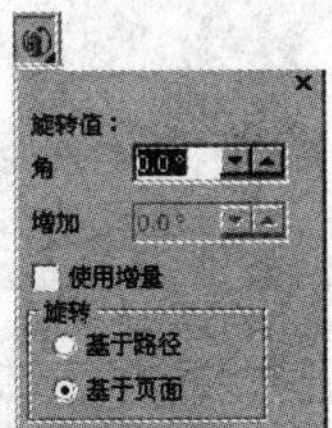

图 8.1.16　设置喷绘对象的旋转角度

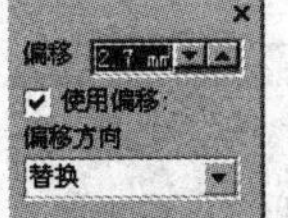

图 8.1.17　设置喷绘对象的偏移量及偏移方向

如图 8.1.18 所示是使用喷罐艺术笔制作的图像效果。

图 8.1.18　使用喷罐艺术笔制作的图像效果

（4）书法艺术笔。书法艺术笔的属性栏如图 8.1.19 所示。

图 8.1.19　书法艺术笔属性栏

该属性栏中的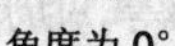选项可用来设置书写字体的角度，如图 8.1.20 所示。

角度为 0°

角度为 130°

图 8.1.20　使用书法艺术笔绘制

（5）压力艺术笔。如图 8.1.21 所示为压力艺术笔的属性栏。

压力艺术笔的特点是它所绘制的文字或图形的线形宽度总是保持一致。如图 8.1.22 所示为压力艺术笔绘制的效果。

图 8.1.21　压力艺术笔属性栏

图 8.1.22　压力艺术笔绘制效果

4．三点曲线工具

三点曲线工具可以十分快捷地绘制曲线，其使用方法与贝塞尔工具略有不同，按下鼠标左键的同时从曲线的起点向终点处拉出一条直线来，然后可以向不同的方向拉出一个任意弧度的弧形，如图 8.1.23 所示。

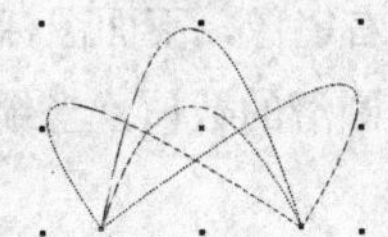

图 8.1.23　使用三点曲线工具绘制曲线

5．交互式连线工具

交互式连线工具的属性栏如图 8.1.24 所示。

图 8.1.24　交互式连线工具属性栏

“成角连接”按钮：单击该按钮可把两个或多个对象用折线连接起来，如图 8.1.25 所示。

“直线连接”按钮：单击该按钮可把两个或多个对象用直线连接起来，如图 8.1.26 所示。

图 8.1.25　交互式连线工具“成角连接”　　图 8.1.26　交互式连线工具“直线连接”

6．度量工具

利用标注工具可以自动对图形进行各种垂直、水平、倾斜和角度的测量，并把数值显示出来。度量工具属性栏如图 8.1.27 所示。

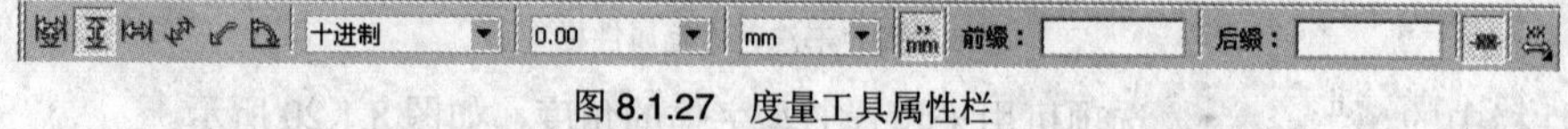

图 8.1.27　度量工具属性栏

8.2　基本图形的绘制

基本图形包括矩形、圆形、箭头、平行四边形和多边形等，所用到的工具主要是矩形工具组、椭圆工具组、基本图形工具组及智能绘图工具。

8.2.1　矩形工具组

矩形工具组包括矩形工具和三点矩形工具。三点矩形工具将与三点圆形工具放在一起进行介绍。矩形工具属性栏如图 8.2.1 所示，用户可以在其中对矩形进行精确设置。

图 8.2.1　矩形工具属性栏

该属性栏中各选项介绍如下：

x: 125.603 mm y: 161.672 mm：用来设置矩形的中心。

142.531 mm 99.299 mm：用来设置矩形的宽度和高度。

100.0 % 100.0 %：用来设置缩放宽度和高度的比例，后面的锁状图标闭合代表缩写比例，打开代表比例可以调整。

0.0 °：用来设置旋转角度。

“镜像”按钮：上面图标用来设置左右镜像，下面图标用来设置上下镜像。

：用来设置矩形对象四角圆滑的数值，当锁状图标被按下时，则全部角被圆滑，反之则只圆滑设置数值的角。

“段落文本换行”按钮：用来设置文本绕图的样式。

发丝 下拉列表框：用来设置轮廓的宽度。

“转换为曲线”按钮：用来将对象转换成曲线。

矩形的绘制方法非常简单，选择矩形工具后，按下鼠标左键，在绘图页中可拉出一个矩形框，然后再从属性栏中对其进行精确设置。如图 8.2.2 所示是一个左上角设置为 40° 的矩形。

另外，绘制圆角矩形时，可在矩形绘制完成后，在工具箱中选择形状工具，单击选择矩形边角上的一个节点并按住鼠标左键拖动，矩形将变成有弧度的圆角矩形，如图 8.2.3 所示。

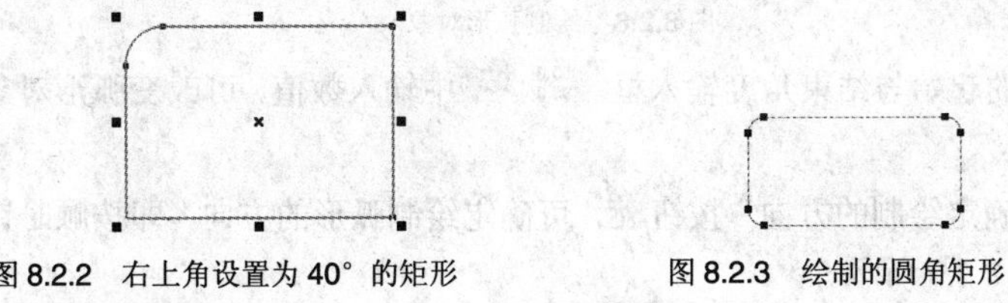

图 8.2.2　右上角设置为 40° 的矩形　　图 8.2.3　绘制的圆角矩形

8.2.2　椭圆工具组

使用椭圆工具可以绘制椭圆、圆、圆弧与饼形等。椭圆工具与矩形工具类似，按住“Ctrl”键可绘制正圆形；按住“Shift+Ctrl”键可绘制以起始点为中心向外等比例扩展的正圆，如图 8.2.4 所示。

绘制椭圆　　绘制正圆

图 8.2.4　使用椭圆工具绘制对象

单击工具箱中的“椭圆工具”按钮，其属性栏如图 8.2.5 所示。

图 8.2.5　椭圆工具属性栏

在旋转角度输入框中输入数值，可设置椭圆图形的旋转度数。

如果要将绘制好的椭圆形改变为饼形，在属性栏中单击“饼形”按钮，可将绘制的椭圆改变为饼形，如图 8.2.6 所示。也可在选择了椭圆工具后，再单击属性栏中的“饼形”按钮，在绘图区中拖动鼠标绘制，即可得到饼形。

在起始与结束角度输入框中可输入数值，改变饼形的起始与结束角度，从而改变饼形的形状。

在属性栏中单击“确定绘制的方向”按钮，可确定绘制的饼形或弧形的方向，即按顺时针与逆时针方向替换绘制的图形，也就是说，将得到所绘制的饼形的另外一部分，如图 8.2.7 所示。

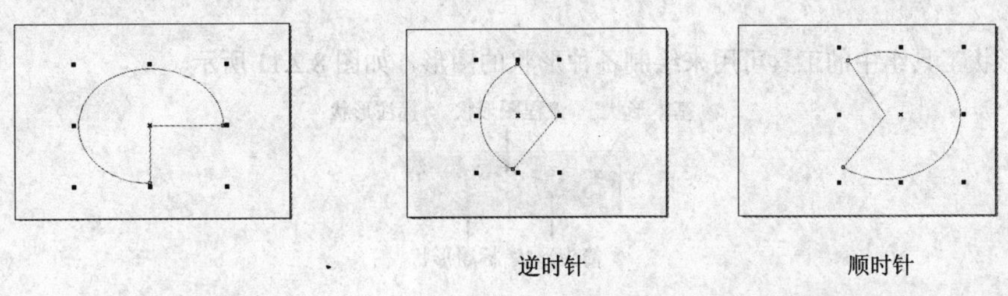

逆时针　　顺时针

图 8.2.6　绘制饼形　　图 8.2.7　调整饼形的方向

弧形的绘制方法与饼形的绘制方法类似。如果要使用椭圆工具绘制弧形，可在工具箱中选择椭圆工具，在属性栏中单击“弧形”按钮，在绘图区中拖动鼠标，即可绘制弧形对象，如图 8.2.8 所示。

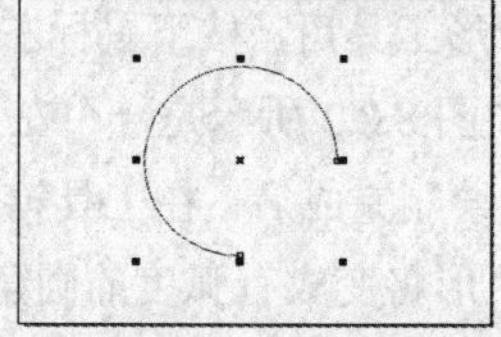

图 8.2.8 绘制弧形对象

同样，在属性栏中的起始与结束角度输入框中输入数值，可改变弧形对象的起始与结束角度。

在属性栏中单击“确定绘制的方向”按钮，可确定绘制弧形的方向，即按顺时针与逆时针方向替换绘制的图形，如图 8.2.9 所示。

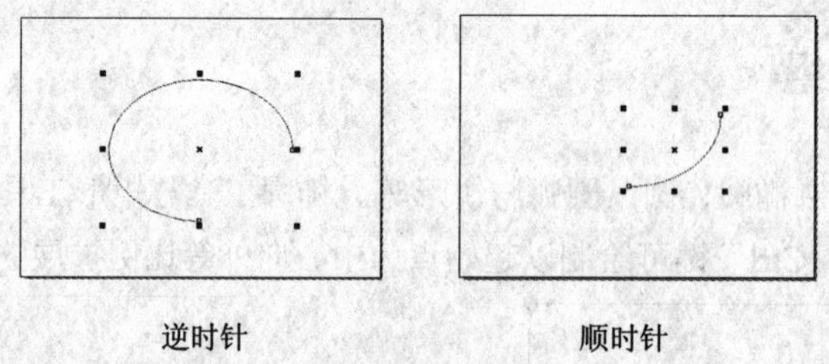

逆时针　　顺时针

图 8.2.9 调整弧形的方向

8.2.3 三点矩形工具与三点椭圆形工具

这两个工具主要用于绘制一些比较精密的图形（比如工程图等），是矩形和圆形工具的延伸工具，能绘制出有倾斜角度的矩形和圆形。其绘制方法为：首先选择三点矩形工具或三点圆形工具，然后在绘图页中按住鼠标左键并拖动，此时两点间会出现一条直线，最后释放鼠标后移动光标的位置，在第三点上单击鼠标完成绘制，如图 8.2.10 所示。

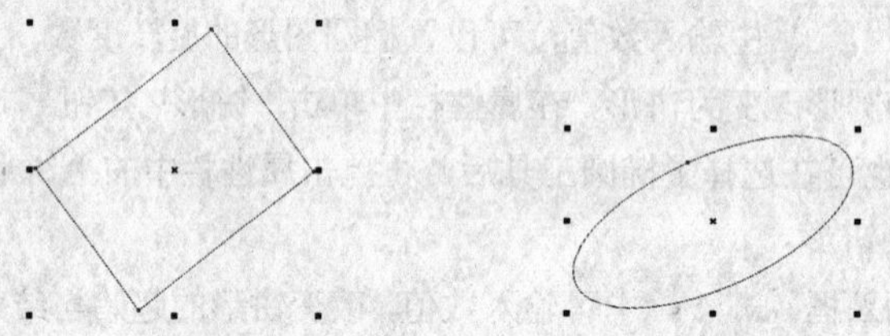

图 8.2.10 三点矩形和三点椭圆的绘制

8.2.4 基本形状工具组

基本形状工具组中的工具可用来绘制各种形状的图形，如图 8.2.11 所示。

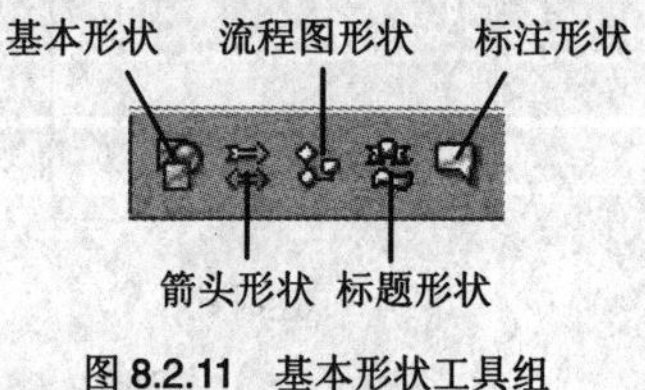

图 8.2.11 基本形状工具组

1．基本形状工具

基本形状工具属性栏如图 8.2.12 所示。

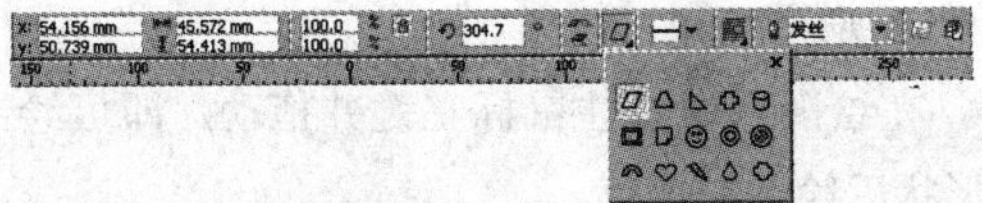

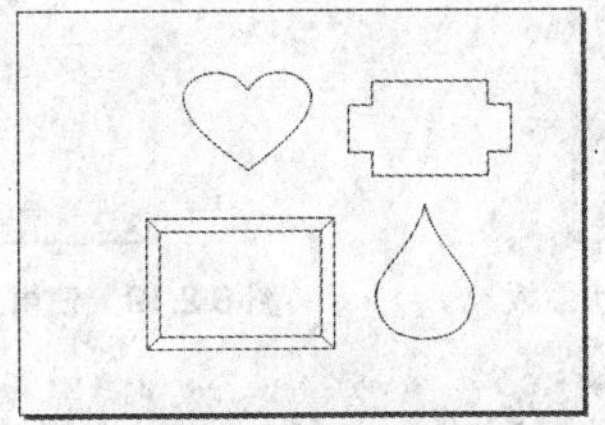

图 8.2.12　基本形状工具属性栏

从中选择任意一种形状，在绘图区中拖动鼠标，即可绘制出所选的图形，如图 8.2.13 所示。

图 8.2.13　绘制基本形状

在属性栏中单击轮廓样式选择器下拉列表框和，可弹出轮廓样式选择器下拉列表和轮廓宽度下拉列表，在此列表中可选择轮廓线的样式和宽度，如图 8.2.14 所示，效果如图 8.2.15 所示。

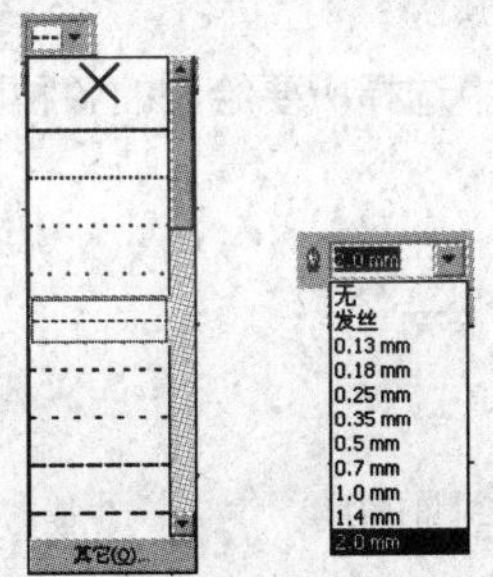

图 8.2.14　轮廓样式选择器和轮廓宽度下拉列表

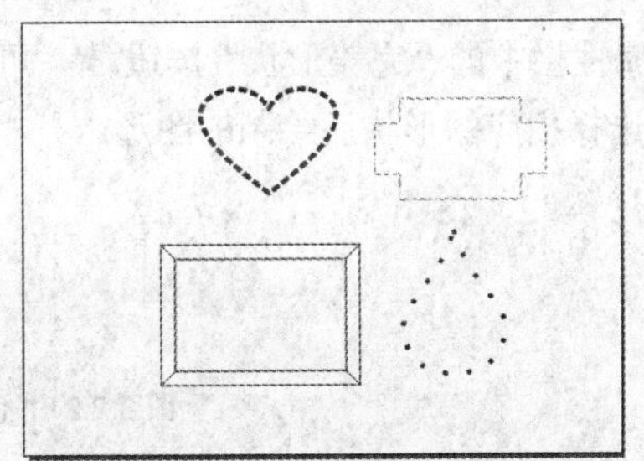

图 8.2.15　改变轮廓样式和轮廓宽度效果

2．箭头形状工具

箭头形状工具属性栏如图 8.2.16 所示。

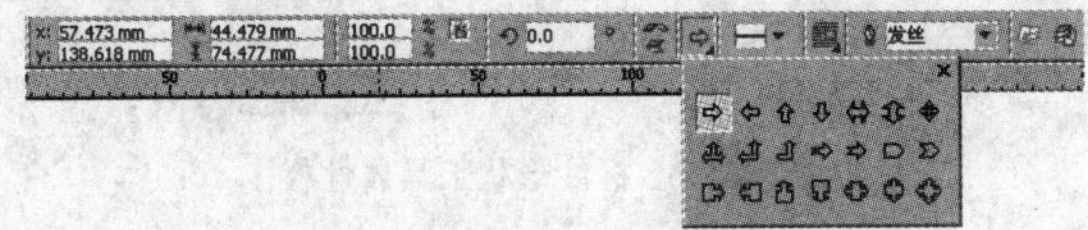

图 8.2.16　箭头形状工具属性栏

单击属性栏中的“完美形状”按钮，可在弹出的面板中选择所要绘制的不同形状的箭头。如图 8.2.17 所示是在选择相应的形状后绘制的图形。

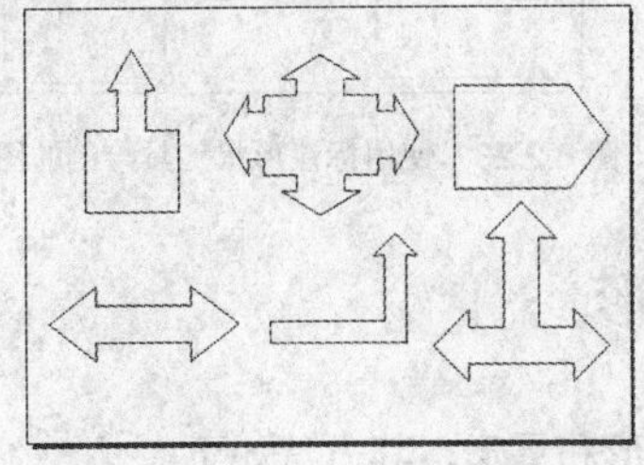

图 8.2.17　使用箭头形状工具绘制的图形

3．流程图形状工具

单击工具箱中的“流程图形状”按钮，在其属性栏中单击“完美形状”按钮，可弹出预设的流程图形状面板，如图 8.2.18 所示。

从中选择需要的形状后，在绘图区中按住鼠标左键并拖动，即可绘制所选的流程图形状，如图 8.2.19 所示是在选择相应的形状后绘制的图形。

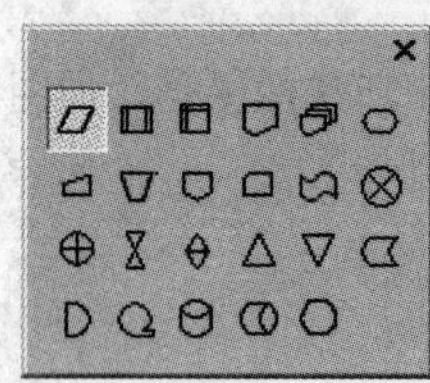
图 8.2.18　预设的流程图形状面板

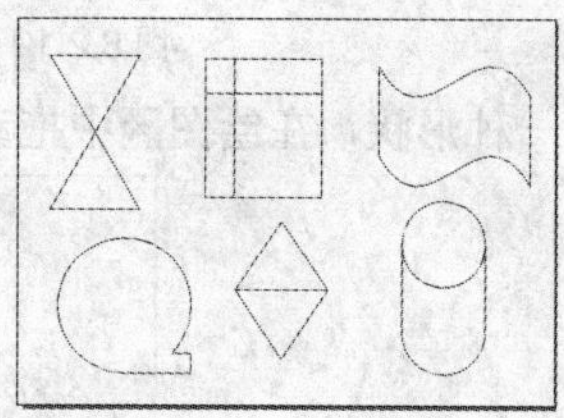
图 8.2.19　使用流程图形状工具绘制的图形

4．标题形状工具

标题形状工具属性栏如图 8.2.20 所示。

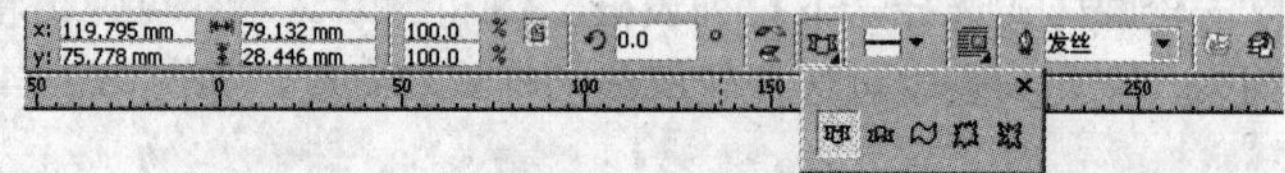
图 8.2.20　标题形状工具属性栏

单击属性栏中的“完美形状”按钮，可在弹出的面板中选择所要绘制的各种图形。如图 8.2.21 所示是在选择相应的形状后绘制的图形。

图 8.2.21　使用标题形状工具绘制的图形

5．标注形状工具

标注形状工具属性栏如图 8.2.22 所示。

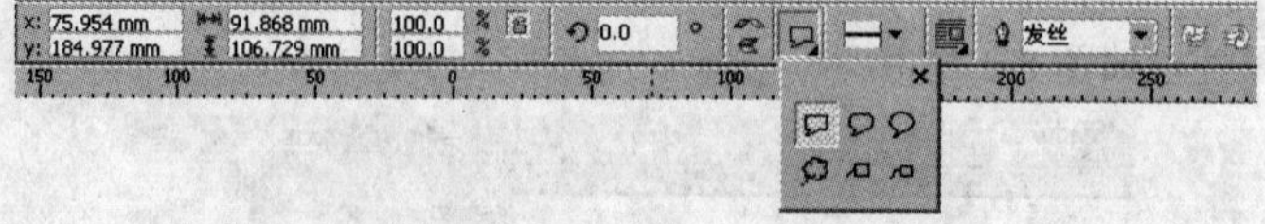
图 8.2.22　标注形状工具属性栏

单击属性栏中的“完美形状”按钮，可在弹出的面板中选择所要绘制的各种不同的标注形状。如图 8.2.23 所示是在选择相应的形状后绘制的图形。

图 8.2.23　使用标注形状工具绘制的图形

8.2.5　绘制多边形和星形

使用多边形工具组可绘制多边形和星形，其方法如下：

（1）单击工具箱中的“多边形工具”按钮。

（2）在绘图页面中拖曳鼠标可得到多边形，如图 8.2.24 所示。

（3）在属性栏中的数值框中输入数值可设置多边形边数。

（4）单击其按钮组中的“星形”按钮，在绘图页面中拖曳鼠标可得到星形，如图 8.2.25 所示。

（5）在属性栏中的数值框中输入数值，可设置星形的边数。

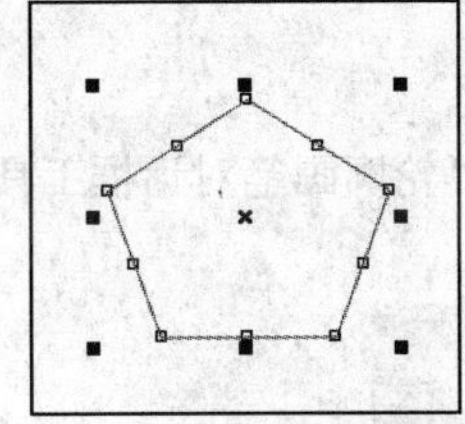

图 8.2.24　多边形

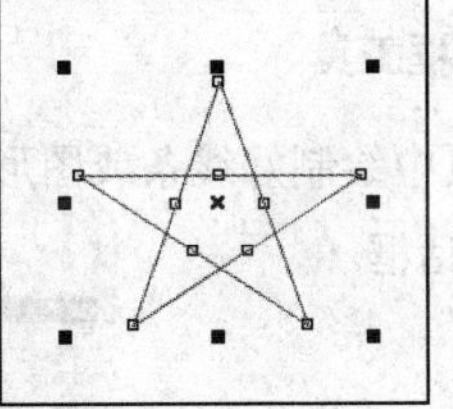

图 8.2.25　星形

8.2.6　图纸的绘制

单击工具箱中的“图纸工具”按钮，在属性栏中的输入框中输入数值，设置图纸的列数和行数，即可绘制出如图 8.2.26 所示的图纸图形。

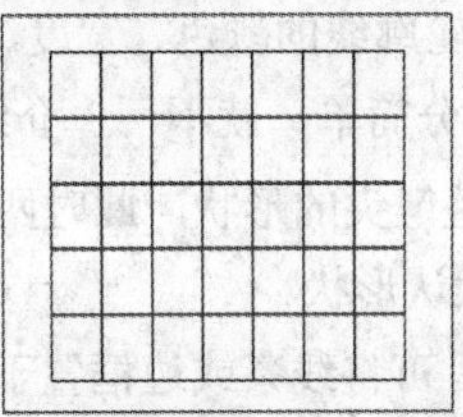

图 8.2.26　绘制方格图纸

8.2.7　螺纹工具

螺纹工具属于图形工具组，它是一种特殊的曲线工具，其属性栏如图 8.2.27 所示。

图 8.2.27　螺旋形工具属性栏

该属性栏中各选项介绍如下：

“对称式螺纹工具”按钮：用来绘制对称式螺纹。

“对数式螺纹工具”按钮：用来绘制对数式螺纹。

微调框：用于设置螺纹回圈的数量。

文本框：用于设置对数式螺纹扩展参数。

如图 8.2.28 所示分别是绘制的对称式螺纹和对数式螺纹。

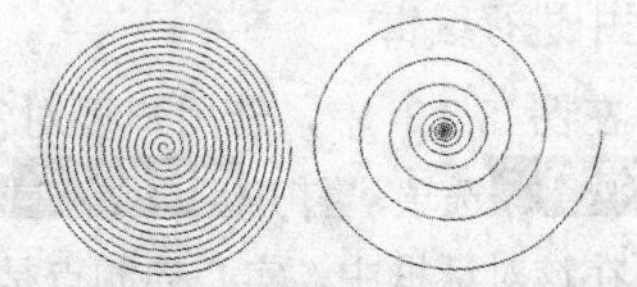

图 3.2.28　对称式螺纹和对数式螺纹

8.3　轮廓线的使用

为了配合基本绘图工具，CorelDRAW 还提供了一组轮廓工具，利用该组工具可设置图形对象轮廓线的宽度、样式及箭头形状。轮廓工具组如图 8.3.1 所示。

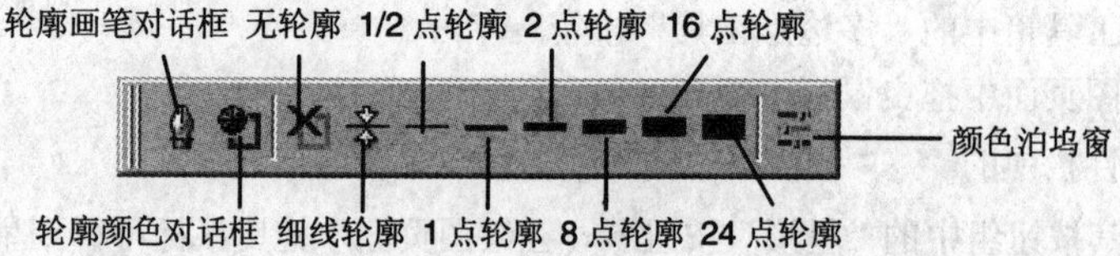

轮廓画笔对话框 无轮廓 1/2 点轮廓 2 点轮廓 16 点轮廓

颜色泊坞窗

轮廓颜色对话框 细线轮廓 1 点轮廓 8 点轮廓 24 点轮廓

图 8.3.1 轮廓工具组

1. 轮廓画笔对话框工具

用户可先在绘图页中绘制好线条或图形，然后选择“轮廓画笔对话框工具”按钮，打开如图 8.3.2 所示的轮廓笔对话框。

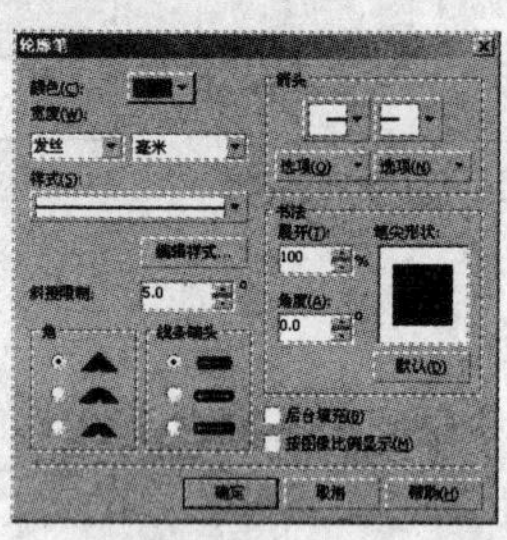

图 8.3.2 “轮廓笔”对话框

在该对话框中，用户可设置线条或轮廓线的颜色、宽度、样式、角的样式、线条端头的样式、起点和终点箭头的样式等。这些设置都十分简单，就不一一介绍了。

笔尖形状：在其下可用鼠标直接调整笔尖的形状，此时两个参数框中的数值也随之改变。

默认(D)按钮：用来恢复笔尖的默认形状。

☑后台填充(B)复选框：选中该复选框，可将线条或边框置于对象的下方，此时用户会看到轮廓线变细了，如图 8.3.3 所示。

图 8.3.3 选中“后台填充”复选框前后效果对比

☑按图像比例显示(M)复选框：选中该复选框，当图形对象进行缩放时，线条或边框宽度也会随之按比例缩放。

若用户对所选择的线条样式不满意，可单击下方的编辑样式...按钮，在弹出的“编辑线条样式”对话框中进行编辑。

在图 8.3.2 中，若用户要对箭头样式进行编辑，可单击选项(N)按钮，在其下拉列表中选择编辑(E)...选项，打开编辑箭头尖对话框，如图 8.3.4 所示。

在该对话框中，实心控制点是“大小控制点”，空心控制点是“移动控制点”。通过拖曳“大小控制点”可以改变箭头的形状大小，通过拖曳“移动控制点”可以改变箭头的位置，如图 8.3.5 所示。

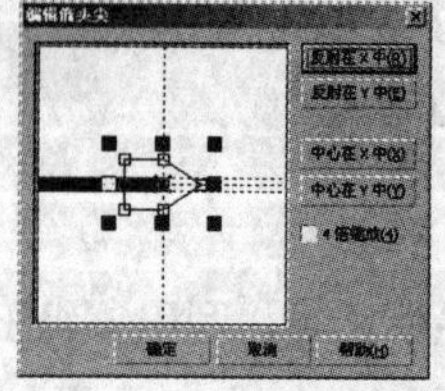

图 8.3.4 “编辑箭头尖”对话框

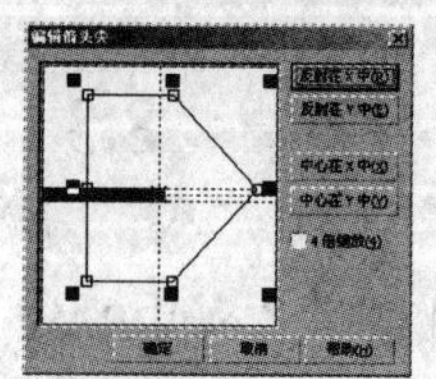

图 8.3.5 编辑箭头尖的大小与位置

2．轮廓颜色对话框工具

选择须设置颜色的线条或图形对象，单击轮廓工具组中的“轮廓颜色对话框工具”按钮，打开如图 8.3.6 所示的“轮廓色”对话框。

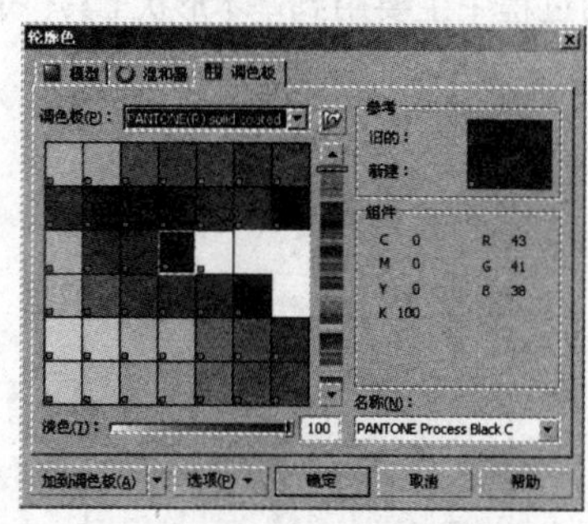

图 8.3.6　“轮廓色”对话框

用户可通过“模型”、“混合器”、“调色板”选项卡中的颜色参数的设置来精确设定所选的线条或图形对象轮廓线的颜色。

3．轮廓宽度预设值

轮廓工具组中包含了 8 种轮廓宽度的预设值：无轮廓、细线轮廓、1/2 点轮廓、1 点轮廓、2 点轮廓、8 点轮廓、16 点轮廓、24 点轮廓，可以利用这些预设值来调整图形轮廓线的宽度。如图 8.3.7 所示分别是无轮廓和 1 点轮廓的效果。

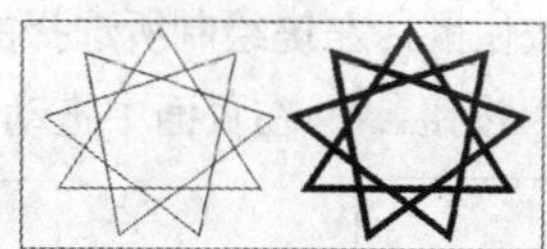

图 8.3.7　图形的 1 点轮廓和 8 点轮廓的效果

4．颜色泊坞窗工具

选择线条或图形对象，单击“颜色泊坞窗工具”按钮，打开如图 8.3.8 所示的“颜色”泊坞窗。“颜色”泊坞窗既可用来设置填充色，也可用来设置轮廓色，设置好颜色后只须单击填充(F)或轮廓(O)按钮即可将所设置的颜色应用到所选择的图形对象中。

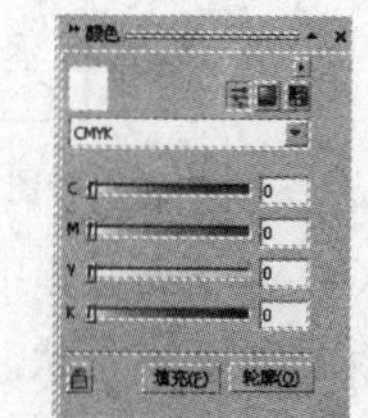

图 8.3.8　“颜色”泊坞窗

5．轮廓转换为对象

选择排列(A)→将轮廓转换为对象(E)　Ctrl+Shift+Q命令，可以将选择的图形对象的轮廓分离出来，使其成为一个单独的对象。经过分离后的轮廓对象是一条曲线，只可以对它的轮廓线条进行填充，不能对它的内部进行填充，而原对象分离出来后，还可以重新设置对象的轮廓宽度和颜色，如图 8.3.9 所示。

原对象

经分离后的轮廓对象

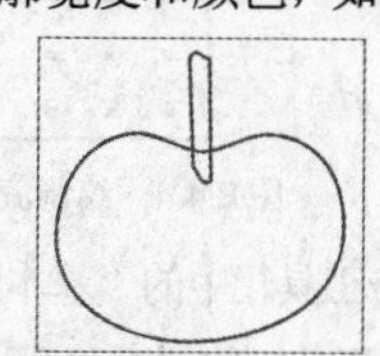

原对象分离后重新设置轮廓宽度和颜色

图 8.3.9　轮廓转换为对象

8.4 上机练习

本节将制作流程图，在制作的过程中主要用到基本形状工具、矩形工具、流程图形状工具等，最终效果如图 8.4.1 所示。

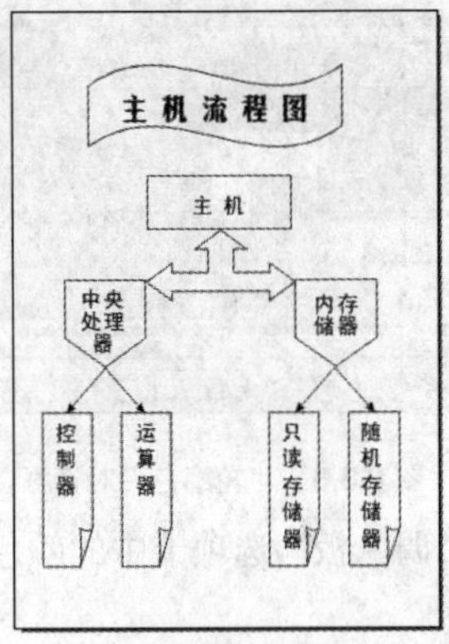

图 8.4.1　效果图

操作步骤

（1）选择菜单栏中的文件(F)→新建(N)命令，新建一个页面。

（2）单击工具箱中的“星形”按钮，再单击属性栏中的“完美形状”按钮，可从弹出的星形面板中选择形状，然后在页面中按住鼠标左键绘制所选择的形状，如图 8.4.2 所示。

（3）单击工具箱中的“矩形工具”按钮，在页面中拖动鼠标绘制矩形，如图 8.4.3 所示。

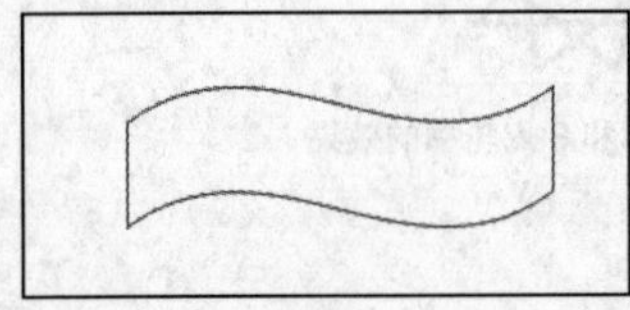

图 8.4.2　绘制所选的星形图形

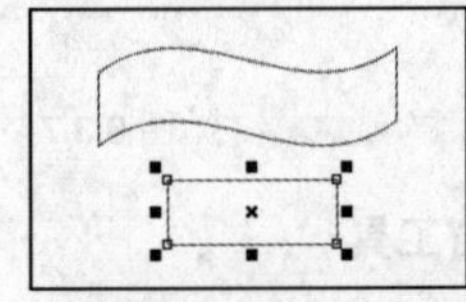

图 8.4.3　绘制矩形

（4）单击工具箱中的“流程图形状”按钮，在属性栏中单击“完美形状”按钮，可从弹出的面板中选择形状，在页面中拖动鼠标，绘制如图 8.4.4 所示的图形。

（5）按住“Ctrl”键的同时使用选择工具将所绘制的流程图形状拖至页面的右侧再单击鼠标右键，即可将其复制，如图 8.4.5 所示。

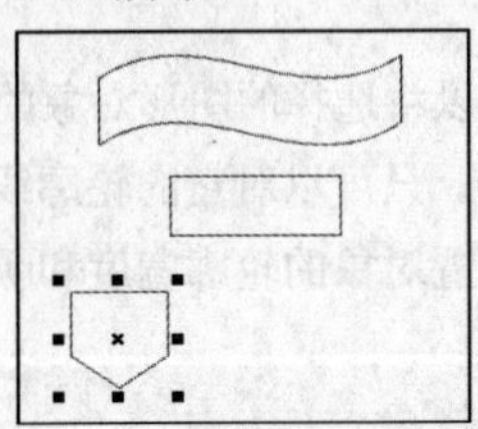

图 8.4.4　绘制流程图中的形状图形

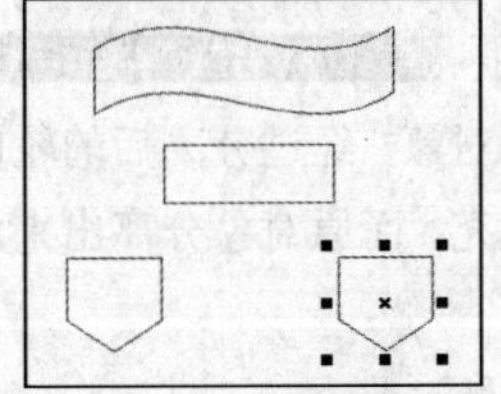

图 8.4.5　复制流程图形状

（6）单击工具箱中的“基本形状工具”按钮，再单击属性栏中的“基本形状”按钮，可从打开的面板中选择形状，将鼠标移至页面中，按住鼠标左键并拖动，可绘制所选的基本形状，如图 8.4.6 所示。

（7）再将刚绘制的基本形状图形复制 3 个，并排放好位置，如图 8.4.7 所示。

（8）单击工具箱中的“箭头形状”按钮，在属性栏中单击“箭头形状工具”按钮，从打开

的面板中选择形状，在页面中按住鼠标左键并拖动，即可绘制所选的箭头形状，如图 8.4.8 所示。

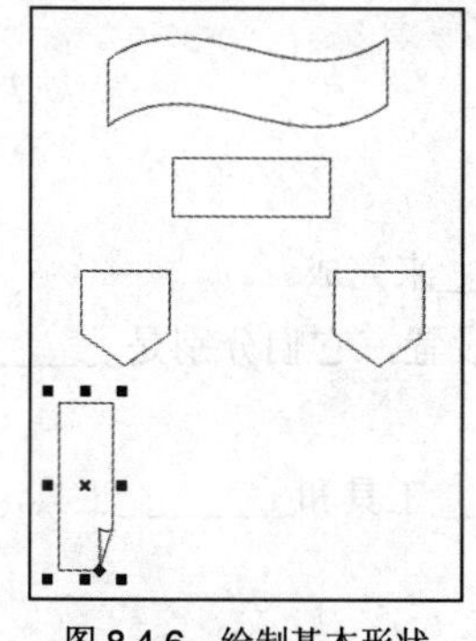
图 8.4.6　绘制基本形状

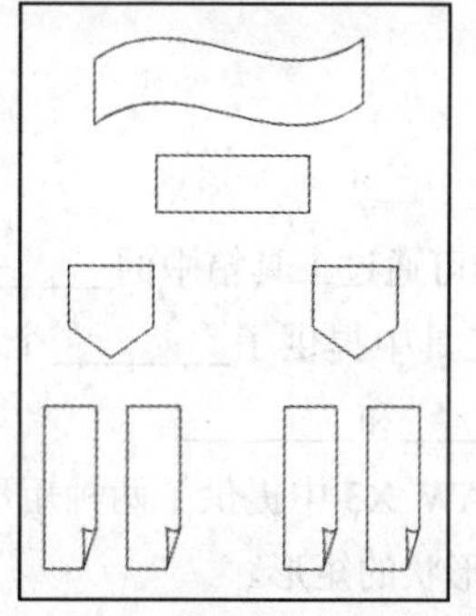
图 8.4.7　复制并调整图形位置

（9）单击工具箱中的“手绘工具”按钮，在属性栏中单击下拉列表框，从弹出的下拉列表中选择一种箭头样式，然后在页面中单击鼠标确定起点，并拖动至合适位置再单击确定终点，即可在终点处添加所选的箭头形状，如图 8.4.9 所示。

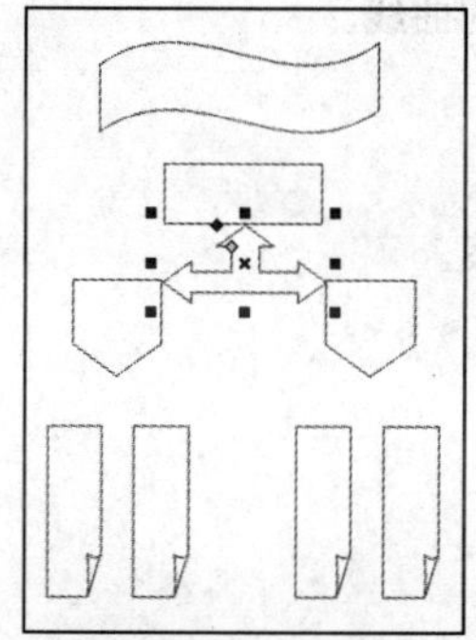
图 8.4.8　绘制箭头形状

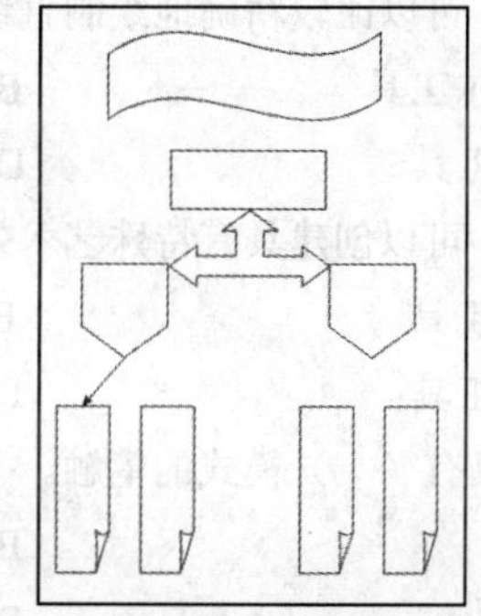
图 8.4.9　使用手绘工具绘制带箭头的直线

（10）将所绘制的带箭头的直线复制 3 个并移至合适的位置，如图 8.4.10 所示。

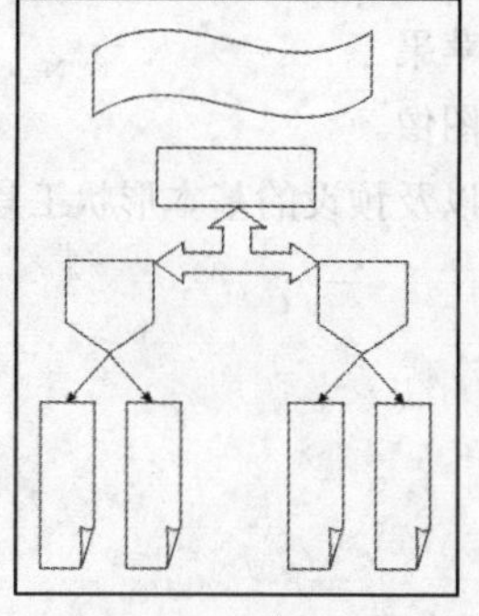
图 8.4.10　复制并调整图形位置

（11）单击工具箱中的“文本工具”按钮，在相应的图形中输入相应的文本对象，制作的最终流程图效果如图 8.4.1 所示。

本 章 小 结

本章主要介绍了直线和曲线、基本图形及轮廓线的绘制方法，并对所用到的工具进行了详细的介绍。通过本章的学习，用户应该熟练掌握绘制简单图形的方法。

习 题 八

一、填空题

1．创建圆形可通过工具箱中的________工具和________来完成。

2．艺术笔工具中提供了________个功能各异的笔形设置，它们分别是________、________、________、________和________。

3．CorelDRAW X3 中提供了两种矩形工具，即________工具和________工具，使用这两种工具可以绘制出任意形状的矩形。

4．直线和曲线的绘制工具主要是________和________。

5．手绘工具可随意绘制_________、_________闭合图形。

二、选择题

1．使用（ ）可以比较精确地绘制直线、折线和圆滑的曲线。

A．贝塞尔工具　　B．形状工具

C．矩形工具　　D．挑选工具

2．利用（ ）可以创建具有特殊艺术效果的线条或图案。

A．手绘工具　　B．艺术笔工具

C．度量工具　　D．基本形状工具

3．艺术笔工具有（ ）模式的笔触。

A．画笔　　B．压力

C．书法　　D．喷罐

三、上机操作题

1．根据本章提供的实例制作一个苹果。

2．试用已学的知识绘制一些简单图像。

3．练习使用图纸工具、螺旋工具以及预设的基本形状工具，在绘图区绘制所需的图形对象。

第9章 对象的操作

本章要点

- ☑ 对象的选取
- ☑ 对象的变换
- ☑ 对象的剪切、复制、粘贴、再制和删除
- ☑ 对象的变形
- ☑ 对象的顺序、对齐、分布、结合与群组
- ☑ 对象的造型

学习目标

在 CorelDRAW X3 中，对象的操作既是最基础的知识，又是最重要的知识，只有将这些基础知识牢固地掌握，才能够在复杂的创作中应用自如。这一章主要介绍对象的选取、变换、变形和造型等操作。

9.1 对象的选取

在对图形对象进行编辑前，通常都要先选中对象。当用户选中对象后，对象中心会出现 8 个黑点，这称之为控制手柄，同时，在其中心会出现一个“×”符号，用来表示对象的中心位置，如图 9.1.1 所示。

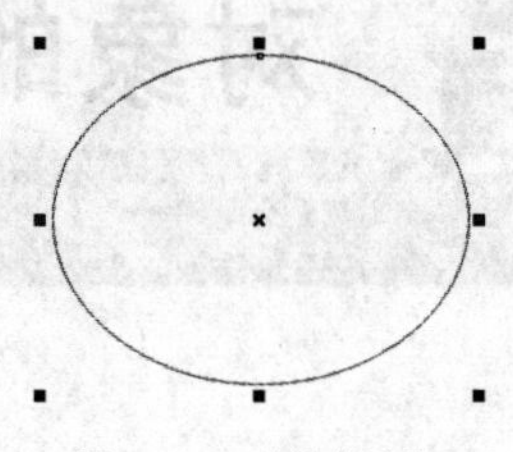

图 9.1.1 对象的选取

9.1.1 普通选取

普通选取是指简单地选取对象，包括对象的单击选取、增加或取消选取对象、框选对象。

1．对象的单击选取

在工具箱中选择挑选工具，其属性栏如图 9.1.2 所示。

图 9.1.2 挑选工具属性栏

该属性栏中各选项介绍如下：

按钮：用来使对象对齐网格。

按钮：用来使对象对齐辅助线。

按钮：用来使对象对齐对象。

按钮：动态辅助线用以辅助精确绘图。

按钮：用来移动或变换时绘制复杂对象。

按钮：视为已填充按钮，即无论对象是否已填充，都被视为已填充，这样在选择对象时，用鼠标单击对象的任何部分都能选中对象，否则只有单击对象的轮廓才能选中对象。

空格键是挑选工具的快捷键，在使用其他工具时，按下空格键可以快速切换到挑选工具，再按一下空格键则切换回原来的工具。

2．增加或取消选取对象

当选中一个对象后，需要增加选取其他对象，可按住“Shift”键，单击要加选的其他对象，即可选取多个图形对象。

当选中多个对象后，需要取消部分对象的选取，可按住“Shift”键，单击需要取消选取的图形对象，即可取消该对象的选取。

3．框选对象

选择挑选工具后，按下鼠标左键在页面中拖动，将所有的对象框在蓝色虚线框内，则虚线框中的对象将被选中，如图 9.1.3 所示。

图 9.1.3　框选对象

在框选对象时，要求将所有的对象框在蓝色虚线框内；若按下“Alt”键不放，按下鼠标左键在页面中拖动，只要蓝色虚线框“接触”到的图形对象都可被选中，如图 9.1.4 所示。

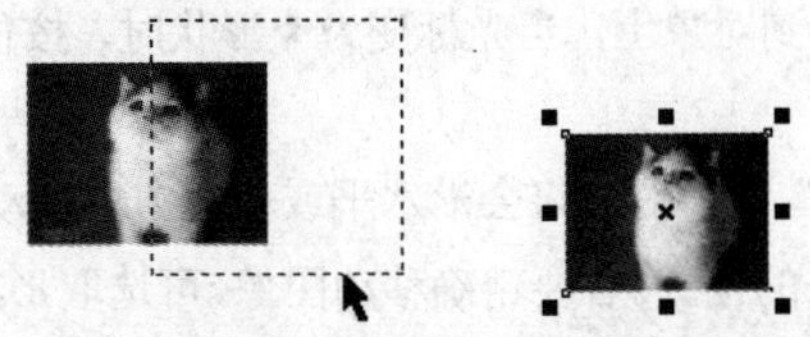

图 9.1.4　接触式框选对象

在框选对象时，可按下“Shift”键，绘制多个虚线框来选择不相邻的几组对象，如图 9.1.5 所示。

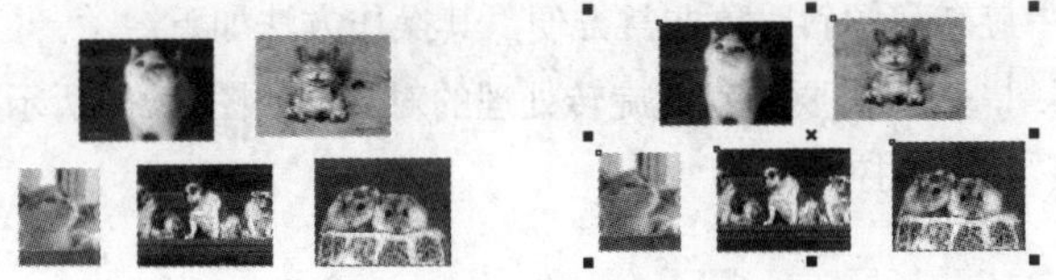

图 9.1.5　选取不相邻的对象

9.1.2　特殊选取

特殊选取是指选取重叠的对象或多层次的对象，包括使用“Alt”键和使用“Tab”键选取对象。

1．使用“Alt”键选取重叠对象

在选取重叠的对象，特别是完全被覆盖的对象时，使用普通选取方法很难选中，这时就要采用“Alt”键来选取重叠对象。其方法是：按住“Alt”键不放，用挑选工具单击想要选取的图形对象，每单击一次，选取的都是前一个对象下面的对象，当选定到最底层时，顶层的对象又被选中，依次循环。如图 9.1.6 所示是由小到大、由底层到顶层绘制的心形，用户可以按住“Alt”键不放，在心形的公共部分上（即最小的心形上）单击鼠标，来依次选中每一个心形。

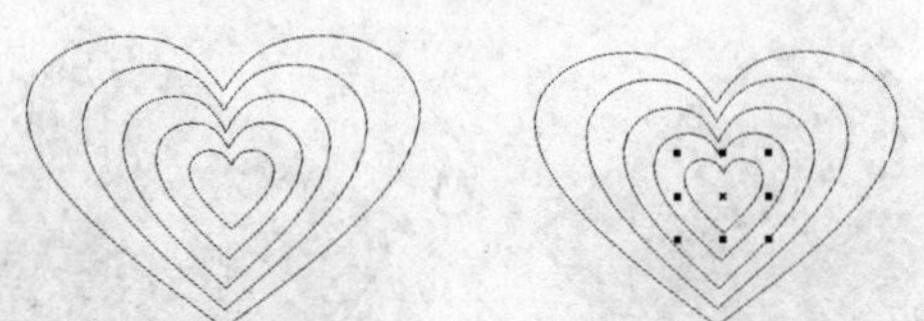

图 9.1.6　使用“Alt”键选取重叠对象

2．使用“Tab”键选取对象

选择选取工具后，按下键盘上的“Tab”键，最后绘制的图形就会被自动选中，再次按下“Tab”键，系统就会自动按照对象创建的顺序，从最后绘制的对象开始依次选择对象；如果同时按下“Tab”

键和“Shift”键，系统则会从开始绘制的第一个对象开始依次选择对象。

9.2 对象的变换

选取对象后，即可对对象进行各种变换操作，如移动对象的位置、旋转和倾斜对象、缩放对象、镜像对象。

1. 移动对象的位置

在选中对象后，将光标移动到对象上，当光标变为✥形状时，按住鼠标左键并拖动，即可移动该对象。

移动对象时，若按下“Ctrl”键，对象将会沿水平或垂直方向移动。另外，用户还可以直接利用键盘上的4个方向键来调整对象的位置。若要精确移动图像，可选取形状工具组中的自由变换工具，在其属性栏中输入坐标值进行精确绘图。

2. 倾斜和旋转对象

在CorelDRAW X3中旋转和倾斜对象非常方便，其操作方法如下：

（1）选择挑选工具，双击需要倾斜或旋转处理的对象，如图9.2.1所示，此时对象周围的控制点变成了旋转控制箭头和倾斜控制箭头。

图 9.2.1 倾斜和旋转对象

（2）将鼠标移动到旋转控制箭头上，沿着控制箭头的方向拖动控制点，在拖动的过程中，会有轮廓线框跟着旋转或倾斜，用来指示旋转或倾斜的角度，如图9.2.2所示。

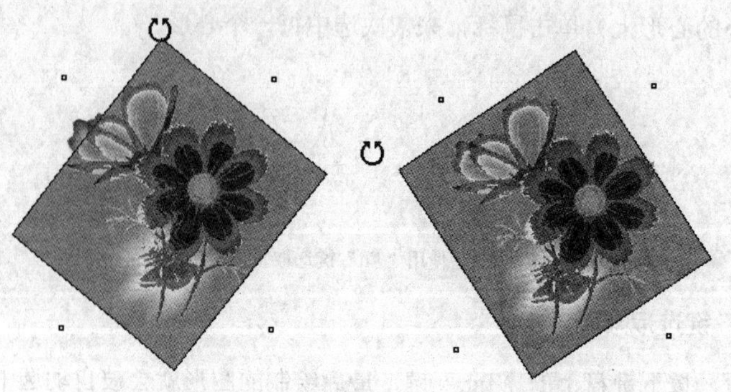

图 9.2.2 轮廓线框跟着旋转用来指示旋转或倾斜的角度

（3）旋转到合适的角度时，释放鼠标即可完成对象的旋转，效果如图9.2.3所示。

图 9.2.3　旋转和倾斜后的效果

对象旋转是围绕着旋转轴心的，旋转轴心位置不同，旋转的结果也有很大的差别。用户可以移动旋转轴心后再进行旋转，观察一下旋转效果。

在旋转对象时，挑选工具属性栏中的“旋转角度”文本框 中显示了旋转的角度值，用户在此文本框中输入旋转角度后按回车键，也能使选定对象旋转指定的角度。

3．缩放对象

如果对对象的缩放精度要求不高，可以使用鼠标快速缩放对象，其具体操作是：使用挑选工具，选中需要缩放的对象并拖动对象周围的控制点，可以对对象进行缩放操作。在缩放的过程中，会有轮廓线框跟着缩放，用来指示缩放的大小，如图 9.2.4 所示。

图 9.2.4　缩放对象

如果需要比较精确地缩放对象，可以在挑选工具属性栏中进行设定：在“对象大小”文本框 中输入横向尺寸值（上栏）和纵向尺寸值（下栏）可以改变对象的横向和纵向尺寸；在“缩放因子”文本框 中输入相应的百分比值，即可按设定的比例进行缩放对象。

4．镜像对象

在 CorelDRAW X3 中，所有的对象都可以做镜像处理。镜像对象就是将对象在水平或垂直的方向上进行翻转。其方法是选中对象后，选定一个控制点向对角方向拖动，然后在合适的位置释放鼠标，即可得到镜像翻转的图像，如图 9.2.5 所示。

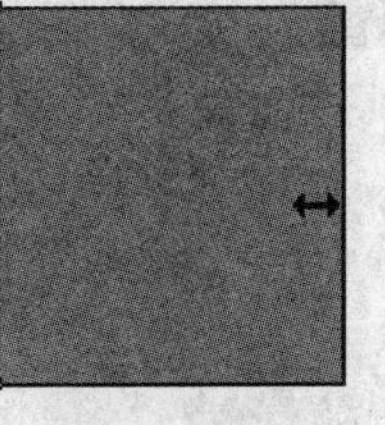

图 9.2.5　镜像翻转的图像

5．使用“变换”泊坞窗精确控制对象

前面介绍的移动对象、旋转和倾斜对象、缩放对象、镜像对象等操作，都可以通过在“变换”泊坞窗中的选项进行设置，以得到更精确的变换效果。

选择 排列(A) → 变换(T) → 位置(P) Alt+F7 命令，即可在弹出的 变换 泊坞窗中进行相应设置，如图 9.2.6 所示。

在变换命令的菜单中就包含了“位置”、“旋转”、“比例与镜像”、“尺寸”和“倾斜”5 个功能命令，单击其中一个即可打开相应的“变换”泊坞窗。

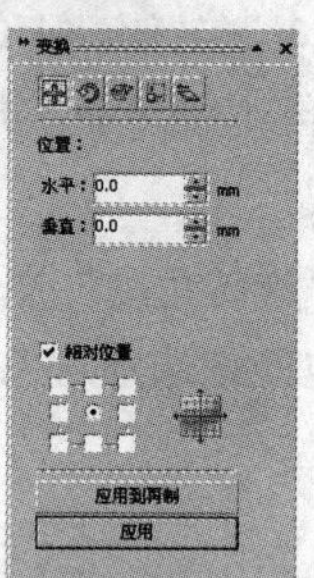

图 9.2.6 “变换”泊坞窗

在变换选项设置完毕后，单击 应用 按钮，即可将变换效果应用到对象上去；如果单击 应用到再制 按钮，将会得到一个该对象变换后的副本。

9.3 对象的剪切、复制、粘贴、再制和删除

对象的剪切、复制、粘贴、再制与删除是 CorelDRAW 中常用的基本操作，利用这些基本操作，用户可以轻松地完成看似复杂的绘图。

1．对象的剪切、复制与粘贴

对象的剪切和复制是指将对象复制到剪贴板上的过程，而对象的粘贴是将剪贴板上的对象复制到 CorelDRAW 绘图页中的过程。用户可以利用标准工具栏中的“剪切”按钮、“复制”按钮和“粘贴”按钮来完成相应的操作。

对象的剪切、复制与粘贴操作常使用的快捷键分别为“Ctrl+X”，“Ctrl+C”和“Ctrl+V”。

只有在执行了剪切或复制命令后，才能够激活“粘贴”按钮。执行“复制”→“粘贴”操作后，复制对象与原对象是重叠在同一个位置上的。在复制时也可以仅仅复制对象某一种属性，如填充、轮廓色或轮廓笔。这时可通过执行 编辑(E) → 复制属性自(M)... 命令，打开如图 9.3.1 所示的 复制属性 对话框，在其中选中需要复制的属性进行复制。

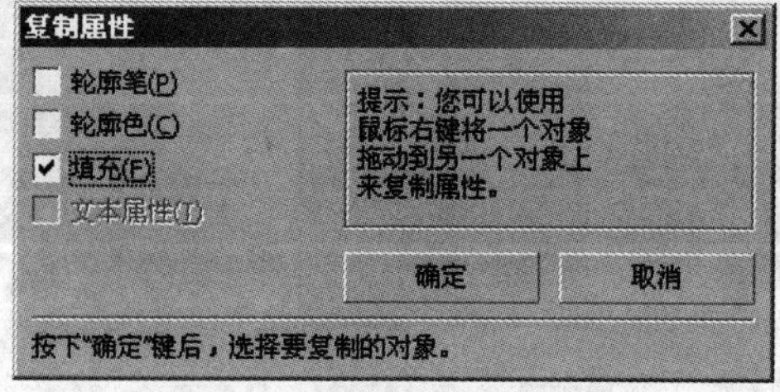

图 9.3.1 “复制属性”对话框

2. 对象的再制

对象的再制与复制功能相似，与“复制”不同的是“再制”是将对象复制到偏离初始位置的右上角，其功能相当于“复制+粘贴”。其操作方法是：选中一个需要再制的对象，然后选择 编辑(E) → 再制(D) Ctrl+D 命令，即可在原对象的右上角再制出一个所选对象，如图 9.3.2 所示。

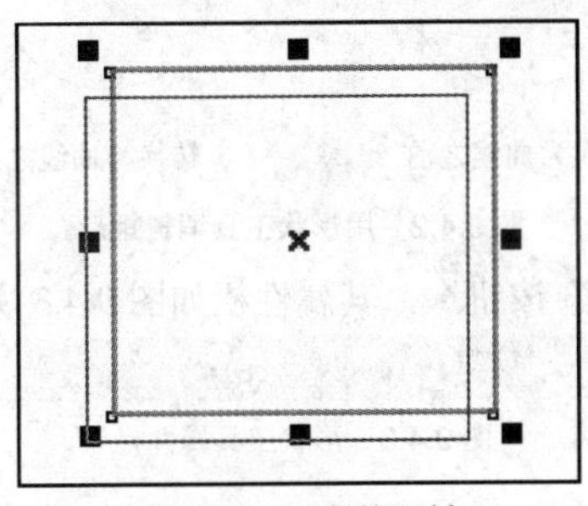

图 9.3.2　对象的再制

用户可以用快捷键“Ctrl+D”来再制对象，此时再制的对象与原对象之间有一定的距离；用户还可以按小键盘上的“+”键来再制对象，此时再制的对象与原对象是完全重合的。

3. 对象的删除

删除对象的操作也是非常简单的，其操作方法是选中对象后执行 编辑(E) → 删除(L) Delete 命令或按“Delete”键即可。

当对对象进行了一些操作后，如果想删除上一步操作，可执行 编辑(E) → 撤消创建(U) Ctrl+Z 命令或按“Ctrl+Z”键，不断地按“Ctrl+Z”键可一步步地撤销上一步操作。有时会出现撤销步骤过多的情况，这时可执行 编辑(E) → 重做创建(E) Ctrl+Shift+Z 命令，或按“Ctrl+Shift+Z”键。当选中一个对象并对其进行任何一种操作后，希望继续进行与上一步相同的操作可执行 编辑(E) → 重复移动(R) Ctrl+R 命令或按“Ctrl+R”键来完成。

9.4　对象的变形

CorelDRAW X3 中提供了一系列用于对象变形编辑的工具，利用这些工具，用户可以灵活地编辑与修改对象，以满足设计需要。这一节主要介绍形状工具组和裁剪工具组各个工具的功能和操作方法，如图 9.4.1 所示。

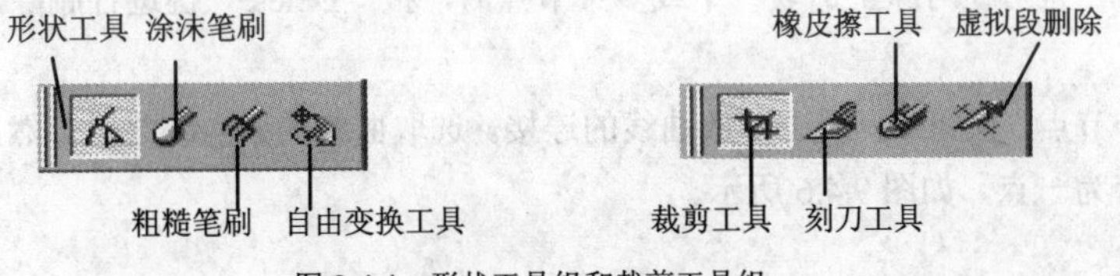

图 9.4.1　形状工具组和裁剪工具组

9.4.1　形状工具

形状工具用来编辑对象的节点，它是 CorelDRAW 中的一个常用工具，可以用于不封闭的图形对象编辑，也可以用于封闭的图形对象编辑，这是因为封闭的对象也是含有节点的，但在有些情况下

需要将其转换为曲线，才能对节点进行编辑。如图 9.4.2 所示，在椭圆形转换为曲线之前，只能用形状工具来改变它的形状，而转换为曲线之后，可对其进行各种添加、删除节点及改变节点属性的操作。

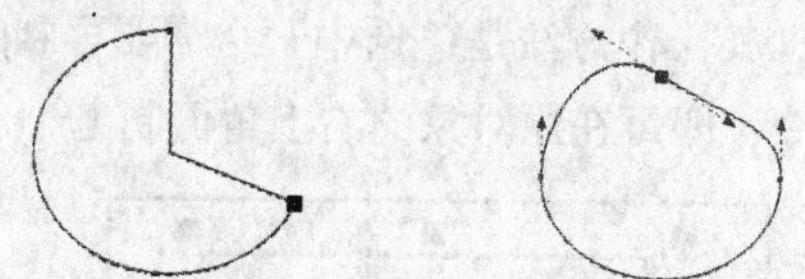

转换为曲线之前　　转换为曲线之后

图 9.4.2　用形状工具编辑矩形

选中对象后，单击“形状工具”按钮，其属性栏如图 9.4.3 所示。

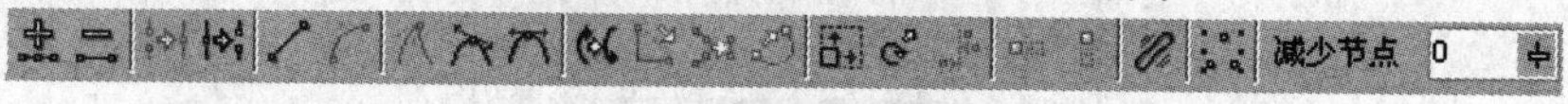

减少节点 0

图 9.4.3　形状工具属性栏

该属性栏中各选项介绍如下：

“添加节点”按钮：用于添加节点。在对象上需要添加节点的位置上单击鼠标左键，定义出节点的位置，然后单击按钮，可在选定位置上添加一个新的节点。以在直线上添加节点为例，如图 9.4.4 所示。

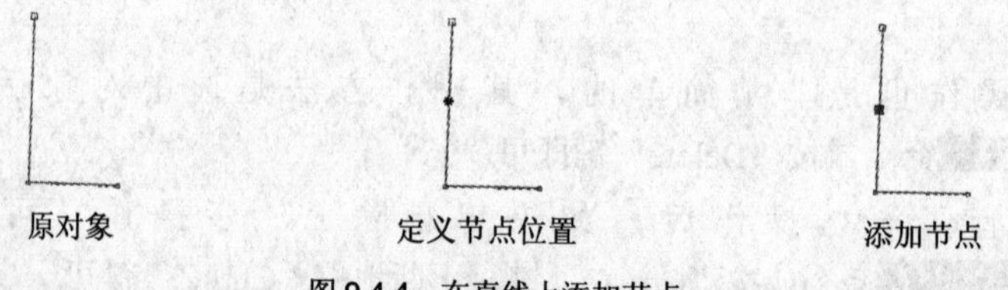

原对象　　定义节点位置　　添加节点

图 9.4.4　在直线上添加节点

“删除节点”按钮：用于删除节点。选取对象上一个或多个节点，然后单击按钮，可将选取的节点删除。以在星形上删除节点为例，如图 9.4.5 所示。

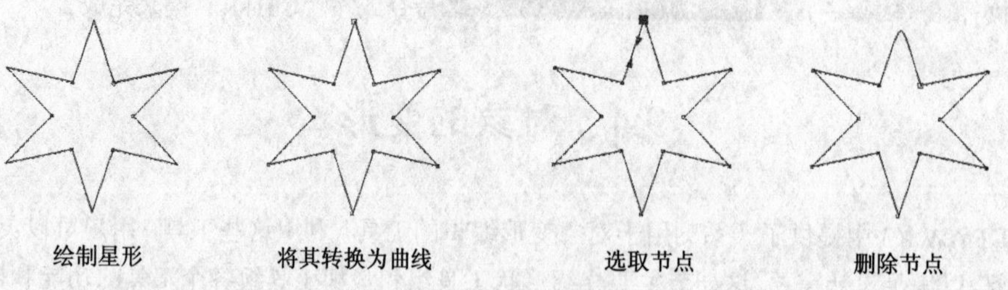

绘制星形　　将其转换为曲线　　选取节点　　删除节点

图 9.4.5　在星形上删除节点

删除节点时，也可在对象上选取一个或多个节点后，按“Delete”键进行删除，或者通过双击节点进行删除。

“连接两个节点”按钮：用于开放曲线的连接。选取曲线的始点和终点，然后单击按钮，始点和终点即会合为一点，如图 9.4.6 所示。

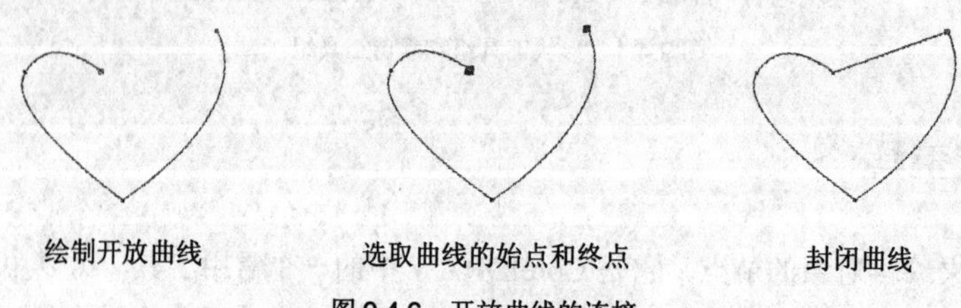

绘制开放曲线　　选取曲线的始点和终点　　封闭曲线

图 9.4.6　开放曲线的连接

“分割两个节点”按钮：用于分割闭合路径中的节点。选取闭合路径中需分割开的节点，然后单击按钮，闭合路径即会变为开放路径，被选取的节点变为两个节点，如图 9.4.7 所示。

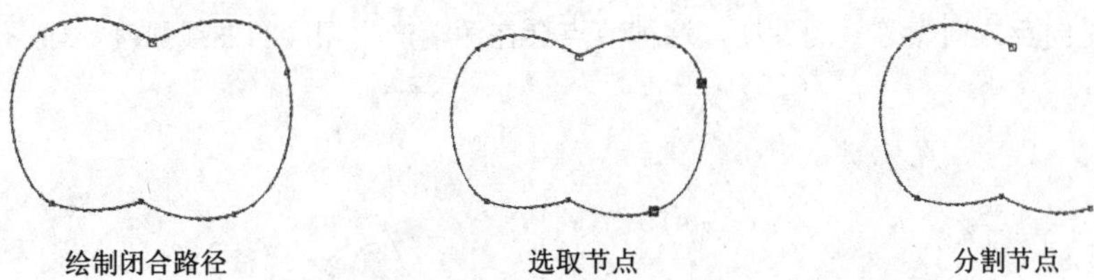

图 9.4.7 分割闭合路径中的节点

“转换曲线为直线”按钮：用于将曲线转换为直线。选取曲线中的任意节点，然后单击按钮，曲线即会转换为直线，如图 9.4.8 所示。

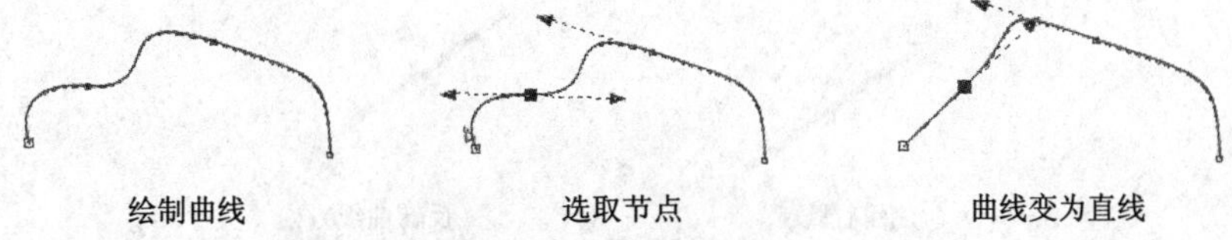

图 9.4.8 将曲线转换为直线

“转换直线为曲线”按钮：用于将直线转换为曲线。选取直线中的任意节点（除始点和终点外），然后单击按钮，直线即会转换为曲线，如图 9.4.9 所示。

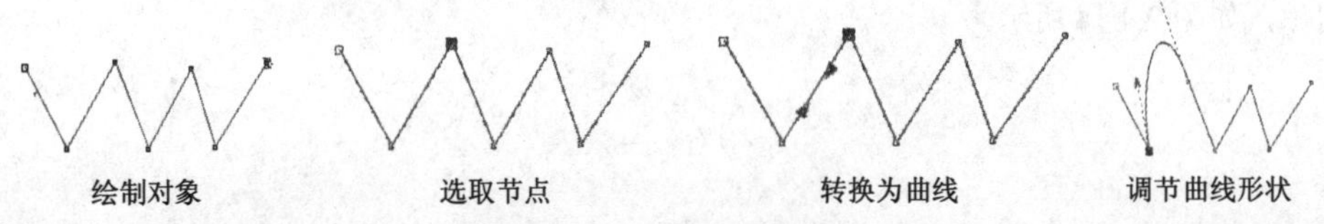

图 9.4.9 将直线转换为曲线

“尖突节点”按钮：用于使节点变换成尖突节点。选取节点后单击按钮，调节节点两侧的控制点，由于该节点两侧的控制点在移动时互不关联，曲线经过该节点时会产生锐利的角度曲折，如图 9.4.10 所示。

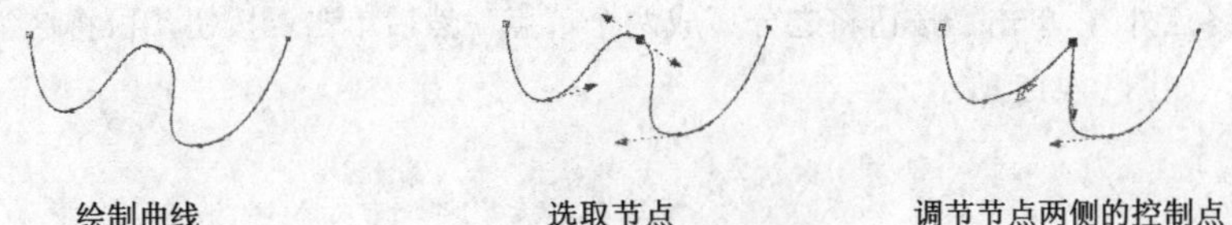

图 9.4.10 使节点变换成尖突节点

“平滑节点”按钮：用于使节点变换成平滑节点。在曲线上选取节点，然后单击按钮，当调节该节点一侧的控制点时，另一侧的控制点会同时向反方向移动，这种节点会以平滑的方式和相邻的线段连接，如图 9.4.11 所示。

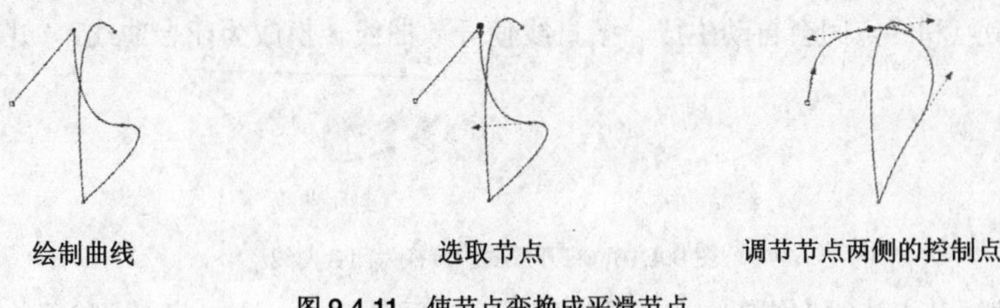

图 9.4.11 使节点变换成平滑节点

“对称节点”按钮：用于使节点变换成对称节点。“对称节点”按钮只有在所选节点为曲线状态时可用。其使用方法同平滑节点按钮相同，不同的是当调节该节点一侧的控制点时，另一侧的控制点会同时向反方向做等量的移动，这种节点会在两端产生相同的曲线弧度，如图 9.4.12 所示。

平滑节点　　使平滑节点变换成对称节点

图 9.4.12　使节点变换成对称节点

“反转曲线方向”按钮：用于转换开放直线或曲线中的始点和终点，如图 9.4.13 所示。

绘制直线　　反转曲线方向

图 9.4.13　转换直线始点和终点

“延长曲线闭合”按钮：用于使开放直线或曲线转换为闭合直线或曲线。选取开放直线或曲线中的始点和终点，然后单击按钮，可在两节点之间添加一条直线，使开放的图形对象转换为闭合的图形对象，如图 9.4.14 所示。

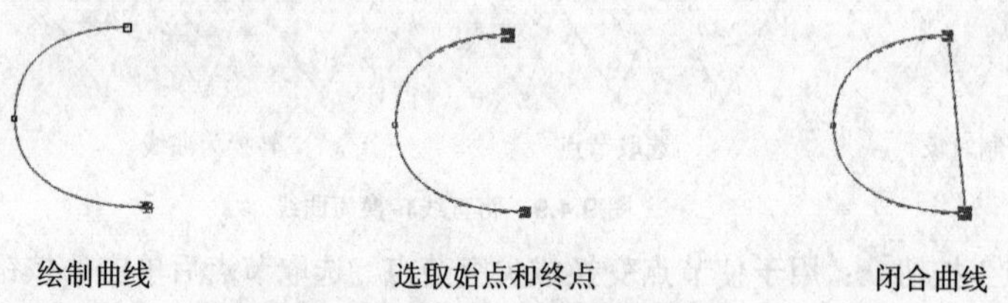

绘制曲线　　选取始点和终点　　闭合曲线

图 9.4.14　使开放曲线转换为闭合曲线

“提取子路径”按钮：用于将一条开放曲线分离成两条独立的曲线。选取一条开放曲线中的节点（除始点和终点外），单击按钮将之分离成两个节点，然后单击按钮，可将这条曲线分离成两条独立的曲线，如图 9.4.15 所示。

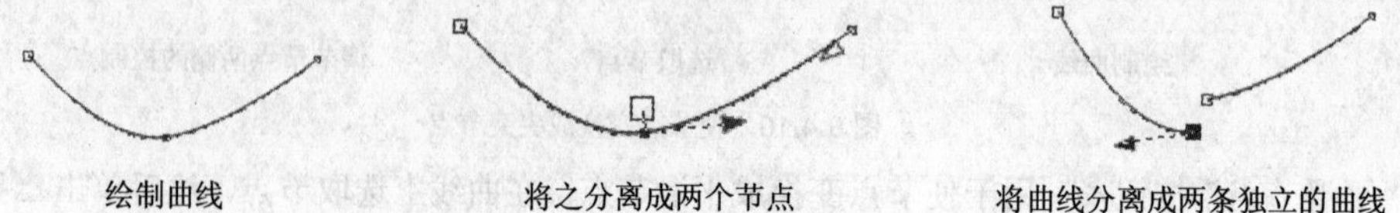

绘制曲线　　将之分离成两个节点　　将曲线分离成两条独立的曲线

图 9.4.15　将一条开放曲线分离成两条独立的曲线

“自动闭合曲线”按钮：用于将开放曲线转换为闭合曲线。选取一条开放曲线，然后单击按钮，在曲线的始点和终点间会自动生成一条直线使开放曲线转换成为闭合曲线，如图 9.4.16 所示。

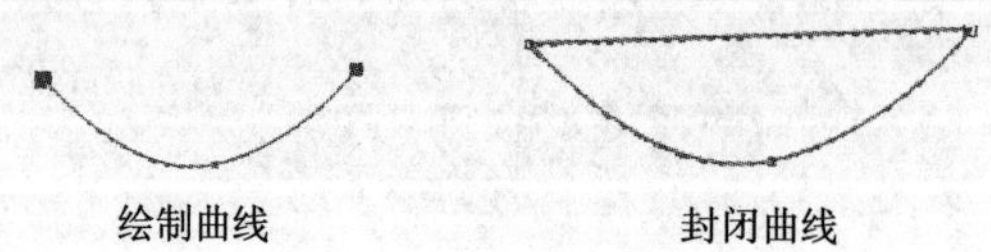

绘制曲线　　封闭曲线

图 9.4.16　将开放曲线转换为闭合曲线

“伸长和缩短节点连线”按钮：用于调整节点之间的连线。选中节点，然后单击按钮，此时

所选节点周围会出现如图 9.4.17 所示的 8 个控制点，通过拖动控制点可延伸或者缩短节点之间的连线。

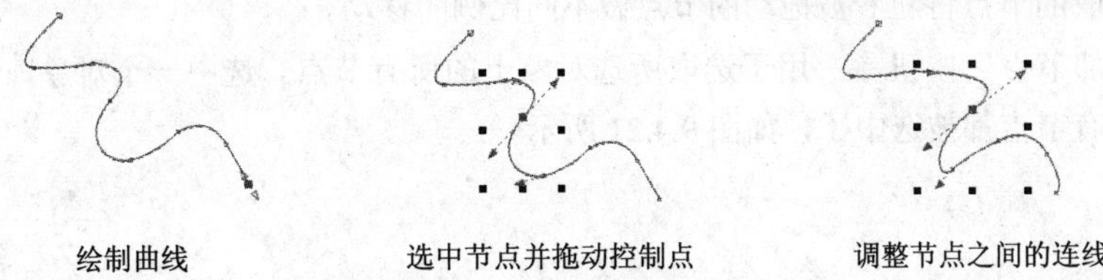

图 9.4.17　调整节点之间的连线

“旋转和倾斜节点连线”按钮：用于旋转和倾斜节点之间的连线。选中节点，然后单击按钮，此时所选节点周围会出现 8 个旋转（倾斜）控制点，使用鼠标拖动旋转（倾斜）控制点进行旋转（倾斜）即可旋转（倾斜）节点连线，如图 9.4.18 所示。

图 9.4.18　旋转节点之间的连线

“对齐节点”按钮：用于在水平或垂直方向上对齐节点。选取两个或两个以上节点，单击按钮，这些节点即会按水平或垂直方向进行排列，如图 9.4.19 所示。

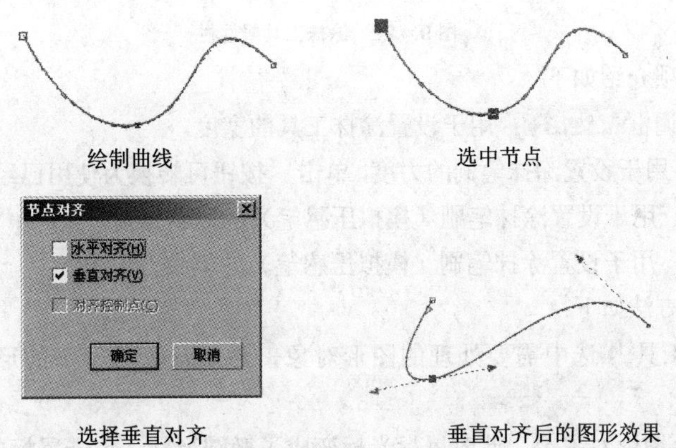

图 9.4.19　在垂直方向上对齐节点

“弹性模式”按钮：用于移动多个节点时，调节不同节点的移动比例，如图 9.4.20 所示为不使用“弹性模式”和使用“弹性模式”移动后的效果比较。

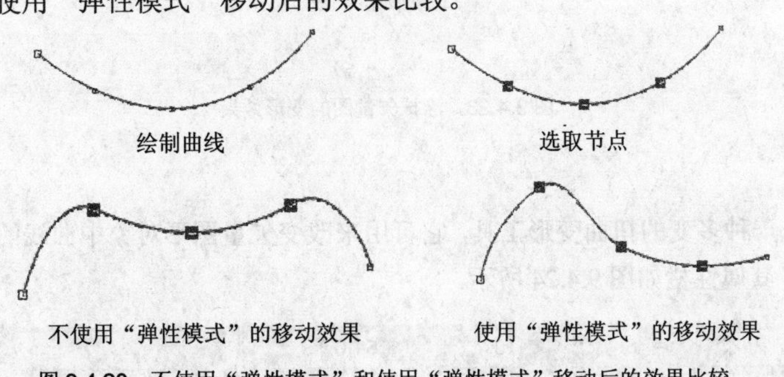

图 9.4.20　不使用“弹性模式”和使用“弹性模式”移动后的效果比较

当选取多个节点并按下鼠标拖动时，被选取的节点将移动相同的位移，而单击按钮后移动节点，其他被选取的节点将随着被拖动的节点做不同比例的移动。

“选择全部节点”按钮：用于选取所选对象上的所有节点。选中一个对象，单击按钮，这时对象上的所有节点都被选中了，如图 9.4.21 所示。

绘制曲线　　选取对象上的所有节点

图 9.4.21　选取所选对象上的所有节点

9.4.2　涂抹笔刷和粗糙笔刷

在创建较复杂的曲线图形时，可以使用 CorelDRAW X3 在形状工具组中提供的两个基于矢量图形的变形工具——涂抹工具和粗糙笔刷工具。

1. 涂抹笔刷

涂抹笔刷可在矢量图形对象上任意涂抹，以达到变形的目的，其属性栏如图 9.4.22 所示。

图 9.4.22　涂抹工具属性栏

该属性栏中各选项介绍如下：

“笔尖大小”微调框：用于设置涂抹工具的宽度。

微调框：用于设置涂抹笔刷的力度，单击按钮可转换为使用已经连接好的压感笔模式。

微调框：用于设置涂抹笔刷（模拟压感笔）的倾斜角度。

微调框：用于设置涂抹笔刷（模拟压感笔）的笔尖方位角。

涂抹工具的使用方法如下：

（1）使用挑选工具选中需要处理的图形对象，然后从工具箱中的形状工具组中选择涂抹笔刷。

（2）将光标移至图形对象上，此时鼠标光标变成了椭圆形状，单击鼠标并拖动，即可涂抹拖动路径上的图形，如图 9.4.23 所示。

图 9.4.23　涂抹矢量图的变形效果

2. 粗糙笔刷

粗糙笔刷是一种多变的扭曲变形工具，它可用来改变矢量图形对象中曲线的平滑度，从而产生粗糙的变形效果，其属性栏如图 9.4.24 所示。

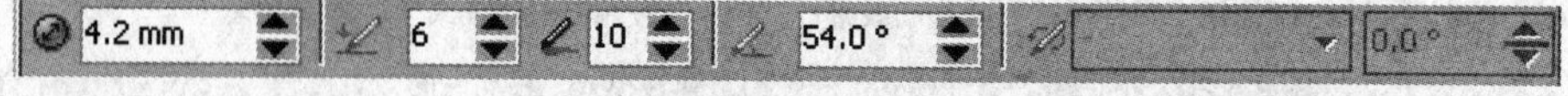

图 9.4.24　粗糙笔刷工具属性栏

粗糙笔刷的使用方法如下：

（1）使用挑选工具选中需要处理的图形对象，然后从工具箱中的形状工具组中选择粗糙笔刷工具。

（2）将光标移至图形对象上，此时鼠标光标变成了形状，在矢量图形的轮廓线上单击鼠标并拖动，即可将其曲线粗糙化，如图 9.4.25 所示。

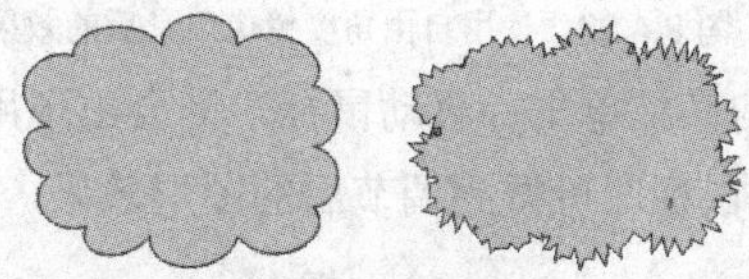

图 9.4.25　使用粗糙笔刷工具后的效果

当涂抹笔刷和粗糙笔刷应用于规则形状的矢量图形（矩形、椭圆和基本形状）时，会弹出“转换为曲线”对话框，提示用户：“涂抹笔刷和粗糙笔刷仅用于曲线对象，是否让 CorelDRAW 自动将其转化成可编辑的对象？”，此时可单击 确定 按钮或者用户可先按快捷键“Ctrl+Q”键将其转换成曲线后再应用这两个变形工具。

9.4.3　自由变换工具

选中须变形的对象，单击工具箱中的“自由变换工具”按钮，打开如图 9.4.26 所示的自由变换工具属性栏。

图 9.4.26　自由变换工具属性栏

该属性栏中各选项介绍如下：

“自由旋转工具”按钮：用于旋转对象。其使用方法如下：

（1）用挑选工具选中对象，然后选择自由变换工具，并单击其属性栏中的“自由旋转工具”按钮。

（2）将光标移至绘图页中的某处单击并拖动鼠标，则被选中的图形对象将以单击处为参考点，随着鼠标的移动而旋转，如图 9.4.27 所示。

图 9.4.27　使用“自由旋转工具”后的效果

“自由角度镜像工具”按钮：用于将对象移动到它的映像位置。其使用方法如下：

（1）用挑选工具选中对象，然后选择自由变换工具，并单击其属性栏中的“自由角度镜像工具”按钮。

（2）将光标移至绘图页中的某处单击并拖动鼠标，则被选中的图形对象将以单击处为中心点，随着鼠标的移动而移动，如图 9.4.28 所示，蓝色虚线是对称轴，蓝色直线是镜像后对象的位置。

“自由调节工具”按钮：用于调节对象的尺寸大小。其使用方法如下：

（1）用挑选工具选中对象，然后选择自由变换工具，并单击其属性栏中的“自由调节工具”按钮。

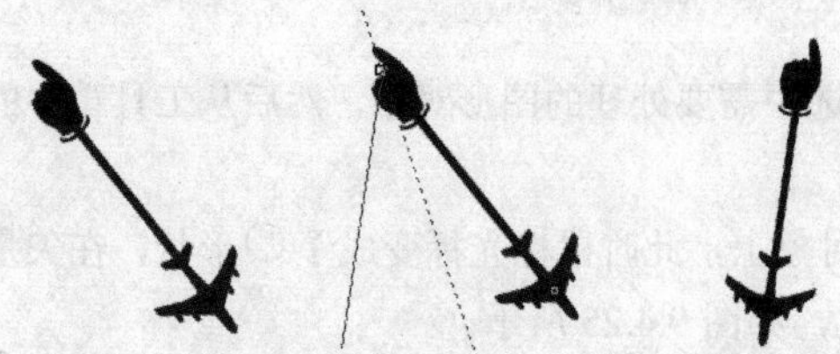

图 9.4.28　使用自由角度镜像工具后的效果

（2）将光标移至绘图页中的某处单击并移动鼠标，则会出现用以显示调节后对象大小的蓝色线框，当其显示的大小合适时释放鼠标即可得到调节后的图形效果，如图 9.4.29 所示。

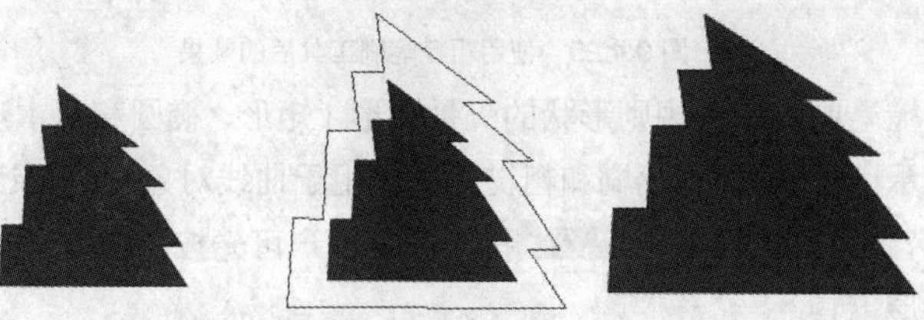

图 9.4.29　使用自由调节工具后的效果

“自由扭曲工具”按钮：用于将所选对象沿不同方向进行倾斜。其使用方法如下：

（1）用挑选工具选中对象，然后选择自由变换工具，并单击其属性栏中的“自由扭曲工具”按钮。

（2）将光标移至绘图页中的某处单击并拖动鼠标，则会出现用以显示调节后对象形状的蓝色线框，当其显示的形状合适时释放鼠标即可得到调节后的图形效果，如图 9.4.30 所示。

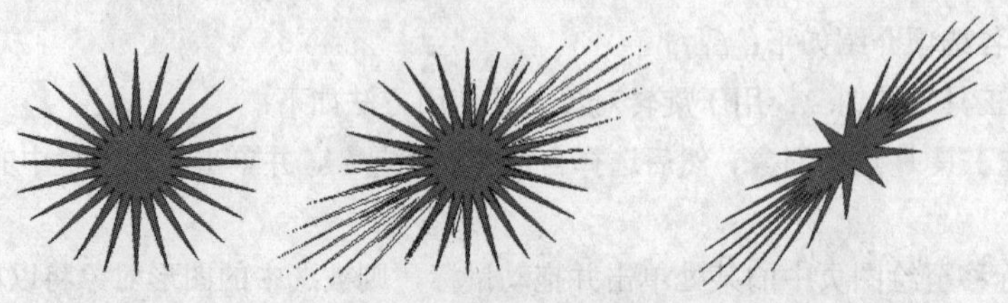

图 9.4.30　使用自由扭曲工具后的效果

9.4.4　裁剪工具

利用裁剪工具可以方便地裁剪矢量图形以及位图图像。

用挑选工具选中需要裁剪的对象，单击工具箱中的“裁剪工具”按钮，在所选择的对象上拖动鼠标，根据拖动出裁剪框的大小重新设置图片的大小，双击鼠标完成图像的裁剪，如图 9.4.31 所示。

图 9.4.31　裁剪图像

也可通过设置裁剪工具的属性栏设置精确设置裁剪对象的大小，如图 9.4.32 所示。

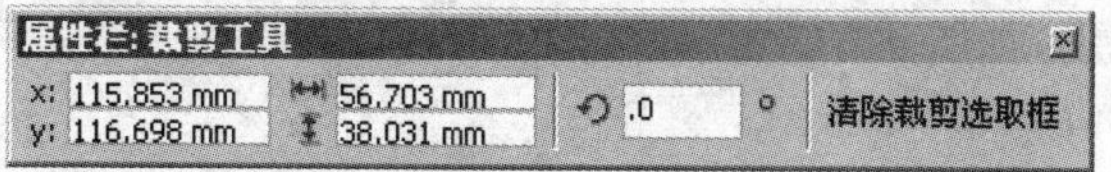

图 9.4.32　裁剪工具属性栏

x: 91.866 mm y: 151.079 mm 微调框：用于设置裁剪框的位置。

119.142 mm 68.419 mm 微调框：用于设置裁剪框的大小。

50.0 ° 微调框：用于设置裁剪框的旋转角度。

9.4.5　刻刀工具

利用刻刀工具可以切割路径、矢量图形以及位图图像。它可以将对象分割成多个部分，但是不会使对象的任何一部分消失。

选中需要切割的对象，单击工具箱中的“刻刀工具”按钮，打开如图 9.4.33 所示的刻刀工具属性栏。

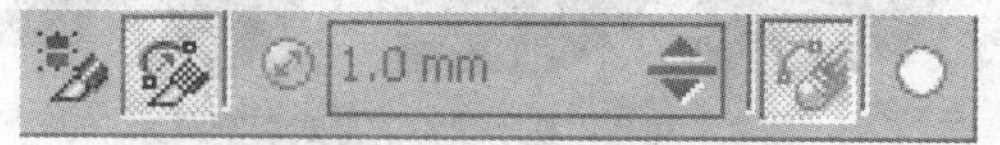

图 9.4.33　刻刀工具属性栏

该属性栏中各选项介绍如下：

“成为一个对象”按钮：单击该按钮可以将对象切割成相互独立的曲线，且原有的填充效果将消失。

“剪切时自动封闭”按钮：单击该按钮可以将被切断后的对象自动生成封闭曲线，并保留填充属性。

下面以具体的实例来说明刻刀工具的使用方法。

（1）在工具箱中选择刻刀工具，此时鼠标光标变成了刻刀形状，在属性栏中单击“成为一个对象”按钮，将鼠标移动到图形对象的轮廓线上，分别在不同的截断点位置单击，如图 9.4.34 所示。

（2）选择 排列(A) → 折分 曲线(B)　Ctrl+K 命令，然后用挑选工具将对象分开，如图 9.4.35 所示，图形对象被截断成了两条非封闭的曲线，且原有的填充效果消失。

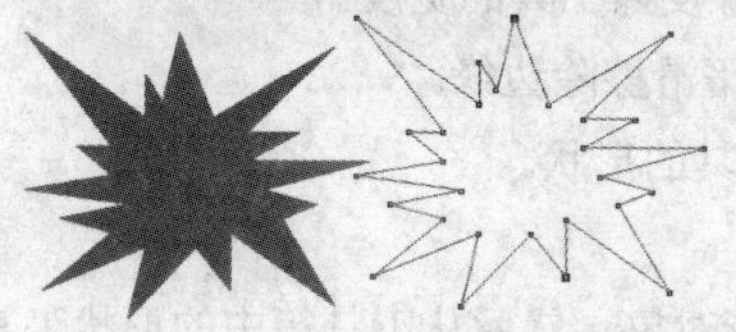

图 9.4.34　切割效果

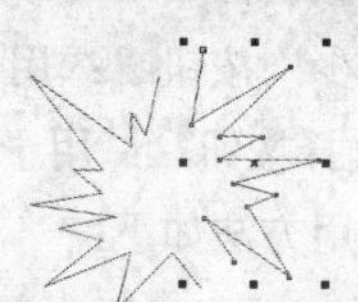

图 9.4.35　分开对象

（3）在工具箱中选择刻刀工具，此时鼠标光标变成了刻刀形状，在属性栏中单击“剪切时自动封闭”按钮，将鼠标移动到图形对象的轮廓线上，分别在不同的截断点上单击，如图 9.4.36 所示。

图 9.4.36　“剪切时自动封闭”的切割效果

（4）使用挑选工具将对象分开，一个封闭的图形对象被分割成为两个自动封闭路径的对象，且原有的填充效果被保留，如图 9.4.37 所示。

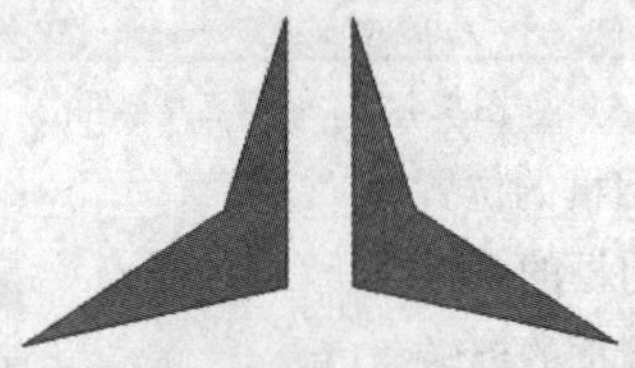

图 9.4.37　图形对象被截断成两个各自封闭的曲线对象

（5）在工具箱中选择刻刀工具，此时鼠标光标变成了刻刀形状，在属性栏中单击“剪切时自动封闭”按钮，将鼠标移动到图形对象的轮廓上，然后拖动鼠标来切割对象，如图 9.4.38 所示。这种方法在切割处会产生许多多余的节点，并且得到不规则的截断面。

图 9.4.38　以拖动鼠标的方式切割对象

如果在属性栏中同时单击和按钮，则可将该对象生成为一个多路径的对象。

9.4.6　橡皮擦工具

橡皮擦工具可以用来改变、分割选定的对象或路径。使用橡皮擦工具在对象上拖动，可以擦除对象的一部分，而且对象中被破坏的路径会自动被封闭。图形对象在处理前后其属性不变。橡皮擦工具的属性栏如图 9.4.39 所示。

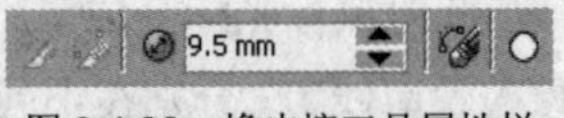

图 9.4.39　橡皮擦工具属性栏

该属性栏中各选项介绍如下：

“橡皮擦厚度”微调框：用于设置橡皮擦工具的宽度。

“擦除时自动减少”按钮：用于擦除时自动平滑擦除边缘。

“圆形/方形”选择按钮：用于切换橡皮擦工具的形状。

橡皮擦工具的使用方法如下：

（1）使用“挑选工具”选中需要处理的图形对象，然后从工具箱中的形状工具组中选择橡皮擦工具。

（2）将光标移至图形对象上，此时鼠标光标变成了圆形，单击鼠标左键并拖动，即可擦除拖动路径上的图形，如图 9.4.40 所示。

图 9.4.40　用橡皮擦工具擦除图形对象中的嘴巴

9.4.7　删除虚设线工具

删除虚设线工具是 CorelDRAW X3 新增的一个对象形状编辑工具，它可以删除相交对象中两个交叉点之间的线段，从而产生新的图形效果。

删除虚设线工具的使用方法如下：

（1）用挑选工具选中对象，然后选择删除虚设线工具。

（2）移动鼠标至需要删除的线段处，此时删除虚设线工具的图标会竖立起来，单击鼠标即可删除选定的线段，如图 9.4.41 所示。

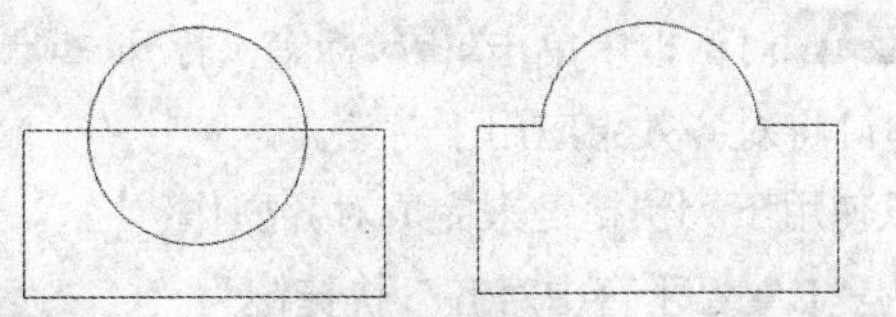

图 9.4.41　使用删除虚设工具后的效果

（3）如果想要同时删除多个虚设线，可拖动鼠标在这些线段附近绘制出一个范围选取虚线框，然后释放鼠标即可，如图 9.4.42 所示。

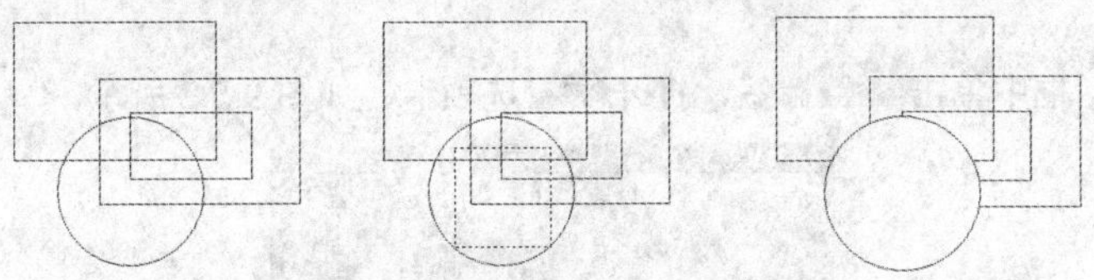

图 9.4.42　使用删除虚设线工具同时删除多个虚设线后的效果

9.5　对象的顺序、对齐、分布、结合与群组

在编辑多个对象时，为了将绘图页中的对象有条理地、美观地排列及组织起来，CorelDRAW X3 为用户提供了顺序、对齐、分布、结合与群组等工具及命令。

9.5.1　对象的顺序

在 CorelDRAW X3 中，绘制图形对象的过程中，当两个对象重叠时，上一层对象将遮住下一层对象中与其重叠的部分。要改变对象的顺序，可选择菜单中的排列(A)→顺序(O)命令，在弹出的子菜单中选择相应的命令即可轻松地调整对象的叠放顺序。

在实际操作中，用户可以使用下列快捷键来完成调整对象顺序的操作：

“到前部”快捷键为“Shift+PgUp”；“到后部”快捷键为“Shift+PgDn”；“向前一位”快捷键为“Ctrl+PgUp”；“向后一位”快捷键为“Ctrl+PgDn”。

9.5.2　对象的对齐与分布

选中多个对象后，然后选择排列(A)→对齐和分布(A)命令或单击属性栏中的“对齐与分布”按钮，即可打开对齐与分布对话框，如图 9.5.1 所示。

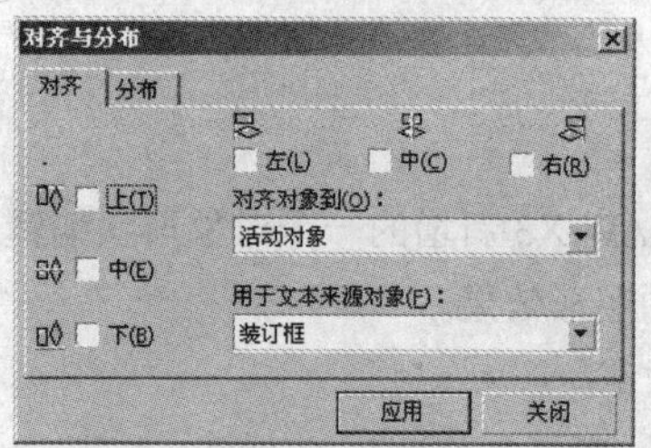

图 9.5.1 “对齐与分布”对话框

1. 对象的对齐

在如图 9.5.1 所示的对齐与分布对话框中单击对齐标签，打开对齐选项卡，在其中选择对齐的方式，然后单击应用(A)按钮即可将对齐效果应用于对象。

在实际操作中，用户可以使用下列快捷键来完成对齐操作：

“垂直左对齐”快捷键为“L”；“垂直中对齐”快捷键为“C”；“垂直右对齐”快捷键为“R”；“对齐页面中心”快捷键为“P”；“水平上对齐”快捷键为“T”；“水平中对齐”快捷键为“E”；“水平下对齐”快捷键为“B”。

2. 对象的分布

在对齐与分布对话框中单击分布标签，打开分布选项卡，如图 9.5.2 所示。

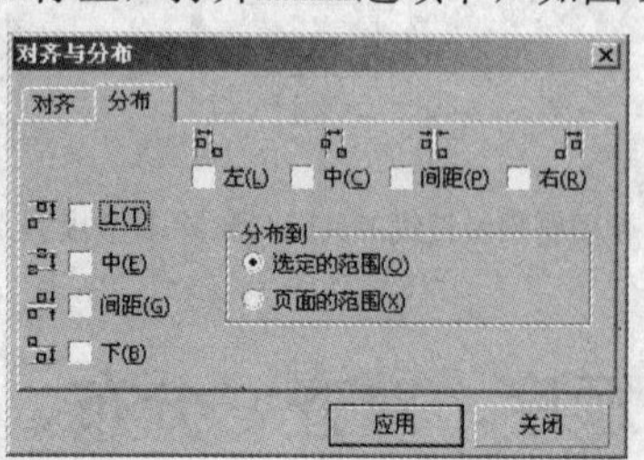

图 9.5.2 “分布”选项卡

在“分布”选项卡中选择分布的方式，也可以选择根据选定的范围(O)或页面的范围(X)来分布选定对象，然后单击应用(A)按钮即可将分布的效果应用于对象。

其中选定的范围(O)是指将对象的分布限定在对象原有的区域中，即对象被分布调整后的位置不会超出原对象边缘的位置；而页面的范围(X)是指对象分布将会布满至页面的宽度或高度中。

9.5.3 对象的群组与结合

在 CorelDRAW 中可以将多个对象进行群组或结合，这样可以便于操作，而且有时还可以制作出特别的效果。从字面上看，“群组”与“结合”的功能似乎有点相似，但它们的使用效果却大相径庭。

1. 对象的群组

对象的群组方法如下：

（1）用挑选工具选中要进行群组的所有对象。

（2）选择排列(A)→群组(G) Ctrl+G命令或按“Ctrl+G”键，或者单击属性栏中的“群组”按钮，即可将选取的对象群组。

（3）群组后的对象成为了一个整体，当移动或填充某个对象时，群组中的其他对象也将被移动或填充，如图 9.5.3 所示。

图 9.5.3　群组后的对象进行缩放和取消填充的效果

经过群组的对象成为一个整体后还可以与其他的对象再次群组。单击属性栏中的“取消群组”按钮或“取消所有群组”按钮，可以取消被选取对象的群组关系或多次群组关系。

2．对象的结合

对象的结合方法如下：

（1）用挑选工具选中要进行结合的所有对象。

（2）选择 排列(A) → 结合(C) Ctrl+L 命令或按“Ctrl+L”键，或者单击属性栏中的“结合”按钮，即可将选取的对象结合，结合后的对象成为了一个新的对象，如图 9.5.4 所示。

图 9.5.4　对象进行结合后的效果

若对象在结合前有颜色填充，并且在结合前是框选时，那么结合后的对象将显示结合前最底层对象的颜色；若在结合前是多选时，那么结合后的对象将显示最后选中对象的颜色。经过结合的对象成为一个新的对象后还可以与其他的对象再次结合，如图 9.5.5 所示。单击属性栏中的“打散”按钮即可将被选取对象的结合关系打散成多个独立的对象。“打散”的快捷键是“Ctrl+K”。

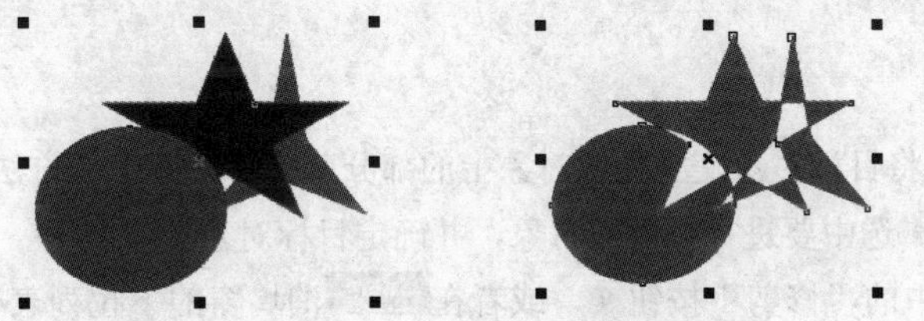

图 9.5.5　对象再次进行结合后的效果

9.6　对象的造型

CorelDRAW X3 提供的对象的造型功能，可以更加方便灵活地将简单图形组合成复杂图形。当用户选中多个对象后，相应的工具属性栏中便会出现“焊接”、“修剪”、“相交”、“简化”、“前减后”和“后减前”6 个修整工具的按钮，如图 9.6.1 所示。

图 9.6.1　选中多个对象时的挑选工具属性栏

选择排列(A)→造形(P)→修剪(T)命令，打开如图 9.6.2 所示的造形(P)泊坞窗。

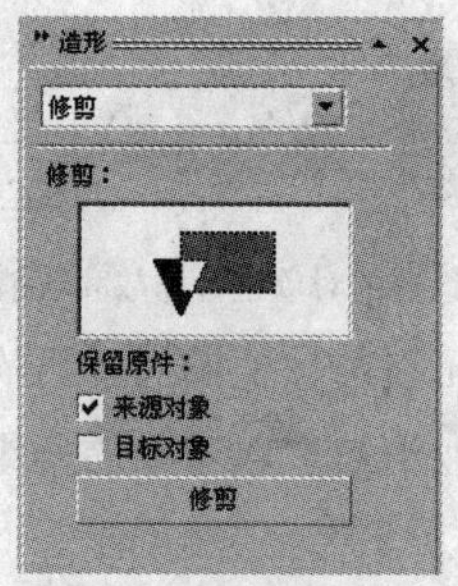

图 9.6.2 “修整”泊坞窗

在该泊坞窗中，选中来源对象复选框，可在操作后保留源对象；选中目标对象复选框，可在操作后保留目标对象。

9.6.1 焊接

“焊接”功能可以将多个图形对象结合成一个图形对象，其操作方法如下：

（1）用挑选工具选中要进行焊接的对象，并确定目标对象。

框选时，在最底层的对象是目标对象；多选时，最后选中的对象是目标对象。

（2）单击属性栏中的“焊接”按钮，或者在修整泊坞窗的下拉列表中选择“焊接”选项，然后单击焊接到按钮，用鼠标单击目标对象，即可完成焊接，如图 9.6.3 所示。

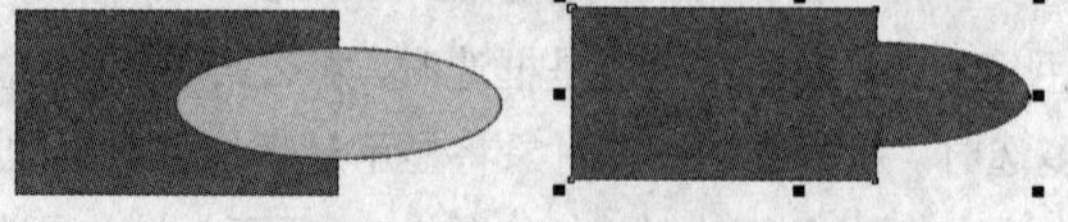

图 9.6.3 焊接后的效果

9.6.2 修剪

“修剪”功能可以将目标对象交叠在源对象上的部分剪裁掉，其操作方法如下：

（1）用挑选工具选中要进行修剪的对象，并确定目标对象。

（2）单击属性栏中的“修剪”按钮，或者在造形(P)泊坞窗的下拉列表中选择“修剪”选项，然后单击修剪按钮，用鼠标单击目标对象，即可完成修剪，如图 9.6.4 所示。

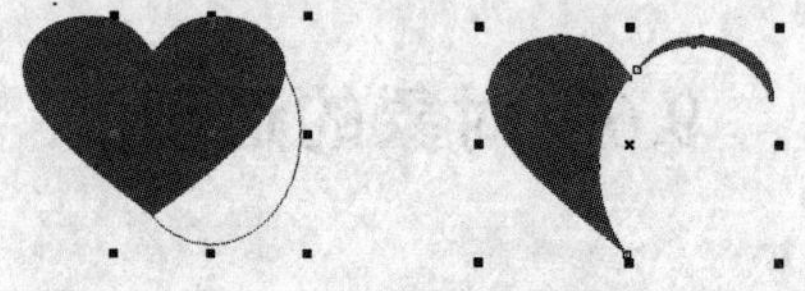

图 9.6.4 修剪后的效果

9.6.3 相交

“相交”功能可以在两个或两个以上图形对象的交叠处产生一个新的对象，其操作方法如下：

（1）用挑选工具选中要进行相交的对象，并确定目标对象。

（2）单击属性栏中的“相交”按钮，或者在造形(P)泊坞窗的下拉列表中选择“相交”选项，然后单击相交按钮，用鼠标单击目标对象，即可完成相交，如图 9.6.5 所示。

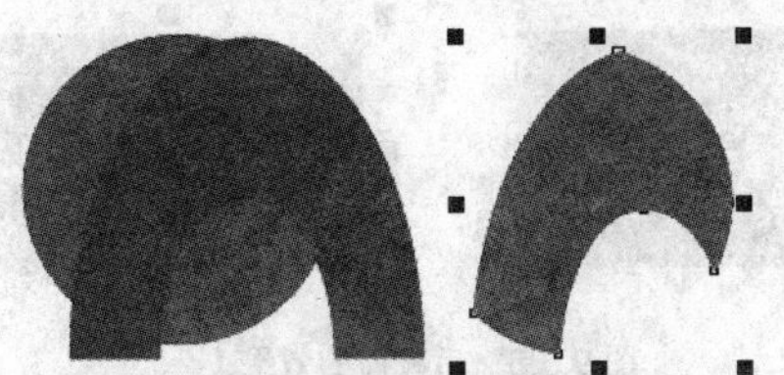

图 9.6.5　相交后的效果

9.6.4　简化

“简化”功能可以将目标对象和来源对象相交的部分修剪掉，其操作方法如下：

（1）用挑选工具选中要进行简化的对象。

（2）单击属性栏中的“简化”按钮，或者在造形(P)泊坞窗的下拉列表中选择“简化”选项，然后单击应用按钮，即可完成简化，然后将上面的对象移开，效果如图 9.6.6 所示。

图 9.6.6　简化后的效果

9.6.5　前减后

“前减后”功能是在上层对象上修剪掉与下层对象的重叠部分，其操作方法如下：

（1）用挑选工具选中要进行修剪的对象。

（2）单击属性栏中的“前减后”按钮，或者在“修整”泊坞窗的下拉列表中选择“前减后”选项，然后单击应用按钮，即可完成修剪，如图 9.6.7 所示。

图 9.6.7　前减后的效果

9.6.6　后减前

“后减前”功能是在下层对象上修剪掉与上层对象的重叠部分，其操作方法如下：

（1）用挑选工具选中要进行修剪的对象。

（2）单击属性栏中的“后减前”按钮，或者在“修整”泊坞窗的下拉列表中选择“后减前”

选项，然后单击 应用 按钮，即可完成修剪，如图 9.6.8 所示。

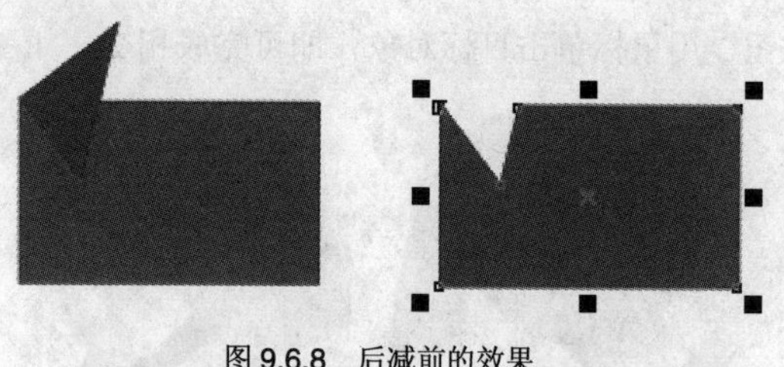

图 9.6.8　后减前的效果

9.7　上 机 练 习

本节将绘制相交的心形，在绘制过程中主要用到基本形状工具、造形命令、对齐与分布命令等，最终效果如图 9.7.1 所示。

图 9.7.1　效果图

操作步骤

（1）选择“基本形状”按钮，按住“Ctrl”键绘制一个心形，如图 9.7.2 所示。

（2）按住“Shift”键缩小心形，并单击鼠标右键进行复制，然后将大心形充为红色，将小心形填充为白色，如图 9.7.3 所示。

图 9.7.2　绘制心形　　　　图 9.7.3　复制并填充心形

（3）按住“Shift”键的同时选中两个心形，选择 排列(A) → 造形(P) → 造形 命令，打开如图 9.7.4 所示的 造形 泊坞窗，在其下拉列中表选择“后减前”选项，并单击 应用 按钮。

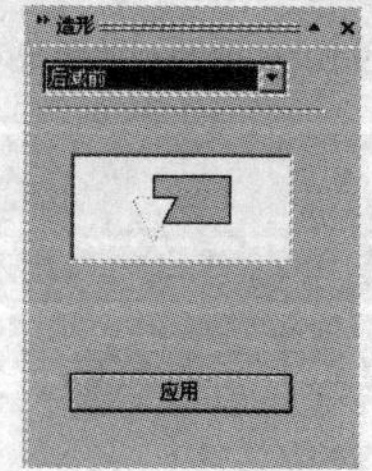

图 9.7.4　“造形”泊坞窗

（4）用同样的方法在制作一个中心镂空的心形，将其填充为蓝色，效果如图 9.7.5 所示。

（5）将制作好的两个心形交叉放在一起，在“修整”泊坞窗中选择“相交”选项，并单击 应用 按钮，效果如图 9.7.6 所示。

图 9.7.5　镂空的心形

图 9.7.6　相交后的效果

（6）将红色的心形从蓝色的心形上拉开，可以看到如图 9.7.7（a）所示的图形；选中相交所生成的对象，单击鼠标右键，在弹出的快捷菜单中选择 拆分 曲线 在 图层 1(B)　Ctrl+K 命令，然后将下方相交的对象删除，效果如图 9.7.7（b）所示。

（a）　　（b）

图 9.7.7　拆分对象并删除

（7）将红色的心形放在如图 9.7.8 所示的位置上，此时红色的心形的下层，图形形成交叉的效果。

图 9.7.8　交叉的效果

（8）选择“星形工具”按钮，绘制星形，并将其填充为黄色的星形放置于心形中，如图 9.7.9 所示。

（9）选中星形和所绘制的心形，选择 排列(A) → 对齐和分布(A) 命令，可弹出 对齐与分布 对话框，选择 对齐 选项卡，参数设置如图 9.7.10 所示。

图 9.7.9　中间星形的绘制

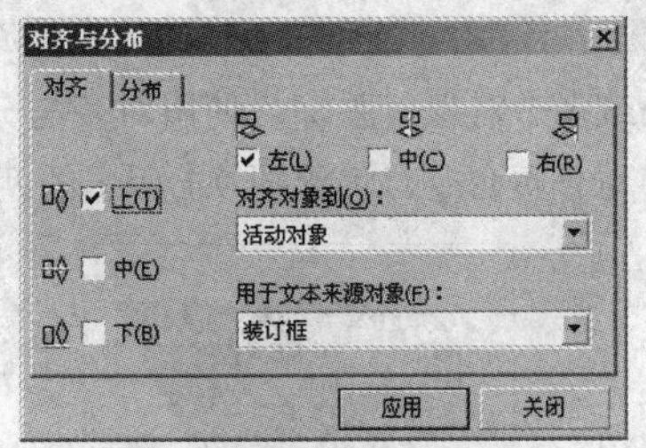

图 9.7.10　“对齐”选项卡

（10）单击 应用 按钮，即可使星形呈左上部对齐，效果如图 9.7.1 所示。

本 章 小 结

本章介绍了对象的选取，对象的变换，对象的剪切、复制、粘贴、再制和删除，对象变形，对象的顺序、对齐、分布、结合与群组和对象的造型等知识。通过本章的学习，用户应该熟练掌握各种对象操作的方法。

习 题 九

一、填空题

1．普通选取是指简单地选取对象，包括对象的________选取、________或________选取对象、________对象。

2．对象的剪切和复制是指将对象________到剪贴板上的过程，而对象的粘贴是将剪贴板上的对象________到 CorelDRAW 绘图页中的过程。

3．特殊选取是指选取重叠的对象或多层次的对象，包括使用________键和使用________键选取对象。

二、选择题

1．使用（　）功能可以使多个对象融合在一起，成为一个全新形状的对象，并且不再具有原有对象的属性。

A．群组　　　　B．锁定

C．结合　　　　D．拆分

2．使用（　）功能可以将两个或多个重叠对象的交集部分创建成一个新的对象。

A．交叉　　　　B．简化

C．修剪　　　　D．焊接

3．使用（　）命令可以将对象复制到剪切板上，并将对象从原位置清除。

A．再制　　　　B．复制

C．剪切　　　　D．粘贴

三、上机操作题

1．使用椭圆工具绘制一个椭圆，并对其进行旋转复制。

2．创建两个或多个对象，并练习使用对齐与分布功能将其有序的排列。

3．利用对齐与分布命令，将题图 9.1 所示的两个对象排列为如题图 9.2 所示的效果。

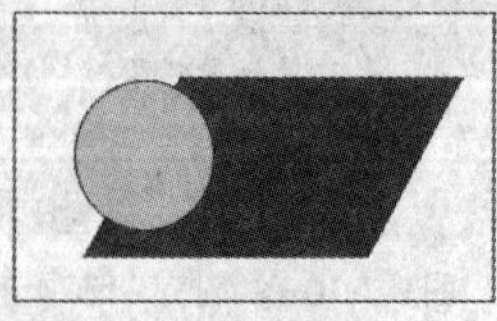

题图　9.1

题图　9.2

第10章 交互式工具的应用

本章要点

- ☑ 交互式调和工具组
- ☑ 交互式填充工具组

学习目标

为了最大限度地满足用户的创作需求，CorelDRAW X3 提供了许多用于为对象添加特殊效果的交互式工具。交互式工具集中在工具箱中的两个工具组中：交互式调和工具组和交互式填充工具组。本章将重点对这两个工具组进行介绍。

10.1 交互式调和工具组

CorelDRAW X3 中的交互式工具包括交互式调和工具、交互式轮廓图工具、交互式变形工具、交互式阴影工具、交互式封套工具、交互式立体化工具和交互式透明工具。利用这些工具可以使用户创作的图形对象异彩纷呈、魅力无穷。单击交互式调和工具右下角的黑三角，可弹出如图 10.1.1 所示的交互式调和工具组。

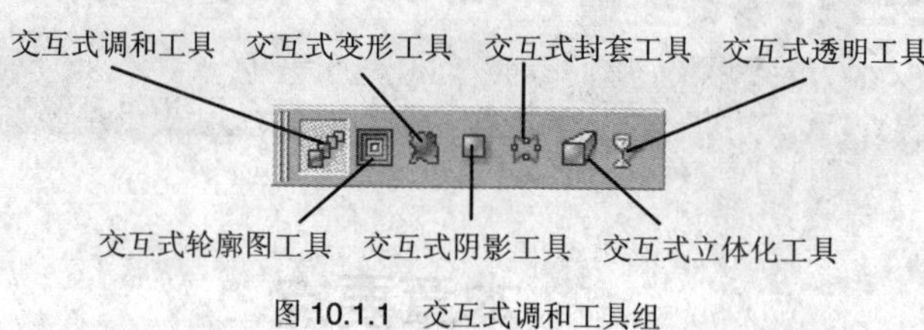

图 10.1.1　交互式调和工具组

10.1.1　交互式调和工具

交互式调和工具可以用来创建对象之间的形状、颜色、轮廓及尺寸的过渡效果。其使用方法为先绘制两个用于制作调和效果的对象，单击工具箱的“交互式调和工具”按钮，在调和的起始对象上单击鼠标左键并拖动到终止对象上，释放鼠标，即可显示对象的形状、颜色、轮廓及尺寸在调和中的过渡效果，如图 10.1.2 所示。

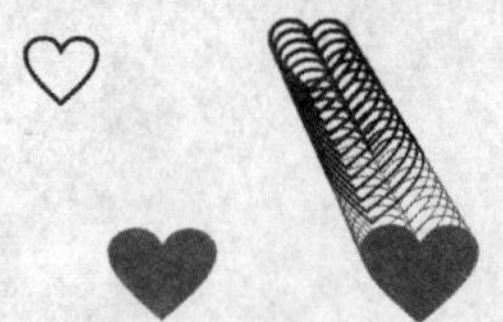

图 10.1.2　使用交互式调和工具后的效果

选择交互式调和工具后可打开如图 10.1.3 所示的交互式调和工具属性栏。

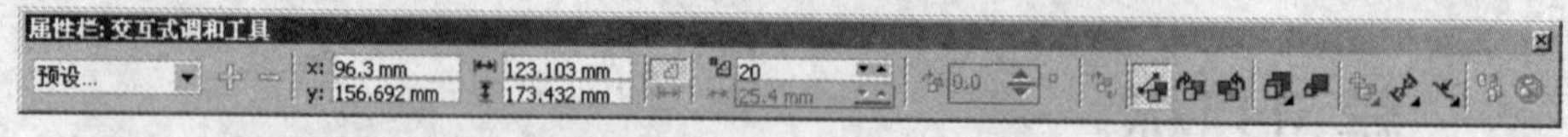

图 10.1.3　交互式调和工具属性栏

该属性栏中各选项介绍如下：

“预置列表”下拉列表框：用来选择 CorelDRAW X3 自带的调和效果。

“步数或调和形状之间的偏移量”文本框：用来设置调和的步数和形状之间的偏移量。如图 10.1.4 所示是步数为 3 和步数为 20 时的对比效果。

“调和方向”微调框用于调整调和物体的旋转角度。如图 10.1.5 所示为旋转角度为 0°和 360°时的对比效果。

“环绕调和”按钮：用来使对象的调和在一段可以设置弯曲度的路径上进行。如图 10.1.6 所示为旋转角度为 20°和 90°时按下“环绕调和”按钮时的对比效果。

交互式调和工具属性栏中还提供了 3 种类型的交互式调和顺序，即直接调和、顺时针调和、逆时针调和，选择不同的选项可以设置调和过程中图形色彩的变化。

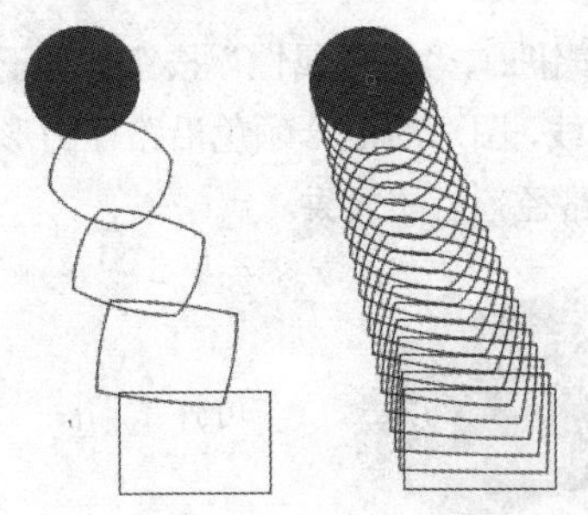

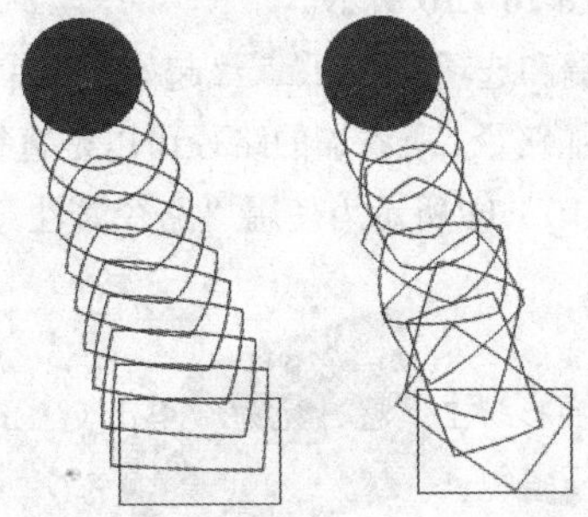

图 10.1.4　步数为 3 和步数为 20 的对比效果　　　　图 10.1.5　旋转角度为 0° 和 360° 的对比效果

“直接调和”按钮：是默认的调和方式，可以在两种颜色之间直接调和对象的颜色。

“顺时针调和”按钮：是指在色盘上按顺时针调和对象的颜色。

“逆时针调和”按钮：是指在色盘上按逆时针调和对象的颜色。

“直接调和”、“顺时针调和”和“逆时针调和”的对比效果如图 10.1.7 所示。

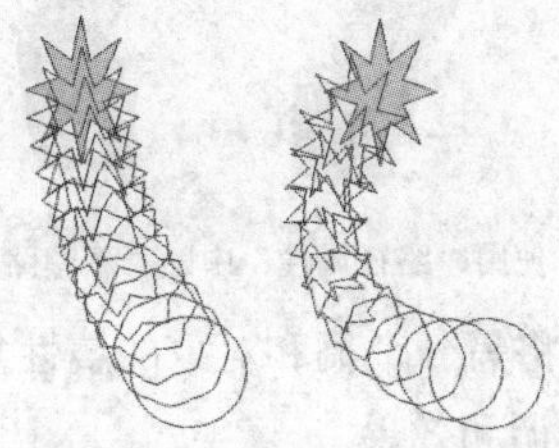

图 10.1.6　旋转角度为 20° 和 90° 时按下“环绕调和”按钮的对比效果

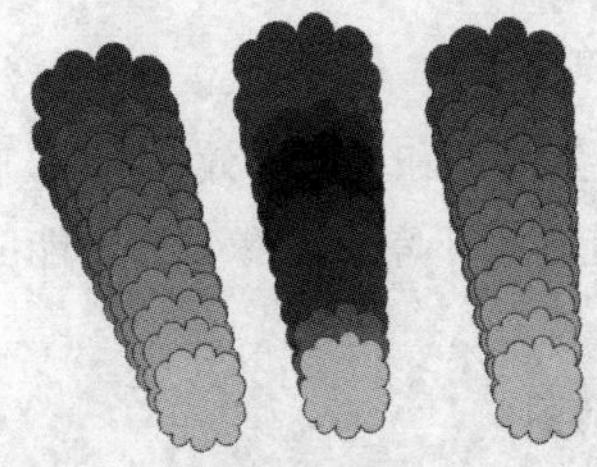

图 10.1.7　“直接调和”、“顺时针调和”和“逆时针调和”的对比效果

“对象和颜色加速”按钮：单击此按钮右下角的三角形，弹出如图 10.1.8 所示的面板。在该面板中，用户可通过滑动滑杆上的滑块来调节物体与色彩的加速程度，当按下右侧的“锁状”按钮时，物体与色彩的加速程度相同，反之则表示不相同。

物体与色彩的加速也可直接在对象上进行调整，如图 10.1.9 所示，虚线上方的倒三角用来调整物体加速，虚线下方的正三角用来调整色彩加速。

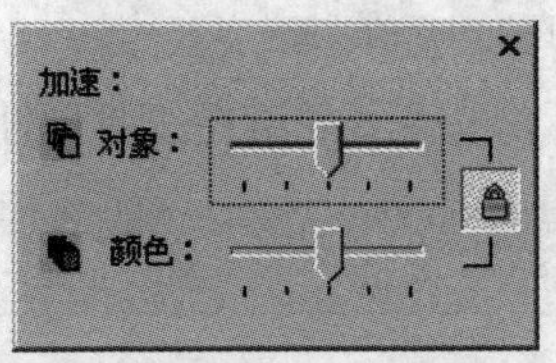

图 10.1.8　物体与色彩的加速面板　　　　图 10.1.9　物体与色彩的加速调整

“加速调和时的大小调整”按钮：用于加速调和时的大小调整。按下此按钮和未按下此按钮的

效果对比如图 10.1.10 所示。

“杂项调和选项”按钮、“起始和结束对象属性”按钮、“路径属性”按钮用于为编辑混合后的图形添加路径。所添加的路径可以是直线也可以是曲线，图形的混合颜色沿路径的形态进行过渡变化。如图 10.1.11 所示为使用“路径属性”中的“新建路径”后的效果。

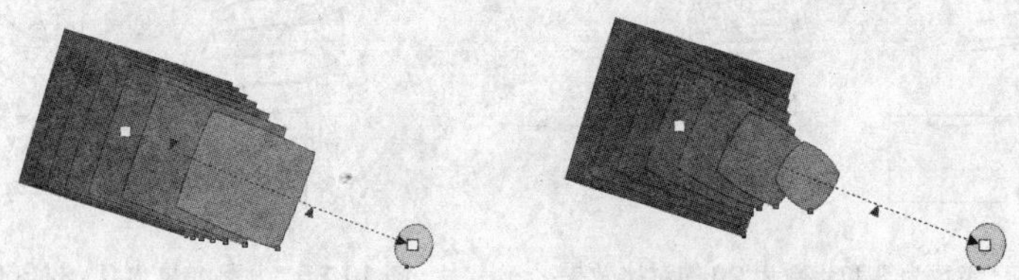

图 10.1.10 “加速调和时的大小调整”按钮按下前后的对比效果

图 10.1.11 使用“路径属性”中的“新建路径”后的效果

“复制调和属性”按钮：用于将另一个调和对象的属性复制到当前的调和对象上。

“清除调和”按钮：用于删除调和效果。

10.1.2 交互式轮廓图工具

交互式轮廓图工具的效果与交互式调和工具的效果相似，也是通过过渡对象来创建轮廓渐变效果，但交互式轮廓图工具的效果只能作用于单个对象，而不能应用于两个或多个对象。其使用方法如下：

（1）绘制并选中要添加效果的对象。

（2）在工具箱中选择交互式轮廓图工具，用鼠标向内（或向外）拖动对象的轮廓线，在拖动的过程中可以看到提示的蓝色线框。

（3）当蓝色线框达到满意的大小时，释放鼠标即可完成轮廓效果的制作，效果如图 10.1.12 所示。

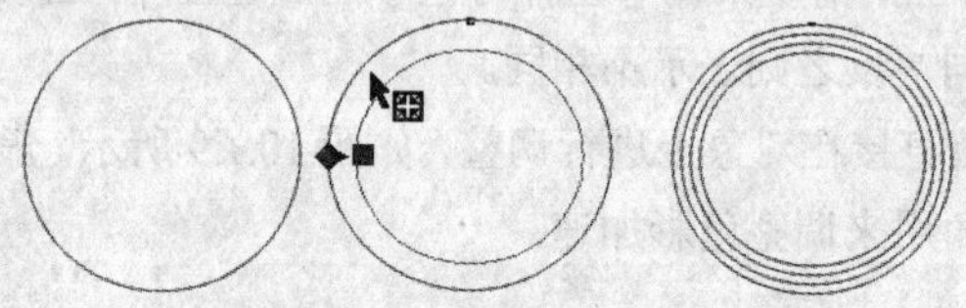

图 10.1.12 使用交互式轮廓图工具后的效果

选择交互式轮廓图工具后，可打开如图 10.1.13 所示的交互式轮廓图工具属性栏。

图 10.1.13 交互式轮廓图工具属性栏

该属性栏中的各选项介绍如下：

：在其下拉列表中可以选择 CorelDRAW 自带的轮廓效果。

：在此文本框中显示了当前对象的中心在绘图页中的位置。

：在此文本框中显示了当前对象在绘图页中的宽和高。

用户也可以直接输入相应的参数来精确地确定对象的位置及大小。

“到中心”按钮：单击该按钮，四周的轮廓线向中心平均扩展。

“向内”按钮：单击该按钮，所选对象轮廓自动向内扩展。

“向外”按钮：单击该按钮，所选对象轮廓自动向外扩展。

如图 10.1.14 所示分别为同一对象“到中心”、“向内”和“向外”扩展的对比效果。

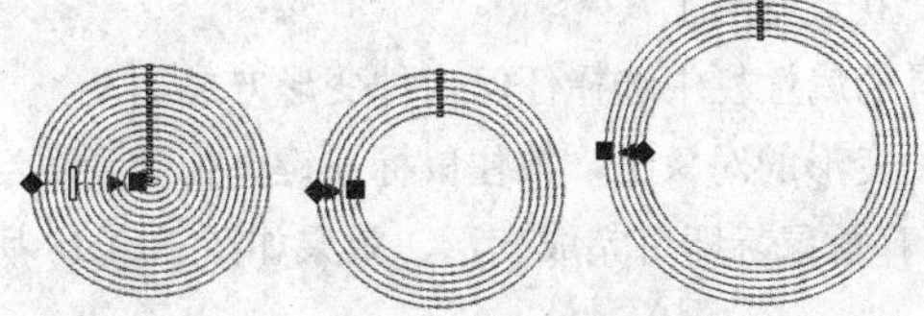

图 10.1.14　“到中心”、“向内”和“向外”扩展的对比效果

：在此微调框中可以设置轮廓的扩展个数。在其中分别输入“3”和“13”，可得到如图 10.1.15 所示的对比效果。

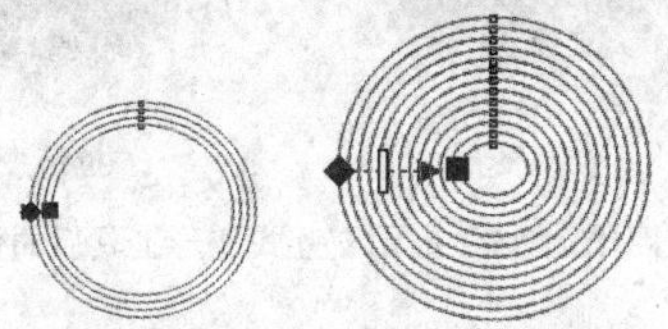

图 10.1.15　“轮廓图步数”分别为“3”和“13”的对比效果

：在此微调框中可以设置轮廓图的偏移量，偏移量越大，轮廓线之间的距离就越大。在其中分别输入“2”和“6”，可得到如图 10.1.16 所示的对比效果。

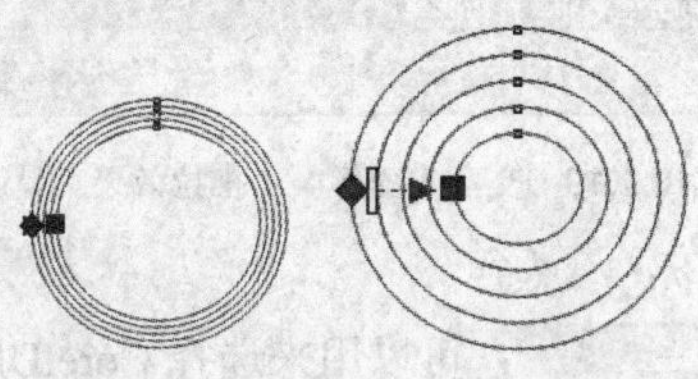

图 10.1.16　“轮廓图偏移”分别为“2”和“6”的对比效果

“线性轮廓图颜色”按钮：用于使扩展的轮廓颜色做直线渐变。

“顺时针的轮廓图颜色”按钮：用于使扩展的轮廓颜色按色盘的顺时针方向进行渐变。

“逆时针的轮廓图颜色”按钮：用于使扩展的轮廓颜色按色盘的逆时针方向进行渐变。

如图 10.1.17 所示是将对象边框设置为蓝色后，分别应用线性轮廓图颜色、顺时针的轮廓图颜色和逆时针的轮廓图颜色的对比效果。

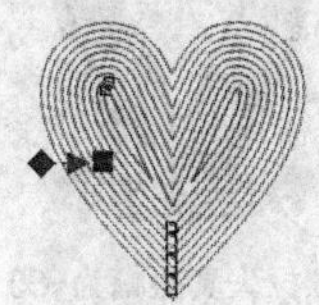

线性轮廓图颜色

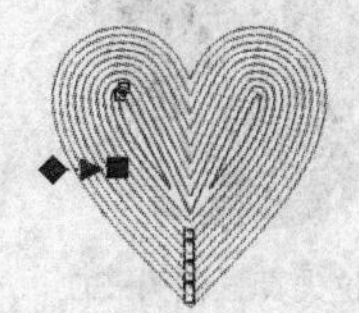

顺时针的轮廓图颜色

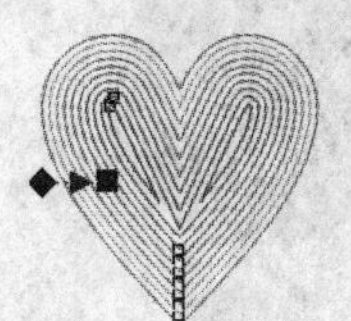

逆时针的轮廓图颜色

图 10.1.17　不同轮廓图颜色的对比效果

“轮廓色”选项：用于选择轮廓线的颜色。

“填充色”选项：用于选择对象填充的颜色。

“对象和颜色加速”按钮：其用法与意义和在“交互式调和工具”中是一样的。

10.1.3 交互式变形工具

交互式变形工具可用来不规则地改变对象的外观，使对象发生变形，从而产生特殊的效果，包括推拉变形、拉链变形和扭曲变形。其使用方法如下：

（1）在工具箱中选择交互式变形工具。

（2）在交互式变形工具的属性栏中选择任何一种变形方式。

（3）将鼠标移动到需要变形的对象上，按住鼠标左键并拖动到适当位置，此时可显示蓝色的变形提示线，当其形状满意后释放鼠标即可完成变形，效果如图 10.1.18 所示。

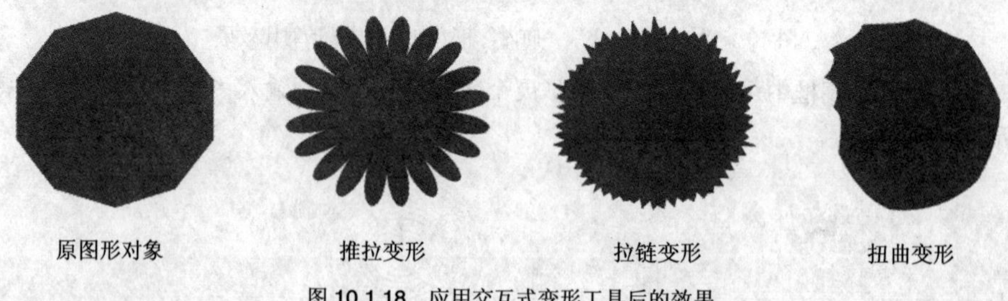

图 10.1.18 应用交互式变形工具后的效果

1．推拉变形

选择交互式变形工具后，在其属性栏上单击“推拉变形”按钮，打开如图 10.1.19 所示的属性栏。

图 10.1.19 交互式变形 - 推拉效果工具属性栏

该属性栏中的各选项介绍如下：

“预置列表”下拉列表：可以用来选择 CorelDRAW 自带的变形效果。

“推拉变形”按钮、“拉链变形”按钮和“扭曲变形”按钮：分别用来设置相应的变形效果。

“添加新的变形”按钮：用来添加另外一个变形到所选对象上。

“推拉失真振幅”微调框：用来调节推拉的幅度。如图 10.1.20 所示为原对象在“推拉失真振幅”中分别为-30 和-60 时的变形效果。

图 10.1.20 不同推拉失真振幅的变形效果

“中心变形”按钮：可以使对象沿图形的中心变形。

2．拉链变形

选择交互式变形工具后，在其属性栏中单击“拉链变形”按钮，可打开如图 10.1.21 所示的属性栏。

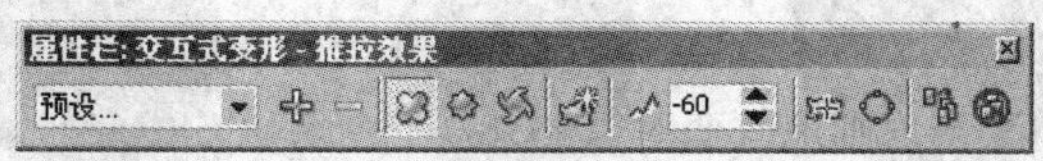

图 10.1.21　交互式变形 － 拉链效果属性栏

该属性栏中的各选项介绍如下：

“拉链变形频率”微调框：用来调节锯齿的形状。如图 10.1.22 所示为原对象在“拉链变形频率”中分别为“5”和“20”时的变形效果。

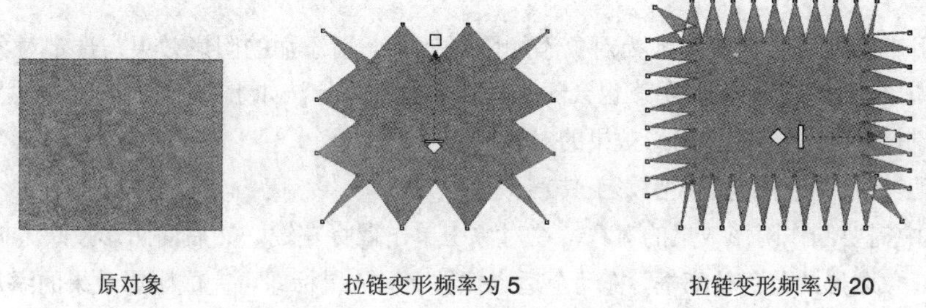

图 10.1.22　不同拉链变形频率的变形效果

“随机变形”按钮：可以使图形对象呈现出一种无规律的、随意的效果。

“平滑变形”按钮：可以使锯齿状变得圆滑。

“局部变形”按钮：用于对局部进行处理。

如图 10.1.23 所示是应用“随机变形”、“平滑变形”和“局部变形”后的效果。

图 10.1.23　不同变形的效果

3．扭曲变形

选择交互式变形工具后，在其属性栏中单击“扭曲变形”按钮，可打开如图 10.1.24 所示的属性栏。

图 10.1.24　交互式变形 － 扭曲效果属性栏

该属性栏中各选项介绍如下：

“顺时针旋转”按钮：用于设置对象按顺时针方向旋转扭曲。

“逆时针旋转”按钮：用于设置对象按逆时针方向旋转扭曲。

“完全旋转”微调框：用于设置旋转的圈数。

“附加角度”微调框：用于设置扭曲的角度。如图 10.1.25 所示为原对象在“附加角度”中分别为“70”和“180”时的变形效果。

图 10.1.25 不同附加角度的变形效果

10.1.4 交互式阴影工具

交互式阴影工具可以快速地为对象添加阴影效果，所添加的阴影效果与选定对象是动态链接在一起的，如果改变对象属性，阴影也会随之变化。其使用方法如下：

（1）绘制或打开需要制作阴影效果的对象。

（2）在工具箱中选择交互式阴影工具。

（3）选中需要制作阴影效果的对象，在对象上单击鼠标左键，然后向阴影投映方向拖动鼠标，此时会出现对象阴影的蓝色轮廓框，拖动至适当位置，释放鼠标即可完成阴影效果的添加，其效果如图 10.1.26 所示。

图 10.1.26 应用交互式阴影工具后的效果

拖动阴影控制线中间的调节钮，可以调节阴影的不透明程度。调节钮越靠近白色块时，其不透明度越小，阴影越淡；调节钮越靠近黑色块（或其他颜色块）时，其不透明度越大，阴影越浓。用鼠标从调色板中将颜色色块拖到黑色块中，方块的颜色则变为选定色，阴影的颜色也会随之改变为选定色；用鼠标从调色板中将颜色色块拖到白色块中，改变的是原图形对象的填充颜色，如图 10.1.27 所示。

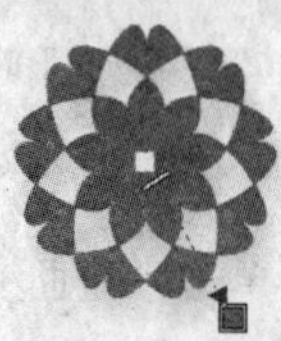

图 10.1.27 改变透明度及原图形对象和阴影颜色后的效果

选择交互式阴影工具后，可打开如图 10.1.28 所示的交互式阴影工具属性栏。

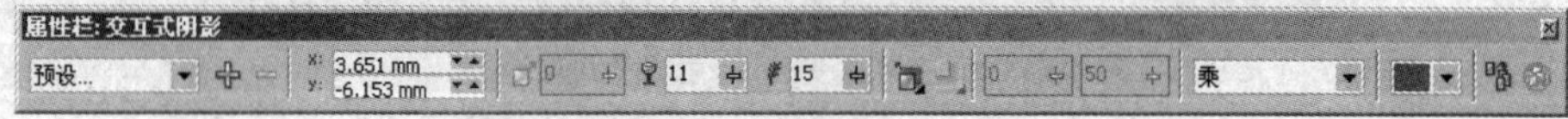

图 10.1.28 交互式阴影工具属性栏

该属性栏中各选项介绍如下：

“预置列表”下拉列表：用来选择 CorelDRAW 自带的阴影效果。

“阴影偏移量”微调框：用来调整 X 或 Y 方向的阴影偏移量。

“阴影角度”文本框：用于设置阴影的角度。

“阴影不透明度”文本框：用于调整阴影的明暗程度。

“阴影羽化”文本框：用于使阴影的边缘产生羽化的效果。

“阴影羽化方向”按钮：用于选择阴影的羽化方向。

“阴影羽化边缘”按钮：用于选择以不同的羽化阴影类型羽化所选对象的阴影边缘。

“阴影淡化”文本框：用于设置阴影减淡的程度。

“阴影延伸”文本框：用于设置阴影拉长或缩短的程度。

“阴影颜色”下拉列表：用于改变阴影的颜色。

10.1.5　交互式封套工具

交互式封套工具可以方便快捷地创建对象的封套效果，它是通过操纵边界框来改变对象的形状的。其使用方法如下：

（1）绘制或打开需要应用封套效果的对象。

（2）选中工具箱中的交互式封套工具。

（3）单击需要应用封套效果的对象，此时对象四周出现一个矩形封套虚线控制框，拖动控制框上的节点，即可改变对象的形状，如图 10.1.29 所示。

图 10.1.29　使用交互式封套工具后的效果

选择交互式封套工具后，可打开如图 10.1.30 所示的交互式封套工具属性栏。

图 10.1.30　交互式封套工具属性栏

该属性栏中的各选项介绍如下：

“预置列表”下拉列表：可以用来选择 CorelDRAW 自带的封套效果。

“添加节点”按钮：用于在封套上添加节点。其使用方法是在封套上单击一下，然后单击“添加节点”按钮，如图 10.1.31 所示。

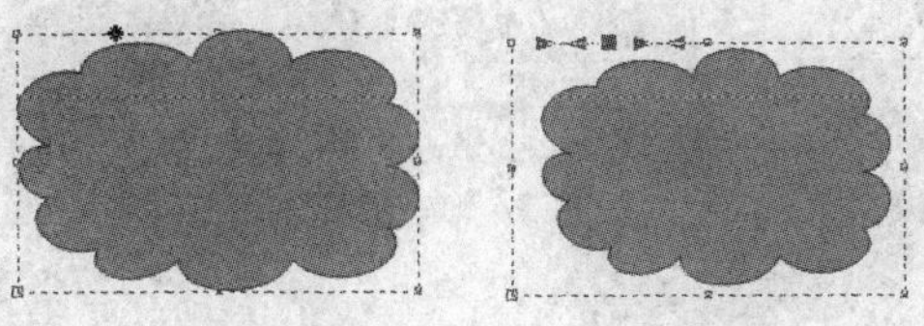

图 10.1.31　在封套上添加节点

“删除节点”按钮：用于在封套上删除节点。其使用方法是在封套上已存在的节点上单击一下，然后单击“删除节点”按钮，如图 10.1.32 所示。

图 10.1.32 在封套上删除节点

“转换曲线为直线”按钮：可以通过封套上的节点将曲线转换为直线。

“转换直线为曲线”按钮：可以通过封套上的节点将直线转换为曲线。

“使节点成为尖突”按钮：用来将封套上的节点转化为尖突节点。

“生成平滑节点”按钮：用来将封套上的节点转化为平滑节点。

“生成对称节点”按钮：用来将封套上的节点转化为对称节点。

“转化成曲线”按钮：用来将对象上的封套转换为路径，从而可以像编辑路径一样进行编辑。当封套转换为路径后，才可以将“直线模式”按钮、“单弧模式”按钮、“双弧模式”按钮和“非强制模式”按钮激活。

“直线模式”按钮：用于对封套节点进行水平或垂直移动，使封套的外形呈直线式的变化，如图 10.1.33 所示。

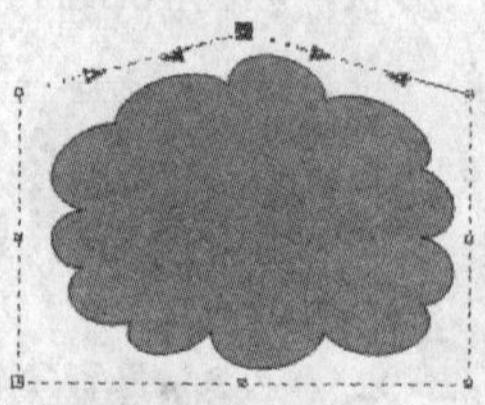

图 10.1.33 直线模式

按住“Ctrl”键，可以使封套上的节点做平行同向移动，如图 10.1.34 所示。

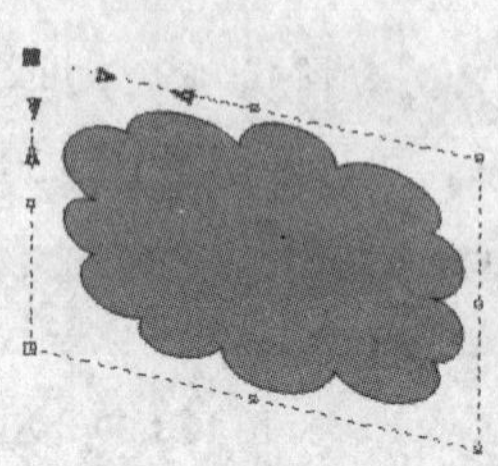

图 10.1.34 按住“Ctrl”键的直线模式

按住“Shift”键，可以使封套上的节点做平行反向移动，如图 10.1.35 所示。

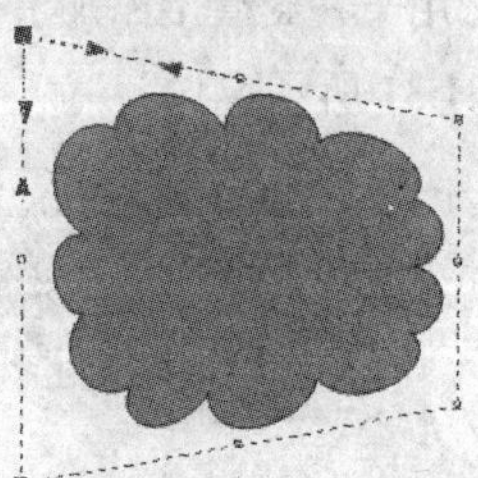

图 10.1.35 按住“Shift”键的直线模式

按住“Ctrl+Shift”键，可以同时移动封套上 4 条边或 4 个角上的节点，如图 10.1.36 所示。

 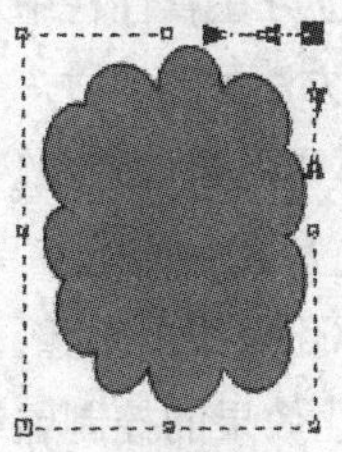

图 10.1.36　按住“Ctrl+Shift”键的直线模式

“单弧模式”按钮：用来使封套外形的某一边呈弧形变化，如图 10.1.37 所示。

 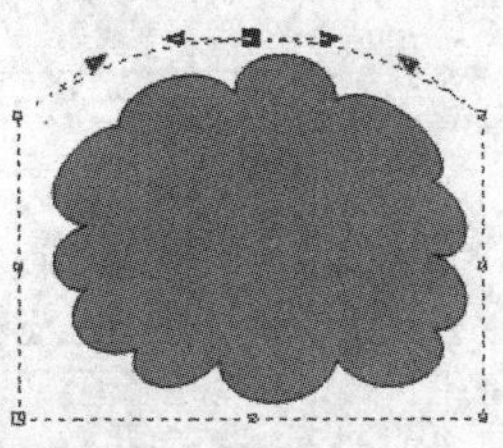

图 10.1.37　单弧模式

“双弧模式”按钮：用来使封套外形的某一边呈 S 形变化，如图 10.1.38 所示。

 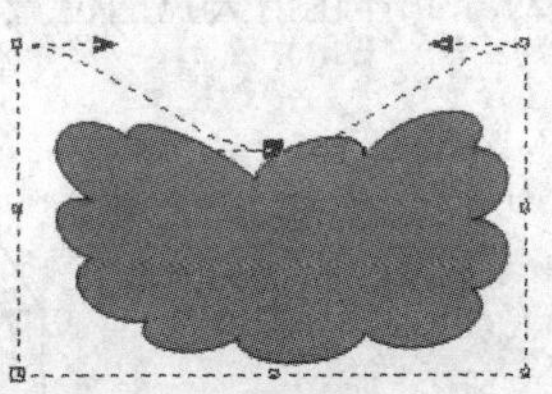

图 10.1.38　双弧模式

“非强制模式”按钮：可以用来任意拖动封套节点，制作满意的对象外形，如图 10.1.39 所示。

 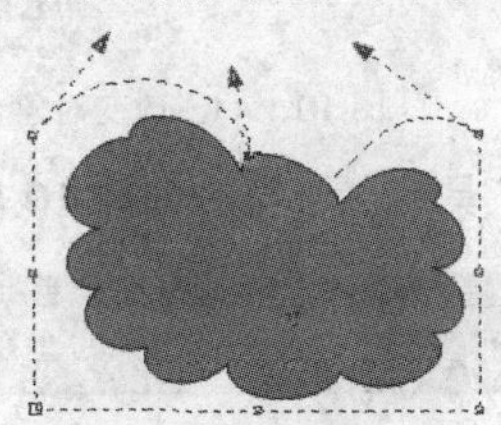

图 10.1.39　非强制模式

“添加新封套”按钮：用来在已改动过的封套上再添加一个新的封套。

“映射模式”下拉列表自由变形：用来设置 CorelDRAW 将对象装入封套的映射方式。

“保留直线”按钮：用来使封套上的直线保持不变。

“复制封套属性”按钮：用来将另一个封套对象的属性复制到当前的封套对象上。

“创建封套自”按钮：用来将另一个封套的外形复制到当前的封套对象上。

“清除封套效果”按钮：用来删除封套效果。

10.1.6　交互式立体化工具

交互式立体化工具可以为对象添加具有专业水准的矢量图或位图立体化效果，它是利用三维空

间的立体旋转和光源照射的功能为对象添加上产生明暗变化的阴影，从而能够制作出逼真的三维立体效果。创建立体化效果后，也可在属性栏中对立体化效果进行设置，如设置立体化的深度、方向、颜色以及灭点坐标等。其使用方法如下：

（1）绘制需要应用立体化效果的对象。

（2）选择工具箱中的交互式立体化工具。

（3）选定需要添加立体化效果的对象，在对象中心按住鼠标左键并向添加立体化效果的方向拖动，此时对象上会出现立体化效果的控制虚线，拖动到适当位置后释放鼠标，即可完成立体化效果的添加，如图 10.1.40 所示。

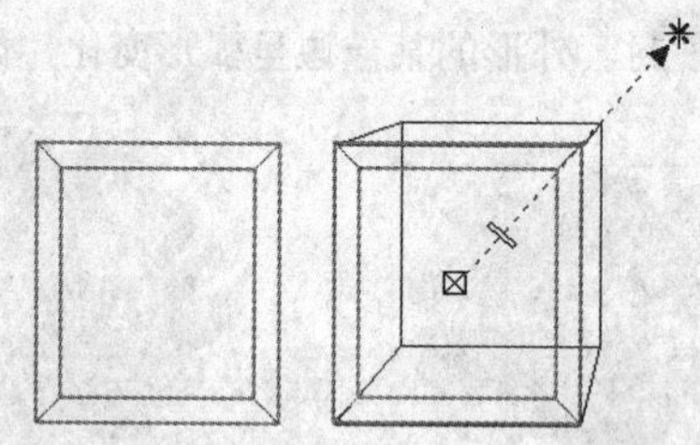

图 10.1.40　应用交互式立体化工具后的效果

在图 10.1.40 中拖动控制线中的调节钮，可以改变对象立体化的深度；拖动控制线箭头所指一端的控制点，可以改变对象立体化消失点的位置，调节后的效果如图 10.1.41 所示。

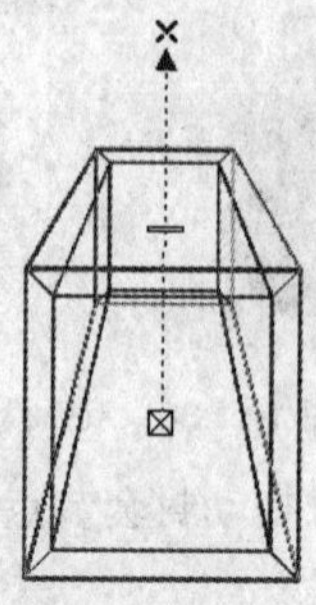

图 10.1.41　改变对象立体化的深度和消失点的位置

选择交互式立体化工具后，可打开如图 10.1.42 所示的交互式立体化工具属性栏。

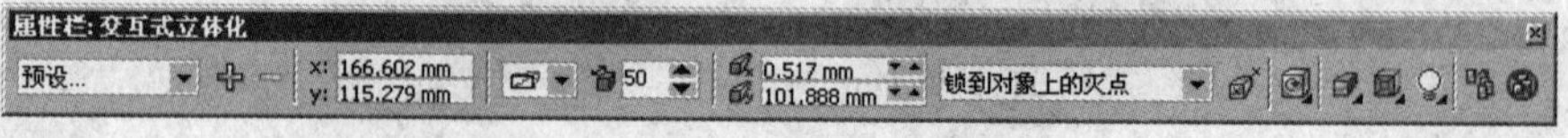

图 10.1.42　交互式立体化工具属性栏

该属性栏中的各选项介绍如下：

“预置列表”下拉列表：可以用来选择 CorelDRAW 自带的立体化效果。

“对象的位置”文本框：用于显示和设置当前对象的中心在绘图页中的位置。

“立体化类型”下拉列表：为用户提供了 6 种立体化类型。

“深度”微调框：用于确定立体化的深度。

“灭点坐标”文本框：用于设置灭点的位置，其数值越大，对象立体化的深度就越深。

“灭点属性”下拉列表：为用户提供了几种不同的灭点属性。

“灭点对象/灭点页面”按钮：可以用来相对于对象和页面定义灭点。

“立体的方向”按钮：可以通过直接旋转或输入数值来调节对象的角度。

“立体的颜色”按钮：用来给立体对象填充颜色。

“立体的斜角修饰边”按钮：可以用来使立体的对象产生斜边倒角的效果。

“立体照明”按钮：可以用来给物体加上灯光，模拟灯光的仿真效果。

10.1.7　交互式透明工具

交互式透明工具可以用来为对象添加“标准”、“渐变”、“图案”和“材质”等透明效果。其使用方法如下：

（1）绘制需要应用透明效果的对象。

（2）选择工具箱中的交互式透明工具。

（3）选中需要填充的对象，在属性栏中设置相应的填充类型及其属性选项后，即可填充该对象。如图 10.1.43 所示是对一个圆形进行透明填充后的效果。

如图 10.1.44 所示，在其下层所绘制的花朵清晰可见。

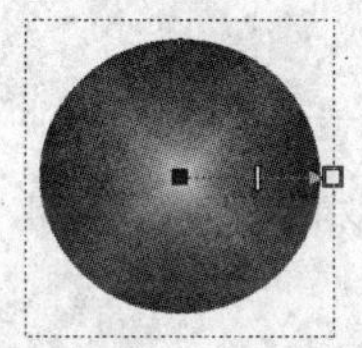

图 10.1.43　应用交互式透明工具的效果

图 10.1.44　透明填充效果的显示

在工具箱中选择交互式透明工具，单击图形对象，可打开如图 10.1.45 所示的交互式透明工具属性栏。

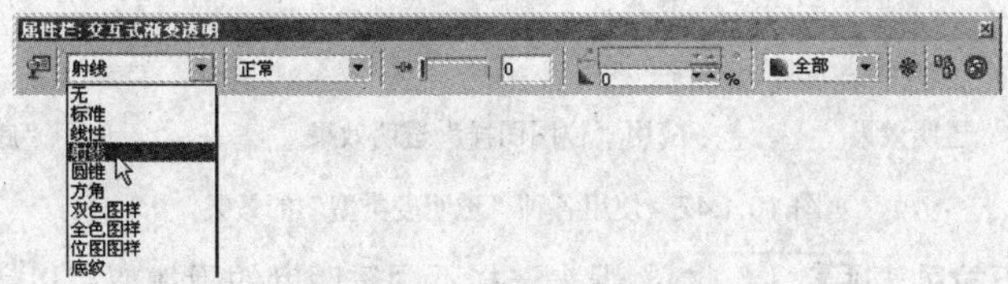

图 10.1.45　交互式透明工具属性栏

该属性栏中的各选项介绍如下：

“编辑透明度”按钮：单击该按钮，可以打开如图 10.1.46 所示的“渐变透明度”对话框。在此对话框中，用户可以进行透明度参数的设置。

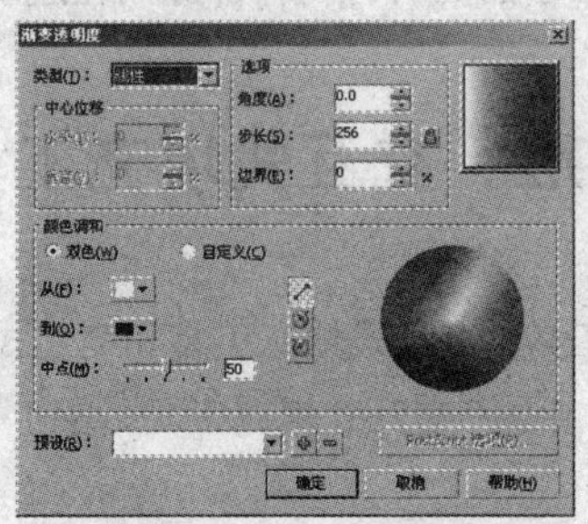

图 10.1.46　“渐变透明度”对话框

“类型”下拉列表：为用户提供了“标准”、“线性”、“射线”、“圆锥”、“方角”、“双色图样”、“全色图样”、“位图图样”和“底纹”等类型的透明度填充方式。选择需要的类型后，可以在后续选项中进行相应的设置。将使用各种透明度类型的效果一一列举出来，效果如图 10.1.47 所示。

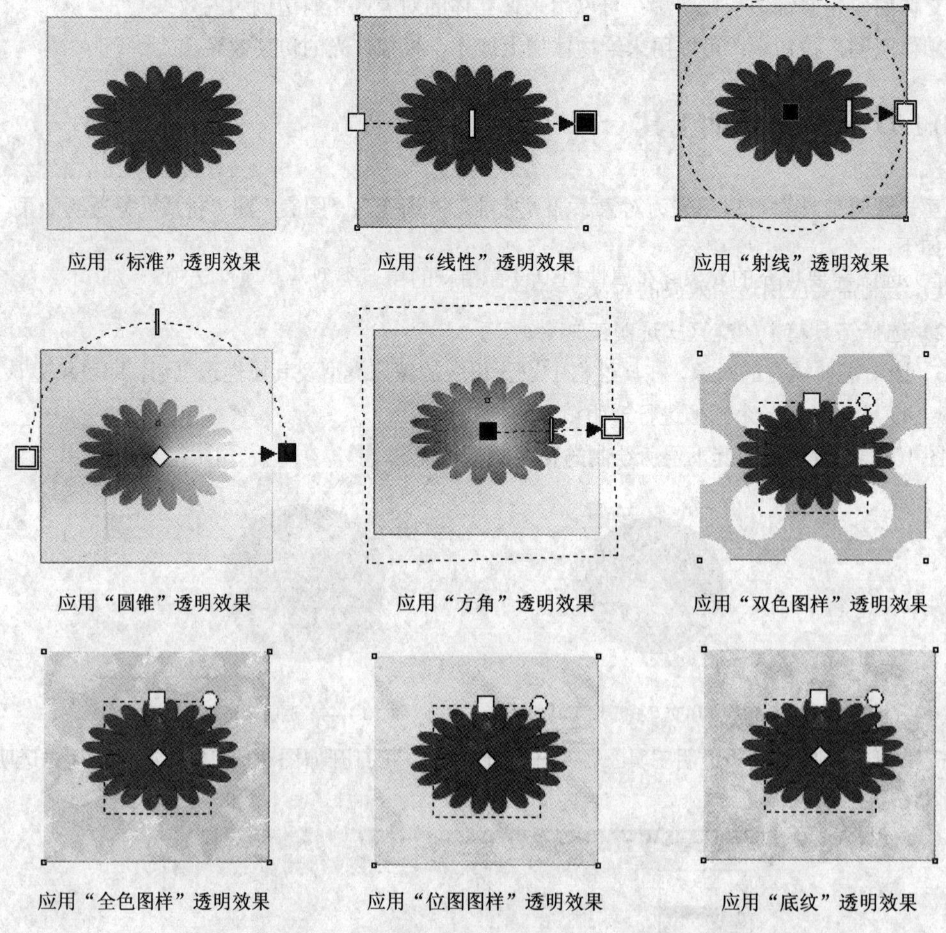

应用“标准”透明效果　应用“线性”透明效果　应用“射线”透明效果

应用“圆锥”透明效果　应用“方角”透明效果　应用“双色图样”透明效果

应用“全色图样”透明效果　应用“位图图样”透明效果　应用“底纹”透明效果

图 10.1.47　使用各种“透明度类型”的效果

“透明度操作”下拉列表 正常 ：用来选择不同透明度的附加值，以达到不同的效果。

“透明中心点”文本框 8 ：用来控制透明效果离中心的扩展远近。

“渐变透明角度和边衬”文本框：用来控制透明效果的角度和边缘的远近大小。

“透明目标”下拉列表 全部 ：用户可在此选择对对象的填充和轮廓全部或单独进行透明处理。

“冻结”按钮：可将透明对象下面的所有物体都冻结在透明对象上。

10.2　交互式填充工具组

交互式填充工具组中包括两种工具：交互式填充工具和交互式网状填充工具。这两种工具可以使用户更加灵活方便地进行颜色填充。单击“交互式填充工具”按钮右下角的黑三角，弹出如图 10.2.1 所示的交互式填充工具组。

交互式填充工具　交互式网状填充工具

图 10.2.1　交互式填充工具组

10.2.1　交互式填充工具

交互式填充工具实际上是各种填充工具集合后的快捷方式，它可以完成在对象中添加各种类型的填充。其使用方法如下：

（1）绘制需要进行填充的对象。

（2）选择工具箱中的交互式填充工具。

（3）选中需要填充的对象，在属性栏中设置相应的填充类型及其属性选项后，即可填充该对象，如图 10.2.2 所示。

（4）建立填充后，通过设置“起始填充色”和“结束填充色”下拉列表框中的颜色和拖动填充控制线及中心控制点的位置，可随意调整填充颜色的渐变效果，调整后的效果如图 10.2.3 所示。

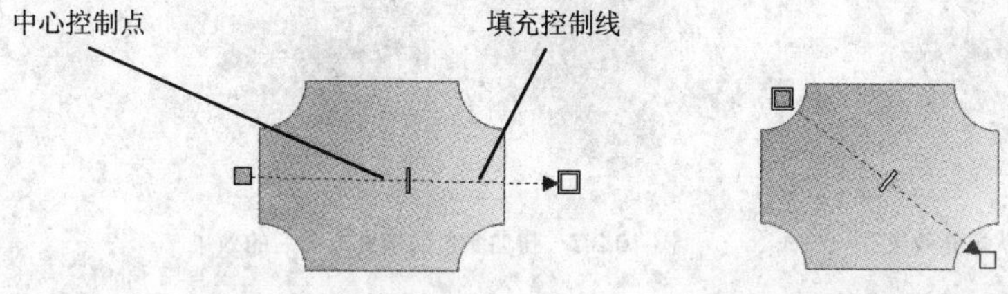

图 10.2.2　填充效果　　　　图 10.2.3　调整后的填充效果

选择交互式填充工具，单击图形对象，可打开如图 10.2.4 所示的交互式填充工具属性栏。

图 10.2.4　交互式填充工具属性栏

该属性栏中各选项介绍如下：

“填充类型”下拉列表标准填充：提供了各种填充类型，即“无填充”、“标准填充”、“线性填充”、“射线填充”、“圆锥渐变填充”、“方角渐变填充”、“双色图样填充”、“全色图样填充”、“位图图样填充”、“底纹填充”和“Postscript 填充”。尽管每一种填充类型都有各自不同的属性栏，但其操作步骤和设置方法基本相同。

“编辑填充”按钮：当选择不同的填充类型时，单击此按钮可以弹出所选填充类型的对话框。在相应的对话框中，用户可进行该填充类型的属性设置。

10.2.2　交互式网状填充工具

交互式网状填充工具是一种特殊的填充工具，它可以轻松地创建复杂多变的网状填充效果，同时还可以将每一个网格点填充不同的颜色并定义颜色的扭曲方向，从而使各个网格点上所填充的颜色相互渗透、混合，得到自然而有层次感的填充效果。其使用方法如下：

（1）绘制需要进行网格填充的对象。

（2）选择工具箱中的交互式网状填充工具。

（3）在如图 10.2.5 所示的交互式网状填充工具属性栏中设置网格数目。

图 10.2.5　交互式网状填充工具属性栏

如图 10.2.5 所示的属性栏中的上、下两个文本框分别用来设置列和行数。、、、、、、几个按钮的功能与曲线编辑中相应的按钮功能相似，用来增删网格的数量和编辑网格的形状。

（4）单击需要填充的节点，然后在调色板中选定需要填充的颜色，即可为该节点填充颜色，填充效果如图 10.2.6 所示。

（5）拖动选中的节点，即可扭曲颜色的填充方向，效果如图 10.2.7 所示。

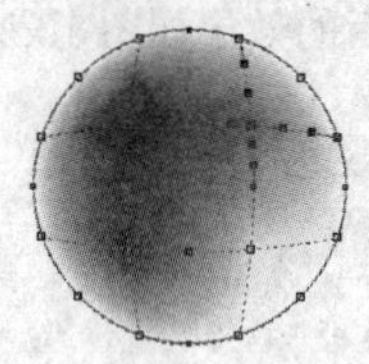

图 10.2.6　网状填充效果

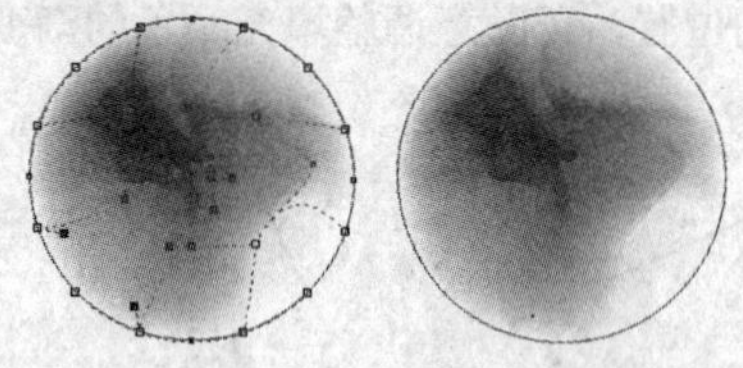

图 10.2.7　扭曲颜色的填充方向后的效果

10.3　上 机 练 习

本节将绘制苹果的效果，在绘制过程中主要用到贝赛尔工具、交互式网状填充工具、交互式调和工具等，最终效果如图 10.3.1 所示。

图 10.3.1　效果图

操作步骤

（1）选择工具箱中的“贝赛尔工具”按钮，在画面上绘制出如图 10.3.2 所示的封闭图形。

（2）选择工具箱中的“交互式网状填充工具”按钮，单击需要填充的地方，在调色板中选定红色色块，为所绘制的封闭图形填充大红色，并单击调色板最上方的“无填充”按钮去掉其轮廓色，效果如图 10.3.3 所示。

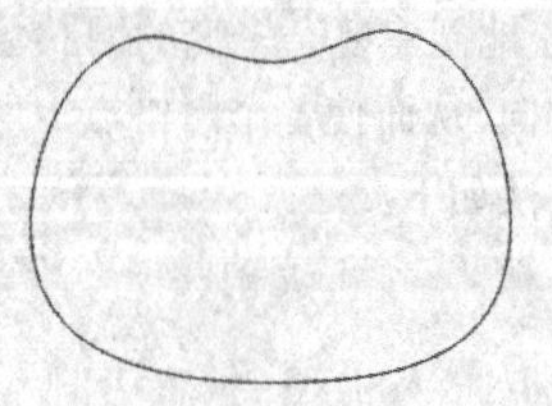

图 10.3.2　绘制封闭图形

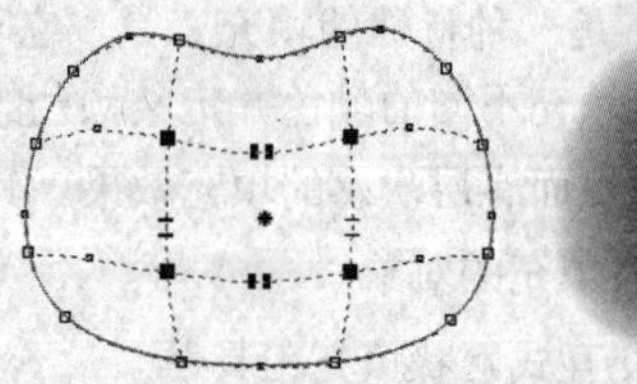

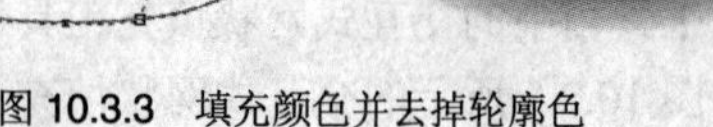

图 10.3.3　填充颜色并去掉轮廓色

（3）选择工具箱中的“贝赛尔工具”按钮，在画面上绘制出如图 10.3.4 所示的封闭图形。

（4）选中封闭图形，按住“Shift”键单击鼠标左键并拖动，将其缩小到适当大小，单击鼠标右键将其复制，如图 10.3.5 所示。

（5）将外面的大的图形填充为宝石红，里面小的图形填充为黄沙，按“Ctrl+A”键将其全选中后单击调色板最上方的“无填充”按钮去掉其轮廓色，如图 10.3.6 所示。

图 10.3.4　绘制封闭图形

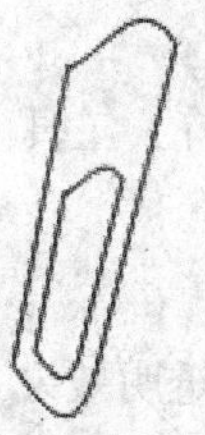

图 10.3.5　缩小图形并复制

图 10.3.6　填充颜色并去掉轮廓色

（6）选择工具箱中的“交互式调和工具”按钮，属性设置如图 10.3.7 所示，为所绘制的封闭图形添加调和效果，如图 10.3.8 所示。

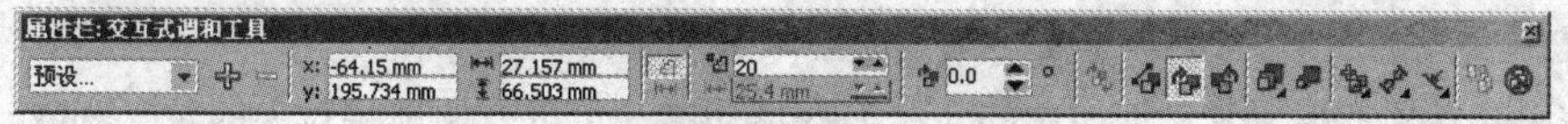

图 10.3.7　设置交互式调和工具的属性

图 10.3.8　填充调和效果图形

（7）将所添加调和效果的图形放置到图中合适的位置，调整它的大小，最终效果如图 10.3.1 所示。

本 章 小 结

本章主要介绍了交互式调和工具组和交互式填充工具组中各工具的使用方法。通过本章的学习，用户应充分了解并掌握交互式工具的属性及使用方法。

习　题　十

一、填空题

1．交互式调和工具组包括______、______、______、______、______、______和______7 种交互式特效工具。

2．交互式调和工具可以用来创建对象之间的______、______、______及______的过渡效果。

3．普通选取是指简单地选取对象，包括对象的________选取、________或________选取对象、________对象。

4. CorelDRAW X3 中提供了 4 种封套模式，即________、________、________和________。

5. 交互式透明工具可以为对象填充多种透明效果，如________、________、________和________。

6. 使用交互式变形工具可以对对象创建 3 种变形效果，即________、________和________。

7. ________工具是针对对象外框变形的工具，使用它可以在超始对象和结束对象之间创建一系列的轮廓和填充的渐变过渡效果。

二、选择题

1. CorelDRAW X3 提供了（ ）种交互式工具。

A．9　　B．8

C．7　　D．6

2. 使用（ ）工具，可以为对象添加透明效果。

A．交互式立体化工具　　B．交互式填充工具

C．交互式透明工具　　D．交互式阴影工具

3. 为对象添加立体效果，可使用（ ）。

A．交互式调和工具　　B．交互式立体工具

C．交互式变形工具　　D．交互式透明工具

4. 使用交互式变形工具属性栏中的（ ）变形功能，可以方便地将对象的轮廓变成一定的参数设置下随机生成的节点和折线，从而产生锯齿效果。

A．扭曲　　B．推拉

C．拉链　　D．以上都可以

三、上机操作题

1. 按照本章提供的实例绘制心形和红花。

2. 试绘制一个如题图 10.1 所示的齿轮。

3. 练习创建一个对象并对其使用交互式工具创建各种效果。

4. 利用本章知识试绘制如题图 10.2 所示的图形对象。

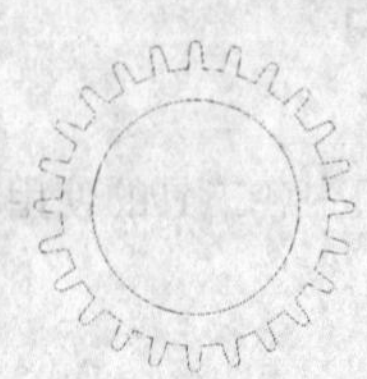

题图 10.1

题图 10.2

5. 利用本章所学的交互式变形工具与交互式阴影工具制作如题图 10.3 所示的效果。

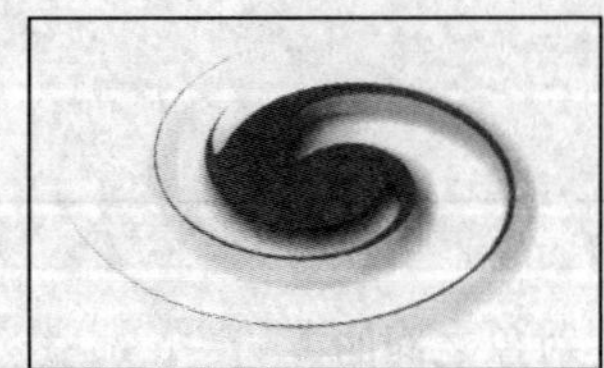

题图 10.3

第11章 使用文本

本章要点

☑ 文本的创建与编辑

☑ 文本的特殊编辑及效果制作

学习目标

CorelDRAW X3 是具备专业文字处理和专业彩色排版功能的软件，因此它对文字有很强的编辑和处理能力。本章将重点介绍文本的创建、编辑及效果制作的方法。

11.1 文本的创建与编辑

文本是 CorelDRAW X3 中具有特殊属性的图形对象。选择工具箱中的文本工具，在绘图页中单击鼠标，打开如图 11.1.1 所示的文本工具属性栏。

图 11.1.1 文本工具属性栏

该属性栏中各选项介绍如下：

"字体"下拉列表：用来选择不同的字体。

"字体大小"下拉列表：用来选择字体大小或输入数值来改变字体大小。

"粗体"、"斜体"与"下画线"按钮，用来给字体加粗、使字体倾斜和给字体加下画线。

"水平对齐"按钮：单击此按钮，用户可在弹出的菜单中选择不同的对齐方式，如图 11.1.2 所示共有"无"、"左"、"居中"、"右"、"全部对齐"和"强制调整"6 种对齐方式。

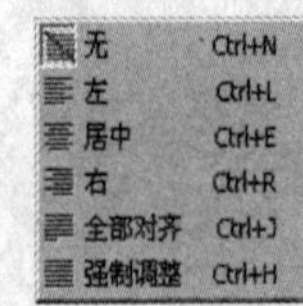

图 11.1.2 对齐方式的选择

"显示/隐藏项目符号"、"显示/隐藏首字下沉"以及"非打印字符"按钮：起意义即按钮名称。"非打印字符"指的是软回车、硬回车、制表位及空格。

"格式化文本"按钮：用来打开"格式化文本"对话框，在其中可以对文本的字体及格式等进行设置。

"编辑文本"按钮：用来打开"编辑文本"对话框，并进行相关设置。

"水平排列文本"按钮：用来使垂直的文本水平排列。

"垂直排列文本"按钮：用来使水平的文本垂直排列。

在 CorelDRAW X3 中具有两种文本模式：美术字文本和段落文本。文本工具属性栏中的属性既可应用于美术字文本，也可应用于段落文本。下面对这两种文本模式的创建和编辑进行具体介绍。

11.1.1 美术字文本的创建与编辑

在 CorelDRAW X3 中，美术字文本相当于图形对象，因此可以应用 CorelDRAW X3 中的所有图形操作命令和工具来制作丰富的文字特效。美术字文本比较适合于制作标题字及简短的广告语。

1. 美术字文本的创建

使用键盘输入是添加美术字文本最常用的操作，其操作方法如下：

（1）在工具箱中选择文本工具或按快捷键"F8"。

（2）在绘图页中的适当位置单击鼠标，将会出现闪动的光标，通过键盘直接输入美术字文本，如图 11.1.3 所示。

CorelDRAW

图 11.1.3 添加美术字文本

图 11.1.4 应用文本工具时选中文字

（3）在应用文本工具输入或编辑美术字文本时，可以选中文字（见图 11.1.4），然后在文本工具属性栏中设置该文字字体、字号及各种段落属性。或者当输入完成后选择挑选工具选定已输入的文本（见图 11.1.5），在文本工具属性栏中进行设置。

CorelDRAW

图 11.1.5 用挑选工具选定已输入的文本

2. 美术字文本的编辑

美术字文本在转换为曲线前可以用文本工具属性栏或者形状工具及各种填充工具对其进行编辑。当它转换为曲线对象以后就不再具有文本属性，而是一个矢量图形，这时就可以对其应用前面所介绍的各种编辑图形的方法进行编辑。这里仅介绍美术字文本转换为曲线对象之前的编辑方法。

（1）美术字文本字距、行距的调整。在绘图页中输入“平面设计”几个字，然后选取形状工具，在如图 11.1.6 所示的字距控制点处拖动鼠标来改变文本的字距，在如图 11.1.6 所示的行距控制点处拖动鼠标来改变文本的行距，调整后的效果如图 11.1.7 所示。也可以在属性栏中单击“格式化文本”按钮，在打开的“格式化文本”对话框中调整字距与行距，进行精确设置。

图 11.1.6 字距与行距的调整　　图 11.1.7 调整后的效果

（2）字符控制点的应用。使用形状工具选中文本时，每一个字符左下角都有一个空心矩形框（选中时为实心矩形），这就是字符控制点，选中并拖动字符控制点，即可移动该字符，如图 11.1.8 所示。

选中控制点时，用鼠标单击调色板上的颜色色块，即可改变该字符的填充色及其轮廓色，如图 11.1.9 所示。

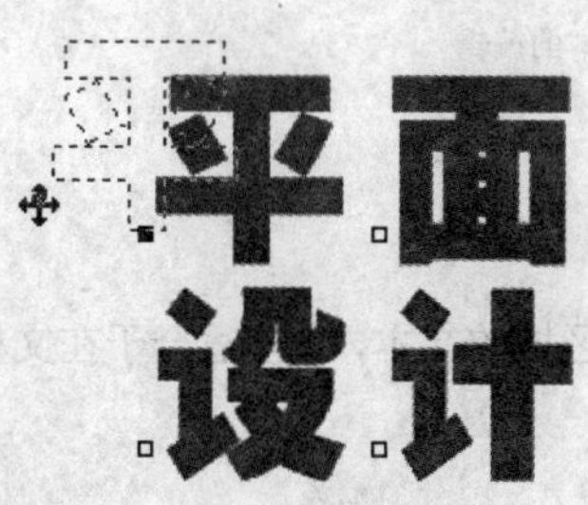

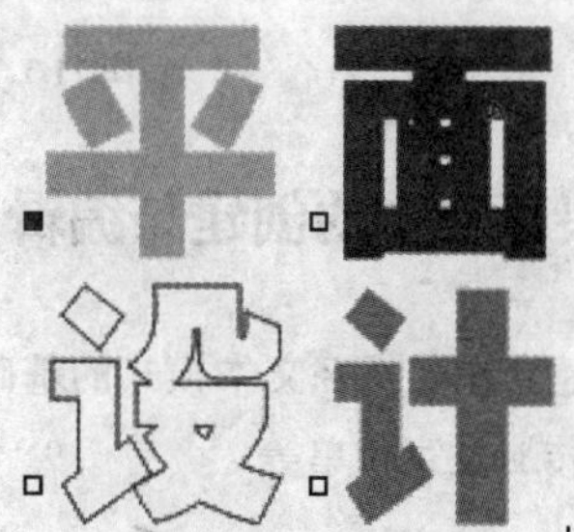

图 11.1.8 移动字符　　图 11.1.9 改变字符的颜色

使用形状工具选中文本中任何一个字符控制点后，可打开如图 11.1.10 所示的调整文字间距属性栏，在其中进行设置即可改变该字符的属性。

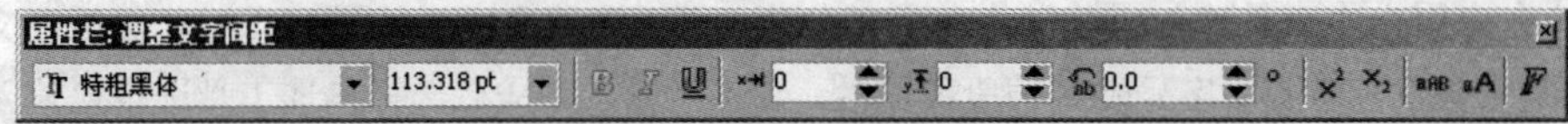

图 11.1.10 调整文字间距属性栏

该属性栏中各选项介绍如下：

“水平移位”微调框：用来调整在 X 方向上的位置。

“垂直移位”微调框：用来调整在 Y 方向上的位置。

使用键盘上的方向键“→”、“←”、“↑”、“↓”也可以达到水平移位和垂直移位的效果，同时微调框中的数值也会发生相应的变化。

“旋转角度”微调框：用来调整字符的旋转角度，如图 11.1.11 所示是“平”字旋转了 30° 后的效果。

“上标”按钮：用于将字符设置为上标。如图 11.1.12 所示，选中“3”的控制点，然后单击“上标”按钮，即可将“3”设置为上标。

图 11.1.11 旋转效果

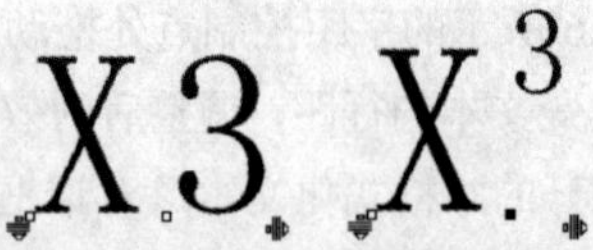

图 11.1.12 设置上标

“下标”按钮：用于将字符设置为下标。其操作方法与“上标”设置相同。

“小型大写字符”按钮：用于将小写字母转换为大写字母。如图 11.1.13 所示，同时选中“eqy”字母的控制点，然后单击“小型大写字符”按钮即可将“eqy”转换为大写字母。

图 11.1.13 将小写字母转换为大写字母

如图 11.1.14 所示是结合各种编辑方法制作的美术字文本。

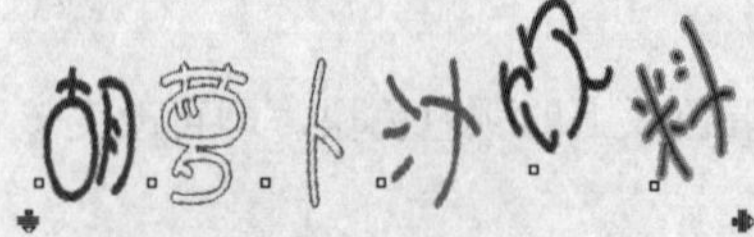

图 11.1.14 美术字文本的编辑

11.1.2 段落文本的创建与编辑

段落文本是建立在美术字文本模式的基础上的大块区域的文本，比较适合于在文档中添加大型文本，如报纸、宣传册及宣传单等。

1．段落文本的创建

添加段落文本的操作步骤如下：

（1）在工具箱中选择文本工具。

（2）在绘图页中的适当位置单击鼠标左键并拖动出一个虚线矩形框后，即可在闪动光标后输入

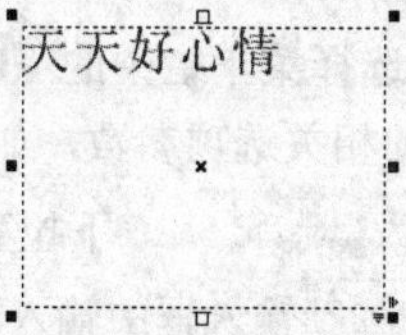

文字，如图 11.1.15 所示。

对于在其他的文字处理软件中已经编辑好的文本，只需要将其复制到 Windows 的剪贴板中，然后在 CorelDRAW X3 段落文本框中按下“Ctrl+V”键进行粘贴即可复制文本。

天天好心情

图 11.1.15　创建段落文本框并输入文字

2. 段落文本的编辑

段落文本的编辑，如字体设置、应用粗斜体、排列对齐、添加下划线等都与美术字文本编辑是相同的。因此这里只介绍专用于段落文本编辑的一些选项。

（1）调整段落文本的框架。为了让文本框架在宣传页中的宽度、高度及位置适合，就需要对段落文本的框架进行调整。其调整方法如下：

选择工具箱中的挑选工具，用鼠标在段落文本上单击一下，就会显示出框架的范围和控制点，如图 11.1.16 所示。

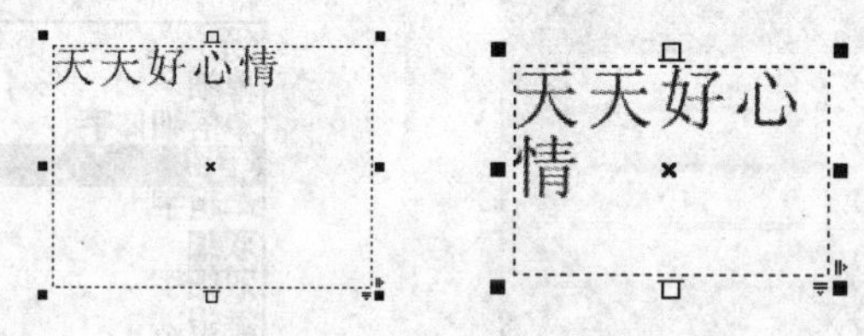

图 11.1.16　段落文本框的编辑

在图 11.1.16 中，行距控制点和字距控制点与美术字文本编辑中的用法是一样的；拖动框架上方的控制点或下方的控制点可以调整框架的长度，拖动其他控制点可调整框架的宽度和大小；文本框下方正中的控制点呈状表示框架中的文字已排完，文本框下方正中的控制点呈状表示框架中的文字未排完。

（2）框架间文字的连接。若文字在一个框架中未排完，还需要在第二个框架中续排，而且当调整框架的大小时，文字会自动地调整以保持续排，这时就需要进行框架间文字的连接。其方法如下：

选择挑选工具，单击文本框架下方正中的控制点，这时光标变成了横格纸形状，在绘图页中的适当位置单击鼠标左键并拖出一个矩形，释放鼠标后就会出现另一个文本框架，在第一个框架中未显示完的文字在这个框架中被显示，如图 11.1.17 所示。如果文字在这个框架中仍未被显示完，还可以继续拖动出下一个框架来显示。

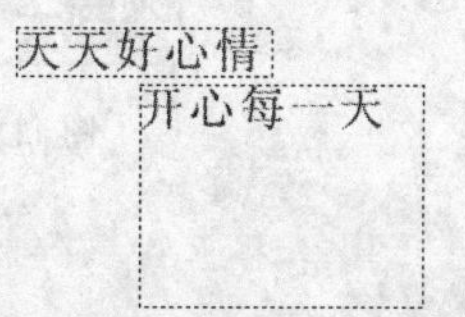

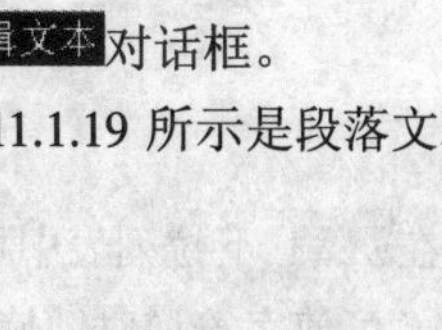

图 11.1.17　框架间文字的连接

（3）在“编辑文本”对话框中进行段落文本的编辑。单击“编辑文本”按钮或按快捷键“Ctrl+Shift+T”，即可打开如图 11.1.18 所示的编辑文本对话框。

“编辑文本”对话框将文本工具属性栏的属性设置集合于一体。如图 11.1.19 所示是段落文本应用了各项设置后的效果。

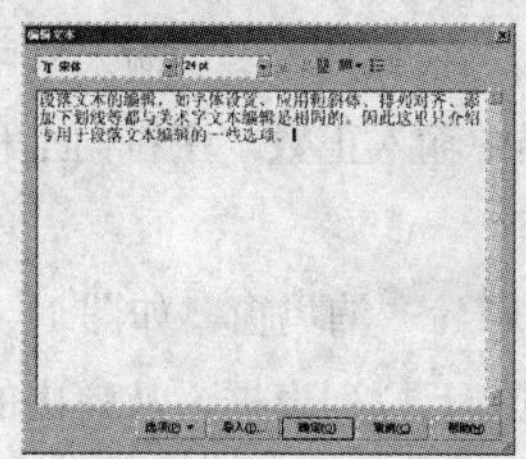

图 11.1.18　“编辑文本”对话框

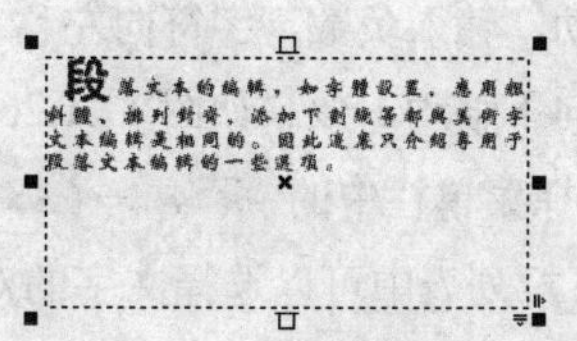

图 11.1.19　在“编辑文本”对话框中对段落文本进行设置后的效果

（4）选择菜单栏中的文本(T)→字符格式化(F)命令，打开字符格式化泊坞窗，在其中显示着设置字符的相关选项参数，如图 11.1.20 所示。

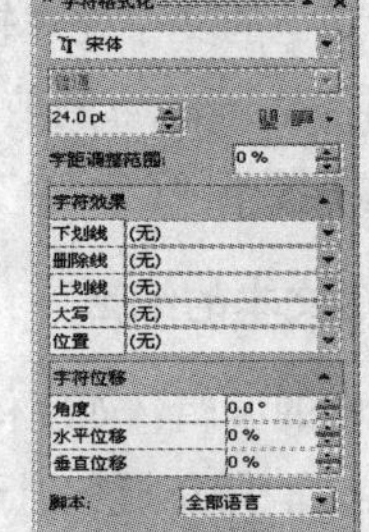

图 11.1.20 “字符格式化文本”对话框

在宋体下拉列表中可设置文本的字体。

在24.0 pt输入框中输入数值，可设置文本字体的大小。

在脚本:下拉列表框全部语言中可设置文本的属性，如亚洲、拉丁文、中东文等。

在字符效果列表框中提供了 5 种可设置字符属性的选项，如图 11.1.21 所示。从中可选择相应的线型，对文本对象进行下画线、删除线以及上画线等设置。

单击下划线、删除线和上划线右侧的下拉列表框，可弹出其选项，如图 11.1.22 所示。从中可选择相应的线型，对文本对象进行下画线、删除线以及上画线等设置。

字符效果	
下划线	(无)
删除线	(无)
上划线	(无)
大写	(无)
位置	(无)

图 11.1.21 字符效果列表框

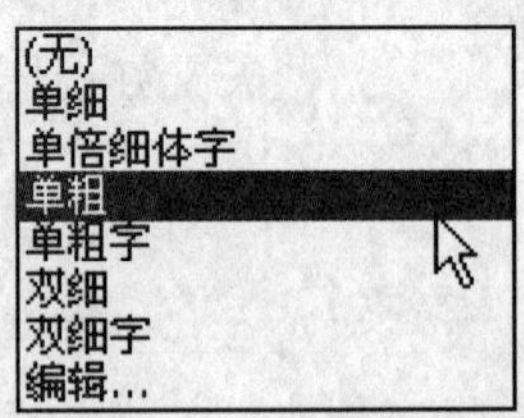

图 11.1.22 下画线下拉列表

单击大写右侧的下拉列表框，可弹出如图 11.2.23 所示的下拉列表，从中选择相应的选项可设置字母大小写。

单击位置右侧的下拉列表框，可弹出如图 11.2.24 所示的下拉列表，从中可选择相应的选项来设置所选文本的上下标，如图 11.1.25 所示。

图 11.1.23 大写下拉列表

图 11.1.24 位置下拉列表

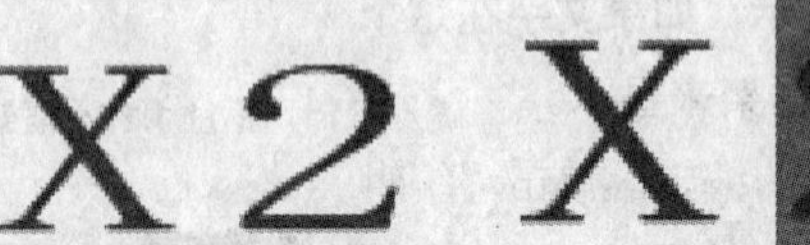

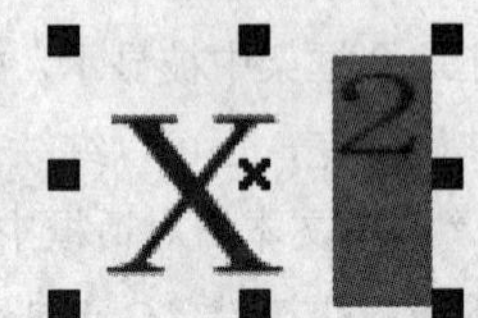

图 11.1.25 设置文字的位置

在字符位移下拉列表中可设置字符的角度、水平与垂直偏移的方向。在角度输入框中输入正数，可使字符逆时针旋转，输入负数，可使字符顺时针旋转；在水平位移输入框中输入正数，字符向右移动，输入负数，字符向左移动；在垂直位移输入框中输入正数，字符向上移动，输入负数则使字符向下移动，效果如图 11.1.26 所示。

（5）选择菜单栏中的文本(T)→段落格式化(P)命令，打开段落格式化泊坞窗，如图 11.1.27 所示。

在对齐下拉列表中可以选择文字的对齐方式。单击水平右侧的下拉列表框，从弹出的下拉列表中选择相应的选项来设置段落文本在水平方向上的对齐方式；单击垂直右侧的下拉列表框，从弹出的

电子邮件的下拉列表中选择相应的选项来设置段落文本在垂直方向上的对齐方式。

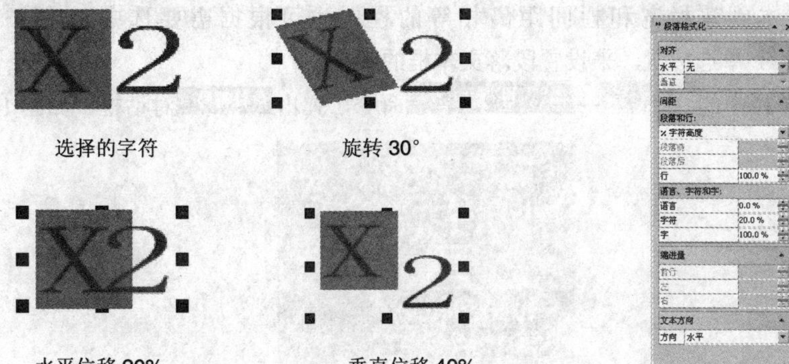

图 11.1.26 字符位移　　图 11.1.27 “段落格式化”泊坞窗

在间距列表框中可以更改所选段落、整个段落文本框或美术字对象中的字符和字间距，也可以更改段落文本中段前或段后的间距，还可以调整所选符之间的距离。

在缩进量列表框中可设置段落文本框与框内文本的距离。可以设置缩进的对象包括整个段落、段落的首行以及除段落首行外的其他各行（即悬挂式缩进），也可以设置从文本框的右侧缩进。

在文本方向列表框中可以设置文本的排列方向。

（6）选择菜单栏中的 文本(T) → 制表位(B)... 命令，弹出制表位设置对话框，如图 11.1.28 所示。

在制表位位置(T):输入框中输入数值，单击 添加(A) 按钮，可插入一个制表位。如果要删除某个制表位，可先选中要删除的制表位后单击 移除(R) 按钮；如果要删除所选段落中所有的制表位，则可单击全部移除(E)按钮。单击 前导符选项(L)... 按钮，可弹出前导符设置对话框，如图 11.1.29 所示。在字符(C):右侧单击下拉列表框，可从弹出的下拉列表中选择填充制表位的字符；在间距(S):输入框中输入数值可设置制表位填充字符之间的空隙。

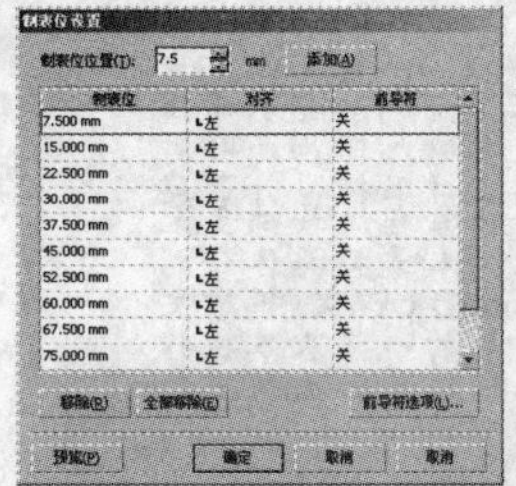

图 11.1.28 “制表位设置”对话框

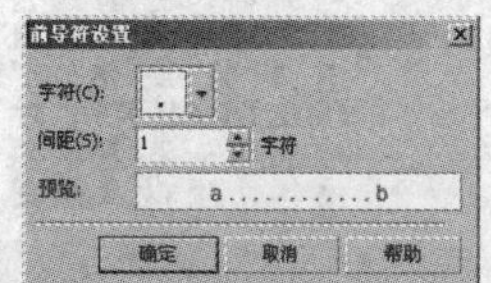

图 11.1.29 “导前符设置”对话框

（7）选择菜单栏中的 文本(T) → 栏(O)... 命令，弹出栏设置对话框，如图 11.1.30 所示。

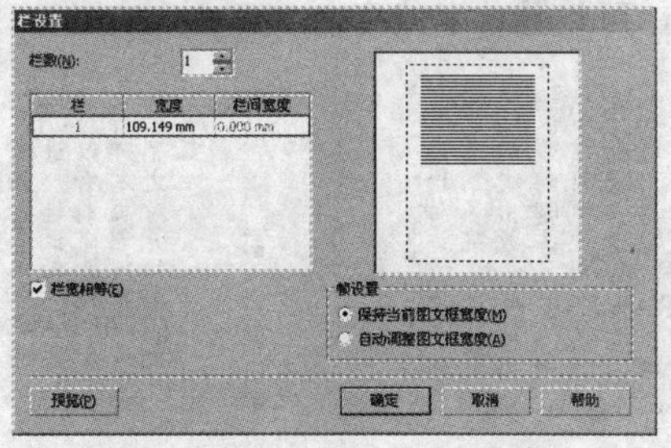

图 11.1.30 “栏设置”对话框

在栏数(N):输入框中输入数值，可设置分栏的数目。

在栏设置对话框中也可对栏号、栏的宽度以及栏与栏之间的宽度进行设置，如选中栏宽相等(E)复选框，可为所选文本创建栏宽和栏间距离相等的栏；也可根据需要选中保持当前图文框宽度(M)或自动调整图文框宽度(A)单选按钮，来设置段落文本框的宽度。

（8）选择菜单栏中的文本(T)→项目符号(U)...命令，弹出项目符号对话框，如图 11.1.31 所示。

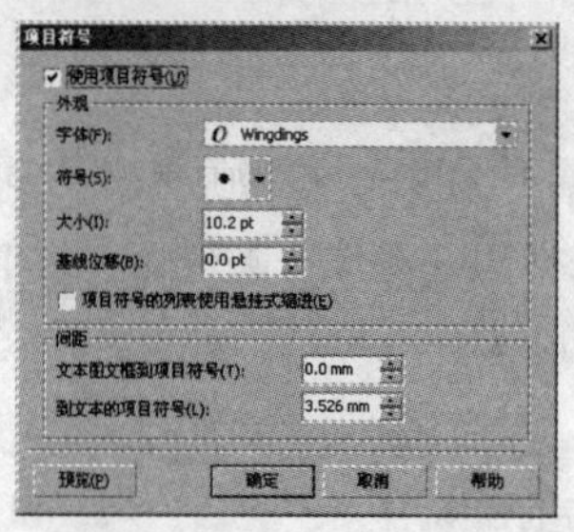

图 11.1.31 “项目符号”对话框

在外观选项区中的字体(F):与符号(S):下拉列表中可选择需要的项目符号的类型与符号；在大小(I):输入框中输入数值，可设置项目符号的大小；在基线位移(B):输入框中输入数值，可设置项目符号从基线位移的距离。在间距选项区中可设置项目符号和文本之间或文字框之间的距离。

（9）选择菜单栏中的文本(T)→首字下沉(D)...命令，弹出首字下沉对话框，如图 11.1.32 所示。

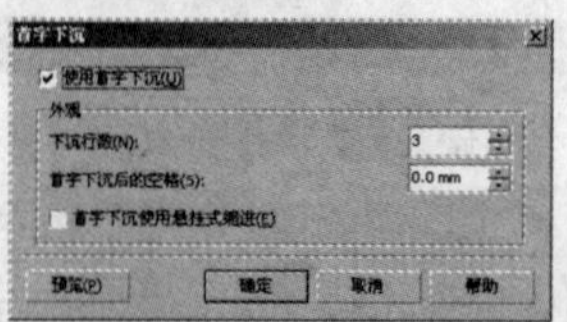

图 11.1.32 “规则”选项卡

在外观选项区中的下沉行数(N):输入框中输入数值，可设置首字下沉的行数，如图 11.1.33 所示。

图 11.1.33 设置下沉行数

在首字下沉后的空格(S):输入框中输入数值，可设置首字与文本正文之间的距离。选中首字下沉使用悬挂式缩进(E)复选框，可设置首字偏离文本正文，如图 11.1.34 所示。

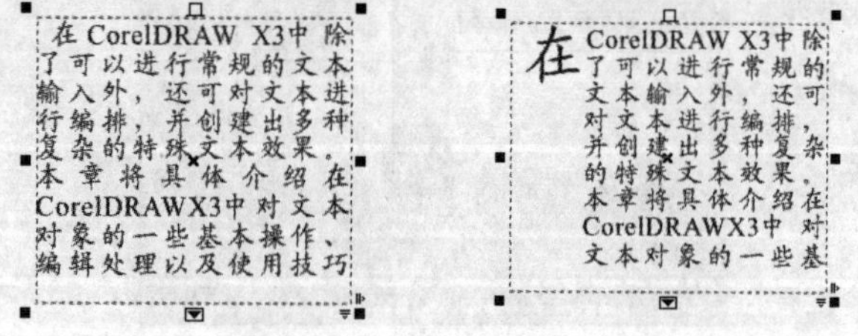

图 11.1.34 设置悬挂式缩进

（10）选择菜单栏中的文本(T)→断行规则(K)...命令，弹出亚洲断行规则对话框，如图 11.1.35 所示。

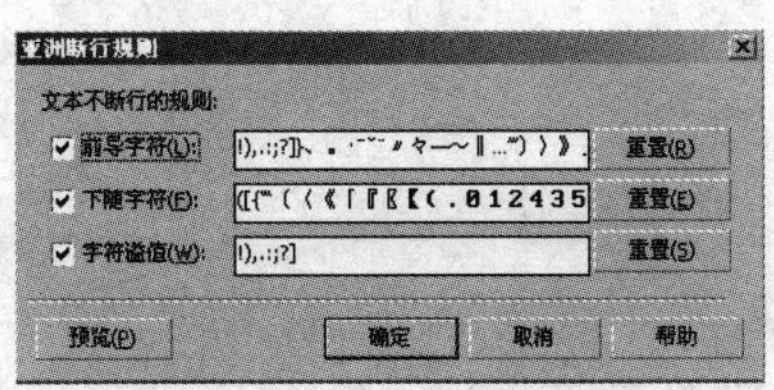

图 11.1.35　“亚洲断行规则”对话框

在亚洲断行规则对话框中可以根据需要对选择的段落文本的字符进行编辑。设置完成后，单击确定按钮，即可改变段落文本的字符。

11.1.3　美术字文本与段落文本的相互转换

美术字文本与段落文本有各自的特点，必要时两者可以相互转换，这样可以综合使用它们的编辑功能。转换方法有 3 种：

（1）选择工具箱中的挑选工具，选中如图 11.1.36 所示的段落文本，然后选择文本(T)→转换为美术字　Ctrl+F8命令，即可将图 11.1.36 中的段落文本转换为如图 11.1.37 所示的美术字文本。

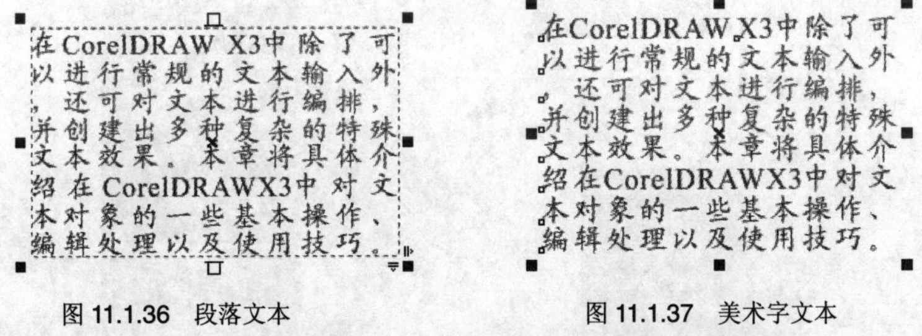

图 11.1.36　段落文本　　　　图 11.1.37　美术字文本

（2）用户也可以在选中文本后直接单击属性栏中的“转换文本”按钮。

（3）单击鼠标右键，在弹出的快捷菜单中选择转换为美术字　Ctrl+F8命令来完成转换。

11.2　文本的特殊编辑及效果制作

CorelDRAW X3 除了能对文本做一些基础性的编辑之外，还提供了特殊效果的编辑功能，如段落文本绕图、文字沿路径排列、将文字填充至框架及文本转曲后的各种编辑方法。综合使用这些方法，用户可以制作出图文并茂、美观新颖的文本效果。

11.2.1　段落文本绕图

段落文本绕图是常用的一种文本编排方式，其操作方法如下：

（1）在工具箱中选择文本工具，然后在绘图页中创建段落文本。

（2）选择文件(F)→打开(O)...命令打开矢量图，或选择文件(F)→导入(I)...命令导入位图。

（3）选择挑选工具选中图形，单击鼠标右键，在弹出的快捷菜单中选择段落文本换行(W)命令，

这样段落文本绕图的效果就产生了，如图 11.2.1 所示。

图 11.2.1　段落文本绕图

（4）在选中图形对象的状态下单击属性栏中“段落文本换行”按钮右下角的黑三角，弹出如图 11.2.2 所示的下拉菜单。在该菜单中选择合适的选项，然后单击确定按钮即可设置段落文本绕图的不同样式。

（5）选择窗口(W)→泊坞窗(D)→属性(I)命令，打开如图 11.2.3 所示的“对象属性”泊坞窗。单击该泊坞窗中的“常规”按钮，在其中的“段落文本换行”下拉列表中也可以设置段落文本环绕图表的样式。

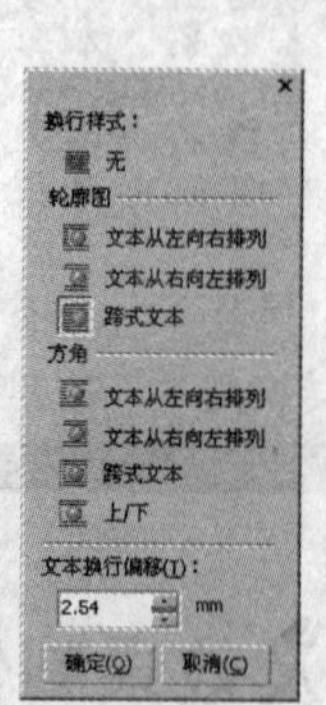

图 11.2.2　“段落文本换行”下拉菜单

图 11.2.3　“对象属性”泊坞窗

11.2.2　沿路径排列文本

CorelDRAW 为用户提供了沿路径排列文本的文本特效，它可以将美术字文本沿着特定的路径来排列，并且当改变路径时，沿路径排列的文本也会随之而改变。其操作方法如下：

（1）使用手绘工具随意绘制一条曲线或任意的几何形状。

（2）在工具箱中选择“文本工具”按钮，在绘图页中单击后输入文本，使用挑选工具选定所输入的文本。

（3）选择文本(T)→使文本适合路径(T)命令，此时光标变成黑色的右向箭头。

（4）移动箭头单击曲线路径，即可将文本沿着该曲线路径排列，如图 11.2.4 所示。

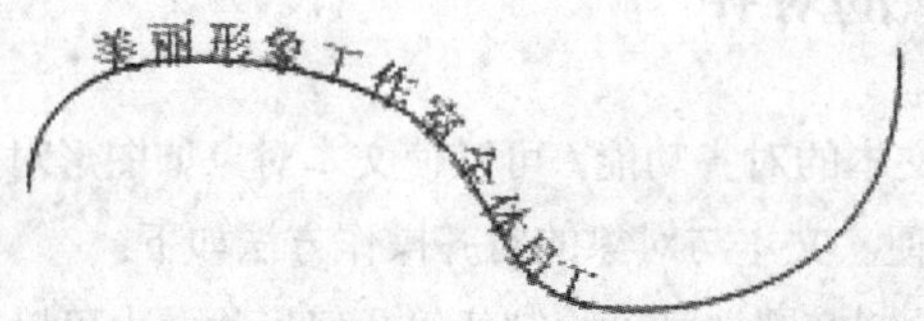

图 11.2.4 沿着路径排列文本

为使曲线路径不影响文本排列的美观效果，可以选中路径曲线，将其填充为透明色或按“Delete”键将其删除。

（5）选中已经填入路径的文本，可打开如图 11.2.5 所示的曲线/对象上的文字属性栏。

图 11.2.5 曲线/对象上的文字属性栏

（6）在属性栏的“文字方向”下拉列表中提供了 4 种文本在路径上的方向：旋转字母、垂直倾斜、水平倾斜和中心基准。用户可以自行选择文本在路径上的方向，其各种效果如图 11.2.6 所示。

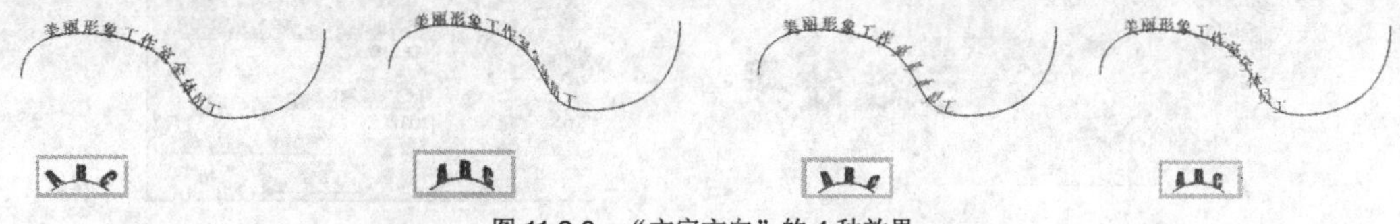

图 11.2.6 “文字方向”的 4 种效果

（7）在属性栏的镜像文本:区域中单击“水平镜像”按钮，可以从左向右翻转文本字符；单击“垂直镜像”按钮，可从上向下翻转文本字符，其效果如图 11.2.7 所示。

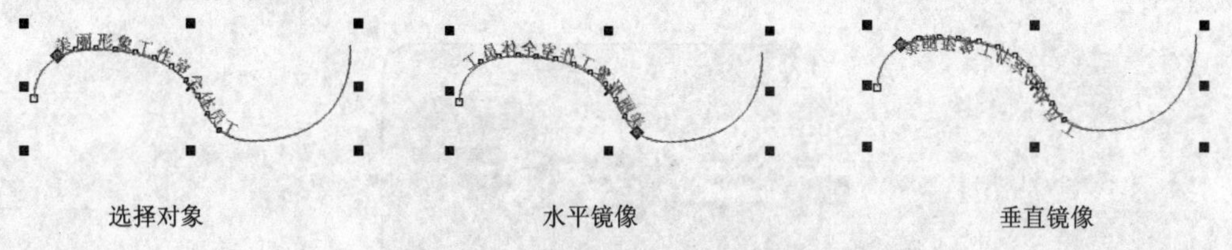

图 11.2.7 镜像适合路径的文本

（8）CorelDRAW X3 将适合路径的文本视为一个对象，如果不需要使文本成为路径的一部分，也可以将文本与路径分离，且分离后的文本将保持它所适合于路径时的形状。使用挑选工具选择路径和适合的文本，选择菜单栏中的排列(A)→折分命令，即可拆分文本与路径，分离后就可以使用挑选工具将文字移开，如图 11.2.8 所示。

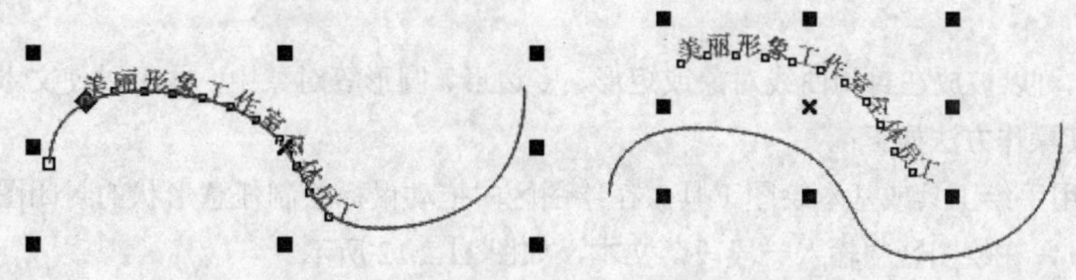

图 11.2.8 将文本与路径分离

11.2.3 文本与对象的对齐

CorelDRAW X3 增强了文本的对齐功能，可以使文本对象如图形对象一样进行各种对齐操作，进一步为用户的创作提供了方便。文本与对象的对齐操作方法如下：

（1）使用椭圆工具绘制椭圆（可以绘制任何几何形状，也可以打开或导入图形对象）。

（2）在工具箱中选择文本工具，在绘图页中单击后输入文本。

（3）使用挑选工具同时选中图形对象和文本对象，如图 11.2.9 所示。

（4）选择排列(A)→对齐和分布(A)→对齐和属性(A)...命令，打开图 11.2.10 所示的对齐与分布对话框。

（5）在对齐对象到(O):下拉列表中选择将选定的对象对齐到“激活对象”、“页边缘”、“页中心”、“网格”或“指定点”上面。

（6）在使用来源文件对象(F):下拉列表中选择选定的来源文本对象以“限制框”、“首行基线”或“尾行基线”为基准与目标对象对齐。

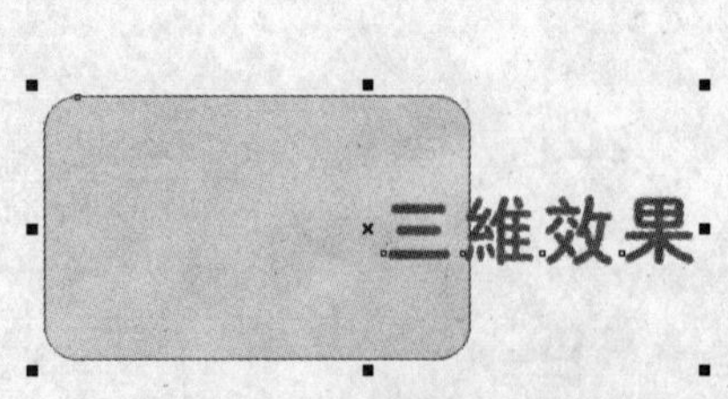

图 11.2.9 同时选中图形对象和文本对象

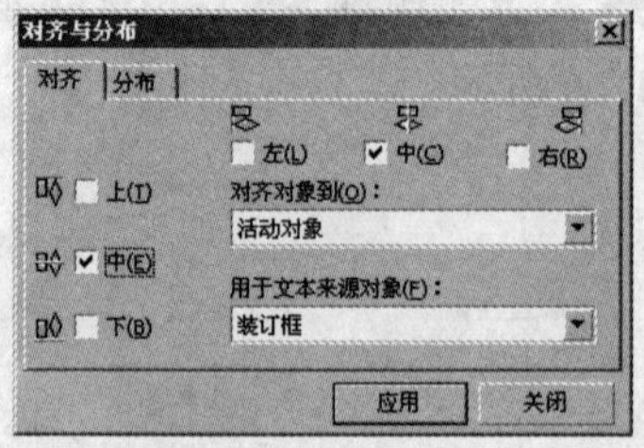

图 11.2.10 “对齐与分布”对话框

（7）选择垂直方向的左对齐、中对齐或右对齐和水平方向的顶部对齐、中对齐或底部对齐，单击应用(A)按钮即可看到对齐的效果，如图 11.2.11 所示。

图 11.2.11 对齐的效果

11.2.4 文本放入框架

段落文本可以被放在封闭曲线对象或矩形、多边形、圆形等对象中，并可以使文本适合于框架的形状显示。其操作方法如下：

（1）使用手绘工具或基本绘图工具，在绘图区中拖动鼠标绘制任意形状的封闭图形对象，然后使用文本工具，在绘图区中输入一段段落文本，如图 11.2.12 所示。

（2）单击工具箱中的“挑选工具”按钮，将鼠标指针移至段落文本上，按住鼠标右键拖动文本至图形对象上，松开鼠标，可弹出快捷菜单，如图 11.2.13 所示。

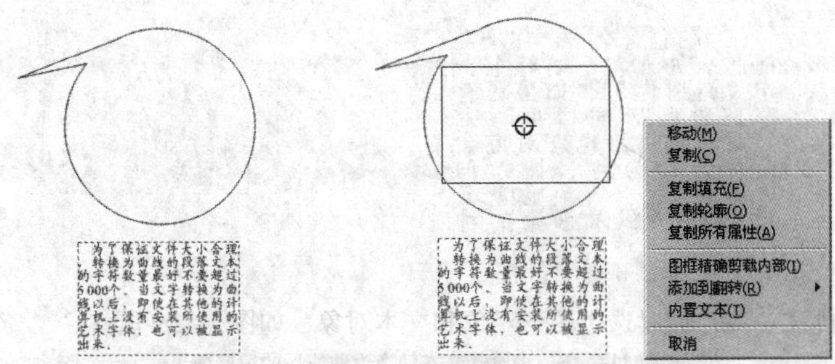

图 11.2.12　绘制图形并输入文本　　　　图 11.2.13　快捷菜单

（3）从该菜单中选择 内置文本(T) 命令，即可将段落文本置入图形对象中，如图 11.2.14 所示。

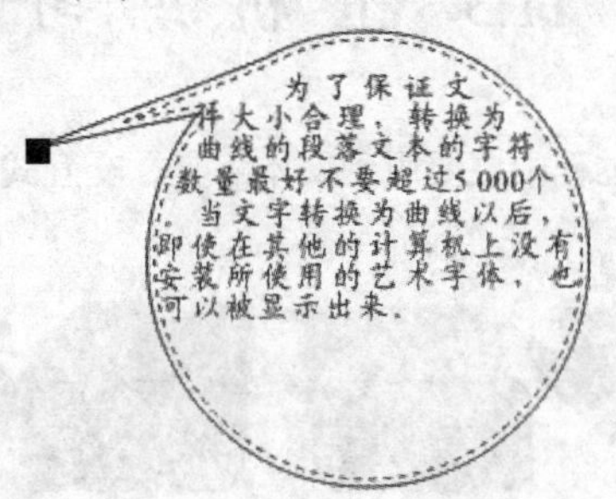

图 11.2.14　将段落文本置入图形对象中

11.2.5　将美术字文本和段落文本转换为曲线

在 CorelDRAW X3 中，美术字文本和段落文本都可以被转换成曲线。当转换成曲线后，用户就可以任意改变字体的形状了。

（1）将美术字文本转换为曲线。美术字文本转换为曲线的操作方法是：选择挑选工具，选中需要转换的美术字文本，然后单击鼠标右键，在弹出的快捷菜单中选择 转换为曲线(V)　Ctrl+Q 命令或按“Ctrl+Q”键，即可将选定的文本转换为曲线。转换为曲线后，可选择形状工具对其进行调整了。如图 11.2.15 所示是将美术字文本转换为曲线后的编辑效果。

春天來了　春天來了

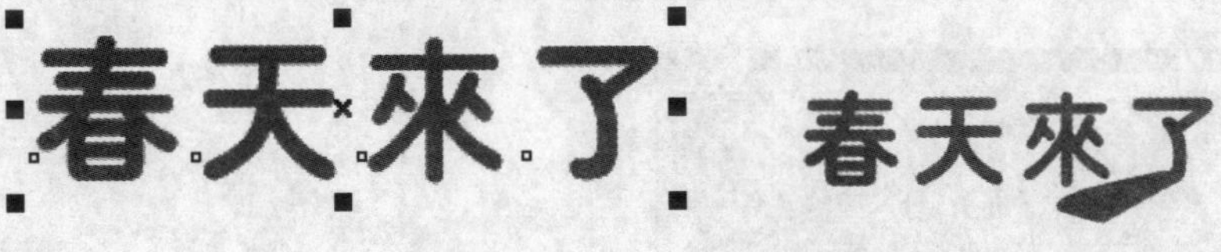

图 11.2.15　将美术字文本转换为曲线后的编辑效果

美术字转换成曲线后不再具有任何文本属性，而且也不能转换为美术字了。

（2）将段落文本转换为曲线。段落文本也可以转换为曲线，其操作方法是：选择挑选工具，选中需要转换的段落文本，然后单击鼠标右键，在弹出的快捷菜单中选择 转换为曲线(V)　Ctrl+Q 命令或按“Ctrl+Q”键，即可将选定的文本转换为曲线。转换为曲线后，可选择形状工具对其进行调整了。如图 11.2.16 所示是将段落文本转换为曲线后的编辑效果。

为了保证文件大小合理，转换为曲线的段落文本的字符数量最好不要超过 5 000 个。当文字转换为曲线以后，即使在其他的计算机上没有安装所使用的艺术字体，也可以显示出来。

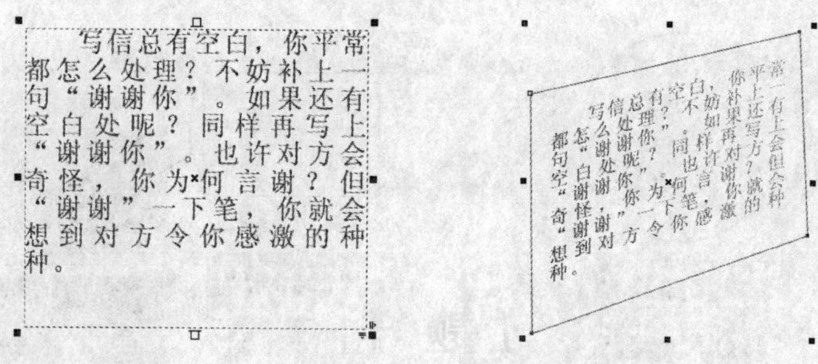

图 11.2.16　将段落文本转换为曲线后的编辑效果

11.3　上 机 练 习

本节将制作立体字，在制作过程中主要用到文本工具、交互式填充工具、交互式立体化工具等，最终效果如图 11.3.1 所示。

图 11.3.1　效果图

操作步骤

（1）选择“文本工具”按钮，在页面中键入“平面设计”4 个字，在属性栏中设置属性，如图 11.3.2 所示。

图 11.3.2　设置文字属性

（2）选中键入的文字，单击“渐变填充对话框”按钮，在打开的如图 11.3.3 所示的渐变填充对话框中设置颜色，其填充效果如图 11.3.4 所示。

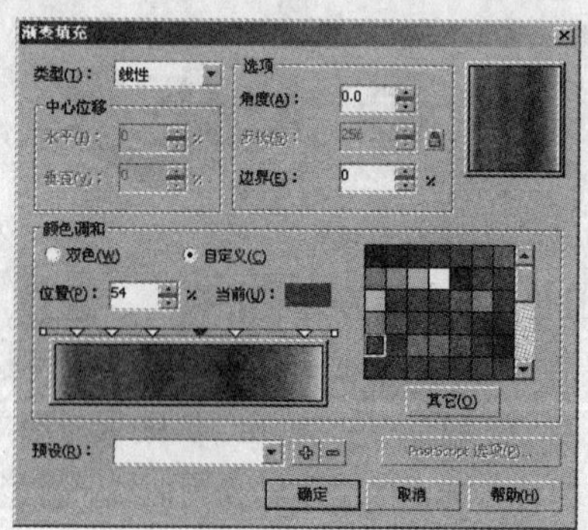

图 11.3.3　“渐变填充”对话框

平面設計

图 11.3.4　填充效果

（3）给文字加上黑色轮廓，然后选择“交互式立体化工具”按钮对文字进行立体化操作。

（4）最终效果如图 11.3.1 所示。

本 章 小 结

本章主要介绍了文本的创建和编辑方法以及一些文字特殊效果的制作方法。通过本章的学习，用户应该熟练掌握 CorelDRAW X3 文字处理和排版的方法。

习 题 十 一

一、填空题

1．在 CorelDRAW X3 中可以创建两种类型的文本，即 ________文本与________文本。

2．当美术字文本转换为曲线对象以后就不再具有________属性了，而是一个________图形。

3．当________或者是________的情况不能将段落文本转换成美术字文本。

4．在封闭的矩形、多边形或椭圆形中，可以放入________。

5．使用________工具可以调整美术字文本或段落文本的字、行、段间距。

6．输入的美术字文本与段落文本有两种排列方式，即________和________。

二、选择题

1．使用（　）功能可以使段落文本绕对象的外框排列。

A．文本环绕图形　　B．文本适合路径

C．对齐基准　　D．文本适全框架

2．使用（　）功能可以将美术字文本沿着指定的开放对象或闭合对象排列。

A．文本适合路径　　B．文本适合框架

C．文本绕图　　D．精确剪裁

3．将美术文字转换为曲线后，可使用（　）对其进行编辑。

A．形状工具　　B．文本工具

C．手绘工具　　D．贝塞尔工具

4．在 CorelDRAW X3 中可对文字进行（　）。

A．文本适配路径　　B．文本填入框架

C．对齐文本　　D．将文本转换为曲线

5．使用形状工具选择文本对象后，按住（　）键的同进将鼠标指针移至左下方的符号上，按住鼠标左键向下或向上拖动可改变段落文本的段间距。

A．Ctrl　　B．Shift

C．Alt　　D．Alt+Ctrl

6．在 CorelDRAW X3 中提供了（　）种文字的方向。

A．1　　B．2

C．3　　D．4

三、上机操作题

1．按照本章提供的实例制作扩边字和银字。

2. 试在 CorelDRAW X3 中输入一篇文章并对其进行排版。

3. 试制作如题图 11.1 所示的文字效果。

题图 11.1

4. 根据本章学过的使文本适合路径命令，并结合前面章节学过的知识，制作如题图 11.2 所示的效果。

题图 11.2

第12章 位图的处理

本章要点

- ☑ 位图的导入与裁剪
- ☑ 编辑位图的颜色
- ☑ 位图的转换
- ☑ 位图的矢量化操作
- ☑ 位图的特殊效果

学习目标

本章介绍 CorelDRAW X3 编辑位图的强大功能。通过学习本章的内容，用户应该了解并掌握如何处理和编辑位图。

12.1　位图的导入与裁剪

在 CorelDRAW X3 的设计过程中，首先导入位图才能使用，CorelDRAW X3 支持多种文本格式，如 TIF，JPEG，GIF，BMP 等。用户可以同时导入多个文件，将它们放在同一个页面中，还可以在导入位图之前将对象进行裁剪，裁剪是指在不影响其他区域分辨率的情况下裁剪掉不需要的区域。

12.1.1　位图的导入

1．导入一幅位图

（1）选择菜单栏中的 文件(F) → 导入(I)... Ctrl+I 命令，弹出如图 12.1.1 所示的 导入 对话框。

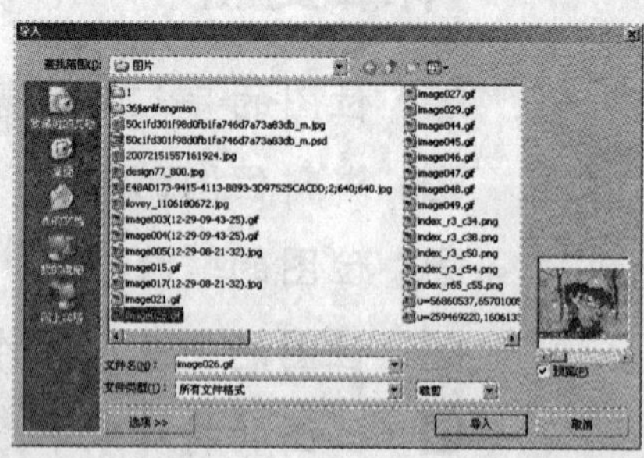

图 12.1.1　“导入”对话框

（2）在对话框的 文件类型(T): 所有文件格式 下拉列表中选择文件类型，它支持的格式如图 12.1.2 所示。

图 12.1.2　文件类型

（3）选择要导入的文件，单击 导入 按钮，光标在工作区的形状将变为 火樹.jpg，在绘图区域单击鼠标即可。

如果按住“Alt”键的同时拖动鼠标，可以创建不成比例的位图，如果选中 预览(P) 复选框，可以预览图片效果。

2．导入多幅位图

导入多幅位图的操作步骤如下：

（1）选择 文件(F) → 导入(I)... Ctrl+I 命令，弹出如图 12.1.1 所示的 导入 对话框，按住“Ctrl”键在该对话框中依次选择所需的图片，如图 12.1.3 所示。

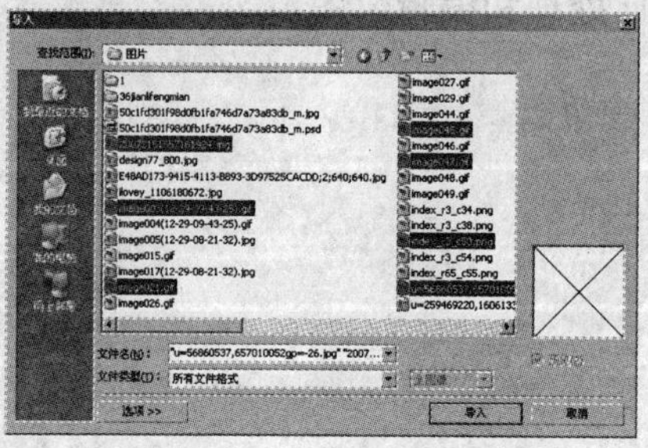

图 12.1.3　选择多个文件

（2）单击 导入 按钮，即可将多幅位图导入到绘图区域中。

12.1.2　位图的裁剪

用户在导入位图时，有时候并不需要整幅图片，而是保留有用的部分，这就需要裁剪位图。利用裁剪工具，可以将不想要的部分去掉，不会影响图像的分辨率，也不会改变保留部分的大小，这个功能可以帮助用户将文件设定为比较易处理的尺寸。在 导入 对话框中选择 裁剪 选项，然后选择文件名，单击 导入 按钮，弹出如图 12.1.4 所示的 裁剪图像 对话框。

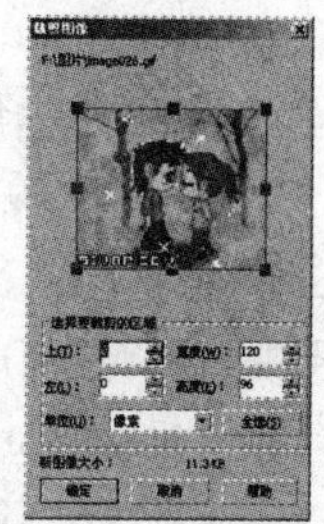

图 12.1.4　“裁剪图像”对话框

在 裁剪图像 对话框中可以看到，有一个裁剪框包围着图像缩览图，通过拖动裁剪框上的控制点，可以轻松地实现图像的裁剪。要精确裁剪图像，也可在 裁剪图像 对话框中的 选择要裁剪的区域 选项区中进行各项参数的精确设置。设置完成后，单击 确定 按钮，可将裁剪后的位图导入到工作区中。

另外，裁剪位图也可通过裁剪位图命令来实现，其具体操作步骤为：使用挑选工具在绘图区中选择位图，然后使用形状工具调整图像四个角的空心控制点，再选择 文本(T) → 裁剪位图(I) 命令，可裁剪位图，如图 12.1.5 所示。

图 12.1.5　通过菜单命令裁剪图像

12.1.3　将位图链接到绘图

在 CorelDRAW X3 中将位图链接到绘图，可以显著减小文件的长度。实质上出现在绘图中的位图是位于其他路径的图像文件的缩略形式。

1．更新链接位图

可以使用挑选工具选定对象，然后选择菜单栏中的 位图(B) → 从链接更新(U) 命令。

2．取消链接

用挑选工具选中对象，然后选择菜单栏中的 位图(B) → 断开链接(K) 命令。创建链接的操作步骤如下：

（1）选择菜单栏中的 文件(F) → 导入(I)...　Ctrl+I 命令。

（2）从 文件类型(T): 所有文件格式 下拉列表中选择一种文件格式。

（3）再选择文件名，选中 ☑ 外部链接位图(E) 复选框，单击 导入 按钮。

12.2 编辑位图的颜色

CorelDRAW X3 提供了强大的位图颜色编辑功能，掌握这些功能可以有效地完成设计任务。下面具体介绍如何使用这些功能。

12.2.1 使用位图颜色遮罩

在 CorelDRAW X3 中，对位图进行编辑时，可以显示或隐藏位图图像中指定区域的颜色，来改变位图的外观，从而产生一些特殊的图像效果。其具体操作方法如下：

（1）导入一幅位图，效果如图 12.2.1 所示。

（2）选择 位图(B) → 位图颜色遮罩(M) 命令，弹出如图 12.2.2 所示的 位图颜色遮罩 泊坞窗。

图 12.2.1 导入位图的效果

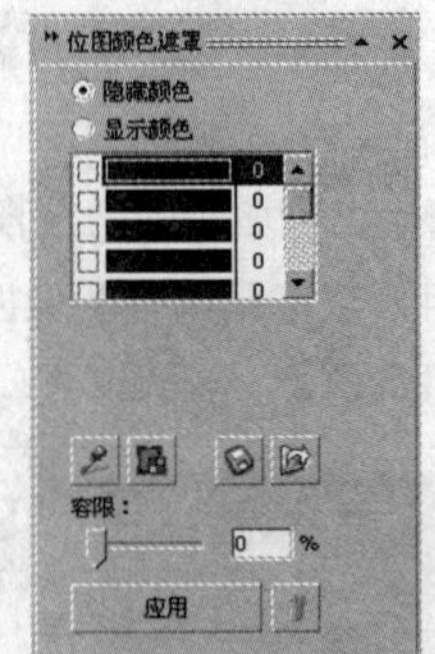

图 12.2.2 “位图颜色遮罩”泊坞窗

（3）在泊坞窗列表框中单击“吸管”按钮，鼠标的指针变为吸管形状，在位图上单击要遮罩的颜色，如图 12.2.3 所示。选中的颜色在泊坞窗列表框的颜色条目上出现，如图 12.2.4 所示。使用相同的方法选择需要遮罩的颜色，选中的颜色在列表框的颜色条目上出现，如图 12.2.5 所示。

图 12.2.3 单击需要遮罩的颜色

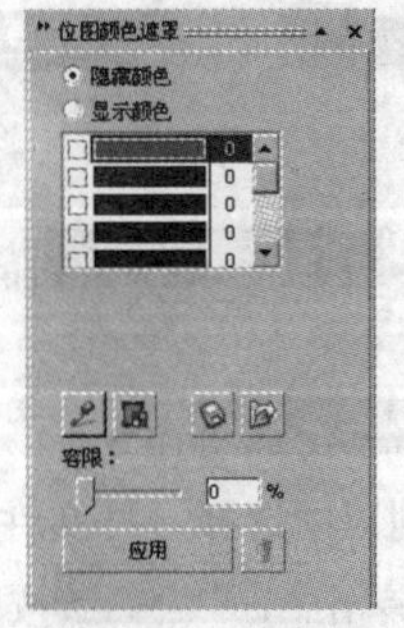

图 12.2.4 “位图颜色遮罩”泊坞窗 1

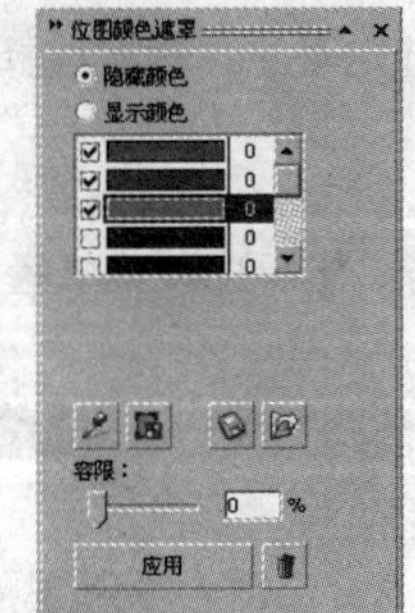

图 12.2.5 “位图颜色遮罩”泊坞窗 2

（4）单击泊坞窗中的“编辑颜色”按钮，弹出如图 12.2.6 所示的选择颜色对话框，在该对话框中可以编辑需要遮罩的颜色。

（5）单击“保存遮罩”按钮，弹出另存为对话框，可以将设置好的颜色遮罩作为样式保存。单击“打开遮罩”按钮，弹出打开对话框，可以打开保存的颜色遮罩样式，在位图颜色遮罩泊坞窗中可以直接使用。

（6）拖动容限:选项框的滑动条或直接输入数值，如图 12.2.7 所示，可以遮罩相近的颜色，容限值越大，遮罩的颜色范围越大。

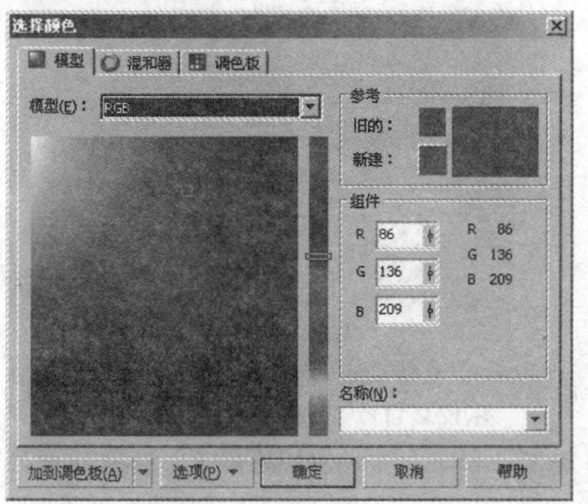

图 12.2.6 “选择颜色”对话框

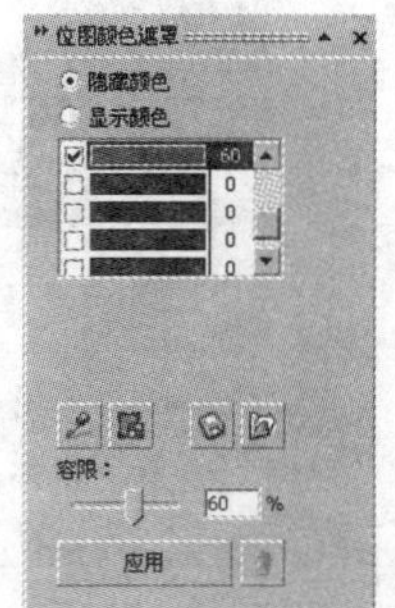

图 12.2.7 “位图颜色遮罩”泊坞窗

（7）在位图颜色遮罩泊坞窗中，有隐藏颜色和显示颜色两种遮罩模式。选择不同的颜色遮罩模式，会出现不同的遮罩效果。

（8）设置好位图颜色遮罩后，单击应用按钮，隐藏颜色模式的遮罩效果如图 12.2.8 所示。显示颜色模式的颜色遮罩效果如图 12.2.9 所示。

图 12.2.8 隐藏颜色模式的遮罩效果

图 12.2.9 显示颜色模式的遮罩效果

如果想清除位图的颜色遮罩效果，先选中已建立颜色遮罩的位图，在位图颜色遮罩泊坞窗中单击“移除遮罩”按钮，可清除位图的颜色遮罩效果。

12.2.2 使用位图色彩模式

导入位图后，选择位图(B)→模式(O)命令，可以转换位图的色彩模式，如图 12.2.10 所示。不同的色彩模式会以不同的方式对位图的颜色进行分类和显示。

1．黑白模式

黑白模式是一种 1 位的颜色模式，这种颜色模式将图像保存为两种纯色，即黑色和白色。

选中导入的位图，选择位图(B)→模式(O)→黑白(B)...命令，弹出如图

12.2.11 所示的转换为 1 位对话框。

在此对话框中左上方的导入位图预览框上单击鼠标，可以放大预览图像；单击鼠标右键，可以缩小预览图像。

单击对话框的转换方法(C): 艺术线条列表框中的黑色三角按钮，弹出下拉列表，可以选择其他的转换方法，拖动选项设置区中的“阈值”滑块，可以设置转换的强度。黑白模式只能用 1 bit 的位分辨率来记录它的每一个像素，而且只能显示黑白两色，所以是最简单的位图模式。

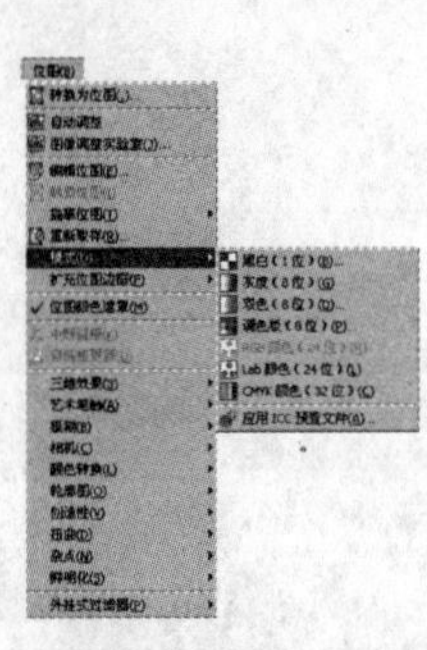

图 12.2.10　选择色彩模式

图 12.2.11　“转换为 1 位”对话框

在对话框中的“转换方法”列表框的下拉列表中选择不同的转换方法，可以使黑白位图产生不同的效果，设置好后，单击预览按钮，可以预览设置的效果，单击确定按钮，得到如图 12.2.12 所示的效果。

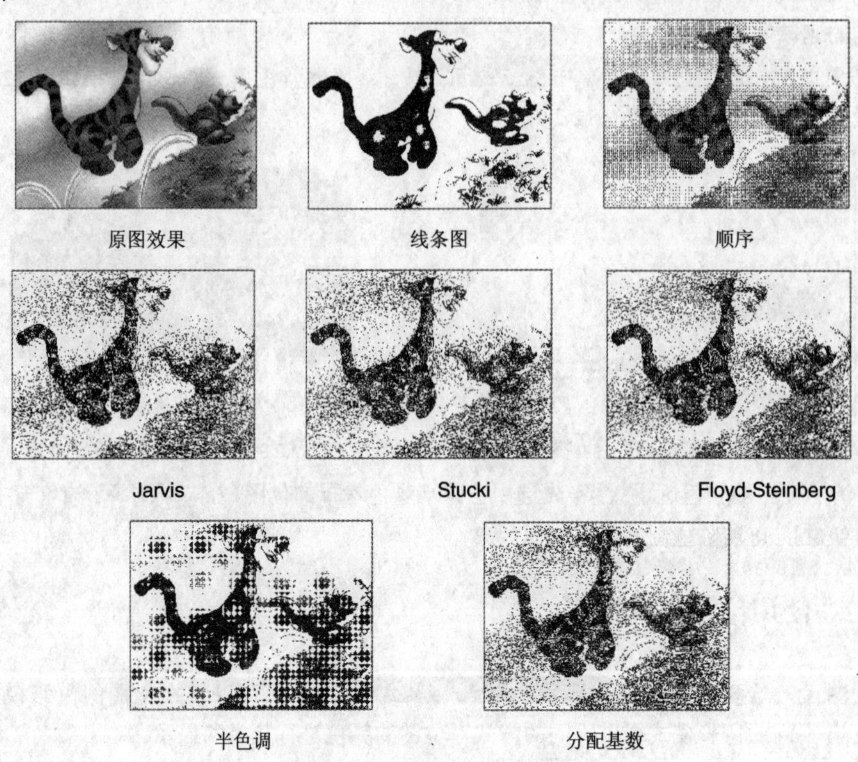

图 12.2.12　黑白位图的不同效果

2．转换成 256 灰度模式

选中导入的位图，如图 12.2.13 所示。选择位图(B)→模式(O)→灰度(8位)(G)命令，将位图转换成 256 灰度模式，如图 12.2.14 所示。位图转换成 256 灰度模式后，效果和黑白照片的效果类似，位图被不同灰度填充。

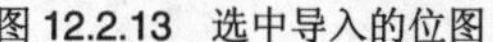
图 12.2.13　选中导入的位图

图 12.2.14　256 灰度模式位图效果

3．双色调模式

双色调模式是 8 位灰度的位图模式。该模式的位图只是另外添加了 1～4 种颜色的简单灰度图像。

导入一幅位图，选择菜单栏中的 位图(B) → 模式(O) → 双色(8 位)(D)... 命令，弹出如图 12.2.15 所示的 双色调 对话框。单击 类型(T): 单色 列表框中的黑色三角按钮，在下拉列表中选择色调模式。单击 载入(L) 按钮，在弹出的对话框中可以将原来存储的双色调效果载入。单击 保存(S) 按钮，可以在弹出的对话框中将设置好的双色调效果保存。

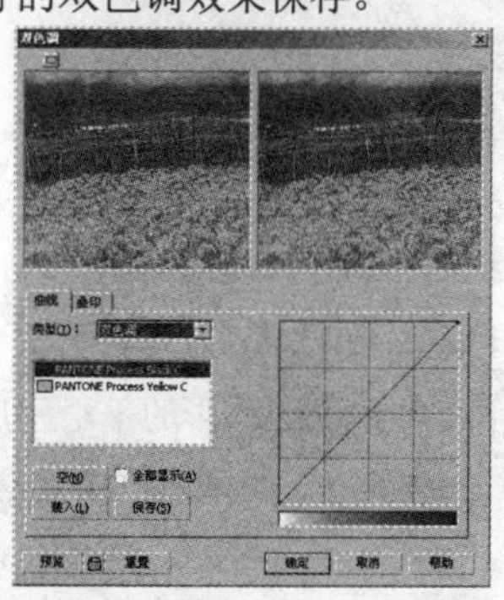

图 12.2.15　“双色调”对话框

拖动右侧显示框中的曲线，可以设置双色调的色阶变化。

双击双色调的色标 PANTONE Process Yellow C，如图 12.2.16 所示，将弹出如图 12.2.17 所示的 选择颜色 对话框，从中选择需要替换的颜色，单击 确定 按钮，就可以替换双色调的颜色，如图 12.2.18 所示。

图 12.2.16　双击双色调的色标

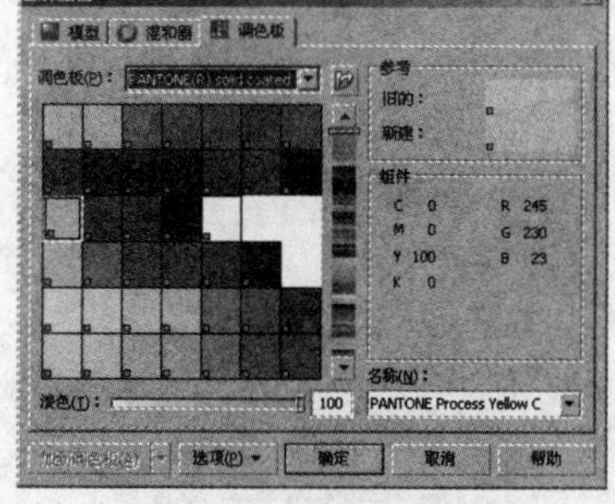
图 12.2.17　“选择颜色”对话框

图 12.2.18　替换双色调的颜色

设置好后，单击 预览 按钮，预览双色调设置的效果，单击 确定 按钮，双色调位图的效果如图 12.2.19 所示。

图 12.2.19 双色调位图的效果

4. 调色板模式

调色板模式是一种 8 位的颜色模式，该模式可以使用 256 种颜色来保存或者显示图像。如果需要更精确地控制转换过程中使用的颜色，可以将图像转换成调色板模式。

（1）导入一幅位图，如图 12.2.20 所示，选择 位图(B) → 模式(D) → 调色板（8 位）(P)... 命令，弹出如图 12.2.21 所示的 转换至调色板色 对话框。

图 12.2.20 导入位图

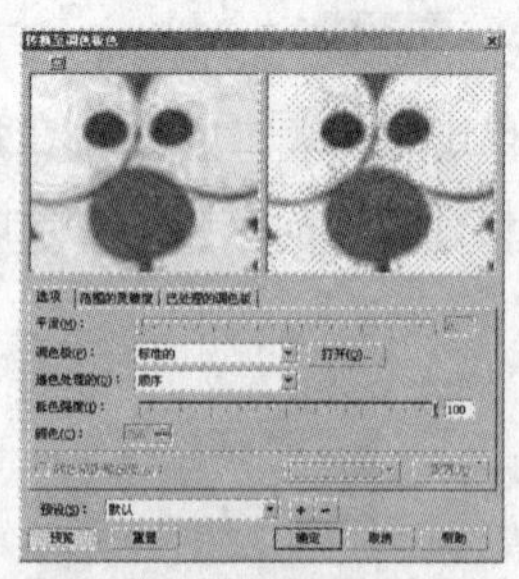

图 12.2.21 “转换至调色板色”对话框

拖动 平滑(M): 滑块，用来设置位图色彩的平滑程度。

单击 调色板(P): 标准的 列表框中的黑色三角按钮，在弹出的下拉列表中选择调色板的类型。

单击 抖动(D): 顺序 列表框中的黑色三角按钮，在弹出的下拉列表中选择底色的类型。

拖动 抵色强度(D): 滑块，可以设置位图底色的抖动程度。

在 颜色(C): 数值框中可以调节色彩数。

单击 预置(S): 默认值 列表框中的黑色三角按钮，从弹出的下拉列表中选择预置的效果。

（2）单击 标准的 列表框右边的 打开(O)... 按钮，弹出如图 12.2.22 所示的 打开调色板 对话框，选择自定义的调色板，弹出如图 12.2.23 所示的“转换至调色板色”对话框，单击 确定 按钮，自定义调色板位图的效果如图 12.2.24 所示。

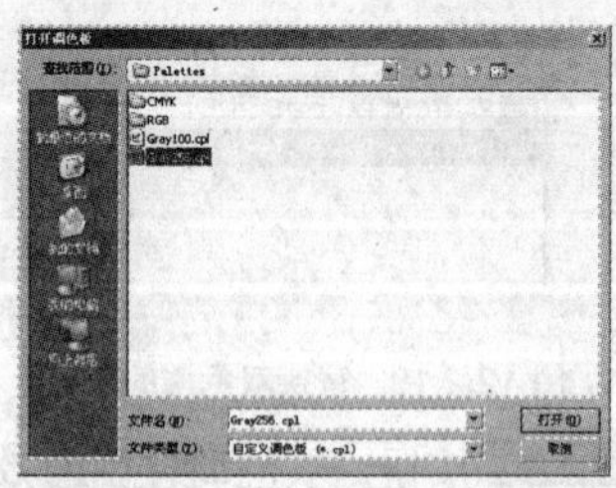

图 12.2.22 “打开调色板”对话框

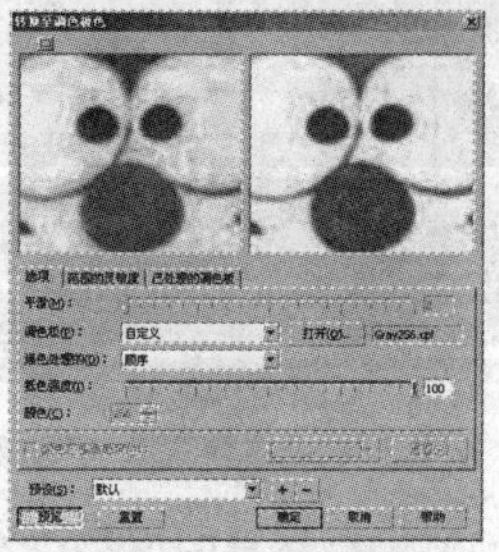

图 12.2.23 “转换至调色板色”对话框

图 12.2.24 自定义调色板位图的效果

5. RGB 模式、Lab 模式、CMYK 模式

RGB 颜色模式是由红、绿、蓝三原色按照一定的百分比创建的颜色，每种颜色都有 256 级浓度。Lab 颜色模式创建与设备无关的位图，它包含了 CMYK 和 RGB 两种颜色模型的色谱；CMYK 颜色模式可以创建出用户需要的任何颜色。

12.3　位图的转换

矢量图是由称为对象的元素构成的，每个对象都是相对独立的，都有自己的属性，其最大的特点就是当放大矢量图时，线条的细节部分依然能保持清晰，如图 12.3.1 所示。

矢量图

放大的矢量图

图 12.3.1　矢量图的对比

位图是由像素点组成的，位图有时也称为点阵图，每个点的单位称为“像素”，它的特点是有固定的分辨率。但是当放大位图时，由于像素点的扩大或像素点数的减少，图像的质量变差，图像呈马赛克显示，模糊不清，效果如图 12.3.2 所示。

150 dpi 的位图

放大的位图

图 12.3.2　位图的对比

任何矢量图在打印的时候，都会被转换为位图。在转换的过程中，程序会根据打印机本身的精度和用户的设定来保证打印的最好效果。

CorelDRAW 是基于矢量的绘图工具，但是也能把导入的位图当成绘图中的一个对象。矢量图也能被直接转换成位图。文件扩展名为.PSD，.JPG，.TIF，.GIF 和.BMP 等都是位图文件。

导入一幅位图。选择 位图(B) → 转换为位图(J)... 命令，弹出如图 12.3.3 所示的 转换为位图 对话框，单击 确定 按钮，矢量图就被转换成位图了。

颜色： CMYK 色（32-位）：用于设定位图的色彩类型。如果是用于印刷，要选择 CMYK 色（32-位） 选项；用于计算机显示，应选择其他选项。

分辨率： 300 dpi：用于设定图像的分辨率（60～10 000 dpi 之间）。分辨率的增大会使文件大小急剧增加，当选定很高的分辨率时，要确保 CorelDRAW 虚拟内存所在的硬盘有足够的剩余空间，否则会产生不可预料的错误。在窗口的下方可看到转换后的图形大小。

☑透明背景：选中状态时能使位图图像的背景变为透明。

☑应用 ICC 预置文件：选中状态时使用色彩描述文件，CorelDRAW 会根据打印机和显示器的色彩空间来完成位图的转换，这样会使打印和显示的效果看起来一致；未选中时 CorelDRAW 会使用默认的色彩描述文件来工作。

☑光滑处理(A)：选中状态时能使位图图像变得更平滑，但同时位图也会变得模糊。

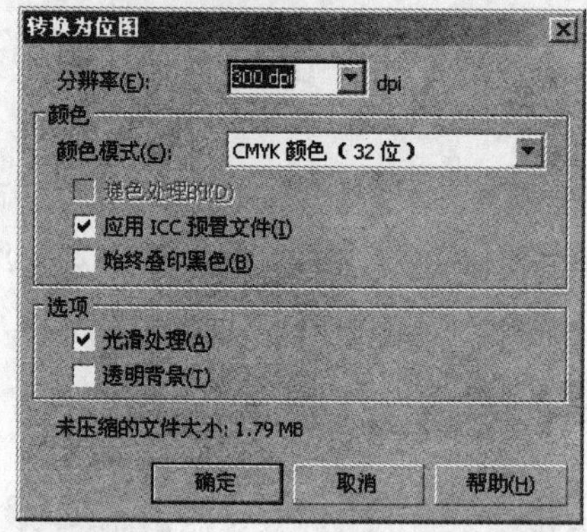

图 12.3.3 “转换为位图”对话框

12.4 位图的矢量化操作

在 CorelDRAW X3 中，可以将位图矢量化，例如照片或扫描的图像，都可转换为可编辑、可缩放的矢量图形。

位图的主要缺点就是分辨率固定，当位图缩放不同的大小时，分辨率会降低图像的质量，但如果修改矢量图形时则不会影响它的质量。用户可利用勾画位图的方法来创建位图图像的矢量副本，CorelDRAW X3 提供 3 种位图矢量化方法，分别是自动跟踪功能、使用手绘工具和贝塞尔工具进行手动矢量化、利用独立程序自动描边。

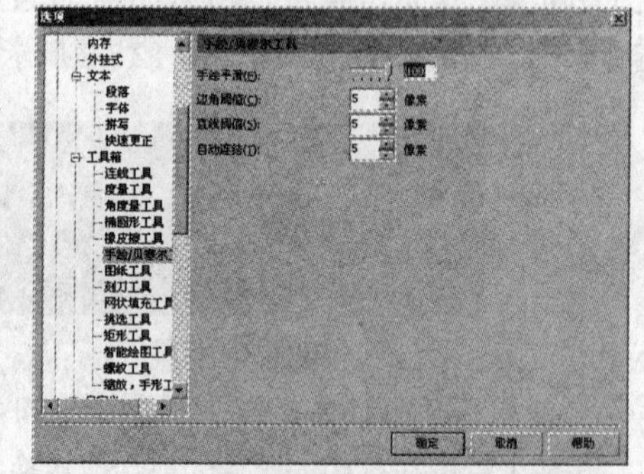

12.4.1 “选项”对话框

改变矢量化工具的参数，需要选择菜单栏中的 工具(O) → 选项(O)... Ctrl+J 命令，弹出如图 12.4.1 所示的选项对话框。

即使不是一个专业的美术家也能准确地勾画位图，手动矢量化可以先用缩放工具将位图放大，再用手绘工具或贝塞尔工具进行手动勾画以便得到准确的矢量位图。

（1）导入一幅位图。

（2）在曲线展开式工具箱中单击“手绘工具”按钮或“贝塞尔工具”按钮。

（3）用挑选工具单击工作区中位图以外的区域，保证位图没有被挑选工具选中。

（4）移动鼠标到位图上，用手绘工具或贝塞尔工具对位图形状进行勾画。

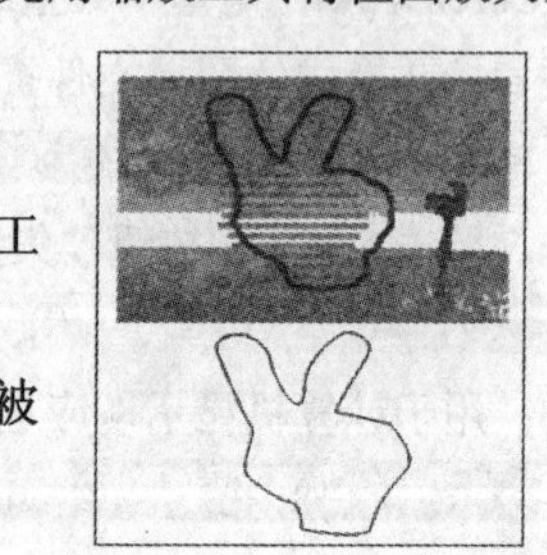

图 12.4.2 手动勾画的矢量图

（5）用挑选工具将位图移开，可以看到矢量化后的图形，如图 12.4.2 所示。

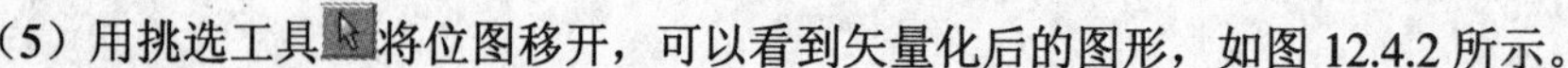

12.5 位图的特殊效果

CorelDRAW X3 中包含广泛的具有专业水准的效果过滤器，用户可以利用这些过滤器增强或自定义位图，彻底改变位图的外观效果。

12.5.1 位图的三维效果

在位图的三维效果中包含三维旋转、柱面、浮雕、卷页、透视、挤远/挤近、球面 7 种特殊效果，如图 12.5.1 所示。

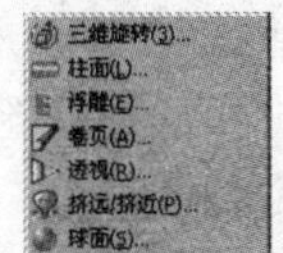

图 12.5.1 三维效果

1. 三维旋转

“三维旋转”效果按照用户设定限制的水平和垂直尺寸来旋转位图，但是过滤器支持除“黑白”外的所有颜色模式。“三维旋转”效果实现的步骤如下：

（1）选中对象后，选择 位图(B) → 三维效果(3) → 三维旋转(3)... 命令，弹出如图 12.5.2 所示的 三维旋转 对话框。

（2）右上角有一按钮，单击它，会弹出处理位图的功能菜单，如图 12.5.3 所示。

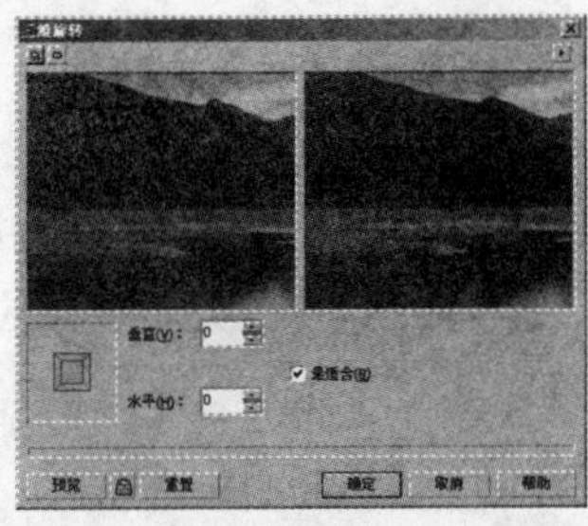

图 12.5.2 “三维旋转”对话框

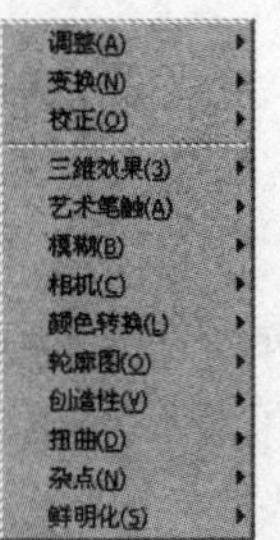

图 12.5.3 位图的功能菜单

（3）单击左上角的，在“3D 旋转”窗口中显示原图和它的预览效果，单击则只显示预览效果。

（4）在 垂直(V): 0 中设定以 X 轴为中心旋转， 水平(H): 0 表示以 Y 轴为中心进行旋转，同时也可以用鼠标拖动旁边的示意图来旋转立方体，效果如图 12.5.4 所示。

原图

变化后的效果图

图 12.5.4 三维旋转图

2．柱面

（1）选择对象后，选择 位图(B) → 三维效果(3) → 柱面(L)... 命令，弹出如图 12.5.5 所示的 柱面 对话框。

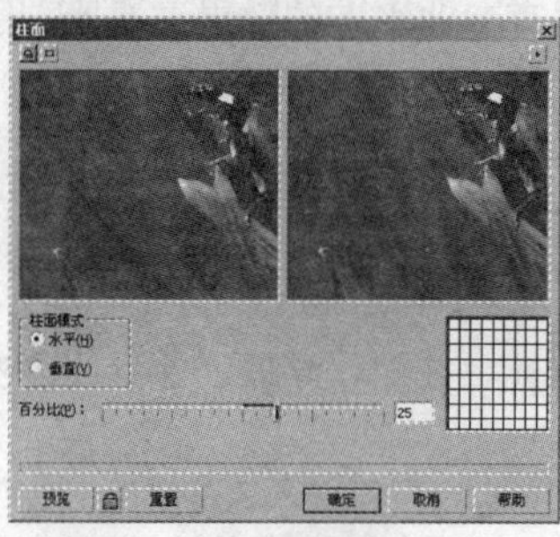

图 12.5.5 “柱面”对话框

（2）在 柱面模式 处设置水平或垂直的圆柱体方式。

（3）用鼠标拖动 百分比(P): 处的图标改变它的数值，当数值为正数时，图像从中间拉长，反之图像向中间压缩，设定好后单击 确定 按钮，效果如图 12.5.6 所示。

原图

数值为 80

数值为－80

图 12.5.6 效果的对比

3．浮雕

创建三维浮雕效果是根据图像中颜色的深浅，通过处理对象的边界产生的变形效果，它的表面会凸出来，通过高的对比度给人产生比较深刻的印象。

（1）在工作区域中导入一图形，并用挑选工具选定对象。

（2）选择 位图(B) → 三维效果(3) → 浮雕(E)... 命令，弹出如图 12.5.7 所示的 浮雕 对话框。

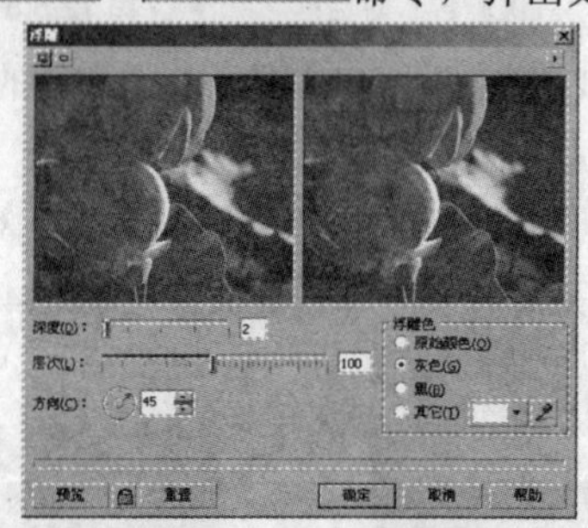

图 12.5.7 “浮雕”对话框

（3）单击 深度(D): 处的图标改变它的数值，浮雕的深度值越大，对象的突出越明显。

（4）层次(L): 值越高，就越能表现图像的细节部分。

（5）方向(C): 可将它理解为浮雕阴影部分的方向，与这个方向相对的就是光线的方向了。拖动方向

盘或在 45 数值框中输入数值。

（6）在浮雕色中选择一种色彩效果，来设置浮雕的颜色，也可在▾中设定其他的颜色。

1）原始颜色(O)：隐藏位图中的颜色并用原始位图中的颜色来勾画位图的轮廓。

2）灰色(G)：隐藏位图中的颜色并用灰色来勾画位图的轮廓，这将产生一个完全灰色的位图，其中包含适度的浮雕突出显示。

3）黑(B)：隐藏位图中的颜色并用黑色来勾画位图的轮廓，这将产生一个完全黑色的位图，其中包含高对比度的浮雕突出显示。

4）其它(T)：隐藏位图中的颜色并用从▾中选定的颜色来勾画位图，效果如图 12.5.8 所示。

原图　　　　效果图

图 12.5.8　浮雕图的对比

4．卷页

“卷页”效果就是某一角卷起来的效果，卷页对话框可以设置卷页的角度、大小、透明度、页角卷起的颜色以及图像卷起后露出的背景色。

（1）在工作区域中导入一图形，并用挑选工具选定对象。

（2）选择位图(B)→三维效果(3)→卷页(A)...命令，弹出如图 12.5.9 所示的卷页对话框。

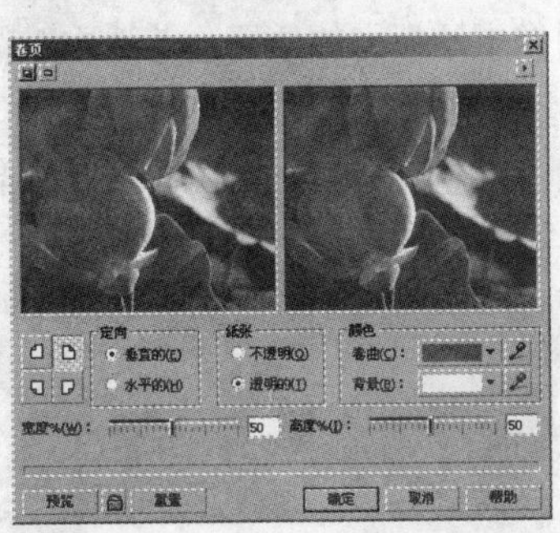

图 12.5.9　“卷页”对话框

（3）在中选取卷页方式，对每一个位置，都会有垂直和水平方向两种卷页方式，选中垂直的(E)单选按钮，表示从图像的顶边或底边开始卷动，如果选中水平的(H)单选按钮，则从图像的左边或右边开始卷动。

（4）单击“宽度”和“高度”处的图标改变它的宽度和高度，数值越大卷页越明显。

（5）在纸张选项区域中设定纸张的显示方式，透明或不透明。

（6）设置背景颜色和卷页颜色，可以从颜色中选择一种颜色，对预览效果满意后，单击确定

按钮，应用卷页滤镜前后效果对比如图 12.5.10 所示。

原图　　　　效果图

图 12.5.10　卷页图的对比

5．透视

“透视点”与矢量图增加透视点的效果相似，只不过它是作用在位图上，使位图产生透视的远景感觉。实现“透视点”的操作步骤如下：

（1）在工作区域中导入一位图文件，用“挑选工具”选中对象。

（2）选择位图(B)→三维效果(3)→透视(R)...命令，弹出如图 12.5.11 所示的透视对话框。

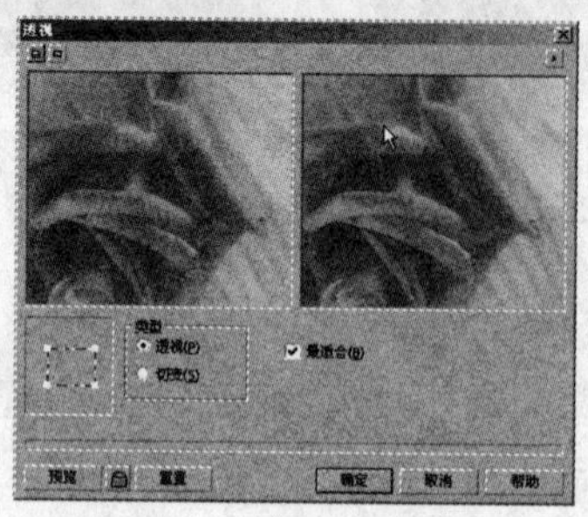

图 12.5.11　“透视”对话框图

（3）在类型选项区中提供了两种透视模式，选中透视(P)单选按钮，将鼠标指针移至对话框左边的窗口中调整四个控制点，可改变图像中透视点的位置；若选中切变(S)单选按钮，调整四个控制点，可改变图像透视点的位置，使其显示为倾斜效果。

（4）对预览效果满意后，单击确定按钮，应用透视滤镜前后效果对比如图 12.5.12 所示。

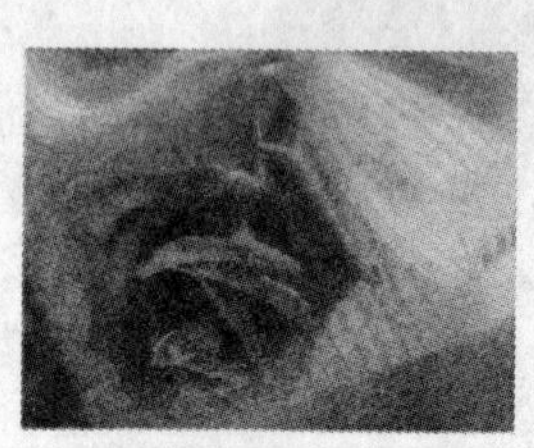

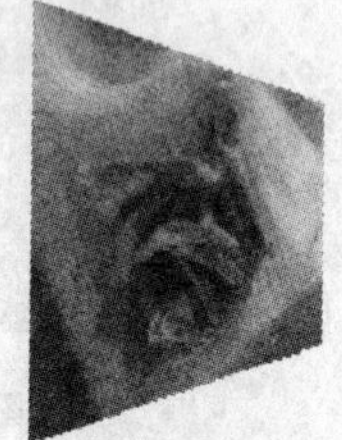

原图　　　　透视后的效果

图 12.5.12　透视图的对比

6．挤近/挤远

“挤近/挤远”效果是通过位图的挤压使对象扭曲，从而制造出一种突出或凹下去的效果。该过滤器支持“黑白”外的所有颜色模型。

（1）在工作区域中导入一位图文件，用挑选工具选中对象。

（2）选择 位图(B) → 三维效果(3) → 挤远/挤近(P)... 命令，弹出如图 12.5.13 所示的挤远/挤近对话框。

（3）单击挤近/挤远(P):处的图标改变它的数值来设置效果的强度，范围在－100～100 之间，正值表示挤远，负值表示挤近，数值越大效果越明显，效果如图 12.5.14 所示，按钮表示用来选择捏起或挤压的中心点。

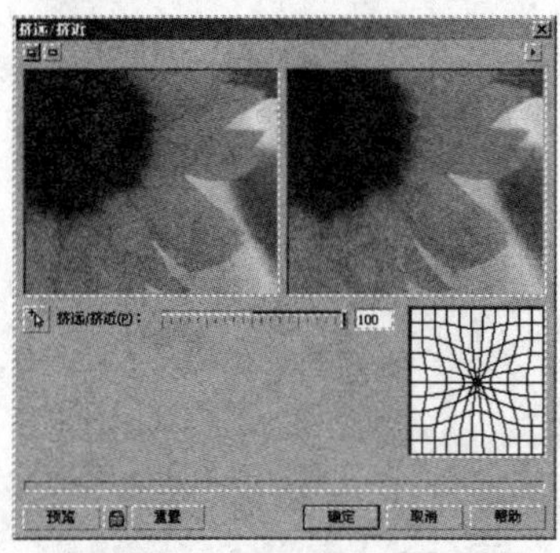

图 12.5.13 “挤近/挤远”对话框

挤远

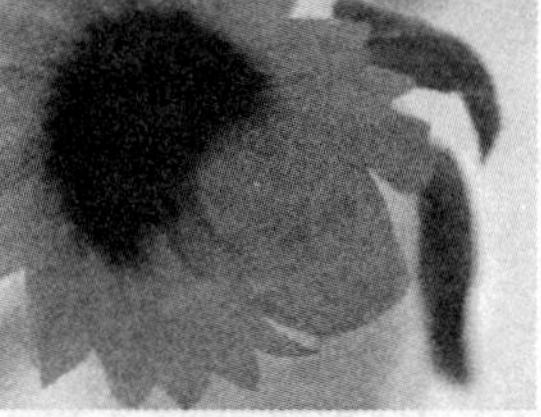

挤近

图 12.5.14 挤远/挤近的效果图

7．球面

类似将图贴在球体的内表面或外表面的效果。

（1）在工作区域中导入一位图文件，并用挑选工具选定对象。

（2）选择 位图(B) → 三维效果(3) → 球面(S)... 命令，弹出如图 12.5.15 所示的球面对话框。

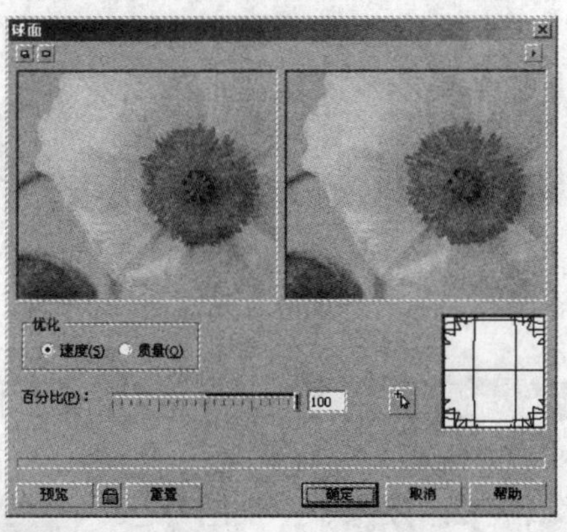

图 12.5.15 “球面”对话框

（3）单击百分比(P):处的图标可改变它的数值，范围在－100～100 之间，正值表示突出，负值表示凹下，数值越大效果越明显，效果如图 12.5.16 所示。

原图

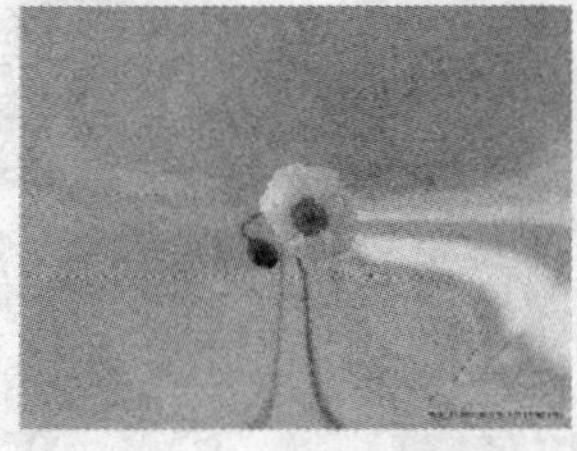

凹下

突出

图 12.5.16 球面对比图

12.5.2 艺术笔触

选择 位图(B) → 艺术笔触(A) 命令，在弹出的子菜单中选择相应的命令，设置相应的艺术笔触，其子菜单如图 12.5.17 所示。

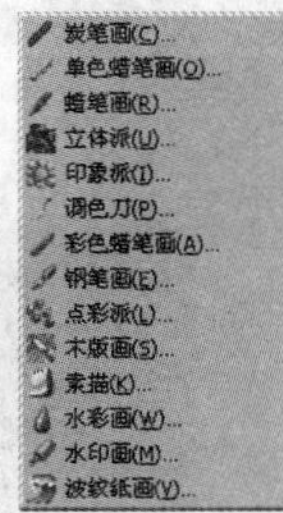

图 12.5.17 艺术笔触子菜单

1. 炭笔画

选择 位图(B) → 艺术笔触(A) → 炭笔画(C)... 命令，在弹出的 炭笔画 对话框中设置相应的参数，可使图像产生素描的效果，如图 12.5.18 所示。

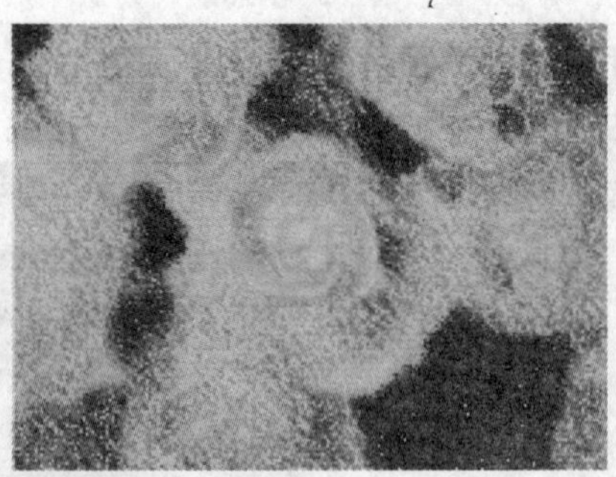

图 12.5.18 炭笔画效果

2. 蜡笔

选择 位图(B) → 艺术笔触(A) → 蜡笔画(R)... 命令，在弹出的 蜡笔画 对话框中设置相应的参数，可使图像产生用蜡笔绘画的效果，如图 12.5.19 所示。

图 12.5.19 蜡笔画效果

3. 印象派

选择 位图(B) → 艺术笔触(A) → 印象派(I)... 命令，在弹出的 印象派 对话框中设置相应的参数可使图像产生类似印象画派的效果，如图 12.5.20 所示。

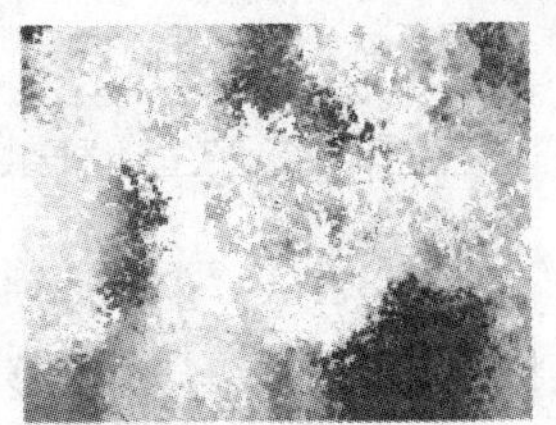

图 12.5.20 印象派效果

4．波纹纸画

选择位图(B)→艺术笔触(A)→波纹纸画(V)...命令，在弹出的波纹纸画对话框中设置相应的参数可使图像产生波浪的效果，如图 12.5.21 所示。

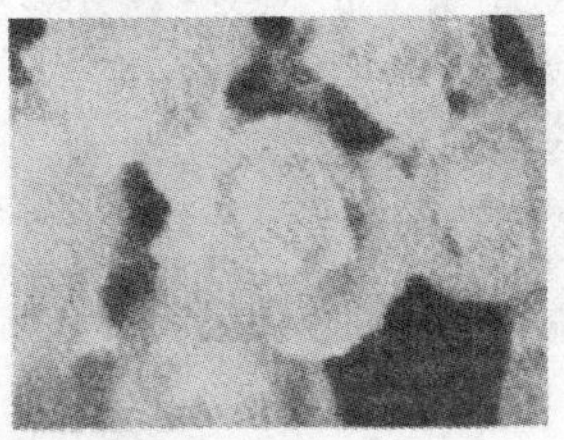

图 12.5.21 波纹纸画效果

12.5.3 模糊效果

选择位图(B)→模糊(B)命令，在弹出的子菜单中选择不同的命令，可设置相应的模糊效果，其子菜单如图 12.5.22 所示。

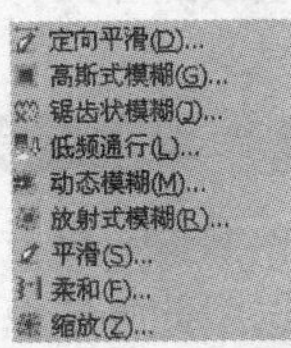

图 12.5.22 模糊子菜单

1．定向平滑

定向平滑命令可使位图对象以渐变方式进行平滑，而保留边缘细节和纹理。

2．高斯式模糊

选择位图(B)→模糊(B)→高斯式模糊(G)...命令，在弹出的高斯式模糊对话框中设置相应的参数，可使图像产生高斯雾化的效果，如图 12.5.23 所示。

图 12.5.23 高斯式模糊效果

3．锯齿状模糊

锯齿状模糊命令可以使位图对象产生一种柔和的模糊效果。

4．低频通行

低频通行命令可以将位图中的锐边与细节移除，使图像产生模糊效果。

5．动态模糊

选择位图(B)→模糊(B)→动态模糊(M)...命令，在弹出的动态模糊对话框中设置相应的参数，可使图像产生因高速运动而产生的模糊效果，如图 12.5.24 所示。

图 12.5.24　动态模糊效果

缩放命令可以使位图对象以缩放中心向外扩散，从而产生模糊效果。

12.5.4　其他效果

1．位平面

位平面命令可将位图转换成由许多颜色组成的图像，每一个颜色都是由 3 种颜色组成的，即红、绿、蓝。

选择位图对象后，选择菜单栏中的位图(B)→颜色变换(C)→位平面(B)...命令，弹出位平面对话框，在红(R):、绿(G):与蓝(B):输入框中输入数值，可设置图像的颜色；选中应用于所有位面(A)复选框，可使 3 种颜色的参数同时变化，如果不选中此复选框，可单独调节 3 种颜色。

设置好参数后，单击确定按钮，图像效果如图 12.5.26 所示。

图 12.5.26　应用位平面前后效果对比

2．框架

框架命令可以在图像的周围创建一个框架，使其产生相框的效果。

选择位图对象后，选择菜单栏中的位图(B)→创造性(V)→框架(R)...命令，弹出框架对话框。从中选择选择选项卡，在框架样式列表中选择预设的框架，单击下拉按钮，可弹出如图 12.5.27 所示的下拉列表，从中可选择一种框架样式。

在框架对话框中选择修改选项卡，可对所选的框架进行编辑与修改。

设置好参数后，单击确定按钮，图像效果如图 12.5.28 所示。

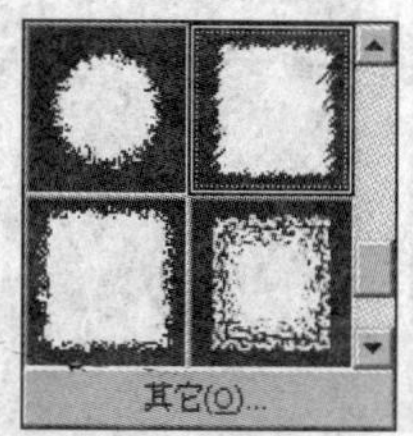
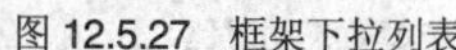

图 12.5.27　框架下拉列表

图 12.5.28　应用框架前后效果对比

3. 玻璃砖

“玻璃砖”效果类似通过玻璃看到图像的效果。

（1）用挑选工具选定对象。

（2）选择位图(B)→创造性(V)→玻璃砖(G)...命令，弹出如图 12.5.29 所示的玻璃砖对话框。

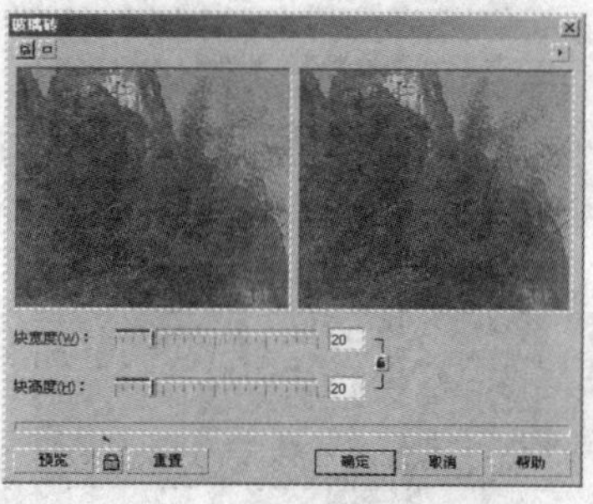

图 12.5.29　“玻璃砖”对话框

（3）设定好块宽度(W):和块高度(H):以后，单击确定按钮，效果如图 12.5.30 所示。

图 12.5.30　玻璃块图的对比

4. 彩色玻璃

实现“彩色玻璃”效果的操作步骤如下：

（1）用挑选工具选定对象。

（2）选择位图(B)→创造性(V)→彩色玻璃(T)...命令，弹出如图 12.5.31 所示的彩色玻璃对话框。

（3）在彩色玻璃对话框的大小(S):滑块中设定彩色玻璃的大小，在光源强度(I):滑块处设定光亮强度。

（4）在焊接宽度(W):中设定焊接宽度，在焊接颜色(C):中设定焊接颜色，单击确定按钮，效果如图 12.5.32 所示。

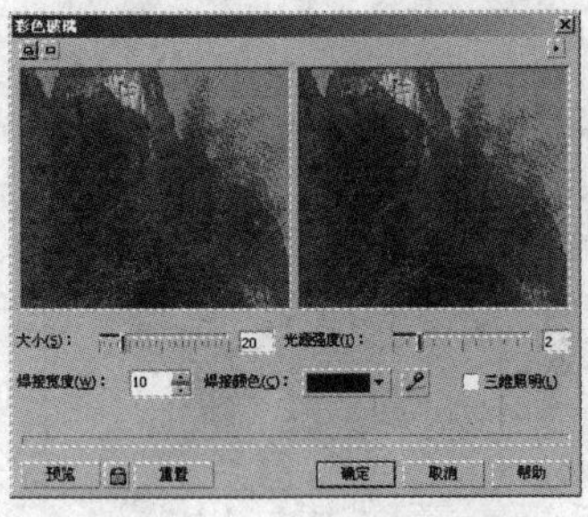

图 12.5.31 “彩色玻璃”对话框

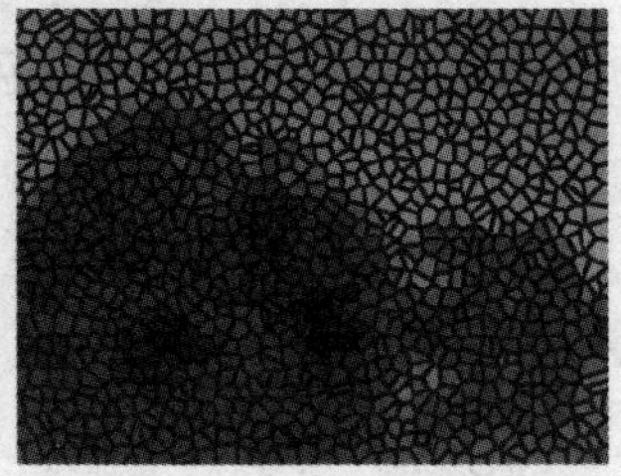

图 12.5.32 彩色玻璃效果图对比

5．虚光

实现“虚光”效果的操作步骤如下：

（1）用挑选工具选定对象。

（2）选择 位图(B) → 创造性(V) → 虚光(V)... 命令，弹出如图 12.5.33 所示的 虚光 对话框。

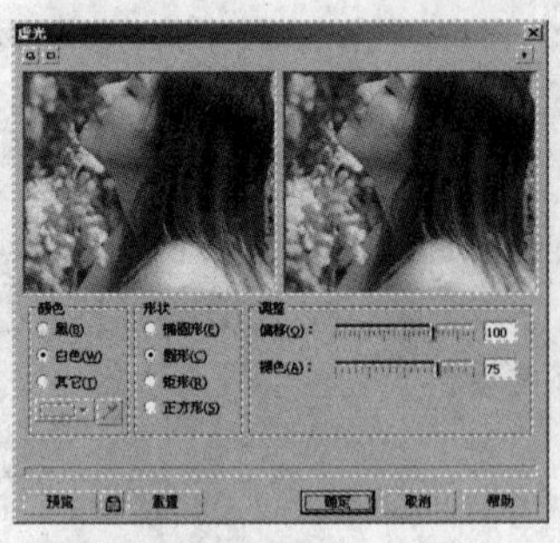

图 12.5.33 “虚光”对话框

（3）在 颜色 选项区域中设定框架的颜色，黑色、白色或其他颜色的外框。

（4）从 形状 选项区域中设定选择外框的形状，椭圆、圆形、矩形、正方形。

（5）移动 偏移(O): 滑块设定外框距离中心的尺寸。

（6）设定 褪色(A): 滑块可以设定框架与位图之间的平缓度，如图 12.5.34 所示。

图 12.5.34 虚光效果图对比

6．平铺

平铺命令可以使位图对象在水平或垂直方向上产生多个图像的平铺效果。

选择位图对象后，选择菜单栏中的 位图(B) → 扭曲(D) → 平铺(T)... 命令，弹出 平铺 对话框。

在 水平平铺(H): 与 垂直平铺(V): 输入框中输入数值，可设置图像在水平方向与垂直方向上的平铺数量；在 重叠(O)(%): 输入框中输入数值，可设置图像水平与垂直方向平铺图像相重叠的数量，从而产生多个图像的平铺效果。

预览满意后，单击 确定 按钮，图像效果如图 12.5.35 所示。

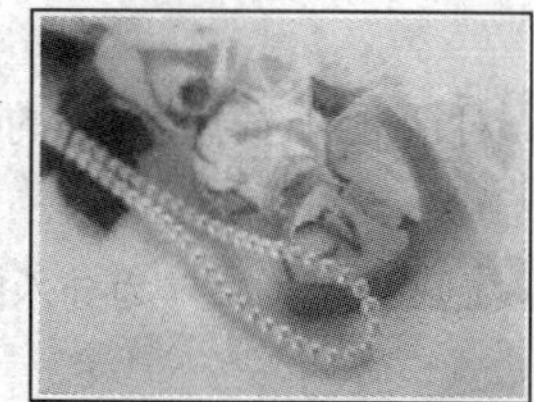
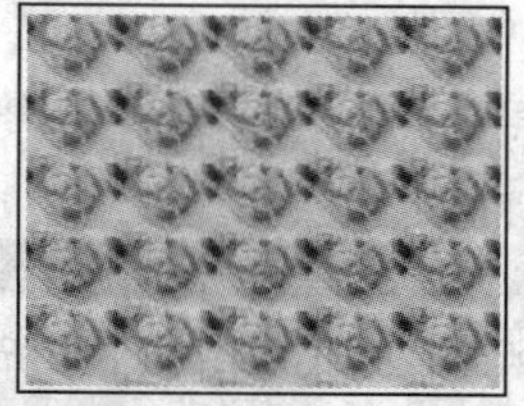

图 12.5.35　应用平铺前后的效果对比

7．杂点

使用添加杂点命令可以在图像中添加杂点，为平板或比较混杂的图像制作粒状效果。

选择菜单栏中的 位图(B) → 杂点(N) → 添加杂点(A)... 命令，弹出 添加杂点 对话框，在 杂点类型 选项区中可选择杂点类型，即高斯式、尖突或均匀；在 层次(L): 输入框中可设置杂点的强度和颜色值范围；在 密度(D): 输入框中输入数值，可设置杂点的密度；在 颜色模式 选项区中可选择一种添加到位图对象上的杂点颜色模式。

设置好参数后，单击 预览 按钮，可预览设置后的效果，满意后单击 确定 按钮，图像效果如图 12.5.36 所示。

图 12.5.36　应用添加杂点前后的效果对比

12.6　上机练习

本节将制作笔记本，在制作过程中主要用到矩形工具、位图的裁切、位图的特效等工具，最终效果如图 12.6.1 所示。

图 12.6.1　效果图

操作步骤

（1）选择 文件(F) → 新建(N) 命令，新建一个文件。

（2）单击工具箱中的“矩形工具”按钮，在绘图页面中绘制一个矩形，并对其填充白色到粉蓝色的渐变，如图 12.6.2 所示。

（3）在属性栏中单击“导入”按钮，在弹出的导入对话框中选择要导入的位图，单击导入按钮，将其导入到绘图区中。

（4）选择位图(B)→创造性(V)→虚光(V)...命令，为导入的位图添加虚光效果，参数设置如图 12.6.3 所示，效果如图 12.6.4 所示。

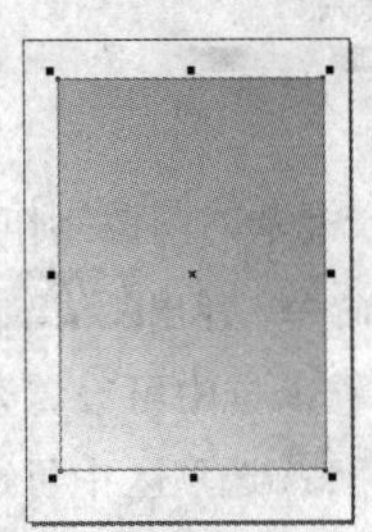

图 12.6.2　创建矩形并填充颜色

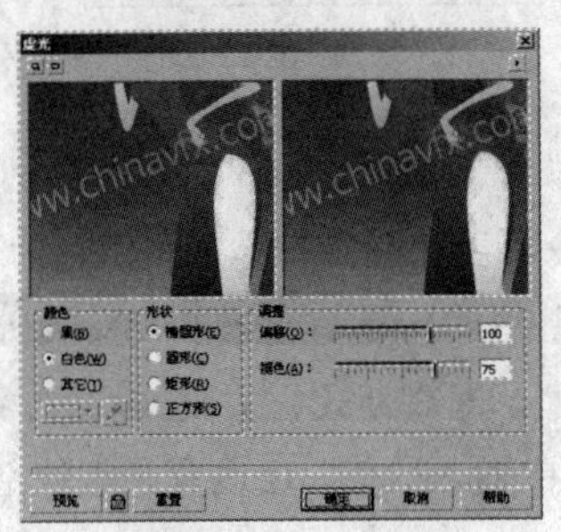

图 12.6.3　“虚光”对话框

（5）同时选中矩形和位图，在菜单栏中选择排列(A)→对齐和分布(A)→对齐与分布命令，弹出对齐与分布对话框，参数设置如图 12.6.5 所示。

图 12.6.4　添加“虚光”效果

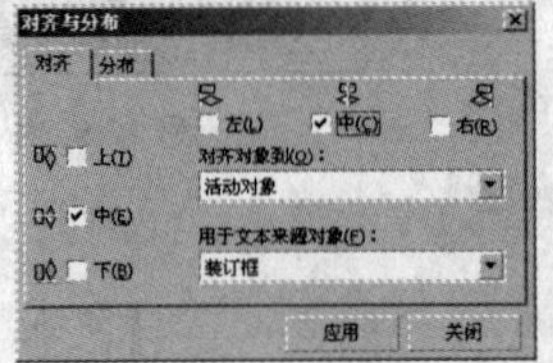

图 12.6.5　“对齐与分布”对话框

（6）单击应用按钮，使位图和矩形居中对齐，效果如图 12.6.6 所示。

（7）选中位图和矩形对象，选择排列(A)→群组(G)命令，将所选中的对象进行群组。

（8）按“Ctrl＋C”键，再按“Ctrl＋V”键对其进行复制粘贴，调整两个群组对象的位置，如图 12.6.7 所示。

图 12.6.6　位图和矩形居中对齐

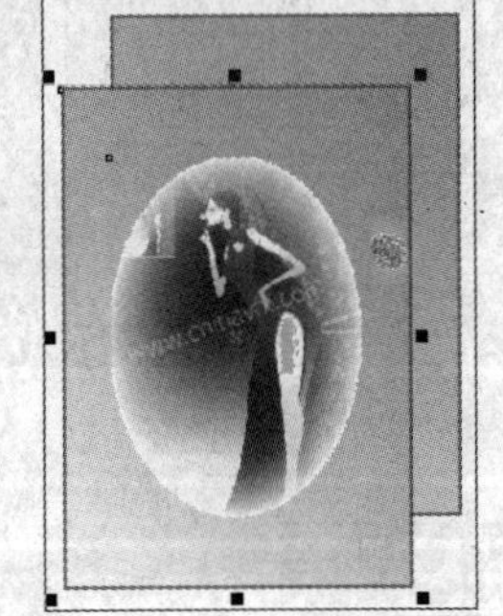

图 12.6.7　调整群组对象的位置

（9）选中位于上方的群组对象，按“Ctrl＋C”键。单击工具箱中的“交互式调和工具”按钮，

对群组的两个对象进行调和，效果如图 12.6.8 所示。

（10）按“Ctrl＋V”键将复制的对象进行粘贴。

（11）选择 位图(B) → 转换为位图(I)... 命令，将步骤（10）中粘贴的对象转换为位图图像，弹出 转换为位图 对话框，如图 12.6.9 所示。

图 12.6.8 交互式调和效果

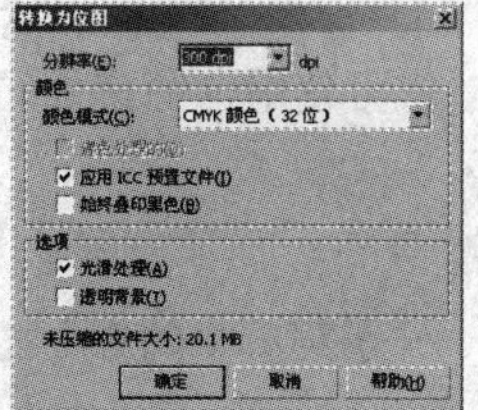

图 12.6.9 “转换为位图”对话框

（12）确定转换的位图为选中状态，选择 位图(B) → 三维效果(3) → 卷页(A)... 命令，在弹出的 卷页 对话框中设置参数如图 12.6.10 所示。

（13）单击 确定 按钮，可得到如图 12.6.11 所示的效果。

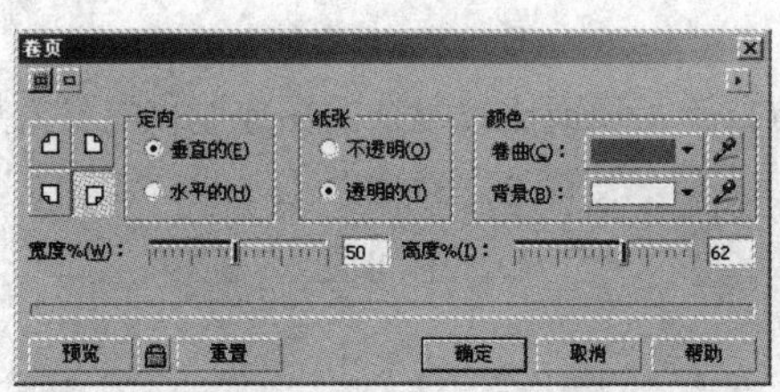

图 12.6.10 “卷页”对话框

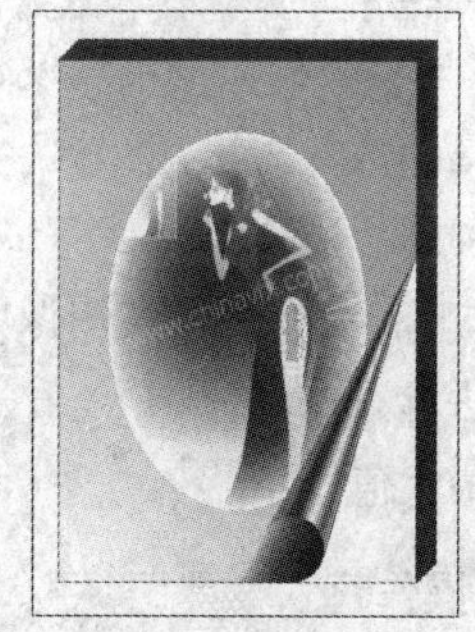

图 12.6.11 卷页效果

（14）单击工具箱中的“文本工具”按钮，在绘图区中输入文字，设置其字号、字体及颜色，并用挑选工具将其移至合适位置，得到如图 12.6.1 所示的最终效果。

本 章 小 结

本章主要讲述了 CorelDRAW X3 中有关位图的命令和操作，利用本章知识可以将位图在 CorelDRAW X3 中进行一些基本的处理，并可以对其使用特效，对于矢量图若要使用位图的一些特效也可将其转换为位图进行编辑操作。

习 题 十 二

一、填空题

1．若要对矢量图应用位图的特效，则必须对该矢量图使用__________命令。

2．使用__________工具可以实现对位图的裁切。

3．使用________功能，可能将位图的某些颜色隐藏起来不予显示。

4．调整位图颜色包括调整图像的__________、__________、__________、__________等。

5．_________命令可以使所选图像的颜色反相显示，即用色盘中相对的颜色替换原来的颜色。

6．当位图对象的背景颜色为单色时，可使用_________功能进行处理，使图像的背景透明。

7．CorelDRAW X3 提供 3 种位图矢量化方法，分别是_________、_________和_________。

二、选择题

1．CorelDRAW X3 中可使用位图特效的文件格式有（　）。

A．GIF 格式　　B．AI 格式

C．JPEG 格式　　D．CDR 格式

2．卷页命令是（　）子菜单中的命令之一。

A．模糊　　B．杂点

C．扭曲　　D．三维特效

3．使用（　）命令可以设置深度与光线的方向，使平面图像产生三维浮雕效果。

A．浮雕　　B．卷页

C．三维旋转　　D．透视

4．使用（　）模糊命令可以使位图对象产生一种快速运动的模糊效果。

A．高斯式　　B．低频通行

C．动感　　D．放射式

5．使用（　）命令可以在图像中添加杂点，为平板或比较混杂的图象制作粒状效果。

A．去除杂点　　B．添加杂点

C．最大值　　D．中间值

三、上机操作题

1．绘制一个矢量图并将其转换为位图，再对其使用位图特效。

2．导入一幅位图，为其制作旋涡效果。

3．在页面中输入美术字，再将其转换为位图。

4．利用本章和前面章节介绍的内容制作如题图 12.1 所示的效果图。

题图　12.1

第13章 行业应用实例

本章要点

- ☑ 房地产报纸广告设计
- ☑ 包装设计
- ☑ 名片制作
- ☑ 宣传海报制作
- ☑ 封面设计
- ☑ 信纸制作

学习目标

本章主要介绍几个行业实例的制作方法。每个实例都给出了详细的操作步骤，使用户可以完整地掌握其创作过程。

实例 1　房地产报纸广告设计

实现目标

本例将制作房地产报纸广告，最终效果如图 13.1.1 所示。

图 13.1.1　效果图

设计思路

创作本例时，主要用到了矩形工具、虚光、交互式变形工具、文本工具等。

操作步骤

（1）新建一个 A4 文件，设置页面为横向。

（2）双击工具箱中的“矩形工具”按钮，设置一个与页面大小相等的矩形，去除轮廓线后填充为桔红到灰色的渐变，如图 13.1.2 所示。

（3）按键盘中的“Ctrl+I”键，导入图片，如图 13.1.3 所示。

图 13.1.2　绘制矩形并填充矩形

图 13.1.3　导入的图片

（4）选择 位图(B) → 创造性(V) → 虚光(V)... 命令，弹出 虚光 对话框，在 颜色 选项区中设置虚光的颜色为粉色，在 形状 选项区中选中 椭圆形(E) 单选按钮，在 调整 选项区中设置 偏移(O)： 数值为 90，设置 褪色(A)： 数值为 52，如图 13.1.4 所示，单击 确定 按钮，图像效果如图 13.1.5 所示。

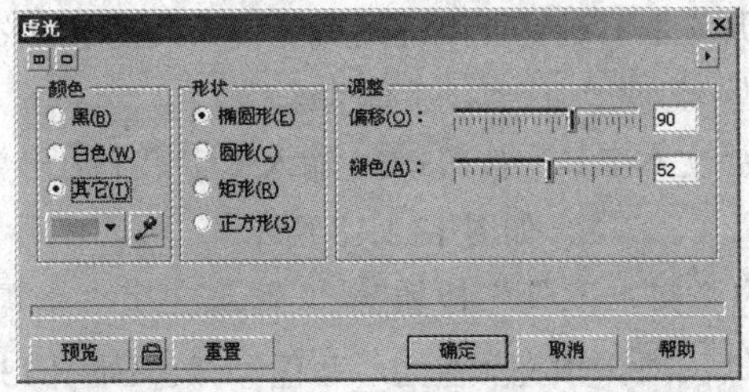

图 13.1.4 “虚光”对话框

（5）按键盘中的“Ctrl+I”键导入图片，如图 13.1.6 所示。

图 13.1.5 应用虚光滤镜效果

图 13.1.6 调整后图片放置的位置

（6）选择工具箱中的“多边形工具”按钮，在页面中绘制正六边形图形，将填充色设置为水光绿，如图 13.1.7 所示。

（7）单击工具箱中的“交互式变形工具”按钮，按下鼠标左键，并从图形中心向外拉动进行变形，如图 13.1.8 所示。

（8）复制并缩小如图 13.1.9 所示的图形，将其填充为粉色然后将其进行旋转，如图 13.1.8 所示。

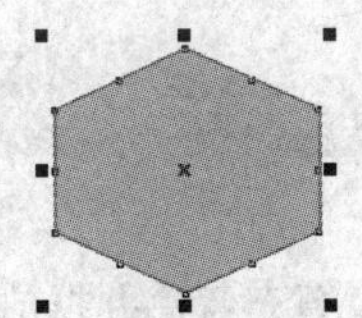

图 13.1.7 绘制的正六边形图形

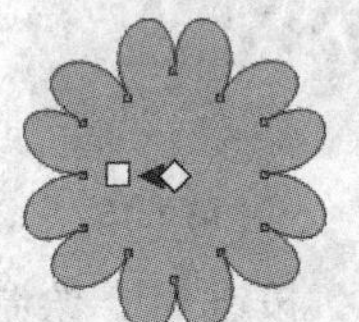

图 13.1.8 拖动鼠标变形

图 13.1.9 复制并调整图形

（9）选择工具箱中的“交互式轮廓图工具”按钮，设置属性栏参数，如图 13.1.10 所示。

图 13.1.10 属性栏参数设置

（10）按键盘中的“Enter”键，确定设置，图形将变成如图 13.1.11 所示的效果。

（11）选择工具箱中的“基本形状”按钮，在弹出的隐藏工具栏中单击“星形工具”按钮，并在属性栏中的“自选图形”选项中选择“五角星”图形，然后在画面中绘制正五角星形并去除轮廓线，填充黄色（C：4，M：6，Y：93，K：0），如图 13.1.12 所示。

图 13.1.11 使用交互式轮廓工具后的图形效果

图 13.1.12 绘制正五角星形并填充

（12）将绘制完成的图形选取后进行群组，然后单击工具箱中的文本工具，输入文字“即日起”，填充颜色为“蓝色”，字号为 24 pt，字体为 0 隶书。

（13）单击工具箱中的“文本工具”按钮，输入文字“全面出售”，填充颜色为“红色”，字号为 24 pt，字体为 0 隶书，如图 13.1.13 所示。

（14）选择工具箱中的“文本工具”按钮，输入文字“幸福生活从这里开始”，字体为 0 华文行楷，字号为 48 pt，填充颜色为“蓝色”，效果如图 13.1.14 所示。

图 13.1.13　输入的文字效果

图 13.1.14　输入文字

（15）选择工具箱中的“文本工具”按钮，输入文字“城中花园”，设置字体为 0 华文彩云，字号为 40 pt，颜色为“绿色”，如图 13.1.15 所示。

（16）选择工具箱中的“文本工具”按钮，输入拼音“ChengZhongHuaYuan”，设置字体为 0 Arial Black，字号为 24 pt，设置颜色为白色，如图 13.1.15 所示。

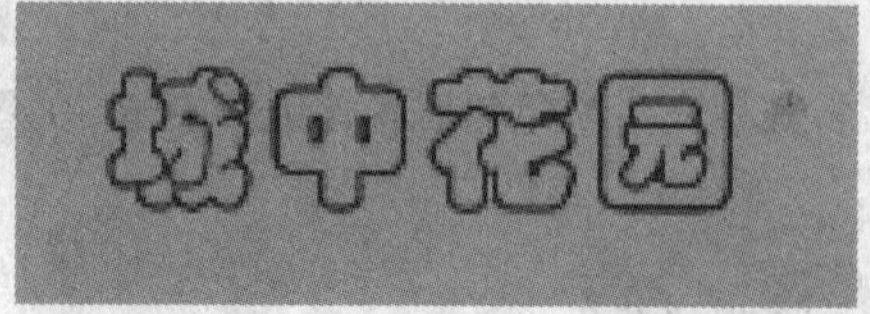

ChengZhongHuaYuan

图 13.1.15　输入的文字

（17）选择工具箱中的“矩形工具”按钮，绘制一个矩形，填充蓝色并摆放到合适的位置，效果如图 13.1.16 所示。

图 13.1.16　绘制矩形

（18）选择工具箱中的“文本工具”按钮，设置其字体和字号，分别输入“仅限 25 套 12 月 1 日起”、“2009 年的主流”、“西安城中花园物业发展有限公司”、“销售热线：029-8776XXXX”，并调整文字的位置，最终效果如图 13.1.1 所示。

实例 2　包 装 设 计

实现目标

本例将制作包装效果，最终效果如图 13.2.1 所示。

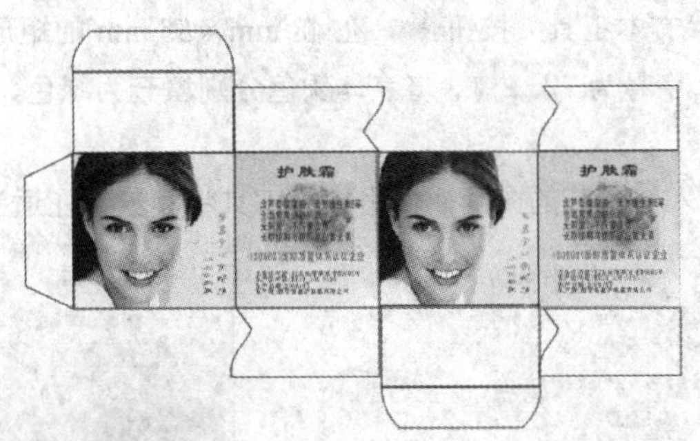

图 13.2.1　效果图

设计思路

在制作过程中，将用到矩形工具、文本工具、挑选工具等。

操作步骤

（1）选择菜单栏中的文件(F)→新建(N)命令，新建一个页面。

（2）单击工具箱中的“矩形工具”按钮，在绘图页面中绘制 70 mm×55 mm 的矩形，如图 13.2.2 所示。

（3）使用“挑选工具”选择矩形，按住“Ctrl”键的同时向右拖动矩形，到合适位置后单击鼠标右键复制矩形，然后调整复制矩形的大小为 48 mm×55 mm，如图 13.2.3 所示。

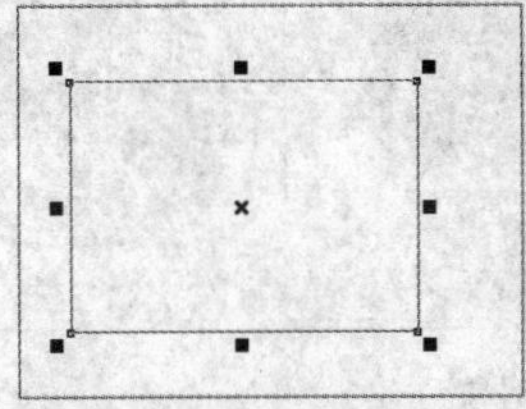

图 13.2.2　绘制矩形

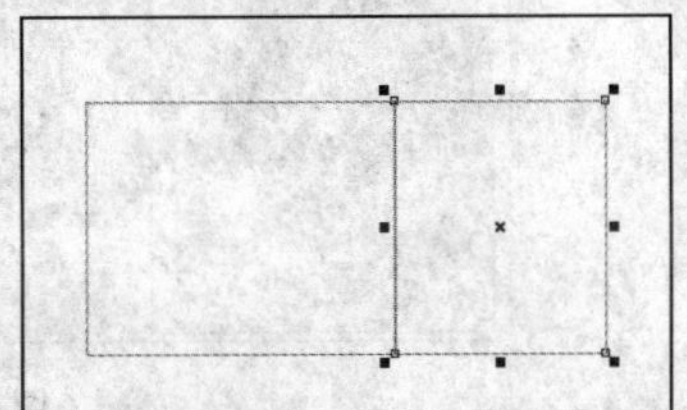

图 13.2.3　复制矩形并调整其大小

（4）按“Ctrl+I”键导入一幅处理好的图片，用挑选工具选择此图片，然后选择效果(C)→精确剪裁(W)→放置在容器中(P)...命令，在 70 mm×55 mm 的矩形上单击，即可将所选的图片放置在矩形中，如图 13.2.4 所示。

（5）单击工具箱中的“文本工具”按钮，在属性栏中设置字体为方正舒体、字号为17 pt，单击属性栏中的“将文本更改为垂直方向”按钮，设置字体方向为垂直方向，在页面中输入文字，填充红色到蓝色的渐变效果，如图 13.2.5 所示。

图 13.2.4　放置图片后的效果

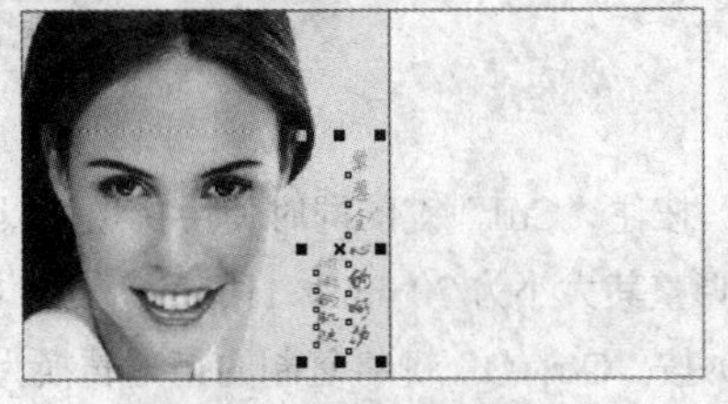

图 13.2.5　输入文字

（6）单击工具箱中的“文本工具”按钮，在 48 mm×55 mm 的矩形上输入文字，在属性栏中设置字体为黑体，字号为 16 pt，将字体颜色分别填充为绿色、红色、和黑色，如图 13.2.6 所示。

（7）按“Ctrl+I”键导入一幅花的图片，使用挑选工具将其放置在适当位置，如图 13.2.7 所示。

图 13.2.6　输入并调整文字

图 13.2.7　导入并调整图片

（8）选择花图片，按“Shift+PageDown”键将其排放在文字的后面，如图 13.2.8 所示。

（9）使用“挑选工具”框选页面中的所有对象，选择 排列(A) → 变换(T) → 位置(P) 命令，可打开 变换 泊坞窗，参数设置如图 13.2.9 所示。

图 13.2.8　排放位置

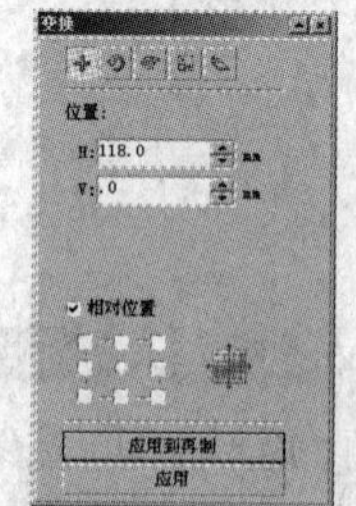

图 13.2.9　“变换”泊坞窗

（10）单击 应用到再制 按钮，即可水平向右复制所选的所有对象，如图 13.2.10 所示。

图 13.2.10　复制对象

（11）单击工具箱中的“矩形工具”按钮，在绘图页面中绘制 70 mm×40 mm 的矩形，如图 13.2.11 所示。

图 13.2.11　绘制矩形

（12）按住“Ctrl”键的同时使用挑选工具向下拖动刚绘制的矩形，至合适位置单击鼠标右键复制，然后调整其大小为 70 mm×11 mm，如图 13.2.12 所示。

（13）按“Ctrl+Q”键将复制的矩形转换为曲线，使用形状工具调整其形状，如图 13.2.13 所示。

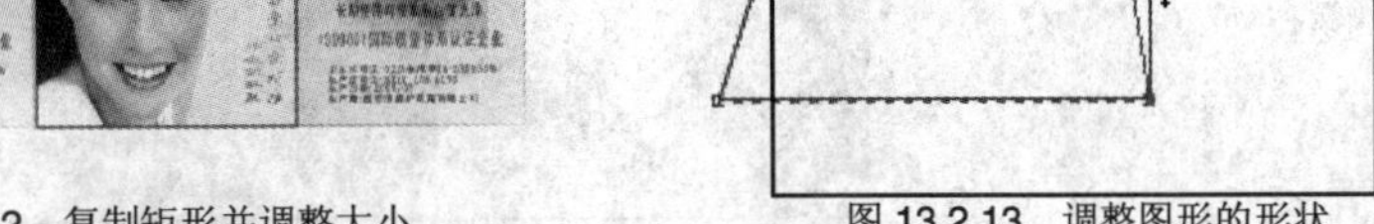

图 13.2.12　复制矩形并调整大小　　　　图 13.2.13　调整图形的形状

（14）单击工具箱中的“矩形工具”按钮，在页面中绘制 48 mm×28 mm 的矩形，如图 13.2.14 所示。

图 13.2.14　绘制矩形

（15）使用“挑选工具”选择刚绘制的矩形，按“Ctrl+Q”键将其转换为曲线，使用形状工具调整矩形的形状，如图 13.2.15 所示。

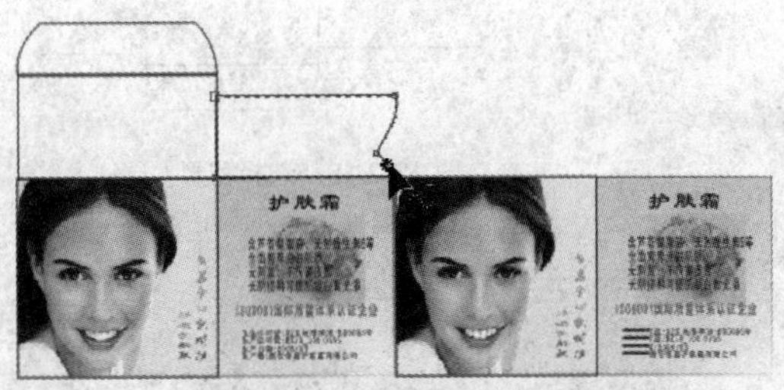

图 13.2.15　调整矩形的形状

（16）调整好矩形的形状后，按住“Ctrl”键的同时使用挑选工具将其垂直向下拖动，至合适位置后单击鼠标右键复制，再单击属性栏中的“水平与垂直镜像”按钮，将复制的图形水平与垂直镜像，效果如图 13.2.16 所示。

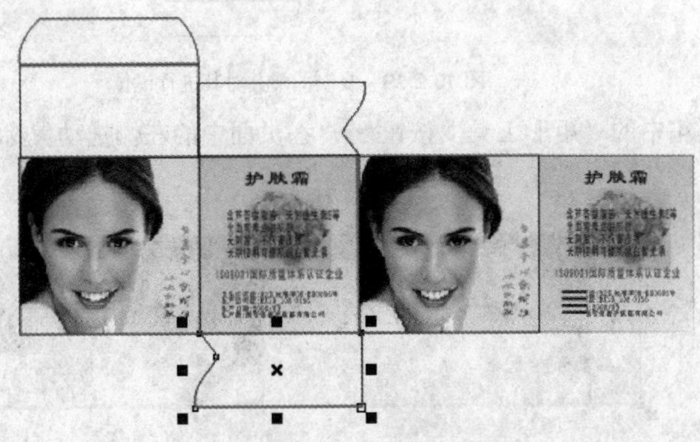

图 13.2.16　复制并镜像处理图形

（17）使用“挑选工具”框选正面图形最上面的 3 个图形对象，将其复制，单击属性栏中的“镜像”按钮，将所选的 3 个图形对象垂直翻转，并排放在合适位置，如图 13.2.17 所示。

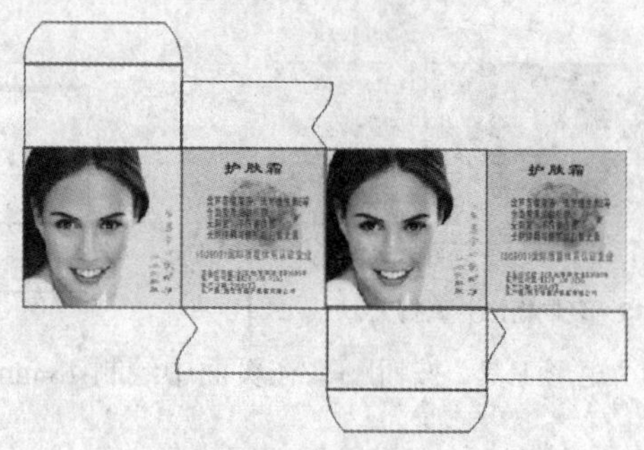

图 13.2.17　复制图形并对其进行镜像

（18）选择如图 13.2.18 所示的图形，按住“Ctrl”键的同时向右移动，至合适位置后，单击鼠标右键复制，再将其镜像处理，效果如图 13.2.19 所示。

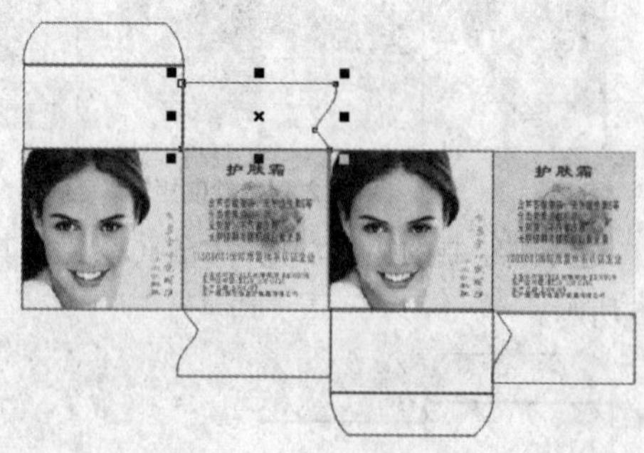

图 13.2.18　选择图形

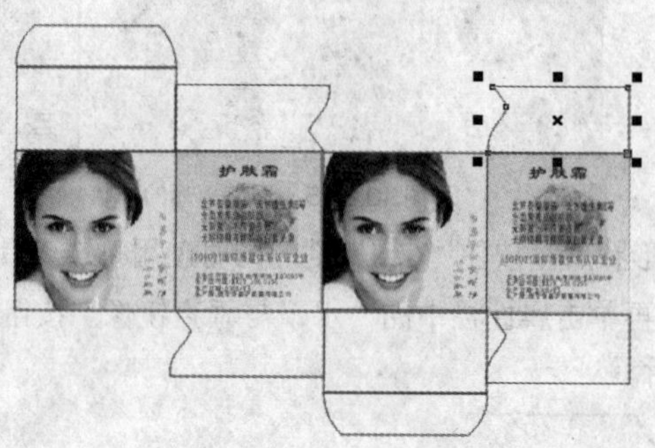

图 13.2.19　复制图形并对其进行镜像

（19）单击工具箱中的“矩形工具”按钮，在页面中的左侧拖动鼠标绘制矩形，如图 13.2.20 所示。

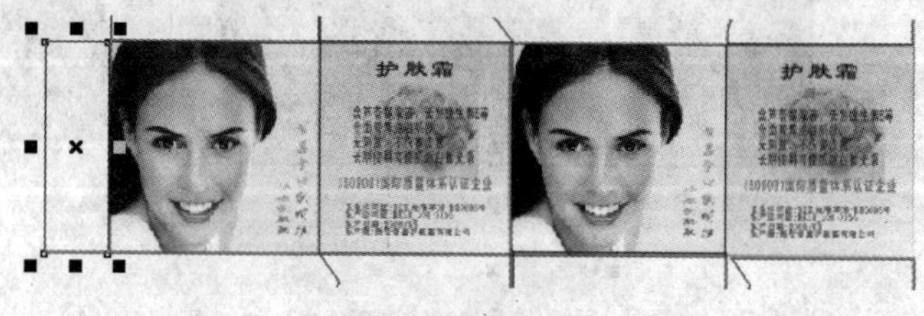

图 13.2.20　绘制矩形

（20）使用挑选工具选择刚绘制的矩形，按“Ctrl+Q”键将其转换为曲线，使用形状工具调整矩形的形状，如图 13.2.21 所示。

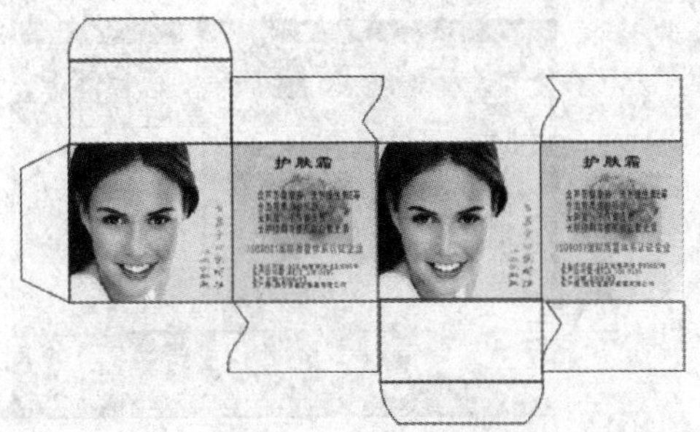

图 13.2.21　调整矩形的形状

（21）至此，包装设计制作完成，最终效果如图 13.2.1 所示。

实例 3　名 片 制 作

实现目标

本例将制作名片，最终效果如图 13.3.1 所示。

图 13.3.1　效果图

设计思路

在制作过程中，将用到挑选工具、贝塞尔工具、形状工具、文本工具、矩形工具和手绘工具等。

操作步骤

1. 名片正面制作

（1）选择 文件(F) → 新建(N) 命令，或按“Ctrl+N”键新建文件。

（2）在属性栏中设置绘图页尺寸为 90 mm×54 mm，如图 13.3.2 所示。

自定义　90.0 mm　54.0 mm　单位: 毫米　2.54 mm　6.35 mm　6.35 mm

图 13.3.2　设置绘图页尺寸

（3）选择版面(L)→页面设置(P)...命令，打开如图 13.3.3 所示的选项对话框。在该对话框中设置出血(B): 2.0 毫米，然后单击确定(O)按钮。

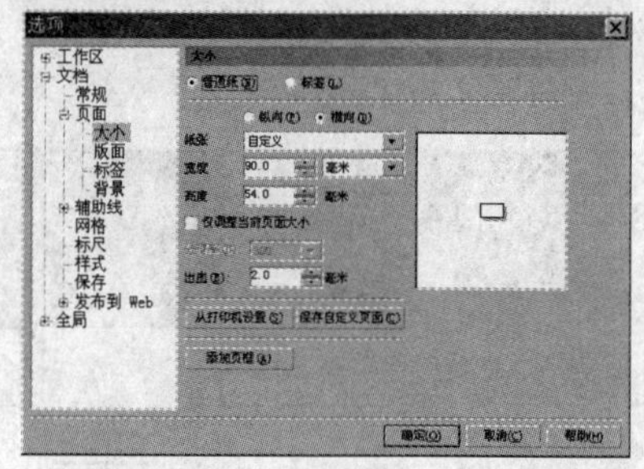

图 13.3.3 “选项”对话框

（4）双击“矩形工具”按钮，绘制一个与绘图页大小相同的矩形，如图 13.3.4 所示。

（5）选择“贝塞尔工具”按钮，配合使用“形状工具”，绘制如图 13.3.5 所示的形状，并将其填充为绿色。

图 13.3.4 绘制矩形

图 13.3.5 绘制图形并填充

（6）选中绘制的对象，拖动并单击鼠标右键复制一个，并将其填充为黄色，如图 13.3.6 所示。

（7）将两个曲线对象重叠，置于如图 13.3.7 所示的位置，并同时选中两个对象，按“Ctrl+G”键进行群组。

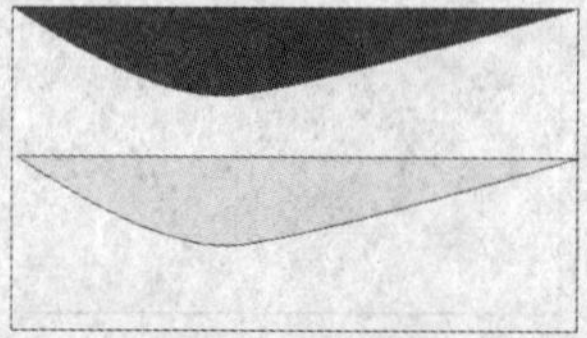

图 13.3.6 复制并填充

图 13.3.7 调整位置并群组对象

（8）选择“贝塞尔工具”按钮，配合使用“形状工具”，绘制如图 13.3.8 所示的形状，并将其分别填充为红色和蓝色。

图 13.3.8 绘制图形并填充

（9）选择“文本工具”按钮，输入姓名，其属性设置如图 13.3.9 所示。

李贞慧

默认美术字 * 华文行楷 24

图 13.3.9 文字的输入及属性设置（一）

（10）选择“文本工具”按钮，输入职位，其属性设置如图 13.3.10 所示。

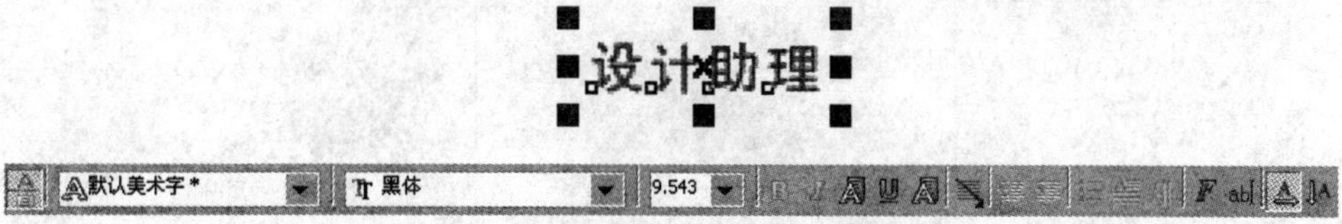
设计助理
默认美术字*
黑体
9.543

图 13.3.10　文字的输入及属性设置（二）

（11）选择“文本工具”按钮，输入个人联系方式，其属性设置如图 13.3.11 所示。

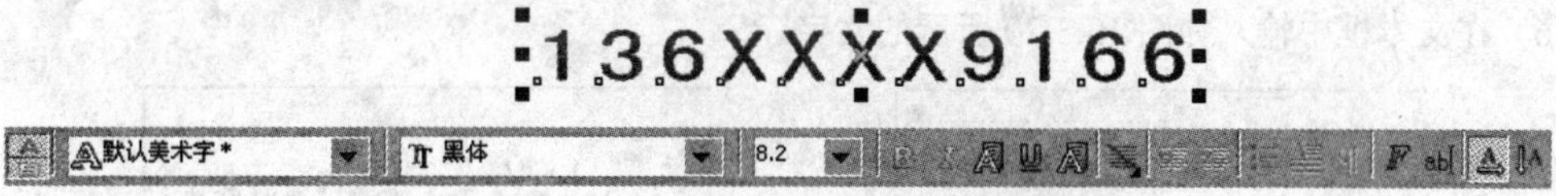
136XXXX9166
默认美术字*
黑体
8.2

图 13.3.11　文字的输入及属性设置（三）

（12）选择“文本工具”按钮，输入地址，其属性设置如图 13.3.12 所示。

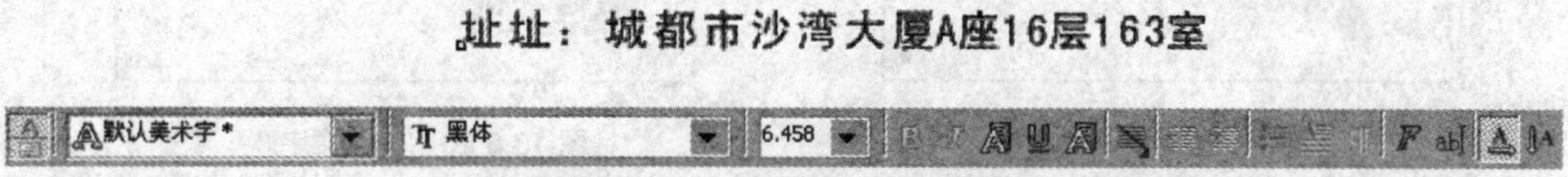
址址：城都市沙湾大厦A座16层163室
默认美术字*
黑体
6.458

图 13.3.12　文字的输入及属性设置（四）

（13）选择“文本工具”按钮，输入公司联系方式，其属性设置如图 13.3.13 所示。

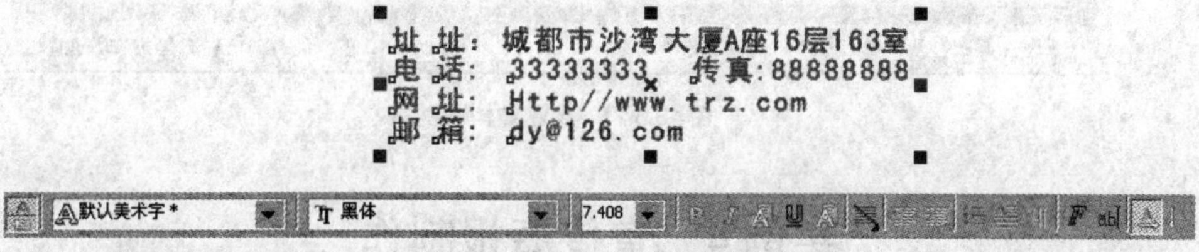
址 址：城都市沙湾大厦A座16层163室
电 话：33333333　传真:88888888
网 址：Http//www.trz.com
邮 箱：dy@126.com
默认美术字*
黑体
7.408

图 13.3.13　文字的输入及属性设置（五）

（14）将文字对象置于如图 13.3.14 所示的位置。

（15）选择“手绘工具”按钮，绘制一条直线，将其置于姓名的下方，如图 13.3.15 所示。这样，名片的正面就制作完成了。

李贞慧
设计助理
136XXXX9166

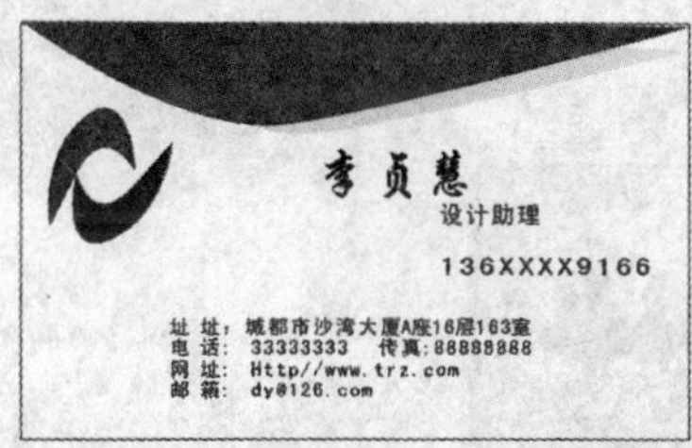

图 13.3.14　将文字对象置于名片中

李贞慧
设计助理
136XXXX9166

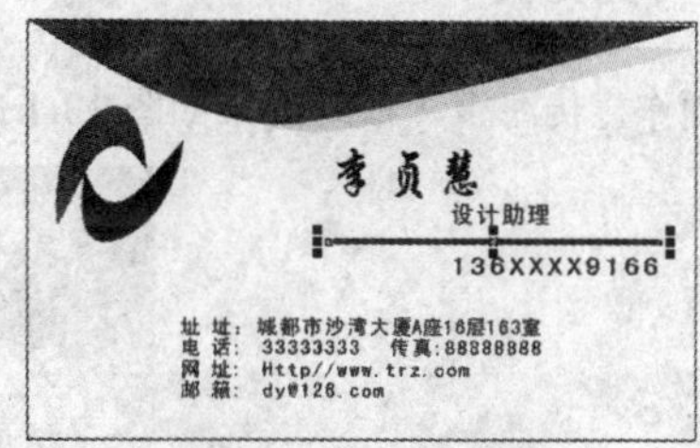

图 13.3.15　绘制直线

2. 名片背面制作

（1）单击“文档导航器”上的按钮，添加“绘图页二”。

（2）双击“矩形工具”按钮，绘制一个与绘图页大小相同的矩形，如图 13.3.16 所示。

（3）选择 文件(F) → 导入(I)... Ctrl+I 命令，导入如图 13.3.17 所示的图像。

（4）用“挑选工具”调整图像大小，如图 13.3.18 所示。

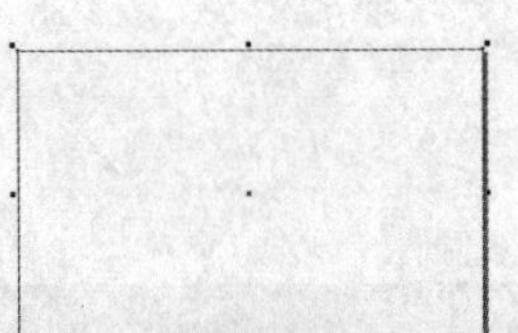
图 13.3.16 绘制矩形

图 13.3.17 导入的图像

图 13.3.18 调整图像大小

（5）单击工具箱中的“文本工具”按钮，绘制如图 13.3.19 所示的文本框。

（6）在文本框中输入如图 13.3.20 所示的文字。

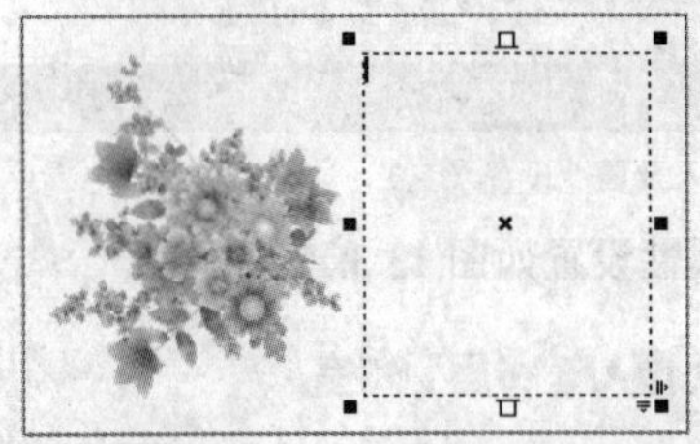
图 13.3.19 绘制文本框

图 13.3.20 输入文字

（7）在文本工具属性栏中设置文本属性，如图 13.3.21 所示，并将其字体颜色填充为绿色，最终效果如图 13.3.1 所示。

图 13.3.21 设置文本属性

实例 4 宣传海报制作

实现目标

本例将制作宣传海报，最终效果如图 13.4.1 所示。

图 13.4.1 效果图

设计思路

在设计过程中，将用到交互式立体工具、交互式透明工具及填充工具等。

操作步骤

（1）在菜单栏中选择 文件(F) → 新建(N) 命令，新建一个文件。

（2）双击工具箱中的“矩形工具”按钮，添加一个绘图页面大小的矩形。

（3）单击工具箱中的“渐变填充”按钮，在弹出的 渐变填充 对话框中进行渐变填充的设置，填充的颜色有（C：0，M：60，Y：100，K：0）和（C：0，M：0，Y：100，K：0）两种颜色，该对话框的具体参数设置如图 13.4.2 所示。

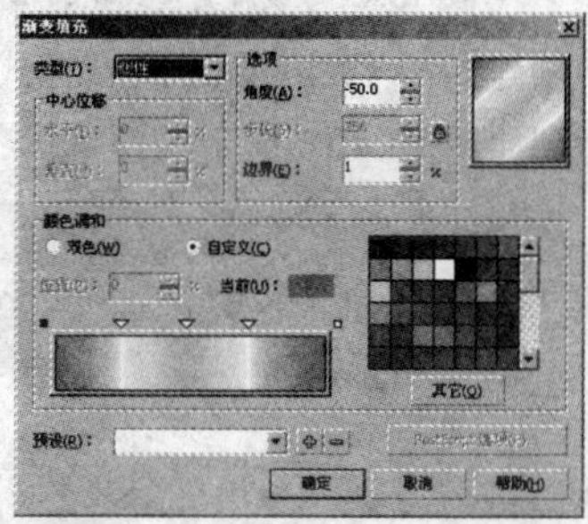

图 13.4.2　“渐变填充”对话框

（4）单击 确定 按钮，可得到如图 13.4.3 所示的效果。

（5）单击工具箱中的“贝塞尔工具”按钮，在绘图页面中绘制如图 13.4.4 所示的曲线。

图 13.4.3　填充渐变

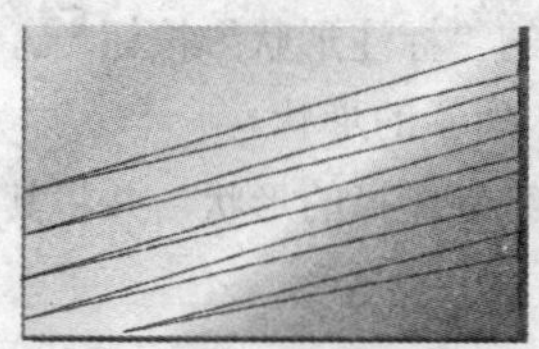

图 13.4.4　创建闭合曲线

（6）对所创建的闭合曲线，填充各种不同的颜色，得到如图 13.4.5 所示的效果。

（7）选择 文件(F) → 导入(I)... 命令，导入一幅位图图像，调整其位置，如图 13.4.6 所示。

图 13.4.5　填充颜色

图 13.4.6　调整位置

（8）单击工具箱中的“文本工具”按钮，输入文字，在其属性栏中设置字体的属性，设置字体颜色为黑色，如图 13.4.7 所示。

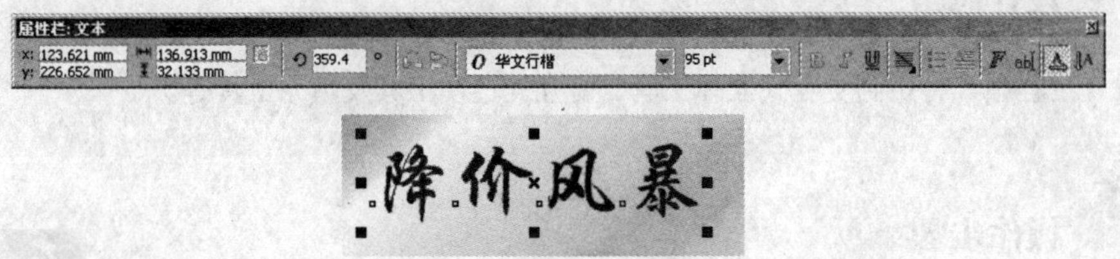

图 13.4.7　输入文字

（9）单击工具箱中的“交互式轮廓图工具”按钮，其属性设置如图 13.4.8 所示。

图 13.4.8　设置交互式轮廓属性

（10）对输入的文字进行拖动创建如图 13.4.9 所示的交互式轮廓效果。

（11）将设置完成的文字移动到如图 13.4.10 所示的位置。

图 13.4.9　创建交互式轮廓效果

图 13.4.10　调整文字的位置

（12）单击工具箱中的“标注形状”按钮，在其属性栏中单击“完美形状”按钮，在打开的面板中选择如图 13.4.11 所示的形状。

（13）在绘图页面中绘制选择的形状，并将其填充为蓝色，得到如图 13.4.12 所示的效果。

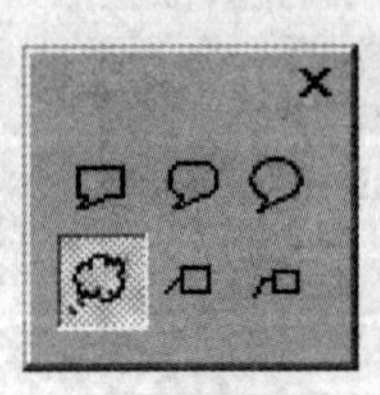

图 13.4.11　完美形状面板

图 13.4.12　绘制形状并填充颜色

（14）单击工具箱中的“文本工具”按钮，在绘制页面中输入文字“199”，在属性栏中设置

字体属性，设置字体颜色为白色，得到如图 13.4.13 所示的效果。

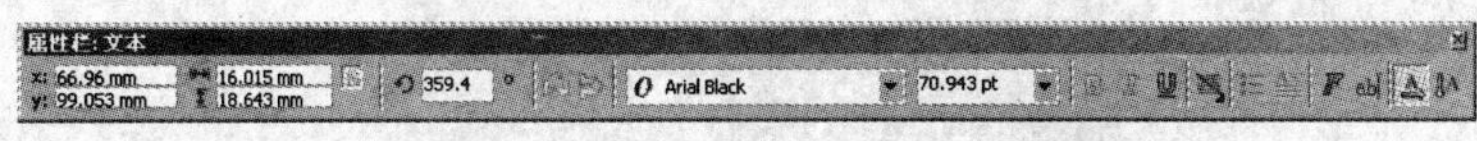

图 13.4.13　输入文字

（15）单击工具箱中的“文本工具”按钮，在绘制页面中输入文字“元”，在属性栏中设置字体属性，设置字体颜色为白色，得到如图 13.4.14 所示的效果。

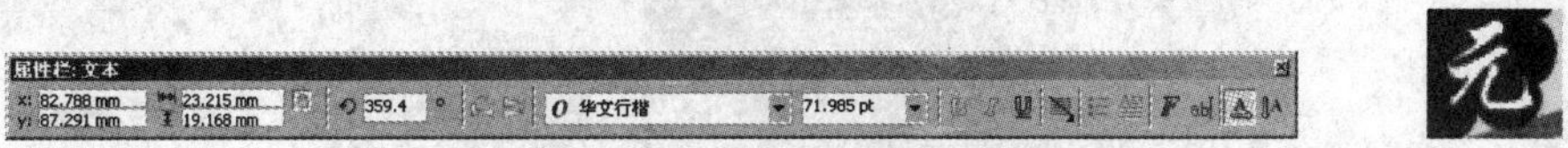

图 13.4.14　输入文字

（16）单击工具箱中的“挑选工具”按钮，选中手机图片进行复制并旋转，再调整图片位置，最终效果如图 13.4.1 所示。

实例 5　封 面 设 计

实现目标

本例将制作封面，效果如图 13.5.1 所示。

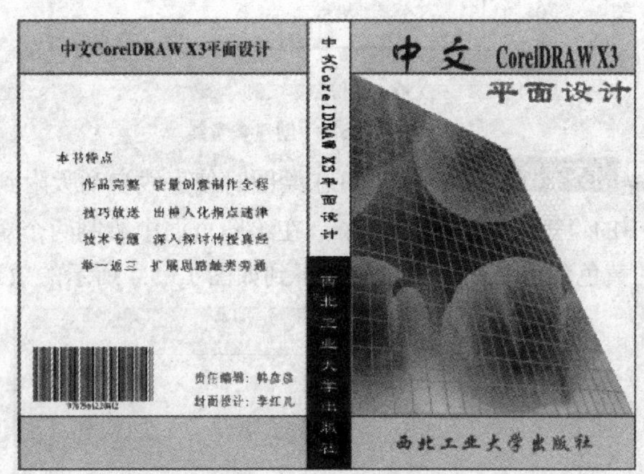

图 13.5.1　效果图

设计思路

在制作过程中，将用到矩形工具、文本工具、图纸工具、填充工具等。

操作步骤

（1）选择 文件(F) → 新建(N) 命令，新建一个文件，设置纸张大小为 380 mm×260 mm，如图 13.5.2 所示。

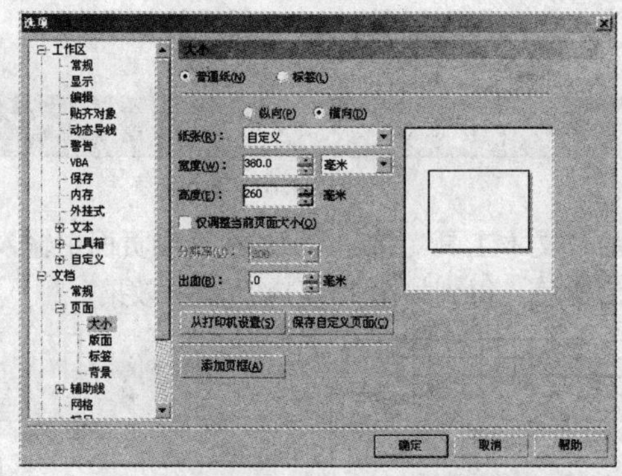

图 13.5.2 “选项”对话框

（2）确定标尺为显示状态，从标尺中拖出如图 13.5.3 所示的参考线，将绘图页面分为 3 部分。

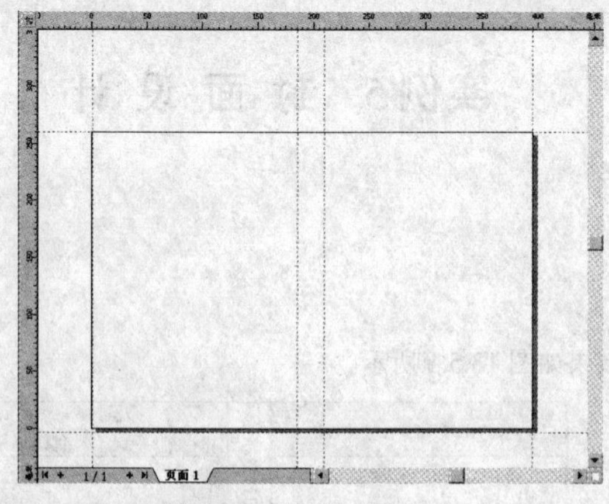

图 13.5.3 创建参考线

（3）选择 查看(V) → 对齐辅助线(U) 命令，可在绘图时使直线自动吸附到辅助线上。

（4）单击工具箱中的“矩形工具”按钮，在绘图页面中绘制两个矩形，将其全部选中，用鼠标左键单击调色板中的黄色色块为其填充颜色，得到如图 13.5.4 所示的效果。

图 13.5.4 绘制并填充矩形

（5）单击工具箱中的“图纸工具”按钮，在属性栏中设置图纸的行数与列数分别为 21，在页面中拖动鼠标绘制图形，如图 13.5.5 所示。

（6）单击工具箱中的“轮廓工具”按钮，为绘制的图纸添加线条颜色为酒绿色，得到如图 13.5.6 所示的效果。

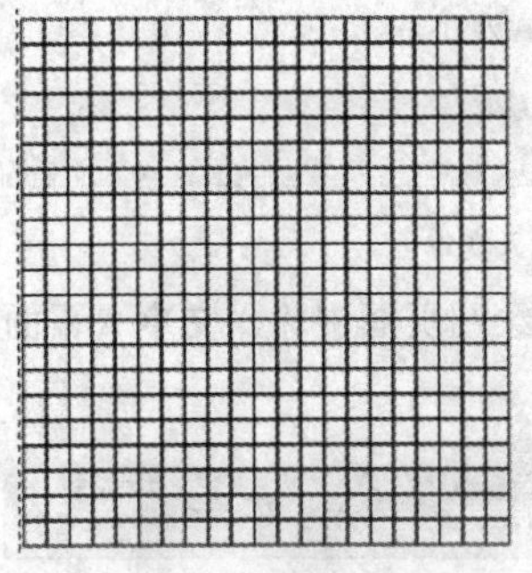

图 13.5.5　绘制图纸图形

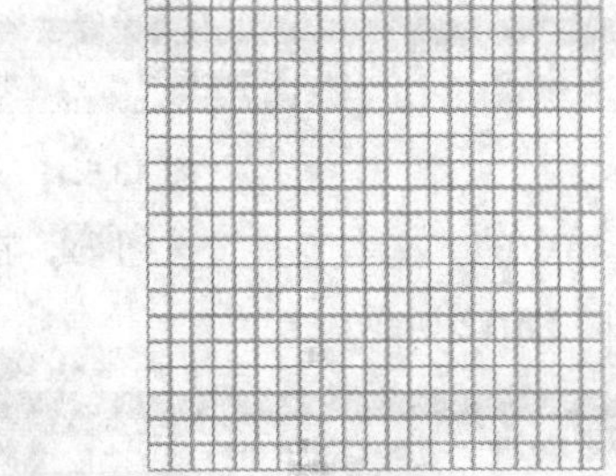

图 13.5.6　添加轮廓色

（7）选择效果(C)→添加透视点(A)命令，即可为图纸图形添加透视点，用鼠标拖动透视点对其进行变形，效果如图 13.5.7 所示。

（8）选择文件(F)→导入(I)...命令，导入如图 13.5.8 所示的位图图像。

图 13.5.7　添加透视效果

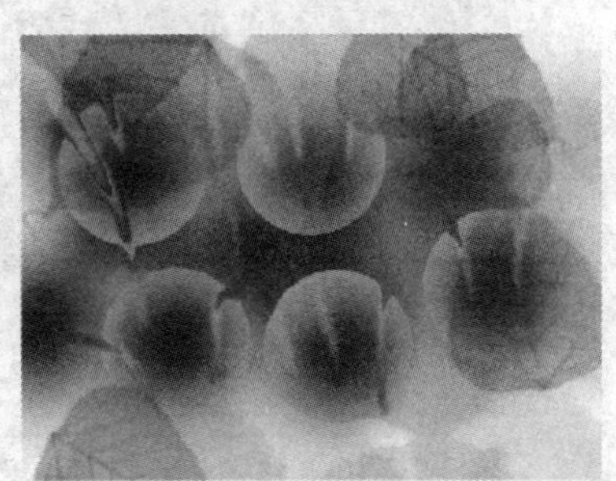

图 13.5.8　导入图片

（9）单击工具箱中的“挑选工具”按钮，选择位图，选择效果(C)→图框精确剪裁(W)→放置在容器中(P)...命令，将位图放置于图纸图形中，如图 13.5.9 所示。

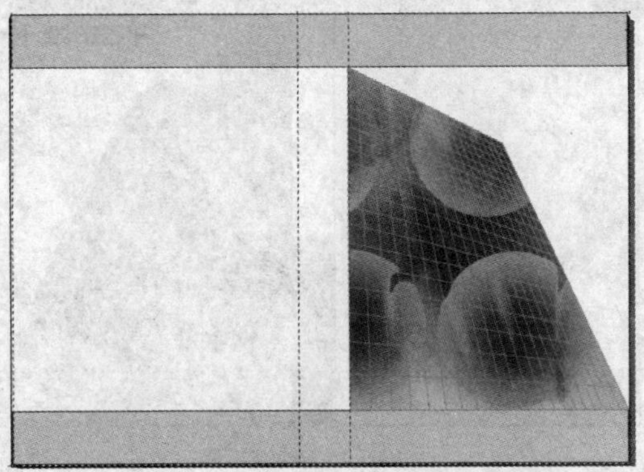

图 13.5.9　将位图放置于图纸图形中

（10）单击工具箱中的“文本工具”按钮，在绘图页面中输入文字“中文”，设置颜色为黑色，在属性栏设置字体的属性，如图 13.5.10 所示。

图 13.5.10　输入文本

（11）单击工具箱中的“文本工具”按钮，在绘图页面中输入文字“CorelDRAW X3”，设置

颜色为蓝色，在属性栏设置字体的属性，如图 13.5.11 所示。

图 13.5.11　输入文本

（12）单击工具箱中的“文本工具”按钮，在绘图页面中输入文字“平面设计”，在属性栏设置字体的属性，如图 13.5.12 所示。

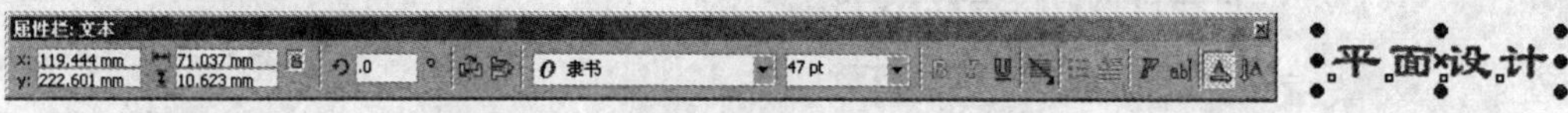

图 13.5.12　输入文本

（13）选择图“13.5.12”所输入的文本，单击工具箱中的“渐变填充对话框”按钮，弹出“渐变填充”对话框，设置参数如图 13.5.13 所示，为文字填充渐变效果，如图 13.5.14 所示。

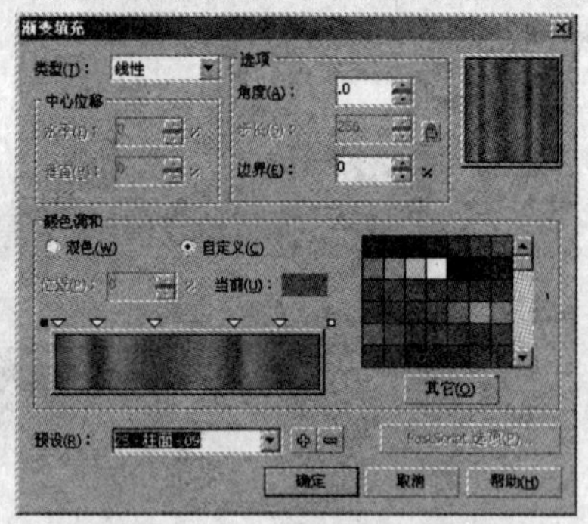

图 13.5.13　输入文字并编辑

图 13.5.14　文字填充效果

（14）单击工具箱中的“矩形工具”按钮，在绘图页面中绘制两个矩形，将其一个填充为白色，一个填充为黑色，如图 13.5.15 所示。

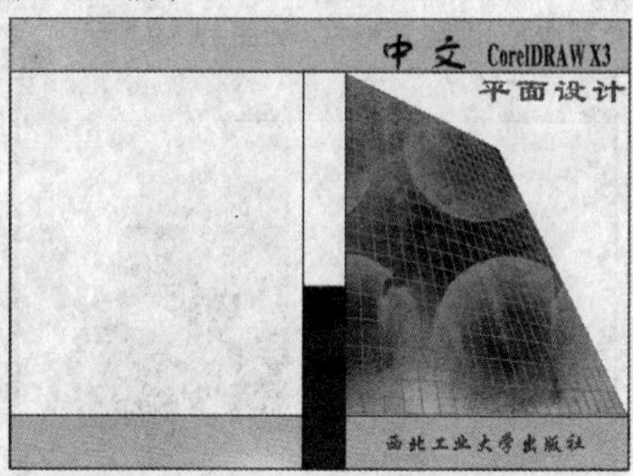

图 13.5.15　绘制矩形

（15）单击工具箱中的“文本工具”按钮，在绘图页面中输入文字“中文 CorelDRAW X3 平面设计”，设置文字的颜色为黑色，在属性栏设置字体的属性，如图 13.5.16 所示。

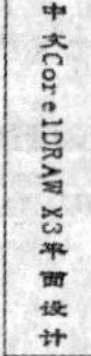

图 13.5.16　输入文本

（16）单击工具箱中的“文本工具”按钮，在绘图页面中输入文字“西北工业大学出版社”，设置文字的颜色为白色，在属性栏设置字体的属性，如图 13.5.17 所示。

图 13.5.17　输入文本

（17）单击工具箱中的“文本工具”按钮，在绘图页面中输入文字“中文 CorelDRAW X3 平面设计”，设置文字的颜色为黑色，在属性栏设置字体的属性，如图 13.5.18 所示。

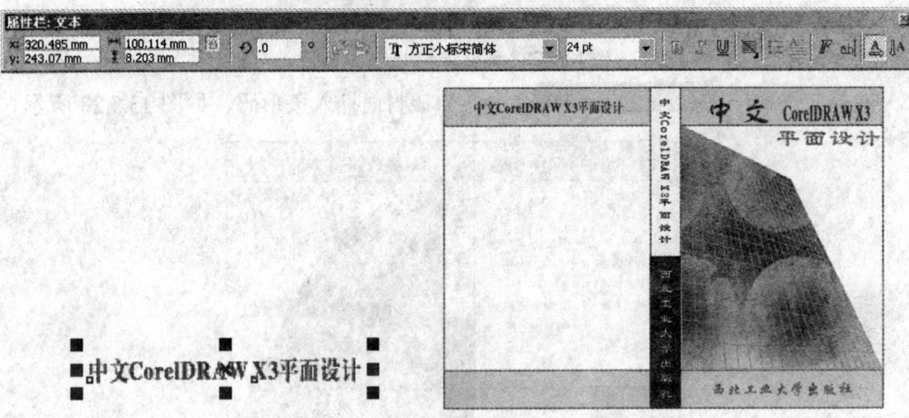

图 13.5.18　输入文本

（18）单击工具箱中的“文本工具”按钮，在绘图页面中拖曳出一个虚线文本框，设置文本的字体为宋体，字号为18 pt，颜色为黑色，在该文本框中输入如图 13.5.19 所示的文本。

（19）单击其属性栏中的“水平对齐”按钮，在弹出的下拉菜单中选择强制调整 Ctrl+H命令，可得到如图 13.5.20 所示的效果。

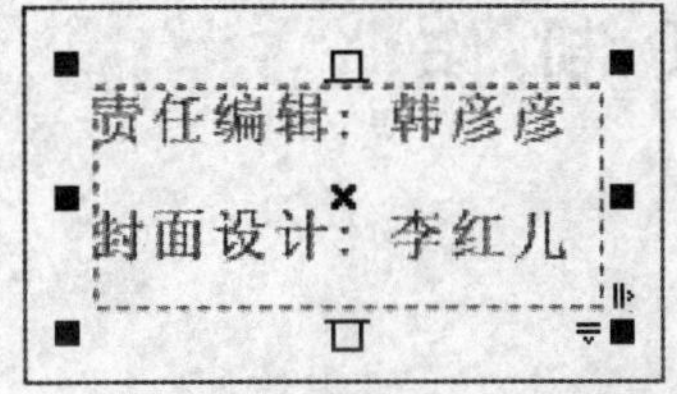

图 13.5.19　输入文本

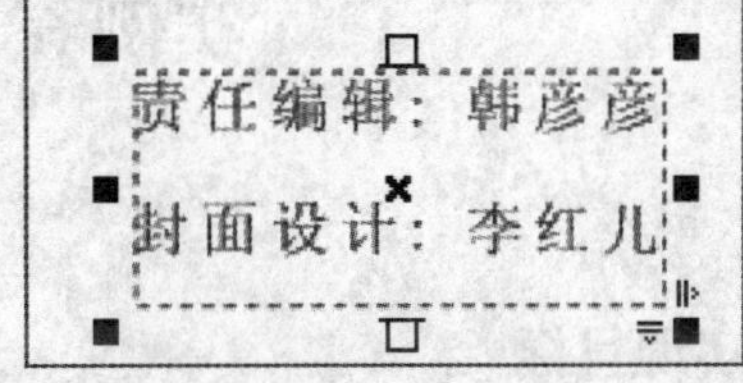

图 13.5.20　对齐文本

（20）重复（13）和（14）的操作，在绘图页面中输入如图 13.5.21 所示的文本。

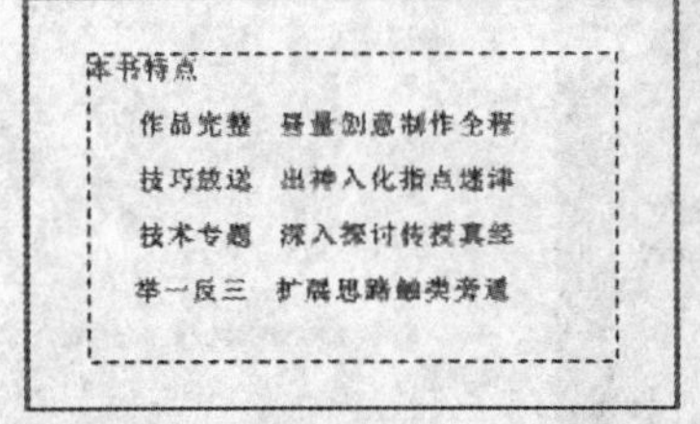

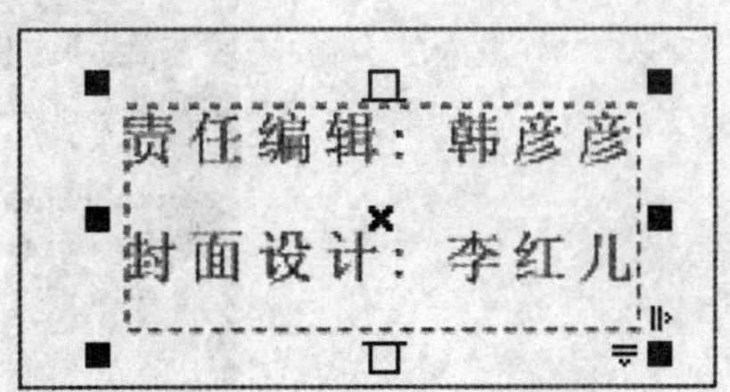

图 13.5.21　输入文本

（21）调整步骤（13）和（15）中所输入的文本的位置、大小及字体，得到如图 13.5.22 所示的效果。

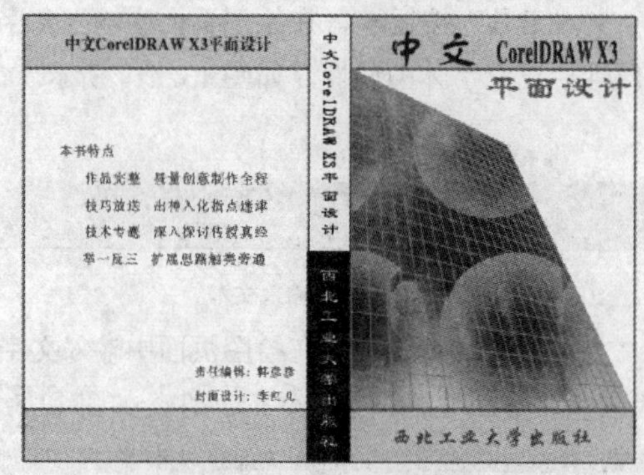

图 13.5.22　调整文本的位置和大小

（22）选择 编辑(E) → 插入条形码(B)... 命令，为该封面插入条形码，如图 13.5.23 所示。

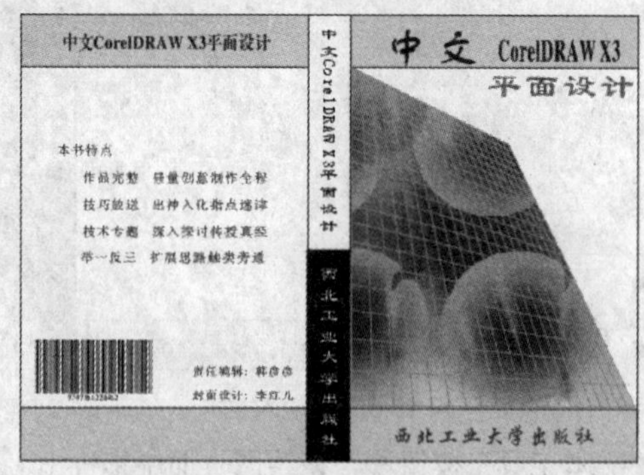

图 13.5.23　插入条形码

（23）去除辅助线在个别文字前添加小图标加以美化，最终效果如图 13.5.1 所示。

实例 6　信 纸 制 作

实现目标

本例制作“信纸”效果，如图 13.6.1 所示。

图 13.6.1　效果图

设计思路

在制作过程中，将综合运用 CorelDRAW X3 与 Photoshop CS3 的主要功能，并将其分别制作的图像进行合并。

操作步骤

1．用 CorelDRAW X3 绘制鸽子

（1）新建一个 A4 文件，设置页面为纵向。

（2）单击工具箱中的手绘工具组中的“艺术笔工具”按钮，如图 13.6.2 所示。

图 13.6.2　选择自然笔工具

（3）在工具属性栏中设置参数如图 13.6.3 所示。

图 13.6.3　艺术笔工具属性栏设置

（4）在新建的编辑区中拖曳鼠标，绘制出如图 13.6.4 所示的图形。

（5）单击工具箱中的“挑选工具”按钮选中绘制的曲线。

（6）选择排列(A)→折分 艺术笔 群组(B)　Ctrl+K命令，将图形分离。

（7）选中中心曲线，按“Delete”键删除中心曲线。

（8）单击工具箱中的“形状工具”按钮，进行调整，如图 13.6.5 所示。

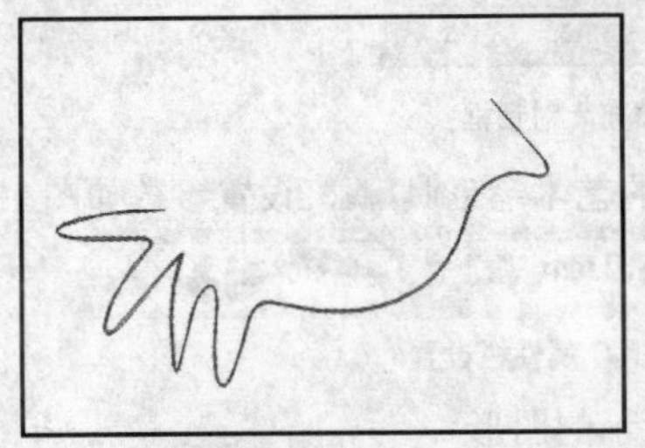

图 13.6.4　绘制的图形

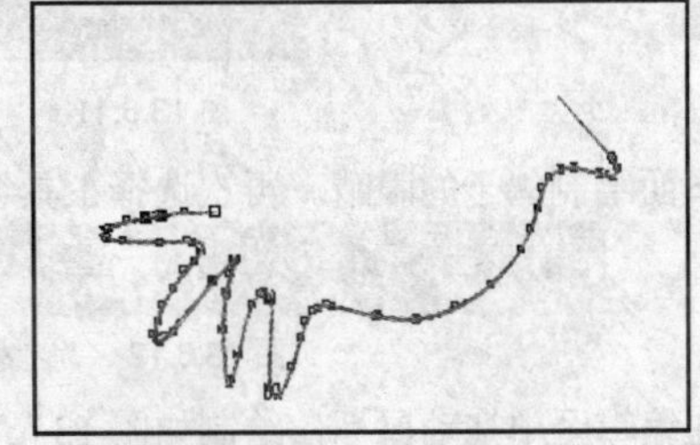

图 13.6.5　调整曲线

（9）单击工具箱中的“艺术工具”按钮，改变其属性参数设置，如图 13.6.6 所示。

图 13.6.6　艺术笔工具属性栏设置

（10）绘制如图 13.6.7 所示的图形。

（11）重复步骤（5）～（8）的操作，对所绘制的图形进行调整，如图 13.6.8 所示。

（12）依照同样的方法，绘制如图 13.6.9 所示的曲线图形，作为鸽子的组成对象。

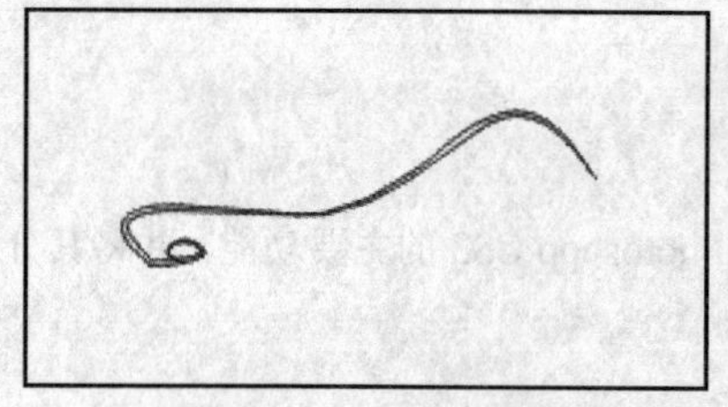

图 13.6.7 绘制图形

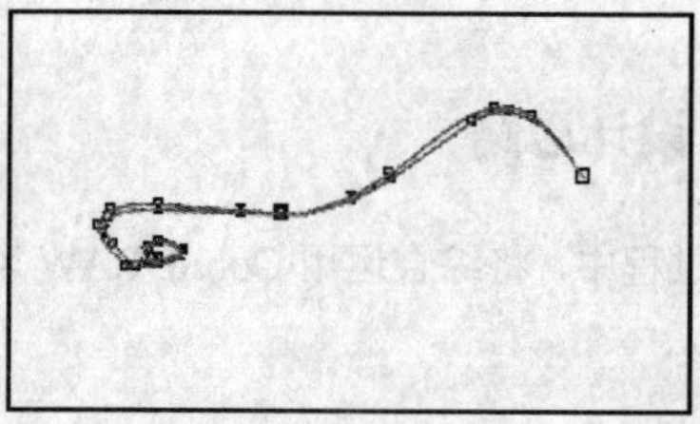

图 13.6.8 调整曲线

（13）调整各曲线位置组合成鸽子图形，然后单击工具箱中的“挑选工具”按钮，将所有鸽子图形选中，选择 排列(A) → 群组(G) Ctrl+G 命令，将其群组，组成鸽子的身体，如图 13.6.10 所示。

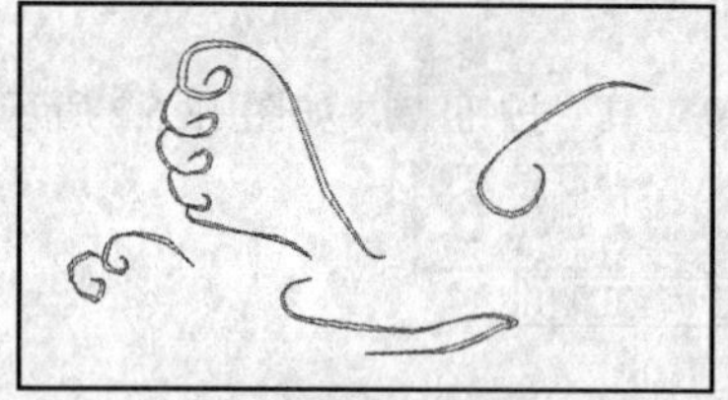

图 13.6.9 绘制的各部分图形

图 13.6.10 鸽子身体

（14）将鸽子选中，单击工具箱中的“均匀填充工具”按钮，弹出均匀填充对话框，设置参数如图 13.6.11 所示，单击 确定 按钮进行填充。将鸽子填充为粉蓝色。

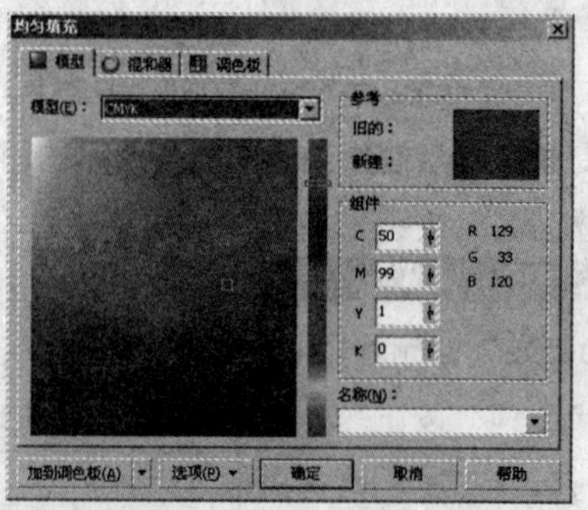

图 13.6.11 “标准填充”对话框

（15）下面绘制鸽子的眼睛。再次选择工具箱中的艺术笔工具，设置参数如图 13.6.12 所示。

图 13.6.12 “艺术笔工具”属性栏设置

（16）在编辑区中拖动鼠标，绘制如图 13.6.13 所示的图形。

（17）将所绘制的图形分离，单击工具箱中的“形状工具”按钮，调整图形外观，然后将图形填充为紫色，再在所绘制的图形上添加一个小圆，如图 13.6.14 所示。

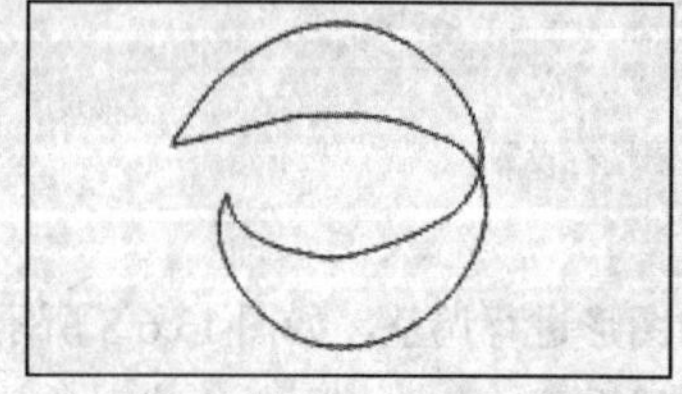

图 13.6.13 绘制的眼睛图形

图 13.6.14 调整后的图形

（18）选中小圆和已绘制图像群组后组成鸽子的眼睛，然后移动到鸽子的身体上，最终效果如图 13.6.15 所示。

图 13.6.15　鸽子的最终效果

（19）选择 文件(F) → 导出(E)... Ctrl+E 命令，弹出 导出 对话框，在 保存类型(T)： 列表中选择“BMP”格式，如图 13.6.16 所示。

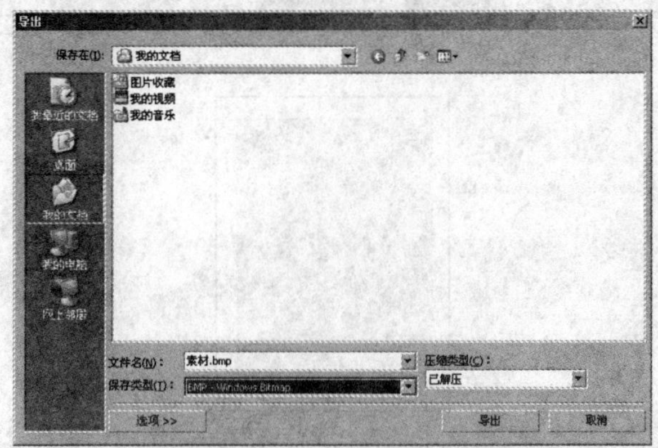

图 13.6.16　“导出”对话框

（20）然后单击 导出 按钮，在弹出的 转换为位图 对话框中直接单击 确定 按钮，如图 13.6.17 所示。

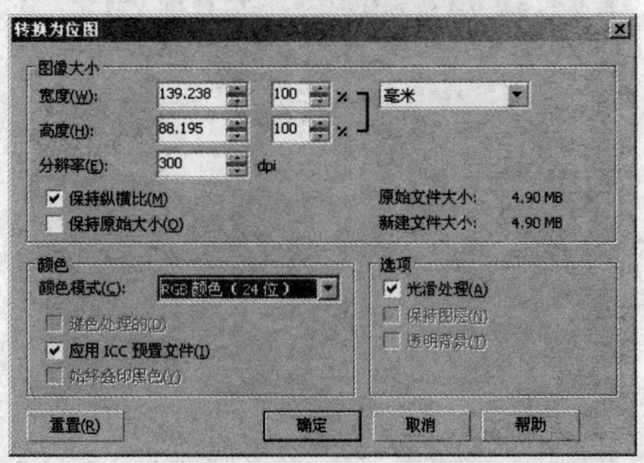

图 13.6.17　“转换成位图”对话框

2．用 Photoshop CS3 制作图像主画面

（21）启动 Photoshop CS3，选择 文件(F) → 新建(N)... 命令，弹出 新建 对话框，设置参数如图 13.6.18 所示，新建一个图像文件。

（22）在 图层 × 面板中单击“创建新的图层”按钮，创建一个新图层 图层 1。

（23）单击工具箱中的“矩形选框工具”按钮，在新建文件中绘制出一个矩形选区。

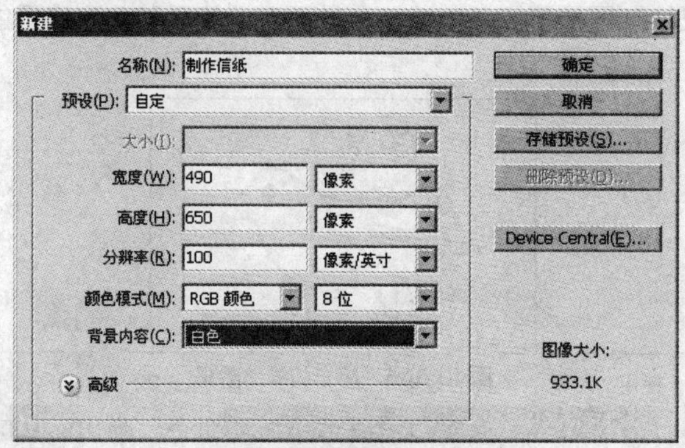

图 13.6.18 “新建”对话框

（24）设置前景色为紫色，选择编辑(E)→填充(L)...命令，在对话框中选择用前景色填充，效果如图 13.6.19 所示。

图 13.6.19 填充后的选区

（25）按 Ctrl+D 取消选区。然后选择滤镜(T)→画笔描边→喷溅...命令，弹出喷溅对话框，设置参数如图 13.6.20 所示。单击确定按钮，使图像边缘出现不平整的效果。

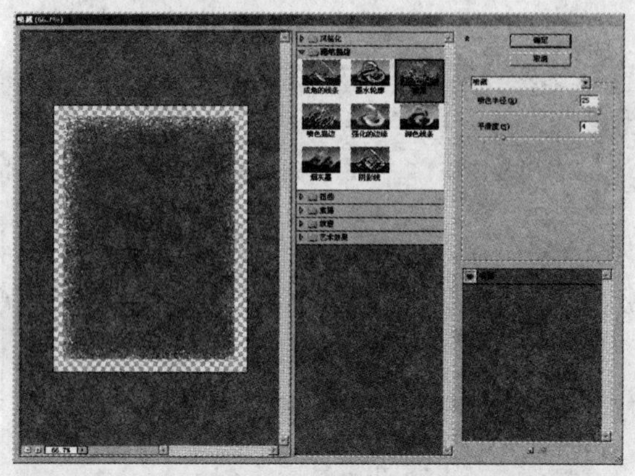

图 13.6.20 喷溅对话框

（26）单击工具箱中的“魔棒工具”按钮，在图像的紫色部分单击，然后选择选择(S)→反向(I)命令，按 Delete 键删除选区内图像。

（27）取消选区，再选择滤镜(T)→画笔描边→喷溅...命令，在弹出的对话框中设置喷色半径为 25，可使图像边缘的不平整效果更为明显，然后重复步骤（26），效果如图 13.6.21 所示。

（28）设置前景色为（R：242，G：228，B：233）。按住 Ctrl 键用鼠标单击“图层 1”层，出现浮动选区。

（29）选择 编辑(E) → 填充(L)... 命令，在对话框中选择用前景色填充，效果如图 13.6.22 所示。

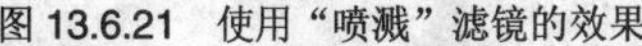

图 13.6.21 使用“喷溅”滤镜的效果　　图 13.6.22 填充后的效果

（30）单击 图层× 面板中的“创建新的图层”按钮，新建一个图层 图层 2。

（31）单击工具箱中的“历史记录艺术画笔”按钮，属性栏设置如图 13.6.23 所示。然后用笔刷在图像上随意涂抹。

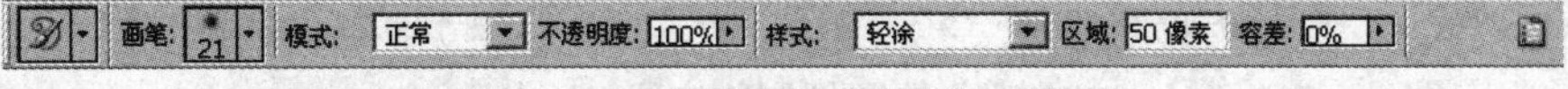

图 10.6.23 “历史记录艺术画笔”属性栏

（32）按住 Ctrl 键单击 图层 2，出现浮动选区，然后按 Ctrl+Shift+I 键进行反选，按 Delete 键将多余部分删除掉，按 Ctrl+D 键取消选区，效果如图 10.6.24 所示。

（33）单击工具箱中的“文字工具”按钮 T，输入文字，作为信纸内容，如图 13.6.25 所示。

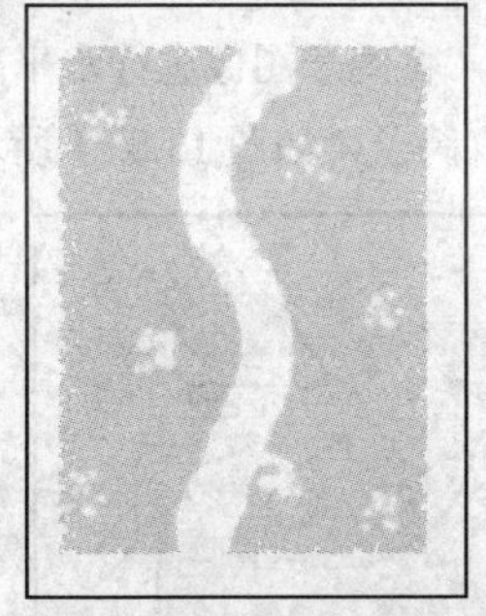

图 13.6.24 信纸的最终效果

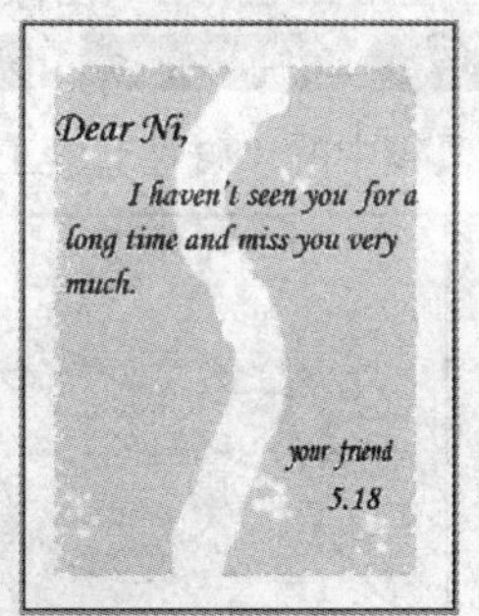

图 13.6.25 输入文字

（34）选择 文件(F) → 打开(O)... 命令，打开图像文件，如图 13.6.26 所示。

（35）单击工具箱中的“移动工具”按钮，将其拖曳到当前图像文件中，调整大小和位置，并将其置于最底层，效果如图 13.6.27 所示。

图 13.6.26 打开图像文件

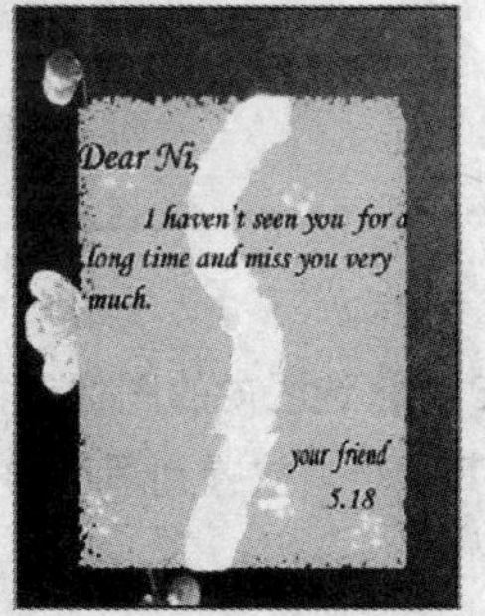

图 13.6.27 添加背景后的效果

（36）将 图层 1 作为当前图层，在 图层× 面板中单击“添加图层样式”按钮 fx，选择 外发光... 命令，设置参数如图 13.6.28 所示。可以使信纸产生淡淡的外发光效果。

（37）单击 好 按钮，效果如图 13.6.29 所示。

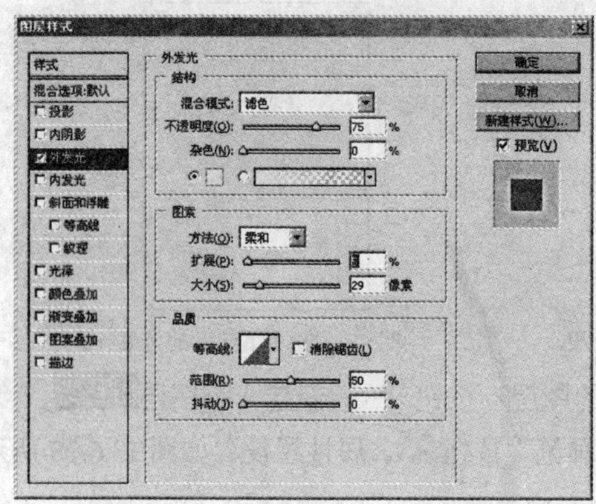

图 13.6.28 “图层样式”对话框

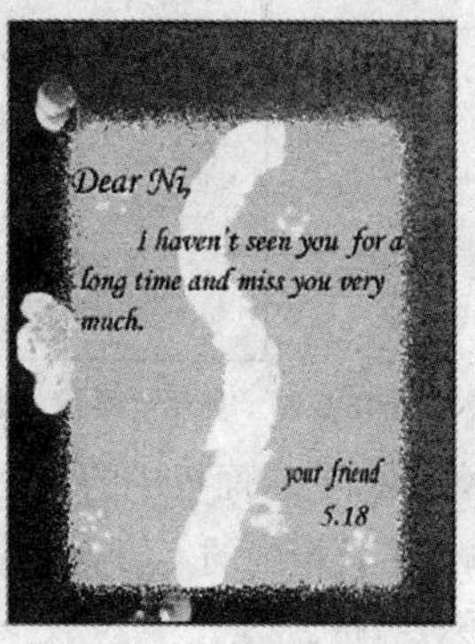

图 13.6.29 信纸制作效果

（38）保存图像。Photoshop CS3 部分的图像制作完成。

3. 合成图像

（39）在 Photoshop CS3 中，选择 文件(F) → 打开(O)... 命令，在弹出的“打开”对话框中找到 CorelDRAW X3 中导出的“图形 1”图像，如图 13.6.30 所示。

（40）选择 图像(I) → 旋转画布(E) → 水平翻转画布(H) 命令，将鸽子图像进行水平翻转。

（41）单击工具箱中的“磁性套索工具”按钮，选取鸽子，如图 13.6.31 所示。

图 13.6.30 打开“鸽子”图像文件

图 13.6.31 选取的鸽子图像

（42）选择 选择(S) → 修改(M) → 羽化(F)... Alt+Ctrl+D 命令，弹出“羽化选区”对话框，设置参数如图 13.6.32 所示。

图 13.6.32 “羽化选区”对话框

（43）按 Ctrl+C 键将选区内的图像进行复制，然后按 Ctrl+V 键将复制的图像粘贴到信纸图像中，再按 Ctrl+T 键调整其大小，放置到适当的位置。至此，信纸制作完成，最终效果如图 13.6.1 所示。